科学出版社"十四五"普通高等教育本科规划教材
辽宁省"十二五"普通高等教育本科省级规划教材

数据结构、算法及应用
（第2版）

张宪超　主　编

于　红　刘馨月　徐秀娟　宗林林　副主编

科学出版社
北　京

内 容 简 介

本书依据 ACM/IEEE 计算课程体系规范 CC2020，在常用数据结构与算法基础上，适当补充算法设计方法、计算复杂性理论和若干高级算法，帮助学生系统地学习数据结构与算法的理论知识和实践技能。全书共 7 章：第 1 章概述数据结构与算法的基本知识；第 2 章讲述线性表、栈与队列等线性结构；第 3 章讲述树、二叉树、二叉搜索树等；第 4 章讲述图的基本概念、存储和最短路径、最小生成树等算法；第 5 章讲述查找问题，包括静态查找、动态查找和散列等；第 6 章讲述排序算法，包括插入排序等基本算法和快速排序等高级算法；第 7 章讲述算法专题，包括算法设计策略、最优化问题、计算复杂性理论、随机算法和近似算法等。

本书可作为高等院校计算机相关专业本科生"数据结构与算法"课程的教材或参考书，也可供计算机应用领域的工程技术人员参考。

图书在版编目(CIP)数据

数据结构、算法及应用 / 张宪超主编. —2 版. —北京：科学出版社，2021.10

科学出版社"十四五"普通高等教育本科规划教材　辽宁省"十二五"普通高等教育本科省级规划教材

ISBN 978-7-03-062958-6

Ⅰ. ①数… Ⅱ. ①张… Ⅲ. ①数据结构－高等学校－教材 ②算法分析－高等学校－教材 Ⅳ. ①TP311.12

中国版本图书馆 CIP 数据核字（2019）第 250793 号

责任编辑：杨慎欣　常友丽 / 责任校对：樊雅琼
责任印制：赵　博 / 封面设计：无极书装

科学出版社 出版
北京东黄城根北街 16 号
邮政编码：100717
http://www.sciencep.com

北京厚诚则铭印刷科技有限公司印刷
科学出版社发行　各地新华书店经销
*
2012 年 7 月科学出版社第一版
2021 年 10 月第　二　版　开本：787×1092　1/16
2025 年　1 月第四次印刷　印张：23 1/2
字数：602 000

定价：76.00 元
（如有印装质量问题，我社负责调换）

前　　言

马克思主义哲学认为：世界是普遍联系和永恒发展的。我们生活在一个客观的物质世界。物质的构成不仅有基本单元，更有其组织形式。微观上，原子有原子的组织形式，分子有分子的组织形式；宏观上，太阳系有太阳系的组织形式，银河系有银河系的组织形式。物质的组织形式就是其结构。结构的力量是伟大的，例如石墨和钻石都由碳原子构成，但由于结构不同，其物理和化学性质有明显的差异。

世界的发展有其客观规律，这里我们称这种规律为算法。宇宙演化有宇宙演化的算法，生物进化有生物进化的算法。而我们人类也是通过算法来认识世界和改造世界的。算法可以被看作数学的一个分支，一切数学问题的求解方法也就是算法。在人类历史进程的长河中，人们已经发展了相当完备的数学体系。如果一个问题有解析解，人们通过纸笔和简单的计算工具（例如算盘）就可以解决。但是如果一个问题没有解析解或无法用数学公式表示，传统的数学工具就无能为力了。我们通常所说的算法特指这类没有解析解的问题的求解方法，以区别于传统的求解析解的数学方法。

早在古巴比伦时代就有了算法的概念。但在计算机出现之前，算法并不普及。因为大多数问题的算法计算量是人类无法完成的。计算机的发明使大量算法问题的解决成为可能，从而使我们人类认识和改造世界的能力得到无限延伸。算法是研究人类如何在计算机的帮助下解决现实问题的科学，是随着计算机的发明应运而生的。没有计算机，算法就是空想；没有算法，计算机就是废品。在计算机的世界里，一切都是数据。数据的组织结构就是数据结构，在数据之上运行的各种客观规律就是计算机算法。

数据结构与算法是计算机科学的基础，在计算机相关专业课程体系中的核心作用是毋庸置疑的。从学科教程划分来说，它是操作系统、数据库、编译原理和计算机网络等专业基础课的前置课程，同时也是计算机图形学、图像处理和人工智能等专业课的必备基础，在计算机课程体系中扮演核心基础课的角色。电气与电子工程师协会和美国计算机协会联合推出的计算机科学教学计划把数据结构与算法列入计算机和信息技术相关专业的本科必修基础课程。对数据结构与算法的学习和掌握，不仅关系到计算机相关专业学生对本学科全部课程的学习，更关系到学生未来的职业发展。

作为一门扮演如此重要角色的课程，各个高校均投入大量精力对本课程的教学加以研究，出版了大量相关教材，对本课程的内容组织和教学方法可谓仁者见仁、智者见智。本书作者通过近二十年对"数据结构与算法"这门课程的教学实践，同时结合多年的企业和高校工作经验，对本课程的教学内容、教学方法等有如下体会。

首先，教学内容应该是与时俱进的。计算机科学与技术的发展速度十分惊人，它们带来人类社会日新月异的变革。但是作为计算机相关专业最核心的课程，大部分教材的内容几十年来没有太大变化，即只讲述基本的数据结构和排序、检索等基本算法。但是，今天人们开发的系统比几十年前复杂得多，对算法设计和分析的能力要求要高得多。学生如果只学习基本的算法，对算法科学缺乏系统的认识，连最基本的算法设计技巧都没有掌握，甚至不了解什么是 NP 难问题，是很难适应复杂的计算机系统设计与开发要求的。

其次，学习数据结构与算法需要吃透算法的思想。算法是无穷的，有多少问题，就有多少算法。算法设计既是一门科学，也是一门艺术。学习算法既需要掌握算法的基本流程，更需要吃透算法的思想，同时还要能够做到举一反三。因此，算法的学习某种程度上很像数学的学习，需要通过大量的例题和习题来掌握其思想。早期的数据结构教材经常有大量精妙的例题和习题，但近年来过分注重编程实现，吃透算法思想方面的练习越来越少了。

最后，学习数据结构与算法既要有深度也要有广度。算法的内容非常多，在有限的学时里不可能面面俱到。本科生学习《编程的艺术》的所有内容是不现实的。我们认为数据结构与算法的学习策略是个"T"字形，既要有深度又要有宽度。T 中的一竖表示要吃透基本的数据结构和算法，并能够熟练使用程序设计语言实现这些算法；T 中的一横表示要系统地了解算法的设计思想、计算复杂度的概念，掌握随机算法与近似算法等高级算法设计技术等。

我们认为数据结构与算法的学习可以达到三个层次：第一个层次是熟练掌握基本的数据结构和算法，为后续课程学习打好基础；第二个层次是系统了解算法科学的全貌，在编程实践中能够迅速找到合适的算法解决实际问题；第三个层次是深入理解算法设计思想，在遇到新的问题时能够自行设计高效的算法。

本书在《数据结构、算法及应用》（第 1 版）基础上做了非常大的修订。在基础数据结构与算法方面，补充了大量的例题以深入讲解算法的思想，同时对每类算法补充了实际案例以帮助读者理解算法和实际问题的联系。进一步地，增加了算法设计技术、计算复杂性理论、最优化问题、随机算法和近似算法等内容，供读者选择性学习。书中加*号的章节是选学内容。

尽管我们为实现三个层次全覆盖的目标做出了大量的努力，对所编写的内容进行了反复讨论和推敲，但由于水平有限，书中难免有不妥之处，希望读者不吝批评和指正，以便我们在今后教学和教材编写中努力改进，让更多的学生受益。

编　者

2021 年 3 月

目　　录

第1章 绪 论

辩证唯物主义的认识论指出，认识产生于实践的需要，实践的发展为人们提供日益完备的认识工具。计算机的发明使我们人类认识和改造世界的能力得到无限延伸。在计算机的世界里，一切都是数据，数据是人们通过计算机认知世界的基础。客观世界是普遍联系的，不同的联系方式产生了不同的数据组织形式。数据的组织形式就是数据结构，在数据之上运行的各种客观规律就是计算机算法。如果我们从连续的角度认知世界，体现出来的往往是各类数学方程，在计算机上就是数值计算；如果我们从离散的角度认知世界，在计算机上就是非数值计算。数据结构与算法主要讲的是非数值计算以及数值和非数值混合计算的数据组织和算法。

1.1 数据结构的概念

认识从实践中来，最终还要回到实践中去。在计算机的世界里，一切的实践都是通过程序来体现的。瑞士计算机科学家 Niklaus Wirth 提出了著名的公式"程序=数据结构+算法"，该公式说明了数据结构和算法对于程序设计是至关重要的，同时也说明了数据结构与算法的关系是密切的。程序可以被看作计算机指令的组合，用于控制计算机的工作流程，完成一定的逻辑功能，实现某种任务。算法是程序的逻辑抽象，是解决一些客观问题的过程。数据结构是对现实世界中数据及其关系的某种映射，数据结构既可以表示数据本身的逻辑结构，也可以表示计算机中的物理结构。下面通过例子来了解什么是数据结构。

【例 1.1】图书馆的查询系统。当用户使用图书馆的查询系统时，用户会发现查询系统给出了很多查询条件，可以通过索引号、图书名称、作者姓名和出版社等信息进行查询。每一本书都有唯一的索引号，不同的图书之间可以有相同的名字，或相同的作者名，或相同的出版社。为了方便用户查询，在计算机内部是通过建立数据库表来实现图书信息存储的。如表 1.1 所示，共有四张索引表。其中，表 1.1（a）是所有的图书信息，表 1.1（b）是按照书名进行索引的表格，表 1.1（c）是按照作者姓名索引的表格，表 1.1（d）是按照出版社索引的表格。每个索引表的每一行就是一个最简单的线性数据结构。

表 1.1 图书索引表

(a)

索引号	图书名称	作者姓名	出版社	
001	工科数学	张三	P1	…
002	大学英语	李四	P2	…
003	工科数学	王五	P2	…
004	英语写作	李四	P3	…
⋮	⋮	⋮	⋮	⋮

(b)		(c)		(d)	
工科数学	001, 003, …	张三	001, …	P1	001, …
大学英语	002, …	李四	002, 004, …	P2	002, 003, …
英语写作	004, …	王五	003, …	P3	004, …
⋮	⋮	⋮	⋮	⋮	⋮

【例 1.2】家族谱的存储。A 姓家族谱如图 1.1 所示，其中"'"为配偶。A_1 和 A_2 是 A 和 A' 的孩子，A_{11} 是 A_1 和 A_1' 的孩子。若将 A 姓家族谱存储在计算机中，可以选择"树"这种数据结构进行存储。

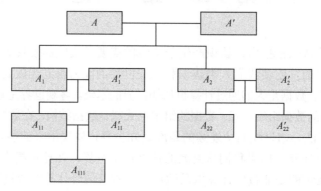

图 1.1 A 姓家族谱

【例 1.3】道路选择问题。如图 1.2 所示，A、B、C、D、E 分别代表 5 个城市，边的数字代表从一个城市到达另一个城市的花费。现在一个人想要从城市 A 到达城市 C，要求经过不同的城市，可以选择的路径见表 1.2。

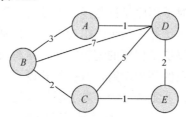

图 1.2   城市道路图

表 1.2   路径花费表

路径	花费
$A \rightarrow B \rightarrow C$	5
$A \rightarrow B \rightarrow D \rightarrow C$	15
$A \rightarrow B \rightarrow D \rightarrow E \rightarrow C$	13
$A \rightarrow D \rightarrow C$	6
$A \rightarrow D \rightarrow B \rightarrow C$	10
$A \rightarrow D \rightarrow E \rightarrow C$	4

从表 1.2 的路径花费上可以看出，如果从城市 A 到达城市 C，最好的选择是 $A \rightarrow D \rightarrow E \rightarrow C$，花费最小，为 4。这种数据结构称为"图"。

数据结构（data structure）描述的是按照一定的逻辑关系组织起来的待处理数据的表示及相关操作，涉及数据之间的逻辑关系、数据在计算机中的存储和数据之间的操作（运算）。

1.1.1 数据的逻辑结构

数据的逻辑结构（logical structure）是从具体问题中抽象出来的数学模型，体现了事物的组成和事物之间的逻辑关系。

从集合论的观点来看，数据的逻辑结构由数据结点（node）和连接两个结点的边（edge）组成。一个逻辑结构可以用一个二元组(K, R)进行表示。其中，K是由有限个结点组成的集合，R是一组定义在集合K上的二元关系r，其中的每个关系$r(r \in R)$是$K \times K$上的二元关系（binary relation），用来描述数据结点之间的逻辑关系。例如图 1.1 中的家族关系。

讨论逻辑结构(K,R)的结构分类，一般以关系集R的分类为主。本书中所讨论的关系R集合仅包含一个关系r，用r的性质来刻画数据结构的特点，进行分类。

（1）线性结构（linear structure）。这种结构是程序设计中最常用的数据结构。线性结构中的关系r称为线性关系，也称前驱关系。结点集合K中的每个结点在关系r上最多只有一个前驱结点和一个后继结点。如图 1.3 所示，A是结点集合K在关系r上唯一的开始结点，A没有前驱结点，但是具有后继结点B；结点B和结点C既有前驱结点又有后继结点；结点D为终止结点，只存在前驱结点C，而不具有后继结点。

（2）树形结构（tree structure），又称树结构或层次结构，其中关系r称为层次关系。如图 1.4 所示的树形结构图，结点$A \in K$在关系r中没有前驱结点，该结点被称为树根（root）。结点C、结点D和结点E在关系r中具有唯一的前驱结点，但是没有后继结点，称这样的结点为叶子（leaf）。除了根结点和叶子结点以外，内部结点有且只有唯一的前驱结点，但可以具有多个后继结点，例如结点B。

（3）图结构（graph structure），也称为网络结构。互联网（Internet）的网页链接关系就是一个非常复杂的网络结构。图结构的关系r对于集合K中结点的前驱或后继数目不加任何约束。图 1.2 就是一个典型的图结构。

图 1.3 线性结构   图 1.4 树形结构

从数学上看，线性结构和树形结构的主要区别是"每个结点是否具有一个直接后继"，而树形结构和图结构的主要区别是"每个结点是否仅仅从属于一个直接前驱"。以上几种数据结构分类揭示出数据之间的相互关系，给出关系本身的一种性质。这对于理解数据结构以及设计算法都是至关重要的，后续章节将对以上的数据结构进行详细的讲解。

1.1.2 数据的存储结构

数据的存储结构要解决各种逻辑结构在计算机中物理存储表示的问题。计算机主存储器为其存储提供了一种具有非负整数地址编码的、在存储空间上相邻的单元集合，其基本的存储单元是字节。计算机指令具有按地址随机访问存储空间内任意单元的能力，访问不同地址所需要的访问时间相同。

数据结构研究数据之间的内在结构关系，所以可以把组成结构的那些元素看作数据结点。结点的数据类型可以是基本的数据类型，也可以是复杂的数据类型。

在程序设计语言中常使用 5 种基本数据类型。

（1）整数类型（integer）：该类型规定了整数所能表示的范围，由于计算机中一般使用 1~4 字节来存储，所以整数类型的缺陷在于限制了存储字节所能表示的范围。

（2）实数类型（real）：计算机的浮点数数据类型所能表示的数据范围和精度是有限的，一般使用 4~8 字节来存储浮点数。

（3）布尔类型（boolean）：取值为真（true）或假（false），在 C++语言中一般使用 0 表示假，非 0 表示真。

（4）字符类型（char）：用单个字节表示 ASCII 字符集中的字符，字符类型不包括汉字符号。

（5）指针类型（pointer）：该类型表示机器内存地址，即表示指向某一内存单元的地址。

复合类型是由基本数据类型组合而成的数据结构类型。例如，在程序语言中的类类型、结构体类型等都属于复合数据类型。复合数据类型本身又可以参与定义更为复杂的结点类型。总之，结点的类型不限于基本的数据类型，可以根据实际需要来灵活定义。

对逻辑结构 (K, r) 而言，其数据的存储结构就是建立一种逻辑结构到物理结构的映射。一方面，需要建立一个从结点集合 K 到存储器 M 的映射，即 $K \rightarrow M$，其中每一个结点 $k \in K$ 都对应一个唯一的连续存储区域 $c \in M$。另一方面，还要把每一个关系元组 $\langle k_i, k_j \rangle \in r$（其中 $k_i \in K, k_j \in K$）映射为相应的存储单元的地址间的关系（顺序关系或指针的地址指向关系）。

下面介绍 4 种常用存储映射的方法：顺序方法、链接方法、索引方法和散列方法。

1. 顺序方法

顺序方法把一组结点存放在一片地址相邻的存储单元中，结点间的逻辑关系用存储单元间的自然关系来表达。顺序方法为使用整数编码访问数据结点提供了便利。程序设计语言内提供的数组是顺序方法的一个具体实例。

顺序存储结构通常也被称为紧凑存储结构。其紧凑性是指其存储空间除了存储数据本身之外，没有存储其他附加的信息。紧凑性可以用"存储密度"来度量：所存储的"数据"占用的存储空间和该结构（包括附加信息）占用的整个存储空间大小之比。显然，存储密度太小的存储结构的空间效率比较低。

除线性结构外，部分非线性数据结构也可以采用顺序方法。例如，树形结构也可以采用顺序方式来存储，前提是同时存储一些附加信息来表示结点之间的逻辑关系。

2. 链接方法

链接方法是在结点的存储结构中附加指针域来存储结点间的逻辑关系。链接方法中数据结点由两部分组成：数据域存放结点本身的数据，指针域存放指向其后继结点的指针。

根据应用的需要，结点的指针域也可存储多个指针来表达一个结点同时链接多个结点的情况。例如，非线性结构中一个结点可能会有多个后继结点的情况。

链接方法适用于那些需要经常增删结点而动态变化的数据结构。链接方法的缺陷在于：为了访问结点集 K 中的某个结点，必须使用指向该结点的指针。当不知道结点指针时，为了在结点集 K 中寻找某个符合条件的结点，就要从链头开始沿着链接结点的指针，通过逐个结点的比较来搜索。

3. 索引方法

索引方法是顺序存储的一种推广，通过建造一个由数据域 Z 映射到存储地址域 D 的索引函数 $Y:Z \to D$，把数据索引值 z 映射到结点的存储地址 $d \in D$，从而形成一个存储了一组指针的索引表，其中每个指针指向存储区域的一个数据结点。索引表的存储空间是附加在结点存储空间之外的，每一个元素就是指向相应数据结点的指针，即结点存储单元的开始地址。作为一种存储机制，索引的主要作用是提高检索的效率。如果数据量很大，对数据的检索可能涉及大量读/写磁盘的操作，会影响效率。通过索引则可以降低读/写的数据量，根据检索码确定被检索数据的存储地址之后再进行相应的读/写。

4. 散列方法

作为索引方法的一种延伸和扩展，散列方法利用散列函数（hash function）进行索引值的计算，然后通过索引表求出结点的存储地址。其主要思想是根据结点的关键码值来确定其存储地址，利用散列函数计算出结点的关键码映射到的存储地址，然后把结点存入此存储单元中。

散列技术的关键问题是如何选择和设计恰当的散列函数、构造散列表、研究散列表存储的碰撞解决方案等。

一个散列函数把一个给定的关键码映射为一个小于 K 的非负整数，K 的大小取决于具体的应用。散列函数应该满足一些重要的散列性质：散列函数计算出的地址尽可能均匀地分布在构造的散列表地址空间，散列函数的计算应该简单化，以便提高地址计算速度。

在一个具体的应用中，可以根据需要选用以上 4 种存储方法或其组合。例如，树形结构的子结点表示方法就是顺序和链接的结合。另外，一个逻辑结构可以有多种不同的存储方案，在选择存储方法时，还要综合考虑定义在其上的运算及其算法的实现。

1.2 算法与算法设计

1.2.1 算法的概念

算法（algorithm）是对特定问题求解过程的描述，是指令的有限序列，即为解决某一特定问题而采取的具体而有限的操作步骤。英文的 algorithm（算法）一词来源于 9 世纪的波斯，中文的"算法"一词至少在唐代就出现了，在此之前也有"术""算术"等词，最早出现在《周髀算经》《九章算术》等。约公元前 300 年记载于《几何原本》中的辗转相除法（欧几里得算法）被人们认为是史上第一个算法，可以求两数的最大公约数。《九章算术》给出了四则运算、最大公约数、最小公倍数、线性方程组求解等算法。程序是算法的一种实现，计算机按照程序逐步执行算法，实现对问题的求解。

求解最大公因子的辗转相除法，以及求解联立线性方程组的主元素消去法都是算法的典型例子。一个求解问题通常用该问题的输入数据类型和该问题所要求解的结果（算法的输出数据）所应遵循的性质来描述。以求最大公因子算法为例，它的输入是整数类型，输入数据是任意给定的两个正整数 n 和 m，而算法的输出则是既能整除 n 又能整除 m 的所有公因子中的最大的非负整数。对于求解联立线性方程组，它的输入数据是方程的系数矩阵和方程等式右侧的常数向量，而其输出结果数据是方程变元的一组取值，它们代入方程应该满足所给的等式。

算法一般具有以下性质。

（1）有输入。一个算法有零个或多个输入。它们是算法开始运算前给予参与运算的各个变量的初始值。它们可以使用输入语句由外部提供，也可以使用赋值语句在算法内给定。

（2）有输出。一个算法有一个或多个输出，输出的值应是算法计算得出的结果。无输出的算法没有任何意义。当用函数描述算法时，输出多用返回值或引用类型的形参表示。

（3）算法的可行性。算法是有限条指令组成的指令序列，其中每一条指令都必须能够被人或机器所确切执行。指令的类型应该明确规定，仅限于若干明确无误的指令动作，是一个有限的指令集。

（4）算法的确定性。算法每执行一步之后，对于它的下一步应该有明确的指令。下一步的动作可以是条件判断、分支指令、顺序执行一条指令或者指示整个算法的结束等。算法的确定性就是要保证每一步之后都有关于下一步动作的指令，不能缺乏下一步指令（被锁住）或仅仅有模糊不清的指令。

（5）算法的有穷性。算法的执行必须在有限步内结束。也就是说，算法不能含有死循环。注意，算法由有限条指令所组成这一事实本身并不能保证算法执行的有穷性，在设计算法时，应该关注算法的结束条件。

以上的基本性质涉及算法的输入、输出、可行性、确定性和有穷性等多个方面，这些方面有助于人们对算法这个概念的准确理解。

1.2.2 算法设计

算法设计与算法分析是计算机科学的核心问题。算法设计是求解问题时必须考虑的，其任务是对各类具体问题设计求解的方法和过程。算法设计既是一门科学，也是一门艺术，具体问题具体分析，没有解决一切问题的万金油。但人们在长期实践中也总结了一些常用算法设计技巧，包括穷举法（enumeration）、分治法（divide and conquer）、贪心法（greedy）、动态规划法（dynamic programming）、回溯法（back track）和分支限界法（branch and bound）等。

下面对各种常用的算法设计技巧给予简单的介绍。

1. 穷举法

穷举法也称为枚举法，其基本思想是将问题空间的所有求解对象一一列举出来，然后逐一加以分析、处理，并验证结果是否满足给定的条件。穷举完所有对象后，问题将最终得以解决。穷举法具有以下特点：

（1）对象应该是有限的，有明显的穷举范围；

（2）有穷举规则，可按照某种规则列举对象；

（3）一时找不出解决问题的更好途径。

一般而言，对一个问题空间进行全局的穷举，往往很浪费时间，效率上难以满足要求，但在问题的局部采用穷举法还是很有效的。

2. 分治法

分治法的设计思想很朴素，其要点是在遇到一个难以直接解决的大问题时，将其分割成一些规模较小的子问题，以便各个击破，分而治之，然后把各个子问题的解合并起来，得出整个问题的解。分治法是一种自顶向下的设计方法。

如果原问题可以分割成若干子问题，这些子问题都可解，并且可以利用这些子问题的解求出原问题的解，那么这种分治法是可行的。由分治法产生的子问题往往是原问题的较小规模，在这种情况下，反复应用分治手段，可以使问题的规模不断缩小，最终缩小到容易直接求解的规模，这自然会导致递归过程的产生。分治法和递归法如同一对孪生兄弟，经常同时应用在算法设计之中，并由此产生很多高效算法。

3. 贪心法和动态规划法

贪心法的基本思想是从问题的初始状态出发，依据某种贪心标准，通过若干次的贪心选择而得出最优值（或较优解）。贪心法并不是从整体上考虑问题，它所做出的选择只是在某种意义上的局部最优解，寄希望于由局部最优解构建全局最优解。选择能产生问题的最优解的最优度量标准是使用贪心法的核心问题。

比贪心法更为一般的动态规划法通常也用于求解具有某种最优性质的问题。当一个问题的解可以看成一系列判定的结果时，可以利用动态规划方法设计其求解算法。在这类问题中，可能会有许多可行解，希望从中找出具有最优值的解。动态规划法与分治法类似，其基本思想也是将待求解问题分解为若干个子问题，先求解子问题，然后从这些子问题的解得到原问题的解。与分治法不同的是，适合用动态规划求解的问题，经分解得到的子问题往往不是互相独立的。若用分治法来解这类问题，则分解得到的子问题数量太多，有些子问题被重复计算很多次。如果能够保存已解决的子问题答案，而在需要时利用这些已求得的答案，就可以避免大量的重复计算，节省时间。一般用一个表来记录所有已解决的子问题得答案。不管子问题以后是否被用到，只要它被计算过，就将其结果填入表中，这就是动态规划法的基本思路。

4. 回溯法和分支限界法

回溯法也称为试探法，该方法的基本思想是将问题的候选解按照某种顺序逐一枚举和检验，来寻找一个满足预定条件的解。当发现当前候选解不可能是解时，就回退到上一步重新选择下一个候选解。如果当前候选解还不满足问题规模要求，但是满足所有其他要求，那么继续扩大当前候选解的规模，并继续试探。如果当前候选解满足包括问题规模在内的所有要求时，该候选解就是问题的一个解。在回溯法中，放弃当前候选解，寻找下一个候选解的过程称为回溯。扩大当前候选解的范围，以继续试探的过程称为向前试探。

分支限界法常以广度优先或以最小耗费（最大效益）优先的方式搜索问题的解空间树。在分支限界法中，每一个活结点只有一次机会成为扩展结点。活结点一旦成为扩展结点，就一次性产生其所有儿子结点。在这些儿子结点中，导致不可行解或导致非最优解的儿子结点被舍弃，其余儿子结点被加入活结点表中。此后，从活结点表中取下一结点成为当前扩展结点，并重复上述结点扩展过程。这个过程一直持续到找到所需的解或活结点表为空时为止。

回溯法与分支限界法的不同如下：

（1）求解目标不同。回溯法的求解目标是找出解空间树中满足约束条件的所有解，而分支限界法的求解目标则是找出满足约束条件的一个解，或是在满足约束条件的解中找出在某种意义下的最优解。

（2）搜索方式不同。回溯法以深度优先的方式搜索解空间树，而分支限界法则以广度优先或以最小耗费优先的方式搜索解空间树。

1.3 算 法 分 析

这一节将介绍算法分析的基础知识，重点是分析执行算法时计算机所必须使用的时空资源。解决同一个问题总是存在着多种算法，而算法设计者需要在所花费的时间和所使用的空间资源两者之间折中，采用某种以空间资源换取时间资源的策略。通过算法分析，可以判断所提出的算法是否可行。本节将引入增长率函数、算法的增长率估计以及算法复杂度等概念，并引入渐进分析方法。

1.3.1 算法的渐进分析

一般情况下，用来表示数据规模和时间关系的函数都相当复杂。计算这样的函数时通常只考虑大的数据，而那些不能显著改变函数量级的部分都可以忽略，其结果就是原函数的一个近似值，这个近似值在数据规模很大时会足够接近原值。这种方法称为渐进算法分析（asymptotic algorithm analysis）方法，简称渐进分析。例如下面的这个函数：

$$f(n) = n^2 + 100n + \log_{10} n + 1000$$

在 n 的取值很小时，例如为 1 时，最后的常数项 1000 对函数值的贡献最大；当 n=10 时，第 2 项 $100n$ 和最后的 1000 具有相同的贡献；当 n 达到 100 时，前两项的贡献相同；但当 n 大于 100 后，第 2 项的贡献就小于第 1 项，而且 n 越大，第 2 项对函数值而言就越微不足道。

由于第 1 项是二次增长的，当 n 取值很大时，函数的取值主要依赖于第 1 项的贡献。从这个例子可以看出，算法的渐进分析使用的是唯物辩证法中矛盾论的思想，即我们要抓住主要矛盾，忽略次要矛盾。

渐进分析是对资源开销的一种不精确的估计，它提供的是对算法所需资源开销进行评估的简单化模型，以便把注意力集中在最重要的部分。应该注意的是，并非所有的情况下都可以忽略常数部分。当算法要解决的问题规模很小时，各项系数和常数项就会起到举足轻重的作用，如同上面的函数所示。因此，用于上万个数的排序算法也许并不适用于仅对 10 个数的排序。

1. 大 O 表示法

渐进分析最常用的表示方法是估计函数的增长趋势，采用由 Paul Bachmann 于 1894 年引入的大 O 表示法。假设 f 和 g 为从自然数到非负实数集的两个函数。

【定义 1.1】如果存在常数 c 和正整数 N，使得对任意的 $n \geq N$，都有 $f(n) \leq cg(n)$，则称 $f(n)$ 在集合 $O(g(n))$ 中，或简称 $f(n)$ 是 $O(g(n))$ 的。

该定义说明了函数 f 和 g 之间的关系，即可以表达成函数 $g(n)$ 是函数 $f(n)$ 取值的上限（upper bound），也可以说函数 f 的增长最终至多趋同于 g 的增长。

因此，大 O 表示法提供了一种表达函数增长率上限的方法。换言之，若某种算法在 $O(g(n))$ 中只是表明了该算法最多会差到何种程度。当然，一个函数增长率的上限可能不止一个。例如，一个在集合 $O(n)$ 中的函数也一定在集合 $O(n^2)$ 中，同时也在集合 $O(n^3)$ 中。大 O 表示法给出了所有上限中最小的那个上限。

下面列出了大 O 表示法所具有的某些有益特性，可在计算算法效率时使用。

（1）如果函数 $f(n)$ 是 $O(g(n))$ 的，$g(n)$ 是 $O(h(n))$ 的，则 $f(n)$ 是 $O(h(n))$ 的。

（2）如果函数 $f(n)$ 是 $O(h(n))$ 的，$g(n)$ 是 $O(h(n))$ 的，则 $f(n)+g(n)$ 是 $O(h(n))$ 的。

（3）函数 an^k 是 $O(n^k)$ 的，符号 a 表示不依赖于 n 的任意常数。

（4）若 $f(n)=cg(n)$，则 $f(n)$ 是 $O(g(n))$ 的。

（5）对于任何正数 a 和 b，且 $b\neq1$，函数 $\log_a n$ 是 $O(\log_b n)$ 的，即任何对数函数无论底数为何值，都具有相同的增长率。

（6）对任何正数 $a\neq1$，都有 $\log_a n$ 是 $O(\log_2 n)$ 的。本书把 $\log_2 n$ 简写为 $\log n$。

常见的上限 $g(n)$ 有以下若干种，表达式中的符号 a 是不依赖于 n 的任意常数，$\text{rate}_{n\to\infty} f(n)$ 表示 n 趋于无限大时函数 $f(n)$ 的极限：

（1）$g(n)=1$，常数函数，不依赖于数据规模 n。

（2）$g(n)=\log n$，对数函数，它比线性函数 n 增长慢。

（3）$g(n)=n$，线性增长，随着数据规模 n 而增长。例如：

$$\text{rate}_{n\to\infty}(n\text{ 个 }a\text{ 相加})=\text{rate}_{n\to\infty}(n\times a)=O(n)$$

（4）$g(n)=n^2$，二阶增长，例如：

$$\text{rate}_{n\to\infty}(1+2+3+\cdots+n)=\text{rate}_{n\to\infty}(n\times(n+1)/2)=O(n^2)$$

（5）$g(n)=n\log n$，其增长率的阶数低于二阶，但高于一阶线性。例如：

$$\text{rate}_{n\to\infty}\sum_{i=1}^{\log n}\sum_{j=1}^{n}a=O(n\log(n))$$

这种 $n\log n$ 型的渐进式一般出现在树形数据结构算法中。

（6）$g(n)=a^n$，指数增长，随数据规模 n 快速增长。

这种指数型的渐进式往往出现在递归定义的函数计算中。值得注意的是，指数增长的渐进式比任何高次的多项式函数如 n^3、n^4 都增长得更快。

这些渐进式的函数曲线，在 n 很大的时候其大小差别非常大。举例来说，令时间单位为 μs，在 n 等于 1000 时，对于线性增长率，时间开销 $T(n)=n$ 为 1000μs，即 1ms；而对二次增长率 $T(n)=n^2$，其时间开销是 10^6 μs，即 1s；对三次增长率的 $T(n)=n^3$ 而言，其时间开销就是 1000s（约 16min）。对于指数型的增长率 $T(n)=2^n$，所花费的时间约为 10^{286} 年，而迄今地球的年龄还不超过 10^{10} 年。具有指数增长率的算法简称指数爆炸型算法，在应用时需要谨慎使用。

2. Ω 表示法

大 O 表示法给出了函数增长率的上限。与此相对，还有 Ω 表示法，Ω 读作"欧米伽"（omega）。其定义如下：

【定义1.2】如果存在常数 c 和正整数 N，使得对所有的 $n\geqslant N$，都有 $f(n)\geqslant cg(n)$，则称函数 $f(n)$ 在集合 $\Omega(g(n))$ 中，或简称 $f(n)$ 是 $\Omega(g(n))$ 的。

此定义说明了 $cg(n)$ 是函数 $f(n)$ 取值的下限（lower bound），也可以说函数 $f(n)$ 的增长最终至少是趋同于函数 $g(n)$ 的增长。

大 O 表示法和 Ω 表示法的唯一区别在于不等式的方向不同。相比于大 O 表示法，Ω 表示法是在函数增值率的所有下限中最大的下限。

3. Θ 表示法

大 O 表示法和 Ω 表示法描述了某一函数增长的上限和下限。当上下限相同时，则可以用 Θ （读作"希塔"）表示法。如果一个函数既在集合 $O(g(n))$ 中又在集合 $\Omega(g(n))$ 中，则称其为 $\Theta(g(n))$，即存在正常数 c_1、c_2 以及正整数 N，使得对于任意的正整数 $n>N$ 有下列两不等式同时成立：

$$c_1 g(n) \leqslant f(n) \leqslant c_2 g(n)$$

此定义具体给出了下限估计和上限估计两种估计式。例如：

$$f(n) = 100 \times n^2 + 5 \times n + 500$$

令 $g(n) = n^2$，此时存在常数 $c_1 = 100$，$c_2 = 105$，$N = 10$，当 $n > N$ 时，

$$c_1 g(n) \leqslant f(n) \leqslant c_2 g(n)$$

成立。因此可以说 $f(n)$ 为 $\Theta(n^2)$。

4. 渐进分析的实例

通过对算法所需要的时间和空间代价的估算，渐进分析方法可以衡量算法的复杂度。实际上，大多数情况下，算法的时间复杂度是根据算法执行过程中需要实施的赋值、比较等基本操作的次数来衡量的。

下面举几个典型的例子进行分析。

【例 1.4】对数组中的各个元素求和：

```
for(i=sum=0;i<n;i++)
    sum+=a[i];
```

上述算法主要的操作为赋值运算，因此该算法的时间代价主要体现在赋值操作的数目上。在循环开始之前分别对 sum 和 i 进行一次赋值操作；循环进行了 n 次，每次循环中执行两次赋值，分别对 sum 和 i 进行更新操作。总共 $2+2n$ 次赋值操作，其渐进时间复杂度为 $O(n)$。

在循环中嵌套循环，其复杂度会相应增大。

【例 1.5】依次求出给定数组的所有子数组中各元素之和：

```
for(i=0;i<n;i++)
    for(j=1,sum=a[0];j<=i;j++)
        sum+=a[j];
```

循环开始前，有一次对 i 的赋值操作。之后，外层循环共进行了 n 次，每个循环中包含一个内层循环以及对 i、j、sum 分别进行赋值的操作；每个内层循环执行两个赋值操作，分别更新 sum 和 j；共执行 i 次（$i=1,2,\cdots,n-1$）。因此，整个程序总共执行的赋值操作为

$$1 + 3n + \sum_{i=1}^{n-1} 2i = 1 + 3n + 2(1 + 2 + \cdots + n - 1)$$

$$= 1 + 3n + n(n-1) = O(n) + O(n^2) = O(n^2)$$

一般情况下，循环中嵌套循环会增加算法的复杂度，但也并非总是如此。例如，在上面

的实例中，如果只对每个子数组的前 5 个元素求和，则对应的代码可采用下面的方式：

```
for(i=4;i<n;i++)
    for(j=i-3,sum=a[i-4];j<=i;j++)
        sum+=a[j];
```

此时，外层循环进行 $n-4$ 次。对每个 i 而言，内层循环只执行 4 次，每次的操作次数与 i 的大小无关，即每次内循环 j 和 sum 分别进行 4 次赋值操作。外加对 i、j 和 sum 的初始化，整个代码总共进行 $O(1+3(n-4)+8(n-4))=O(n)$ 次赋值操作。尽管存在嵌套循环，但算法的整体时间复杂度依然呈线性增长。

如果算法在常数时间把问题的规模按照某个分数分解（一般是 1/2），那么该算法的复杂度为对数级别 $O(\log n)$ 的。

【例 1.6】有如下代码：

```
for(i=1;i<=n;)
    i=i*2;
```

在循环开始之前有一次对 i 的赋值操作，初始时 $i=1$，然后在接下来的每次循环中，对 i 执行一次赋值操作，i 分别为 $2,4,8,\cdots$。假设循环进行了 k 次，在第 k 次循环后 $2^k>n$，循环结束。因此，整个程序总共执行的赋值操作次数为

$$1+k\approx 1+\log n=O(\log n)$$

【例 1.7】有如下代码：

```
for(i=1;i<=n;i++)
    for(int j=1;j<=n;j+=i)
        cout<<'*';
```

在上面的程序中，外层循环 n 次，每次对 i 赋值一次以及执行一次内层循环；内层循环约执行 $\dfrac{n}{i}$ 次，每次对 j 赋值加 i 一次。因此，整个程序的赋值操作次数为

$$1+n+\sum_{i=1}^{n}\left(1+\frac{n}{i}\right)=1+n+\left(n+\frac{n}{2}+\frac{n}{3}+\cdots+\frac{n}{n}\right)=O(n\log n)$$

其中，$\displaystyle\sum_{i=1}^{n}\frac{n}{i}=n+\frac{n}{2}+\frac{n}{3}+\cdots+\frac{n}{n}$ 是调和级数，收敛于 $n\log n$。

【例 1.8】有如下程序段：

```
int i=1,s=1;
while(s<=n){
    i++;
    s=s+i;
}
```

在这段代码中，循环开始前分别对 s 和 i 赋值，一共两次赋值操作。然后在循环体中根据方程式 $s_i=s_{i-1}+i$ 来定义 s，每次迭代时进行两次赋值操作，分别是 i 增加 1 和 s 以步长 i 增加，所以在第 k 次迭代时，s 的值是 i 的累加和。假设循环进行了 k 次，在循环终止时应该满足条件：

$$1+2+\cdots+k=\frac{k(k+1)}{2}>n$$

因此，整个程序总共进行的赋值操作次数为

$$2 + 2k = 2 + 2O(\sqrt{n}) = O(\sqrt{n})$$

【例 1.9】 在递归问题的复杂度分析中，时间复杂度体现在递归调用函数的总次数乘以每次递归中执行基本操作的次数。下面以 Fibonacci 数列为例分析递归算法复杂度。Fibonacci 数列的递归定义如下：

$$f(n) = \begin{cases} 0, & n=0 \\ 1, & n=1 \\ f(n-1) + f(n-2), & n>1 \end{cases}$$

Fibonacci 数列的递归函数如下：

```
int Fib (int n) {
  if(n==0)
    return 0;
  if(n==1)
    return 1;
  return Fib(n-1)+Fib(n-2);
}
```

根据程序代码可知，当 n 大于等于 2 的时候，递归调用函数自身。下面以输入 $n=5$ 为例，分析算法的时间复杂度。

从图 1.5 所示二叉树可以看出，层数 h 为 $n-1$（层数从 0 开始），二叉树的结点总数即为调用函数的次数，每层的结点数最多为 2^h，故时间复杂度为

$$2^0 + 2^1 + 2^2 + \cdots + 2^{n-1} = 2^n - 1 = O(2^n - 1) = O(2^n)$$

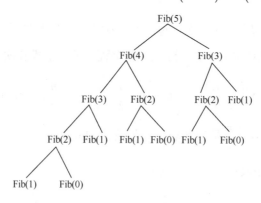

图 1.5　递归函数调用关系图

另外，对排序算法而言，主要时间开销体现在比较和交换（或移动）等操作上，具体可参考第 6 章的算法分析。

1.3.2　最好、最坏和平均情况

对于某些算法，即使问题的规模相同，如果输入数据不同，其时间复杂度也不同。换言之，算法的渐进分析往往无法独立于输入数据的状态而进行。这是因为算法实际执行的操作往往依赖于算法中分支条件的走向，而这些分支走向又取决于输入数据的取值。因此，在算

法进行渐进分析时，会根据输入数据的取值分情况进行，以便确切了解各种算法所适用的情况以及能否在规定的响应时间内完成。

【**例 1.10**】求一个数组的所有有序子数组中最长的一个。在数组[1, 7, 1, 2, 3, 5, 1, 12, 6]中，这个最长有序子数组为[1, 2, 3, 5]，长度为 4。可用以下代码实现：

```
for(i=0,length=1; i<n-1; i++)
    for(j=k=i; k<n-1 && array[k]<array[k+1];) {
        k++;
        if(length<k-j+1)
            length=k-j+1;
    }
```

这段代码的时间代价和数组 array 中元素的实际取值状态相关。根据这些元素的初始状态可以分成以下几种情况：

（1）如果数组 array 中的所有元素是以降序方式输入的，那么外层循环执行 $n-1$ 次，每次内层循环只执行一次，整个的时间开销为 $O(n)$。

（2）如果数组 array 中的所有元素是以升序方式输入的，那么外层循环执行 $n-1$ 次，对于每一个 i，内层循环执行 $n-1-i$ 次，整个的时间开销为 $O(n^2)$。

（3）在大多数情况（即平均情况）下，数组的元素是无序的，既不按照升序也不按照降序输入。下面介绍如何计算平均情况下的算法复杂度。

一般而言，计算平均情况的复杂度应该考虑算法的所有输入情况，确定针对每种输入情况下所需的操作数目。在简单情况下，如果每种输入出现的概率相同，可把针对每种输入的操作数目求和，再除以输入的总数目来得到平均的开销。但是，每种输入的出现概率并非相等的，此时分析平均情况下的复杂度就需要把每种输入出现的概率作为权值加以考虑，即

$$C_{\mathrm{avg}} = \sum_i p(\mathrm{input}_i)\mathrm{steps}(\mathrm{input}_i)。$$

此处，假设可以事先得知输入的概率分布情况。$p(\mathrm{input}_i)$ 为第 i 种输入的出现概率，$\mathrm{steps}(\mathrm{input}_i)$ 为算法处理第 i 种输入时所需的操作或步骤数。当然，所有的概率均为非负数，且满足 $\sum_i p(\mathrm{input}_i) = 1$。

尽管平均情况的复杂度是算法在输入规模为 n 时的典型表现，但平均情况的分析并不总是可行的，因为这需要了解算法的实际输入在所有可能的输入集合中的分布情况。例如，上面例子中获取数组元素的平均分布情况并不是很容易。

以从一个规模为 n 的一维数组中找出一个给定的 K 值为例（假设该数组中有且仅有一个元素的值为 K），顺序检索法将从第一个元素开始，依次检查每一个元素，直到找到 K 为止。

最好情况下，数组中第一个元素为 K，此时只需要检查一个元素即可。

最坏情况下，K 是数组的最后一个元素，此时算法需要检查 n 个元素才能找到 K。

平均情况下，如果 K 出现在数组中的每个位置上的概率相等，即 K 在每个单元中的概率均为 $\dfrac{1}{n}$，平均需要 $\dfrac{1+2+\cdots+n}{n} = \dfrac{n+1}{2}$ 次比较才能找到。

概率不相等时，例如出现在第 1 个位置的概率为 $\dfrac{1}{2}$，第 2 个位置上的概率为 $\dfrac{1}{4}$，而出现在其他位置的概率相等，即

$$\frac{1-\dfrac{1}{2}-\dfrac{1}{4}}{n-2}=\frac{1}{4(n-2)}$$

则查找 K 平均需要

$$\frac{1}{2}+\frac{2}{4}+\frac{3+\cdots+n}{4(n-2)}=1+\frac{n(n+1)-6}{8(n-2)}=1+\frac{n+3}{8}$$

次比较，比等概率的 $\dfrac{n+1}{2}$ 快将近 4 倍。

由此可见，第 1 种情况是最好的，所需的步骤最少；第 2 种情况所需的步骤最多，是最坏的情形；第 3 种则介于最好和最坏之间。那么分析一种算法时，应该研究最好、最坏还是平均情况呢？一般而言，最好情况发生的概率太小，并不能作为算法性能的代表，但它可以帮助算法设计者或使用者了解某个算法在何种情况下使用。而最坏情况可以让人了解一个算法至少能做多快，这点在实时系统中尤其重要。例如，在空运处理系统中，一个绝大部分情况下能管理 n 架飞机的算法，如果不能在规定时间内管理 n 架飞机，则该算法是不可接受的。此外，对多数算法而言，最坏情况和平均情况的时间开销的公式虽然不同，但是往往只是常数因子大小的区别，或者常数项大小的区别。

上面 3 种情况的复杂度都相对简单，可以得到很精确的函数关系，但复杂度与数据规模之间的关系并非总是一目了然。尤其是平均情况的复杂性分析往往需要复杂的计算，此时便可以使用前面介绍的大 O、Ω 和 Θ 等渐进分析法。

1.3.3 时间和空间资源开销

对于空间开销，也可以实行类似的渐进分析方法，不过，很多常见算法所使用的数据结构是静态的存储结构。所谓静态的含义是，算法所使用的存储空间在算法执行过程中并不发生变化。一旦输入数据和问题规模确定，它的数据结构大小也就确定下来。对于这种静态数据结构，空间开销的估计往往是容易的，它们或者与所涉及的问题规模成正比（空间开销为线性增长），或者不随问题的规模而增大（空间开销为常数）。本书的后续章节中对这类使用静态数据结构的算法一般将仅限于讨论时间开销。当然，在算法运行过程中有时会有空间开销的增大或缩小，对于这种情况，空间开销的分析和估计是十分必要的。

在算法设计分析中，还涉及一个"时间资源的折中原理"。这个原理可以简述如下：对于同一个问题求解，一般会存在多种算法，而这些算法在时空开销上的优劣往往表现出"时空折中"的特性。"时空折中"是指为了改善一个算法的时间开销，往往可以通过增大空间开销为代价，设计出一个新算法。例如，为了从公司黄页数据表中快速查找公司电话（假设每个公司的名称、地址和电话都存储在数据表中），可以附加一个散列式索引表，其散列函数可以将公司名称快速变换为索引值，通过这个索引值可以读出一个地址，指向存储该公司电话的存储单元。这种散列法增加了索引表的空间开销，但省了时间，用散列函数的简单计算代替了原本耗时的在黄页中逐项进行公司名称的比较操作，时间开销从线性增长改善为常数时间，而空间开销方面则增添了一个线性增长的存储空间。在设计算法时，经常采用这种以空间换时间的办法。为此，就需要对原有存储结构做出修改，或者设计出全新的、更适合逻辑数据结构使用的存储方案。当然，有时也可以牺牲计算机的运行时间，通过增大时间开销来换取存储空间的节省，例如树的顺序存储。

1.4　计算复杂性理论

有两个问题是算法设计的前提：①一切问题都能用计算机解决吗？②一切问题都能用计算机高效地解决吗？问题①涉及可计算理论，这超出了本书讨论的范畴。问题②是算法设计需要关心的问题，即计算复杂性理论。计算复杂性的目标是理解不同算法问题的难度。计算复杂性认为多项式时间是有效的，非多项式时间（指数时间或超指数时间）是困难的。如果一个算法的时间复杂性为 2^n，取输入的规模 $n=100$，该程序的运行时间将几乎是宇宙年龄，这显然是没有意义的。

将计算问题在不同计算模型下所需资源的不同予以分类，从而得到一个算法问题"难度"的类别。一个问题如果在确定性图灵机上所需时间不会超过输入规模的多项式时间，那么我们称这类问题的集合为 P。而将前述定义中的"确定性图灵机"改为"不确定性图灵机"，那么所得到的问题集合为 NP。很容易证明 P 是 NP 的子集。但进一步，$P = \text{NP}$ 还是 $P \subset \text{NP}$？这个问题是计算机科学和数学领域的难题之一。

归约是将不同算法问题建立联系的主要技术手段，用于定义算法问题的相对难度。即对问题 A 和问题 B，我们认为 A 比 B 简单，记为 $A \leqslant B$，就是存在使用 B 问题的解来解决 A 问题的算法 M，且 M 是多项式时间的，这时，我们称 A 可归约于 B。

那么，在一个复杂性问题类中，有没有可能存在"最难的问题"呢？具体的，就是说是不是存在问题 $A \in \text{NP}$，使得对 $\forall B \in \text{NP}$，有 $B \leqslant A$ 呢？如果满足，我们称它是 NP 完备的。库克-列文定理首先证明了布尔表达式的可满足性问题（satisfiability problem，SAT 问题）是 NP 完备的。接下来，理查德·卡普证明了 21 个图论、组合数学中常见的问题都是 NP 完备的。现在，已经有很多个在实践中遇到的算法问题被证明是 NP 完备的。

由 NP 完备的定义，我们知道对其中任何一个问题的多项式算法都将给出所有 NP 问题的多项式算法，也包括所有 NP 完全问题的多项式算法。然而至今仍没有针对任何一个 NP 完全问题的多项式算法，这是一些计算机理论科学家认为 NP≠P 的理由之一。

1.5　最优化问题

在现实世界中，有一类问题非常重要，就是最优化问题。最优化目前成为分析许多复杂决策问题和配置问题的基础工具。它在很大程度上给出了难以解决问题的完美解释，并且给出了必要的简化。应用最优化技术，我们可以解决复杂的决策问题，比如，大量无关变量值的选取可以通过将大量行为决策设计为单一目标来实现。在决策变量值的选择的约束条件下，最大化（或最小化，依赖于不同问题）这一单一目标。如果问题的某一特性可以由一个目标来表示，如商业利润或损失、物理问题的速度或距离、风险投资的预期收益或者政府计划的社会福利，最优化将为分析提供一个可行的方法。

根据最优化问题的目标函数和约束条件的类型，可以将最优化问题划分为线性规划和非线性规划两类。线性规划（linear programming，LP）是运筹学中研究较早、发展较快、应用广泛、方法较成熟的一个重要分支，它是辅助人们进行科学管理的一种数学方法，它是研究线性约束条件下线性目标函数的极值问题的数学理论和方法。而非线性规划是一种求解目标函数或约束条件中有一个或几个非线性函数的最优化问题的方法。线性规划是运筹学的一个重要分支，广泛应用于军事作战、经济分析、经营管理和工程技术等方面。为合理地利用有限的人力、物力、财力等资源做出最优决策，提供科学的依据。本书在后面章节中详细介绍了如何应用基本的单纯形法来求解线性规划问题。在线性规划问题中，有些最优解可能是分数或小数，但对于某些具体问题，常要求某些变量的解必须是整数。例如，当变量代表的是机器的台数、工作的人数或装货的车数等。为了满足整数的要求，看起来似乎只要把已得的非整数解舍入化整就可以了。实际上化整后的数不一定是可行解和最优解，所以要用特殊的方法来求解整数规划。在整数规划中，如果所有变量都限制为整数，则称为纯整数规划；如果仅一部分变量限制为整数，则称为混合整数规划。整数规划的一种特殊情形是 01 规划，它的变量仅限于 0 或 1。不同于线性规划问题，整数和 01 规划问题至今尚未找到一般的多项式解法。

另外，根据最优化问题的变量连续性，还可以将最优化问题划分为两类：一类是连续变量的问题，另一类是离散变量的问题。具有离散变量的问题，我们称它为组合问题。在连续变量的问题里，一般是求一组实数，或者一个函数；在组合问题里，是从一个无限集或者可数无限集里寻找一个对象，比如一个整数、一个集合、一个排列或者一个图。一般地，这两类问题有很多不同的特点，求解它们的方法也不同。

本书的后面章节中将简要介绍整数规划、非线性规划和组合优化的求解方法。

1.6　随机算法和近似算法

很多情况下，算法的求解质量和求解时间或空间是矛盾的，也就是说，追求精确的解意味着时间或空间复杂度太高而不可行。这时，我们需要在矛盾中寻找平衡，对 NP 难问题更是如此。大量证据表明 NP≠P，这意味着对 NP 完全问题来说，找到多项式时间的有效算法似乎是不可能的，因此必须选择寻找现实的解决方案。近似算法和随机算法作为确定性算法的补充，在很多实际问题中发挥着重大的作用。

1.6.1　随机算法

在日常工作中，经常需要使用随机算法。比如面对大量的数据，需要从其中随机选取一些数据来做分析。又如在得到某个分数后，为了增加随机性，需要在该分数的基础上，添加一个扰动，并使该扰动服从特定的概率分布（伪随机）。随机算法是一个概念图灵机，也就是在算法中引入随机因素，即通过随机数选择算法的下一步操作。

在我们的生活中，人们经常会去掷骰子来看结果，投硬币来决定行动，这就牵涉到一个问题——随机。计算机为我们提供了随机方法（部分计算器也提供了），那么对于有些具有瑕疵的算法，如果配上随机化算法，可以得到意想不到的结果。这种算法看上去是凭着运气做事，其实，随机化算法是有一定理论基础的。可以想象，在[1,10000]这个闭区间里，随机 1000 次，随机到 2 这个数的概率是多大（约为 0.1），何况 1000 次的随机在计算机程序中仅仅是一眨眼的工夫。可以看出，随机化算法有着广阔的前景。

下面再给一个例子。比如一个长度在 4～10 的字符串，需要判定是否可以在字符串中删去若干字符，使得改变后字符串形式符合以下条件之一：①AAAA；②AABB；③ABAB；④ABBA。例如长度为 6 的字符串 "POPKDK"，若删除其中的 "O" "D" 两个字母，则原串变为"PPKK"，符合条件②AABB。要求解这个问题很容易让人想到一种算法：运用排列组合，即枚举 4 个字母，然后逐一判断。算法是可行的，但是如果题目中加上一句话，即"需要判断 n 个字符串且 $n \leqslant 100000$"，那么这样的耗时是让人不能忍受的（这里是指通常要求算法的普遍运算时间为 1000ms），因为枚举的过程是非常浪费时间的。这个问题可以借助于随机化算法，计算在 10 个字符中取 4 个字符一共有多少种取法：$C_{10}^4 = 210$。那么很容易得知，随机化算法如果随机 300 次，能得到的结果基本上就正确了（概率为 $1-(209/210)^{300}$，约为 0.76），而随机的时间消耗是 $O(1)$，只需要判断没有随机重复即可，判重的时间复杂度也为 $O(1)$，并且最多随机 300 次，这样就可以得到答案，最大运算次数为 $O(300n)$，这是在计算机的承受范围内（1000ms）的。

从这里就能看出，随机化算法是一个很好的概率算法，但是它并不能保证正确，而且它单独使用的情况很少，大部分是与其他的算法如贪心、搜索等配合起来运用。

1.6.2　近似算法

近似算法是指能够在多项式时间内给出优化问题的近似优化解的算法。近似算法不仅可用于近似求解 NP 完全问题，也可用于近似求解复杂度较高的 P 问题。近似算法包括贪心法、本地搜索法、动态规划法、线性规划法、分支限界法、启发式方法等，本书中主要介绍常用的贪心法和动态规划法。

贪心法（又称贪婪算法）是指在对问题求解时，总是做出在当前看来是最好的选择，即不从整体最优上加以考虑，所做出的仅是在某种意义上的局部最优解。尽管贪心法不是对所有问题都能得到整体最优解，但是依然是有用的，因为常常可以得到近似最优的解。在贪心法中要逐步构造一个最优解。每一步都在一定的标准下做出一个最优决策。每一步做出的决策，在以后的步骤中都不可更改。应用贪心法可以求解一系列最优化问题，如装箱问题、拓扑排序问题、最短路径问题和最小代价生成树等。

与贪心法不同，动态规划法是一种通过把原问题分解为相对简单的子问题的方式求解复杂问题的方法。动态规划法通常用于求解具有某种最优性质的问题。在这类问题中，可能会有许多可行解。每一个解都对应于一个值，我们希望找到具有最优值的解。动态规划法与分治法类似，其基本思想也是将待求解问题分解成若干个子问题，先求解子问题，然后从这些子问题的解得到原问题的解。该算法可应用于多种具体场景，如集合覆盖问题、最长公共子序列问题、矩阵连乘问题、凸多边形最优三角剖分问题、电路布线问题等。

1.7　数据结构与算法中的唯物辩证法

哲学是对基本和普遍之问题进行研究的学科，是具有严密逻辑系统的世界观。哲学是人类智慧的最高形式。哲学研究整个世界，揭示整个世界发展的一般规律；科学针对某一个特定领域，为人们认识世界、改造世界提供具体方法的指导。马克思主义哲学是当今世界最先进的哲学，是迄今哲学发展的最高阶段。唯物辩证法是马克思主义哲学的基本方法，用唯物辩证法思考数据结构与算法，可以提高对相关知识点本质的认识。

1. 物质与意识

物质是标志客观实在的哲学范畴，意识是人脑对物质的反映，是客观世界的主观映像。

数据结构和算法都是人类对物质世界的反映，是意识的；数据结构和算法都依托于计算机物理实现，其物理存储和编码是物质的。物质与意识和数据结构与算法的对应关系如图 1.6 所示。

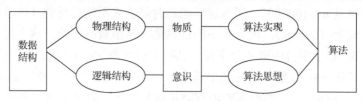

图 1.6　物质与意识和数据结构与算法的对应关系

2. 普遍联系和永恒发展

唯物辩证法认为世界是普遍联系和永恒发展的。联系是事物内部诸要素之间及事物之间相互依赖、相互制约、相互影响和相互作用的关系。世界是永恒发展的，发展是过程的集合体，是前进性的运动，是一切事物和现象的根本法则。但是，具体的联系方式和发展形式不是哲学的范畴。而数据结构与算法就是研究普遍联系和永恒发展的科学，如图 1.7 所示。其中，数据结构是普遍联系的抽象，不同的数据结构类型代表世界的不同联系方式；算法反映了世界的发展规律，世界上各种事物的发展都有自己的算法。

图 1.7　数据结构与算法体现了世界的普遍联系和永恒发展

3. 整体与部分

整体与部分相互依赖，互为存在和发展的前提。整体由部分组成，离开了部分，整体就不能存在。整体对部分起支配、统率、决定作用，部分的变化也会影响到整体的变化。数据结构与算法研究的重要课题就是整体与部分的关系。例如一个问题与它的子问题有递归关系，就可以用分而治之的策略加以解决，如图 1.8 所示。

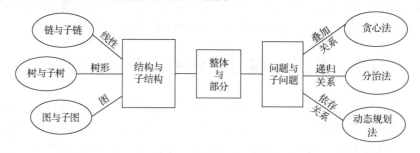

图 1.8　数据结构与算法中的部分与整体

4. 对立统一

矛盾指事物之间和事物内部各要素之间既相互对立又相互统一的关系。同一性是指矛盾双方之间相互联系、相互吸引的性质和趋势，是相对的；斗争性是指矛盾双方之间相互分离、相互排斥的性质和趋势，其形式多种多样，是绝对的。在数据结构与算法中处处体现了对立统一的思想。例如，数据结构与算法是对立统一的：数据结构对算法的实现产生了约束；算法的实现反过来要求采用相适应的数据结构。

同时，在算法设计和分析过程中，要抓住主要矛盾和次要矛盾。例如对于 NP 难（NP-hard）问题，算法的效率就是主要矛盾，这时我们只能牺牲算法的求解质量，用近似算法或随机算法获得有效的算法运行时间（图 1.9）。因为在这种情况下执行精确求解算法所花费的时间可能是数百年，不存在任何现实意义。

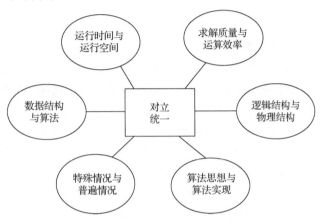

图 1.9 数据结构与算法中的对立统一

1.8 本书的内容及组织形式

和大部分数据结构与算法的教材不同，本书力图阐述较为完整的数据结构与算法的知识体系，针对本科学习的特点，供教师和学生选择性教学和学习。具体来说，本书包含以下四个部分的内容。

1. 数据结构

本部分讲述基本数据结构的逻辑构成、存储表示及增、删、改、查等基本操作。

线性结构：线性表、栈与递归、队列、字符串。递归是算法实现的一个重要手段，其实现与栈有着密切的联系，因此在此部分阐述。

树和二叉树：树的存储、树与二叉树的关系、二叉树的存储、二叉树的遍历、线索二叉树；基于树和二叉树的常用算法，包括二叉搜索树、堆等。

图：图的存储、图的遍历；基于图的常用算法，包括最短路径、最小生成树等。

散列表：散列函数、散列冲突的处理等。

2. 基础算法

本部分讲述最常用的两类基础算法。

查找算法：静态查找，包括顺序查找、折半查找、分块查找等；动态查找，包括 B 树、B+树等。

排序算法：插入排序、希尔排序、冒泡排序、选择排序、快速排序、归并排序、基数排序等。

3. 算法进阶

本部分在前两部分的基础上做了必要的补充，讲述算法设计的常用技术、计算复杂性理论和一些相对高级的算法。这对使用数据结构和算法解决很多现实问题是非常重要的。

算法设计技术：分治法、贪心法、动态规划法、回溯法、分支限界法。

计算复杂性理论：P 问题和 NP 问题、NP 完备性。

高级算法：矩阵分解、红黑树、决策树、频繁项集、最大流、社区发现、文本压缩算法等。

4. 高级进阶

本部分涉及算法领域更高级的知识，包括最优化问题、随机算法、近似算法等。需要说明的是，这几类问题内容非常广泛，每个问题都可以单独作为一门课程。这里只介绍一些基本概念和方法，帮助读者扩展知识面，为进一步深入学习和研究算法奠定基础。

其中第 1 部分和第 2 部分是大部分高校数据结构与算法教学大纲的内容，需要学生深入学习，掌握这些基本概念和方法并且能够熟练地用程序设计语言实现。第 3 部分介绍的算法设计方法、计算复杂性理论及一些重要的算法对解决实际问题非常有帮助，建议学生花一定的时间学习和掌握它们。第 4 部分涉及的内容非常广泛，有一定的深度，这里做了些入门性的介绍，有余力的学生可以熟悉它们，为进一步深入学习打好基础。

总之，本书内容的设计既有深度又有广度，学生可以根据自身的情况自由选择学习内容，教师也可以根据需要灵活地设计教学内容，因材施教。

习 题

1．简述逻辑结构与存储结构的关系。

2．数据的逻辑结构分为线性结构和非线性结构两大类。线性结构包括数组、链表、栈、队列等，非线性结构包括树、图等。这两类结构各自的特点是什么？

3．度量一个算法的执行时间通常有几种方法？各有何优缺点？

4．分析下面函数的时间复杂度。

```
void func(int n){
  int i=1,k=100;
  while (i<n)
    k++;i+=2;
}
```

5．设 n 是偶数且有程序段：

```
for(i=1;i<=n;i++)
  if(2*i<=n)
    for(j=2*i;j<=n;j++)
      y=y+i*j;
```

则"y=y+i*j"的执行次数是多少？要求列出计算公式。

6．将下列函数按它们在 $n \to \infty$ 时的无穷大阶数从小到大排列：

$n,\ n-n^3+7n^5,\ n\log n,\ 2^{n/2},\ n^3,\ \log n,\ n^{1/2}+\log n,\ (3/2)^n,\ n!,\ n^2+\log n$

7. 设 $n \geqslant 10$，分析下面程序段的时间复杂度。

```
for(int i=10;i<n;i++){
  i=j=k=0;
  while(j+k<=i){
      if(j>k)
        k++;
      else
        j++;
  }
}
```

8. 设 $a[0:n-1]$ 是有 n 个元素的数组，$k(0 \leqslant k \leqslant n-1)$ 是一个非负整数。设计一个算法将子数组 $a[0:k-1]$ 和 $a[k:n-1]$ 换位。要求算法在最坏情况下耗时 $O(n)$，且只用到 $O(1)$ 的辅助空间。

科学家小传
——高德纳

高德纳（Donald Ervin Knuth），1938 年 1 月 10 日出生于美国威斯康星州，是美国计算机科学家和数学家，斯坦福大学名誉教授。他的算法与数据结构巨著《计算机程序设计的艺术》被《美国科学家》杂志列为 20 世纪最重要的 12 本物理科学类专著之一，与爱因斯坦的《相对论》、狄拉克的《量子力学》等比肩。也有评论认为其作用与地位可与数学史上欧几里得的《几何原本》相比。还有人称之为"计算机的圣经"。《计算机程序设计的艺术》系列计划出版七卷。第一卷《基本算法》1968 年出版，第二卷《半数字化算法》1969 年出版，第三卷《排序与搜索》1973 年出版，1974 年高德纳因此获得了图灵奖。接下来高德纳暂停了写作，原因是当时计算机排版软件效果太差。他辍笔 10 年，发明了排版软件 TeX 和字形设计系统 METAFONT，为科技文献出版带来了革命性变革。1992 年，他为了潜心写作《计算机程序设计的艺术》，从斯坦福大学提前退休，2011 年，第四卷 A《组合算法》出版。目前这项伟大的工程仍在进行中。高德纳还出版了多部著作，为计算机科学的数学基础、编译技术等做出了巨大贡献。相比这些，高德纳的很多重要贡献只能算是"小创作"了，例如数据结构中的双向链表、KMP 算法，编译技术中 LR(k)文法等。计算机科学中两个最基本的概念——"算法"和"数据结构"就是高德纳 29 岁时提出来的。除了图灵奖，高德纳还获得了很多重要奖项，包括 ACM 软件系统奖、冯·诺伊曼奖等。高德纳这个中文名是唯一华裔图灵奖得主姚期智的夫人、香港城市大学计算机科学系主任姚储枫教授起的。高德纳获图灵奖时 36 岁，迄今仍是最年轻图灵奖获得者纪录的保持者。

第2章 线 性 表

2.1 线性表的概念

唯物辩证法指出：所谓发展，是指事物由简单到复杂、由低级到高级的变化趋势。在学习过程中，我们通常先从相对简单的知识开始。线性表是最简单的数据结构。

2.1.1 线性表的定义

线性表是数学应用在计算机科学中一种简单及基本的数据结构。线性表是 n 个元素的有限序列。在日常生活中，为了简明扼要地表示一批数据之间的内在联系，通常都会选择"表格"。为了能够深入理解线性表的概念以及线性结构的特点，先从实际问题着手，分析"表格"中每一项之间的关系。例 2.1 给出了一个学生基本信息表的例子。

【例 2.1】新生入学时，为了能够让辅导员老师全面掌握学生的信息，学校为每一位辅导员老师提供一份"学生基本信息表"，其表格形式如表 2.1 所示。

表 2.1 学生基本信息表

学号	姓名	所在院系	班级	性别	生源地	出生年月日
20210501	张三	计算机	C10	男	吉林省	2001.12.16
20210502	李四	计算机	C09	男	黑龙江省	2000.01.06
20210503	王五	计算机	C11	女	河南省	2001.12.03
⋮	⋮	⋮	⋮	⋮	⋮	⋮

表 2.1 描述的是学生基本信息之间的关系，可以分析一下该表的整体特点。

（1）表中每一列所包含的数据元素都是相同的，只是数值不同而已；表中的每一行代表一个学生的基本信息，若把每一行看作构成表的基本元素，则表中的所有元素都具有相同的性质。

（2）表中的各行之间存在某种特殊关系，这种关系决定了表中各元素排列的顺序，从而确定了元素在表中的位置。表 2.1 为按照"学号"从小到大的排序，也可以按照班级等排序，但是表的整体结构就会发生变化。所以说，表中的元素之间存在某种特殊的关系，这种特殊关系决定表中元素的顺序以及位置。

（3）表中的每一列（除描述属性行以外）元素都是顺序的，而且都具有唯一的头元素和唯一的尾元素。

上述三点是日常生活中使用的表格的共性，这些共性也就是线性结构的特点，即：

（1）具有唯一的头元素。

（2）具有唯一的尾元素。

（3）除头元素外，集合中的每一个元素均有一个直接的前驱，例如 a_i 的前驱是 a_{i-1}。

（4）除尾元素外，集合中的每一个元素均有一个直接的后继，例如 a_i 的后继是 a_{i+1}。

线性表（linear list）是由具有相同数据类型的 $n(n \geqslant 0)$ 个数据元素组成的一种有限的而且有序的序列，这些元素也可以称为结点或者表目，通常记为

$$\left(a_0, a_1, \cdots, a_{i-2}, a_{i-1}, a_i, \cdots, a_{n-1}\right)$$

其中，n 为表长，$n = 0$ 时称为空表。由线性结构特点可知，a_0 是线性表唯一的头元素，a_{n-1} 是唯一的尾元素，a_{i-1} 是第 i 个元素；a_{i-2} 是 a_{i-1} 的直接前驱，a_i 是 a_{i-1} 的直接后继。当 $2 \leqslant i \leqslant n$ 时，a_{i-1} 只有一个直接的前驱；当 $1 \leqslant i \leqslant n-1$ 时，a_{i-1} 只有一个直接的后继。

线性表在实际生活中的例子很多，如英文字母表(A, B,…, Z)是线性表，表中的每一个字母是一个数据元素；10 个阿拉伯数字的列表(0, 1,…, 8, 9)是线性表，表中的每一个数字是一个数据元素；扑克牌(A, 2,…, K)也是线性表，表中的每一个数据元素代表牌面的值等。

2.1.2 线性表的抽象数据类型

抽象数据类型（abstract data type，ADT）是指用以表示应用问题的数据模型以及定义在该模型上的一组操作。从抽象数据类型的观点来看，一种数据结构即为一个抽象数据类型。一个抽象数据类型由数据部分和操作部分两方面来描述，数据部分描述数据元素和数据元素之间的关系，操作部分根据定义的抽象数据类型应用的需要来确定。

下面用 C++类模板的方法，给出线性表类（名字为 List，模板参数为元素类型 T）的一个抽象数据类型说明。其中，每一个运算都用函数的接口指出其输入/输出参数以及其返回值类型，如例 2.2 所示。

【例 2.2】线性表的数据类型定义。

```
template <class T>
class List{
void Clear();                              //置空线性表
bool IsEmpty();                            //线性表为空时,返回 true
bool Append(const T value);                //在表尾添加元素 value,表的长度加 1
bool Insert(const int p, const T value);   //在位置 p 插入元素 value,表的长度加 1
bool Delete(const int p);                  //删除位置 p 上的元素,表的长度减 1
bool GetValue(const int p, T& value);      //把位置 p 上的元素值返回到变量 value 中
bool SetValue(const int p, const T value); //把位置 p 的元素值修改为 value
bool GetPos(int &p, const T value);        //把值为 value 的元素的位置返回到变量 p 中
};
```

线性表的抽象数据类型并不是唯一的，要根据实际的应用来进行抽象。线性表运算的具体实现与线性表在计算机内的物理存储结构有密切的关系，运算效率也与存储结构密不可分。后面会介绍顺序和链式这两种常用的线性表存储结构。

2.1.3 线性表的主要操作

下面列出常用的线性表上的操作。其中，L 是指定线性表，其数据类型用 List 表示，但它一般按引用型传递给操作，好处有如下几点：首先，可降低参数传递的时间和空间代价；其次，可将对线性表或线性表元素的修改通过参数返回；最后，还可以简化线性表操作的实现。此外，操作中涉及元素的位置用 position 表示，元素的值的数据类型用 DataType 表示。

（1）线性表初始化：void initList(List& L)。

先决条件：线性表 L 已声明但存储空间未分配。

操作结果：动态分配存储空间，构造一个空的线性表 L。

（2）取线性表的第 i 个元素的值：DataType getValue(List& L, int i)。

先决条件：线性表 L 已存在，且 i 满足 $1 \leqslant i \leqslant n$。

操作结果：返回线性表 L 的第 i 个元素的值。

（3）计算线性表的长度：int Length(List& L)。

先决条件：线性表 L 已存在。

操作结果：返回线性表 L 的长度。

（4）线性表的查找：position Search(List& L, DataType x)。

先决条件：线性表 L 已存在，且给定值 x 的数据类型与表元素的数据类型相同。

操作结果：若查找成功，返回找到元素的位置；否则返回失败位置。

（5）线性表的插入：int Insert(List& L, int i, DataType x)。

先决条件：线性表 L 已存在，且参数 i 满足 $1 \leqslant i \leqslant n+1$，给定值 x 的数据类型与表元素的数据类型相同。

操作结果：若插入成功，元素 x 插入到线性表 L 的第 i 个位置，且函数返回 1；若表已满或 i 不合理，函数返回 0。

（6）线性表的删除：int Remove(List& L, int i, DataType& x)。

先决条件：线性表 L 已存在，且整数 i 满足 $1 \leqslant i \leqslant n$。

操作结果：若删除成功，在线性表 L 中移去第 i 个元素，且通过引用参数 x 得到删去元素的值，同时函数返回 1；若删除不成功，函数返回 0。

（7）线性表的遍历：void Traverse(List& L)。

先决条件：线性表 L 已存在。

操作结果：按次序访问线性表 L 中所有元素一次且仅访问一次。

（8）线性表的排序：void Sort(List& L)。

先决条件：线性表 L 已存在。

操作结果：给出线性表中所有元素的排序结果。

以上所提及的操作是逻辑结构上定义的操作。只给出这些操作的功能是"做什么"，至于"如何做"等实现细节，只有确定了存储结构之后才能具体实现。

2.1.4　线性表的存储结构

线性表的存储结构是指为线性表开辟计算机存储空间以及所采用的程序实现方法，本质上是逻辑结构到存储结构的映射。

线性表的存储结构主要有以下两类：

（1）定长的顺序存储结构，又称向量型的一维数组结构，简称顺序表。程序中通过创建数组来建立这种存储结构，它的特点是线性表元素被分配到一块连续的存储空间，元素顺序存储在这些地址连续的空间中，数据元素之间是"物理位置相邻"的。定长的顺序存储结构限定了线性表长度的变化不得超过该固定长度，这是顺序表的不足之处。

（2）变长的线性存储结构，又称链接式存储结构，简称链表。链接式存储结构使用指针，按照线性表的前驱和后继关系将各元素用指针链接起来。变长的线性存储结构对线性表的长度不加限制，当有新的元素加入线性表时，可以通过 new 命令向操作系统申请新的存储空间，并通过指针把新元素链接到合适的位置上。

线性表的这两种存储结构以及运算的具体实现将在 2.2 节和 2.3 节中详细介绍。

2.2 顺 序 表

线性表的顺序存储结构是指用一组地址连续的存储空间依次存储线性表的数据元素。假设线性表的第一个元素 a_1 的存储地址为 $\mathrm{LOC}(a_1)$，每个元素占用 l 个存储单元，则第 i 个元素 a_i 的存储位置如公式（2.1）所示。

$$\mathrm{LOC}(a_i)=\mathrm{LOC}(a_1)+(i-1)\times l,\quad 1\leqslant i\leqslant n \tag{2.1}$$

线性表中第 $i+1$ 个元素的存储位置如公式（2.2）所示。

$$\mathrm{LOC}(a_{i+1})=\mathrm{LOC}(a_i)+l,\quad 1\leqslant i\leqslant n-1 \tag{2.2}$$

线性表的顺序存储结构示意图如图 2.1 所示。

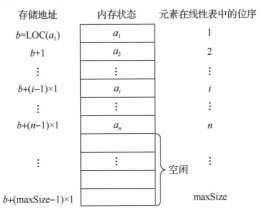

图 2.1　线性表的顺序存储结构示意图

把采用顺序存储结构的线性表简称为顺序表，也称为向量。顺序表有以下主要特征：

（1）元素的数据类型是相同的。

（2）元素顺序地存储在一片地址连续的存储空间中，一个元素按照存储顺序有唯一的索引值，又称为下标，可以随机存取表中的元素。

（3）逻辑关系相邻的两个元素在物理位置上也相邻。

（4）在程序中，数组变量说明语句一般使用常数作为向量长度，长度是静态常数，在程序执行时不变。

例 2.3 给出如何计算线性表中的元素地址。

【例 2.3】 假设 A 为一个具有 10000 个元素的数组，每个元素为 4 字节的实数，若 $A[500]$ 的位置为 1000_{16}，请问 $A[1000]$ 的地址是多少？

解： 本题中需要注意的是 1000_{16} 地址以十六进制表示。

$$\mathrm{LOC}(A[1000])=\mathrm{LOC}(A[500])+(1000-500)\times 4=4096+2000=6096$$

2.2.1　顺序表的实现

根据 2.1.2 节给出的线性表抽象数据类型，下面用 C++ 类模板描述线性表的一种顺序实现，如例 2.4 所示。

【例2.4】 顺序表的类定义。

```cpp
template<class T>                           //线性表的元素类型为 T
class ArrayList : public List<T>{           //定义顺序表 ArrayList
public:
ArrayList(const int size) {                 //构造函数，创建顺序表，表的长度为 size
if(size < 1){
    cout << "Size must be greater than 0";
    throw -1;
  }
maxSize = size;
arrayList = new T[maxSize];
curLen = 0;
position = 0;
}
~ArrayList() {                              //析构函数
delete [] arrayList;
}
void clear() {                             //清空顺序表
delete [] arrayList;
curLen = 0;
position = 0;
arrayList = new T[maxSize];
}
int Length();                              //获取长度
bool Append(const T value);                //在表尾添加元素 value,表的长度加 1
bool Insert(const int p, const T value);   //在位置 p 插入元素 value,表的长度加 1
bool Delete(const int p);                  //删除位置 p 上的元素,表的长度减 1
bool GetValue(const int p, T& value);      //把位置 p 上的元素值返回到变量 value 中
bool SetValue(const int p, const T value); //把位置 p 的元素值修改为 value
bool GetPos(int&p, const T value);         //把值为 value 的元素的位置返回到变量 p 中
int Search(T x);                           //查找与值 x 匹配的元素
private:
T *arrayList;                              //存储顺序表的实例
int maxSize;                              //顺序表实例的最大长度
int curLen;                               //顺序表实例的当前长度
int position;                             //当前处理位置
};
```

1. 顺序表的查找

顺序表的顺序查找操作是参照指定值进行查找。查找过程从前向后，有两种结果：①查找成功，即找到与指定值相等的元素，算法返回找到的存储位置（从 0 算起）；②查找失败，即检查到表尾，没有找到与指定值相等的元素，算法返回-1。顺序表的查找算法如例 2.5所示。

【例 2.5】顺序表的查找算法。

```
template <class T>                       //线性表的元素类型为 T
//在表中顺序查找与值 x 匹配的元素,查找成功则函数返回该元素的位置,否则返回-1
int ArrayList<T>::Search(T x) {
    for (int i = 0; i < curLen; i++)
        if (arrayList[i] == x)
            return i;                    //顺序查找,成功
    return -1;                           //查找失败
};
```

该算法的时间代价用数据比较次数来衡量。在查找成功的情况下,若要找的正好是表中第 1 个元素,该算法比较次数为 1,这是最好情况;若要找的是表中最后的第 n 个元素,该算法比较次数为 n(设表的长度为 n),这是最坏的情况。如果计算平均数据比较次数,需要考虑各个元素的查找概率 p_i 及找到该元素时的数据比较次数 c_i,则查找的平均比较次数(average comparing number,ACN)如公式(2.3)所示。

$$\text{ACN} = \sum_{i=1}^{n} p_i \times c_i \tag{2.3}$$

平均比较次数反映了该算法查找操作的整体性能。如果仅考虑相等概率的情形,则有 $p_1 = p_2 = \cdots = p_n = 1/n$。而且查找第 1 个元素的比较次数为 1,查找第 2 个元素的比较次数为 2,$\cdots$,查找第 i 个元素的比较次数为 i,则平均比较次数如公式(2.4)所示。

$$\text{ACN} = \sum_{i=1}^{n} \frac{1}{n} \times i = \frac{1}{n} \sum_{i=1}^{n} i = \frac{1}{n}(1 + 2 + \cdots + n) = \frac{1}{n} \times \frac{(1+n)n}{2} = \frac{1+n}{2} \tag{2.4}$$

也就是说,查找成功的情况平均要比较 $(n+1)/2$ 个元素,而查找不成功的情况需要把整个表全部检测一遍,算法需要的比较次数达到 n 次。因此,顺序表查找算法的平均时间复杂度为 $O(n)$。

2. 顺序表的插入

顺序表的插入操作是指在顺序表的第 $i-1$ 个数据元素和第 i 个数据元素之间插入一个新的数据元素 b,其结果使长度为 n 的顺序表 $(a_1, \cdots, a_{i-2}, a_{i-1}, a_i, \cdots, a_n)$ 变为长度为 $n+1$ 的顺序表 $(a_1, \cdots, a_{i-2}, a_{i-1}, b, a_i, \cdots, a_n)$,而且元素 a_{i-1} 和 a_i 在逻辑关系上也发生了变化。在顺序表的顺序存储结构中,逻辑上相邻的数据元素物理地址也是相邻的,所以需要将第 i 个元素到第 n 个元素(共 $n-i+1$ 个元素)向后移动一个位置,其插入操作如图 2.2 所示。

a_1	a_2	$\cdots$	a_i	$\cdots$	$\cdots$	a_n	$\cdots$	
0	1	$\cdots$	$i-1$	$\cdots$	$\cdots$	$n-1$	$\cdots$	maxSize-1

a_1	a_2	$\cdots$	b	a_i	$\cdots$	$\cdots$	a_n	$\cdots$	
0	1	$\cdots$	$i-1$	i	$\cdots$	$\cdots$	n	$\cdots$	maxSize-1

图 2.2 顺序表元素插入示意图

由于顺序表是长度固定的线性结构,因此对顺序表进行插入运算时还需要检查顺序表中实际元素的个数,以免因为插入操作而发生溢出现象(即超过所允许的最大长度 maxSize 的值)。顺序表插入算法的实现在例 2.6 中给出。

【例 2.6】在顺序表的某个位置插入元素。

```
template <class T>                              //顺序表的元素类型为 T
bool ArrayList<T> :: Insert(const int p, const T value) {
    if(curLen >= maxSize) {                     //检查顺序表是否溢出
        cout << "The List is overflow" << endl;
        return false;
    }
    if(p < 0 || p > curLen) {                   //检查插入位置是否合法
        cout << "Insertion point is illegal" << endl;
        return false;
    }
    for(int i = curLen; i > p; i--)     {
        //从表尾 curLen-1 处向后移动一个位置直到插入位置 p
        arrayList[i] = arrayList[i-1];
    }
    arrayList[p] = value;                       //位置 p 处插入新元素
    curLen++;                                   //表的实际长度加 1
    return true;
}
```

如图 2.3 所示，为了将元素 25 插入元素 33 前面，需要将位置 3、4、5 上的元素依次向后移一个位置，顺序表的长度变为 7。

位置	数据元素	位置	数据元素
0	45	0	45
1	12	1	12
2	9	2	9
3	33	3	25
4	69	4	33
5	5	5	65
		6	5

（a）插入前 $n=6$　　　　　　（b）插入后 $n=7$

图 2.3　顺序表插入前后变化情况

该算法的执行时间主要消耗在元素的移动操作上。最好的情况下，插入位置为当前线性表的尾部，此时移动次数为 0；最坏的情况下，插入位置为线性表的首部，此时所有 n 个元素均需移动。一般情况下，插入位置为 i 时需要移动其后的 $n-i+1$ 个元素。假设在各个位置的插入概率相等，均为 $p=1/(n+1)$，则平均移动元素的次数如公式（2.5）所示。

$$\sum_{i=1}^{n} p \times (n-i+1) = \frac{1}{n+1} \sum_{i=1}^{n} (n-i+1) = \frac{n}{2} \tag{2.5}$$

即等概率情况下顺序表的插入算法平均需要移动表中元素个数的一半，其平均时间复杂度为 $O(n)$。

3. 顺序表的删除

与顺序表的插入操作相反，顺序表的删除操作是指在顺序表中删除第 i 个数据元素 a_i，

使长度为 n 的顺序表 $(a_1,\cdots,a_{i-1},a_i,a_{i+1},\cdots,a_n)$ 变为长度为 $n-1$ 的顺序表 $(a_1,\cdots,a_{i-1},a_{i+1},\cdots,a_n)$，并且 a_{i-1}、a_i 和 a_{i+1} 之间的逻辑关系也会发生变化，需要把第 $i+1$ 个元素到第 n 个元素（共 $n-i$ 个元素）依次向前移动一个位置，其删除操作如图 2.4 所示。删除运算需要事先检查顺序表是否为空，只有在非空表时才能进行删除操作。顺序表删除算法的实现在例 2.7 中给出。

a_1	a_2	...	a_i	...	...	a_n	...	...
0	1	...	$i-1$	...	...	$n-1$	...	maxSize-1

a_1	a_2	...	a_{i+1}	...	a_n	...	...
0	1	...	$i-1$	...	$n-2$	...	maxSize-1

图 2.4　顺序表元素删除示意图

【例 2.7】删除顺序表中给定位置的元素。

```
template <class T>                    //顺序表的元素类型为 T
bool ArrayList<T> :: Delete(const int p){
    if(curLen <= 0) {                 //检查顺序表是否为空
        cout << "No element to delete" << endl;
        return false;
    }
    if(p < 0 || p > curLen -1) {      //检查删除位置的合法性
        cout << "Deletion is illegal" << endl;
        return false;
    }
    for(int i = p; i < curLen - 1; i++){
        //从删除位置 p 开始每个元素依次向前移动一个位置
        arrayList[i] = arrayList[i+1];
    }
    curLen--;                         //表的实际长度减1
    return true;
}
```

如图 2.5 所示，删除位置 3 上的元素 25，需要将位置 4、5、6 上的元素依次向前移动一个位置，顺序表长度变为 6。

位置	数据元素		位置	数据元素
0	45		0	45
1	12		1	12
2	9		2	9
3	25		3	33
4	33		4	69
5	69		5	5
6	5			

（a）删除前 $n=7$　　　　　　（b）删除后 $n=6$

图 2.5　顺序表删除前后变化情况

删除操作的时间复杂度分析与插入操作的时间复杂度分析类似，其执行时间主要消耗在元素的移动操作上。一般情况下，删除第 i 个数据元素，需要移动其后的 $n-i$ 个元素。假设在各个位置的删除概率相等，均为 $q=1/n$，则平均移动元素的次数如公式（2.6）所示。

$$\sum_{i=1}^{n} q \times (n-i) = \frac{1}{n} \sum_{i=1}^{n} (n-i) = \frac{n-1}{2} \tag{2.6}$$

由此可见，顺序表的删除算法其平均时间复杂度为 $O(n)$。综上，顺序表按照位置读取元素非常方便，时间复杂度为 $O(1)$，查找、插入和删除的平均时间复杂度均为 $O(n)$。

2.2.2 多维数组

从逻辑结构上看，多维数组可以认为是一维数组（向量）的扩充；但是从物理结构上看，一维数组是多维数组的特例。多维数组具有复杂的元素存储位置计算公式。一般将多维数组简称为数组（array）。

数组可以看作是具有相同名称与相同数据类型的变量的集合。数组是由下标和值组成的序对集合。在数组中，一旦给定下标就存在一个与其对应的值，称为数组元素，每个数组元素都必须属于同一个数据类型。令 n 为数组的维数，当 $n=1$ 时，n 维数组就退化为定长的线性表。反之，n 维数组可以看成是线性表的推广。因此可以得到如下定义：一维数组是一个向量，它的每一个元素是这个结构中不可分割的最小单位。$n(n>1)$ 维数组是一个向量，它的每一个元素是 $n-1$ 维数组，且具有相同的上限和下限。

由上述定义可以把二维数组看成这样一个定长的线性表：它的每个元素也是一个定长的线性表。

图 2.6（a）是一个二维数组，以 m 行 n 列的矩阵形式表示，其中每个元素是一个列向量形式的线性表，如图 2.6（b）所示；或者每个元素是一个行向量形式的线性表，如图 2.6（c）所示。即二维数组中的每个元素 $a_{i,j}$ 都属于两个向量：第 i 行的行向量和第 j 列的列向量。a_{00} 是开始结点，没有前驱结点；$a_{m-1,n-1}$ 是终端结点，没有后继结点；边界上结点 $a_{0,j}\,(j=1,2,\cdots,n-1)$ 和 $a_{i,0}\,(i=1,2,\cdots,m-1)$ 只有一个前驱结点，$a_{m-1,j}\,(j=0,1,\cdots,n-2)$ 和 $a_{i,n-1}\,(i=0,1,\cdots,m-2)$ 只有一个后继结点；其余每个元素 a_{ij} 有两个前驱结点 $a_{i-1,j}$ 和 $a_{i,j-1}$，以及两个后继结点 $a_{i+1,j}$ 和 $a_{i,j+1}$。

$$A_{m\times n}\ A_{m\times n}=\begin{bmatrix} a_{00} & a_{01} & a_{02} & \cdots & a_{0,n-1} \\ a_{10} & a_{11} & a_{12} & \cdots & a_{1,n-1} \\ \vdots & \vdots & \vdots & & \vdots \\ a_{m-1,0} & a_{m-1,1} & a_{m-1,2} & \cdots & a_{m-1,n-1} \end{bmatrix} \qquad A_{m\times n}=\begin{bmatrix} a_{00} \\ a_{10} \\ \vdots \\ a_{m-1,0} \end{bmatrix}\begin{bmatrix} a_{01} \\ a_{11} \\ \vdots \\ a_{m-1,1} \end{bmatrix} \cdots \begin{bmatrix} a_{0,n-1} \\ a_{1,n-1} \\ \vdots \\ a_{m-1,n-1} \end{bmatrix}$$

（a）矩阵形式表示　　　　　　　　　　　　　　（b）列向量的一维数组

$$A_{m\times n}=((a_{00},a_{01},\cdots,a_{0,n-1}),(a_{10},a_{11},\cdots,a_{1,n-1}),\cdots,(a_{m-1,0},a_{m-1,1},\cdots,a_{m-1,n-1}))$$

（c）行向量的一维数组

图 2.6　二维数组

依此类推，三维数组 A 可以视为以二维数组为元素的向量，四维数组可以视为以三维数组为元素的向量，……。

多维数组的逻辑特征是：一个元素可能有多个直接前驱和多个直接后继。

1. 数组顺序表的定义

把数组中的元素按照逻辑次序存放在一组地址连续的存储单元的方式称为数组的顺序存储结构，采用这种存储结构的数组称为数组顺序表。

由于内存单元是一维结构，而数组是多维结构，因此用一组连续存储单元存放数组的元素存在一个次序问题。例如图2.6（a）所示的二维数组可以看成图2.6（b）所示的一维数组，也可以看成图 2.6（c）所示的一维数组。所以，对二维数组有两种顺序存储方式：列优先顺序表和行优先顺序表。

2. 列优先顺序表

以列为主序的数组顺序表是将数组元素按照列向量排序，第 i+1 个列向量紧接在第 i 个列向量的后面，即按列优先，逐列顺序存储。它又称为列优先数组顺序表，简称列优先顺序表。

列优先顺序表推广到 n 维数组，可以规定为最左的下标优先存储，从左到右。

3. 行优先顺序表

以行为主序的数组顺序表是将数组元素按照行向量排序，第 i+1 个行向量紧接在第 i 个行向量的后面，即按行优先，逐行顺序存储。它又称为行优先数组顺序表，简称行优先顺序表。

行优先顺序表推广到 n 维数组，可以规定为最右的下标优先存储，从右到左。

图 2.7（a）给出数组 A 的一个 4 行 3 列的二维数组，图 2.7（b）为 A 的列优先顺序表，图 2.7（c）为 A 的行优先顺序表。

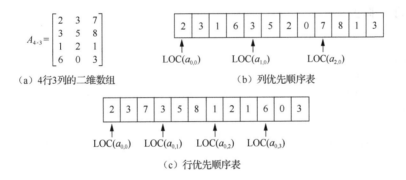

（a）4行3列的二维数组　　　　（b）列优先顺序表

（c）行优先顺序表

图 2.7　二维数组的两种存储方式

4. 数组顺序表的定位公式

对于数组，一旦规定了其维数和各维的长度，便可以为它分配存储空间。反之，通过数组存放的起始地址、数组行号和列号，以及每个数组元素所占用的存储单元，便可以求得给定下标的数组元素存储位置的起始位置。下面给出行优先顺序表的定位公式。

假设每个元素占 l 个存储单元，则二维数组 A 中的任一元素 a_{ij} 的存储地址定义如公式（2.7）所示。

$$\text{LOC}\left(a_{ij}\right) = \text{LOC}\left(a_{00}\right) + \left(b_2 \times i + j\right) \times l \tag{2.7}$$

式中，$\text{LOC}\left(a_{ij}\right)$ 是 a_{ij} 的存储地址；$\text{LOC}\left(a_{00}\right)$ 是 a_{00} 的存储地址，即二维数组 A 的起始存储地址，也称为基地址或基址；b_2 是数组第二维的长度。

同理，可以推出 n 维行优先顺序表的元素存储地址的计算公式如下所示：

$$\text{LOC}\left(a_{j_1, j_2, \cdots, j_n}\right) = \text{LOC}\left(a_{0,0,\cdots,0}\right) + \left(b_2 \times \cdots \times b_n \times j_1 + b_3 \times \cdots \times b_n \times j_2\right.$$

$$\left. + \cdots + b_n \times j_{n-1} + j_n\right) \times l = \text{LOC}\left(a_{0,0,\cdots,0}\right) + \left(\sum_{i=1}^{n-1} j_i \prod_{k=i+1}^{n} b_k + j_n\right) \times l \quad (2.8)$$

n 维列优先顺序表的元素存储地址的计算与此类似，留给感兴趣的读者自行推导完成。

5. 数组顺序表的特点

如果计算各个元素存储地址的时间相等，则存取数组中的任一元素的时间也相等。具有这一特点的存储结构称为随机存储结构。因此，数组顺序表就是一个随机存储结构。

2.2.3* 矩阵运算

从数学的角度来看，对于 $m \times n$ 矩阵（matrix）的形式，可以用计算机中 $A(m, n)$ 的二维数组来描述，如矩阵 A 所示。

$$A = \begin{bmatrix} a_{11} & a_{12} & a_{13} \\ a_{21} & a_{22} & a_{23} \\ a_{31} & a_{32} & a_{33} \end{bmatrix}_{3 \times 3}$$

矩阵的许多运算及应用都可以使用计算机中的二维数组来解决，例如两个矩阵的加减、转置、求逆或是非负矩阵分解等。

矩阵的类定义如例 2.8 所示。

【例 2.8】矩阵的类定义。

```
#include <iostream>
#include <time.h>
using namespace std;
template <class T>                              //矩阵的元素类型为T
class CMatrix{
    int m_Rows;                                 //矩阵行数
    int m_Cols;                                 //矩阵列数
    T *m_P;                                      //矩阵指针
public:
    //构造函数
    CMatrix(int nMaxRow = 0, int nMaxCol = 0, T tValue = 0, bool bRndFlag = false);
    CMatrix(const CMatrix &rc);                 //拷贝构造函数
    ~CMatrix();                                 //析构函数
    void Init();                                //初始化
    void Show();                                //显示矩阵
    void Set(int nRow, int nCol, T tValue);     //设置元素值
    int GetRows();                              //取出行数
    int GetCols();                              //取出列数
    CMatrix operator+(const CMatrix &rc);       //矩阵加法
    CMatrix operator+(T tValue);                //矩阵加常数
    CMatrix operator-(const CMatrix &rc);       //矩阵减法
    CMatrix operator-(T tValue);                //矩阵减常数
    CMatrix operator*(const CMatrix &rc);       //矩阵乘法
```

```cpp
    CMatrix DotMul(const CMatrix &rc);          //矩阵点乘
    CMatrix DotDiv(const CMatrix rc);           //矩阵点除
    CMatrix & operator=(const CMatrix &rc);     //矩阵赋值
    CMatrix Transposition();                    //矩阵转置
};
//构造函数，nMaxRow 表示矩阵行数，nMaxCol 表示矩阵列数
template <class T>                              //矩阵的元素类型为 T
CMatrix<T>::CMatrix(int nMaxRow, int nMaxCol, T tValue, bool bRndFlag) {
    m_P = 0;
    if (nMaxRow < 0 || nMaxCol < 0)
            return;
    m_Rows = nMaxRow;
    m_Cols = nMaxCol;
    m_P = new T[m_Rows * m_Cols];               //申请矩阵存储空间
    srand(time(0));
    for (int nRow = 0; nRow < nMaxRow; nRow++)  //初始化矩阵
            for (int nCol = 0; nCol < nMaxCol; nCol++)
                if (!bRndFlag) {
                        m_P[nRow * m_Cols + nCol] = tValue;
                }
                else{                           // 0 到 1 之间的随机数
                        m_P[nRow * m_Cols + nCol] = tValue + (T)(rand() %
                                1000001) * 0.000001;
                }
}
template <class T>                              //矩阵的元素类型为 T
CMatrix<T>::CMatrix(const CMatrix<T>&rc){       //拷贝构造函数
    int i, j;
    m_Rows = rc.m_Rows;
    m_Cols = rc.m_Cols;
    m_P = new T[m_Rows*m_Cols];
    for (i = 0; i < m_Rows; i++)
            for (j = 0; j < m_Cols; j++)
                m_P[i*m_Cols + j] = rc.m_P[i*m_Cols + j];
}
template <class T>                              //矩阵的元素类型为 T
void CMatrix<T>::Show(){                        //显示矩阵
    int i, j;
    if (m_Rows == 0 || m_Cols == 0) {
        cout << "This is an empty matrix." << endl;
    }
    for (i = 0; i < m_Rows; i++) {
        for (j = 0; j < m_Cols; j++)
            cout << m_P[i*m_Cols + j] << ' ';
        cout << endl;
    }
}
template <class T>                              //矩阵的元素类型为 T
```

```
void CMatrix<T>::Set(int nRow, int nCol, T tValue) {
//设置 nRow 行 nCol 列的元素值为 tValue
    if (nRow >= m_Rows || nCol >= m_Cols)
        return;
    if (nRow < 0 || nCol < 0)
        return;
    m_P[nRow * m_Cols + nCol] = tValue;
}
template <class T>                          //矩阵的元素类型为 T
int CMatrix<T>::GetRows(){                   //取出行数
    return m_Rows;
}
template <class T>                          //矩阵的元素类型为 T
int CMatrix<T>::GetCols(){                   //取出列数
    return m_Cols;
}
template <class T>                          //矩阵的元素类型为 T
CMatrix<T>::~CMatrix(){
    if (m_P != 0)
        delete[]m_P;
}
template <class T>                          //矩阵的元素类型为 T
CMatrix<T> CMatrix<T>::operator+(T tValue) {  //矩阵加常数
    CMatrix<T> r(m_Rows, m_Cols);
    for (int i = 0; i < m_Rows; i++)
        for (int j = 0; j < m_Cols; j++)
            r.m_P[i*m_Cols + j] = m_P[i*m_Cols + j] + tValue;
    return r;
}
```

1. 矩阵的加法

矩阵的加法运算较为简单，前提是相加的两个矩阵行数与列数都必须相等，而相加后的行数与列数也是相等的。例如，$A_{m \times n} + B_{m \times n} = C_{m \times n}$。两个矩阵相加的算法如例 2.9 所示。

【例 2.9】计算两个矩阵相加的结果。

```
template <class T>   //矩阵的元素类型为 T
CMatrix<T> CMatrix<T>::operator+(const CMatrix<T>&rc){         //矩阵加法
    if (m_Rows != rc.m_Rows || m_Cols != rc.m_Cols)//检查两个矩阵维数是否匹配
        return *this;
    CMatrix<T> r(m_Rows, m_Cols);
    for (int i = 0; i < m_Rows; i++)
        for (int j = 0; j < rc.m_Cols; j++)
            r.m_P[i*m_Cols + j] = m_P[i*m_Cols + j] + rc.m_P[i*m_Cols + j];
    return r;
}
```

该算法首先检查两个相加矩阵的维数是否匹配，其次需要构造一个结果矩阵。

2. 矩阵的减法

如果两个矩阵相减，前提也是相减的两个矩阵行数与列数都必须相等，而相减后的行数与列数也是相等的。例如，$A_{m \times n} - B_{m \times n} = C_{m \times n}$。两个矩阵相减的算法如例 2.10 所示。

【例 2.10】 计算两个矩阵相减的结果。

```
template <class T>                                    //矩阵的元素类型为T
CMatrix<T> CMatrix<T>::operator-(const CMatrix<T>&rc){    //矩阵减法
    if (m_Rows != rc.m_Rows || m_Cols != rc.m_Cols)//检查两个矩阵维数是否匹配
        return *this;
    CMatrix<T> r(m_Rows, m_Cols);
    for (int i = 0; i < m_Rows; i++)
        for (int j = 0; j < rc.m_Cols; j++)
            r.m_P[i*m_Cols + j] = m_P[i*m_Cols + j] - rc.m_P[i*m_Cols + j];
    return r;
}
```

3. 矩阵的乘法

假设两个矩阵 A 与 B 相乘，首先必须符合的条件是矩阵 A 为一个 $m \times n$ 的矩阵，矩阵 B 为一个 $n \times k$ 的矩阵，则 $A \times B$ 后结果为一个 $m \times k$ 的矩阵 C，如公式（2.9）所示。

$$\begin{bmatrix} a_{11} & a_{12} & \cdots & a_{1n} \\ a_{21} & a_{22} & \cdots & a_{2n} \\ \vdots & \vdots & & \vdots \\ a_{m1} & a_{m2} & \cdots & a_{mn} \end{bmatrix}_{m \times n} \times \begin{bmatrix} b_{11} & b_{12} & \cdots & b_{1k} \\ b_{21} & b_{22} & \cdots & b_{2k} \\ \vdots & \vdots & & \vdots \\ b_{n1} & b_{n2} & \cdots & b_{nk} \end{bmatrix}_{n \times k} = \begin{bmatrix} c_{11} & c_{12} & \cdots & c_{1k} \\ c_{21} & c_{22} & \cdots & c_{2k} \\ \vdots & \vdots & & \vdots \\ c_{m1} & c_{m2} & \cdots & c_{mk} \end{bmatrix}_{m \times k} \quad (2.9)$$

式中，矩阵 C 中每个元素的计算方法如下所示：

$$c_{11} = a_{11} \times b_{11} + a_{12} \times b_{21} + \cdots + a_{1n} \times b_{n1}$$
$$\cdots$$
$$c_{1k} = a_{11} \times b_{1k} + a_{12} \times b_{2k} + \cdots + a_{1n} \times b_{nk}$$
$$\cdots$$
$$c_{mk} = a_{m1} \times b_{1k} + a_{m2} \times b_{2k} + \cdots + a_{mn} \times b_{nk}$$

两个矩阵相乘的算法如例 2.11 所示。

【例 2.11】 计算两个矩阵相乘的结果。

```
template <class T>   //矩阵的元素类型为T
CMatrix<T> CMatrix<T>::operator*(const CMatrix<T>&rc){          //矩阵乘法
    int i, j, k;
    if (m_Cols != rc.m_Rows)
        return *this;
    CMatrix<T> r(m_Rows, rc.m_Cols);
    for (i = 0; i < m_Rows; i++)
        for (j = 0; j < rc.m_Cols; j++)
            for (k = 0; k < m_Cols; k++)
```

```
                    r.m_P[i*rc.m_Cols + j] += m_P[i*m_Cols + k] * rc.m_P
                    [k*rc.m_Cols + j];
        return r;
    }
```

矩阵的点乘要求两个矩阵必须维数相等。假设两个矩阵 A 与 B 点乘，首先必须符合的条件是 A 为一个 $m×n$ 的矩阵，矩阵 B 也为一个 $m×n$ 的矩阵，则 $A×B$ 后结果仍为一个 $m×n$ 的矩阵 C。其中矩阵 A 和矩阵 B 各元素逐一相乘，矩阵 A 和矩阵 B 可以调换顺序。矩阵点乘的计算如例 2.12 所示。

【例 2.12】计算矩阵点乘的结果。

```
template <class T>                                    //矩阵的元素类型为 T
CMatrix<T> CMatrix<T>::DotMul(const CMatrix<T>&rc){    //矩阵点乘
    if (m_Rows != rc.m_Rows || m_Cols != rc.m_Cols)
        return *this;
    CMatrix<T> r(m_Rows, m_Cols);
    for (int i = 0; i < m_Rows; i++)
        for (int j = 0; j < rc.m_Cols; j++)
            r.m_P[i*m_Cols + j] = m_P[i*m_Cols + j] * rc.m_P[i*m_Cols + j];
    return r;
}
```

4. 矩阵的点除

类似的，矩阵的点除要求两个矩阵必须维数相等。假设两个矩阵 A 与 B 相除，首先必须符合的条件是矩阵 A 为一个 $m×n$ 的矩阵，矩阵 B 也为一个 $m×n$ 的矩阵，则 $A÷B$ 后结果仍为一个 $m×n$ 的矩阵 C。其中矩阵 A 和矩阵 B 各元素逐一相除。矩阵点除的计算如例 2.13 所示。

【例 2.13】计算矩阵点除的结果。

```
template <class T>                                    //矩阵的元素类型为 T
CMatrix<T> CMatrix<T>::DotDiv(const CMatrix<T> rc){    //矩阵点除
    if (m_Rows != rc.m_Rows || m_Cols != rc.m_Cols)
        return *this;
    CMatrix<T> r(m_Rows, m_Cols);
    for (int i = 0; i < m_Rows; i++)
        for (int j = 0; j < rc.m_Cols; j++)
            r.m_P[i*m_Cols + j] = m_P[i*m_Cols + j] / (rc.m_P[i*m_Cols
                                  + j] + 0.000001);
    return r;
}
```

5. 矩阵的赋值

矩阵的赋值是将一个矩阵的值赋值给另一个矩阵，要求两个矩阵必须维数相等。例 2.14 给出了矩阵赋值的计算过程。

【例 2.14】计算矩阵赋值的结果。

```
template <class T>                                              //矩阵的元素类型为 T
```

```
CMatrix<T>& CMatrix<T>::operator=(const CMatrix<T>&rc){    //矩阵赋值
    if (m_P == rc.m_P) {                                   //把自己赋值给自己
        return *this;
    }
    if (m_P != 0)
        delete m_P;
    m_Rows = rc.m_Rows;
    m_Cols = rc.m_Cols;
    m_P = new T[m_Rows*m_Cols];
    for (int i = 0; i < m_Rows*m_Cols; i++)
        m_P[i] = rc.m_P[i];
    return *this;
}
```

6. 矩阵的转置

假设矩阵 A 为一个 $m \times n$ 的矩阵，则矩阵 A 的转置记为 $B = A^T$，其中 $b_{ij} = a_{ji}$（矩阵 B 的第 i 行第 j 列元素是矩阵 A 的第 j 行第 i 列元素）。矩阵转置算法如例 2.15 所示。

【例 2.15】计算一个矩阵 A 的转置结果。

```
template <class T>                             //矩阵的元素类型为T
CMatrix<T> CMatrix<T>::Transposition(){    //矩阵转置
    CMatrix<T> r(m_Cols, m_Rows);
    for (int i = 0; i < m_Rows; i++)
        for (int j = 0; j < m_Cols; j++)
            r.m_P[j*r.m_Cols + i] = m_P[i*m_Cols + j];
    return r;
}
```

2.2.4 顺序表的应用

顺序表的应用主要包括在顺序表中进行尾部插入、尾部删除、头部插入、头部删除、任意位置的插入、任意位置的删除、查找元素、查找对应元素的下标等。此外，还可用于稀疏矩阵的存储等方面。

1. 求两个顺序表的差集

利用顺序表的基本运算，可以求两个顺序表的差集。如果在顺序表 A 中出现的元素在顺序表 B 中也出现，则将 A 中该元素删掉，即 $A–B$。依次检查顺序表 B 中的每一个元素，如果在顺序表 A 中也出现，则在 A 中删掉该元素。算法实现如例 2.16 所示。

【例 2.16】求两个顺序表的差集。

```
//使用上文中的顺序表定义
template <class T>
void DelElem(ArrayList<T> *A, ArrayList<T> *B);//删除A中出现B的元素的函数声明
int main(){
    int i, j, flag;
    ArrayList<int> A = ArrayList<int>(20);
```

```
        ArrayList<int> B = ArrayList<int>(20);
        for(i = 1; i <= 10; i++){                          //将1~10插入顺序表A中
            if(A.Append(i) == false){
                cout << "位置不合法" << endl;
                return 0;
            }
        }
        for(i = 1,j = 1; j <= 6; i = i + 2,j++){ //插入顺序表B中6个数
            if(B.Append(i*2) == false){
                cout << "位置不合法" << endl;
                return 0;
            }
        }
        cout << "顺序表A中的元素: " << endl;
        A.Show();
        cout << "顺序表B中的元素: " << endl;
        B.Show();
        cout << "将在A中出现B的元素删除后A中的元素: " << endl;
        DelElem(&A, &B);
        A.Show();
        return 0;
    }

template <class T>
void DelElem(ArrayList<T> *A, ArrayList<T> *B){//删除A中出现的B的元素的函数实现
    int i,flag, pos;
    T value;
    for(i = 0; i < B->Length(); i++){
      B->GetValue(i, value);
      flag = A->GetPos(pos, value);
      if(flag == true){
          if(pos >= 0){
              A->Delete(pos);                    //如果找到该元素,将其从A中删除
          }
      }
    }
}
```

2. 稀疏矩阵的存储

什么是稀疏矩阵呢？简单地说，如果一个矩阵中大部分元素均为零，该矩阵就可以称为稀疏矩阵。如图2.8所示的矩阵 B 就是一个典型的稀疏矩阵。

$$B = \begin{bmatrix} 5 & 0 & 0 & 2 & 0 & 9 \\ 0 & 3 & 7 & 0 & 0 & 0 \\ 0 & 0 & 0 & 4 & 0 & 0 \\ 0 & 0 & 0 & 0 & 0 & 0 \\ 1 & 0 & 0 & 0 & 0 & 0 \\ 0 & 0 & 8 & 0 & 0 & 0 \end{bmatrix}_{6 \times 6}$$

图2.8　矩阵 B 是一个典型的稀疏矩阵

对稀疏矩阵而言，实际存储的数据项很少，如果在计算机中使用传统的二维数据来存储稀疏矩阵，则会十分浪费计算机的存储空间。特别是当矩阵很大的时候，比如存储一个 1000×1000 的稀疏矩阵需要较大的存储空间，但由于稀疏矩阵中多数元素都是零，它的空间利用率很低。

为了提高内存空间利用率，可以采用三元组(row, col, value)的数据结构，其中 row 代表行，col 代表列，value 代表值或数据，把每一个非零项以(row, col, value)的形式来表示。假设一个矩阵有 n 个非零项，利用一个二维数组 $A(0:n, 0:2)$ 来存储这些非零项，把这样存储的矩阵称为压缩矩阵。

以图 2.8 所示的稀疏矩阵 B 为例，其三元组的存储形式如图 2.9 所示。其中 $A(0, 0)$ 存储该稀疏矩阵的行数，$A(0, 1)$ 存储该稀疏矩阵的列数，而 $A(0, 2)$ 则存储该稀疏矩阵非零项的总数。下面的每一行代表一个非零项，以(row, col, value)来表示，其中 row 表示此稀疏矩阵非零项所在的行数，col 表示此稀疏矩阵非零项所在的列数，value 表示此稀疏矩阵非零项的值。稀疏矩阵的压缩存储算法如例 2.17 所示。

	0	1	2
0	6	6	8
1	0	0	5
2	0	3	2
3	0	5	9
4	1	1	3
5	1	2	7
6	2	3	4
7	4	0	1
8	5	2	8

图 2.9　以三元组的形式表示稀疏矩阵

【例 2.17】压缩一个稀疏矩阵。

```
#define row 6
#define column 6
Compress[0][0] = row;                //此稀疏矩阵的行数
Compress[0][1] = column;             //此稀疏矩阵的列数
Compress[0][2] = NonZero;            //此稀疏矩阵非零项的总数
Temp = 1;
for (i=0; i< row; i++)
     for (j=0; j<column; j++)
         if (Sparse[ i ][ j ] != 0) {
              Compress[temp][0] = i;
              Compress[temp][1] = j;
              Compress[temp][2] = Sparse[i][j];
              temp++;
         }
```

通过以上的学习，可以发现顺序表的主要优点如下：

（1）顺序表的存储密度为 1，存储利用率很高，因为数据元素之间逻辑关系的表示无须占用附加空间。

（2）顺序表存取操作方便，可以从前向后顺序存取，也可以从后向前顺序存取，还可以按照元素序号（下标）直接存取，因此顺序表查找速度快，其时间复杂度为 $O(1)$。

2.3 链 表

尽管顺序表是一种非常有用的数据结构，但是其至少存在以下两个方面的局限：

（1）改变顺序表的大小需要重新创建一个新的顺序表并把原有的数据都复制过去。

（2）顺序表通过物理位置上的相邻关系来表示线性结构的逻辑关系，插入、删除元素平均需要移动一半的元素。

为了克服顺序表无法改变长度的缺点，并满足许多应用经常插入新结点或删除结点的需要，链表这样的数据结构产生了。

链表可以看成一组既存储数据又存储相互链接信息的结点集合。这样，各结点不必如顺序表那样存放在地址连续的存储空间，可以散放在存储空间的各处，而由结点的指针域来指向其后继结点。链表的特点是可以动态地申请内存空间，根据线性表元素的数目动态地改变其所需要的存储空间。在插入元素时申请新的内存空间，删除元素时释放其占有的存储空间。

链式存储是常用的存储方法之一，它不仅可以用来表示线性表，也常常用于其他非线性的数据结构。例如，后几章中讨论的树形结构和图结构，其中很多使用了结点的链式存储方式。本节主要讨论几种用于线性表的链式存储结构——单链表、双向链表、循环链表等，统称为链表。

2.3.1 单链表

单链表是通过指针把它的一串内存结点链接成一个链，这些内存结点两两之间地址不必相邻，如图 2.10 所示。为此，它的存储结点由两部分组成：一部分存放线性表结点的数据，称为数据域；另一部分存放指向后继结点的指针，称为指针域。对没有后继结点的尾结点而言，其指针域为空指针 NULL（在图中用"∧"表示）。单链表的结点定义如例 2.18 所示。

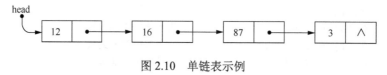

图 2.10 单链表示例

【例 2.18】单链表的结点定义。

```
template<class T>
class LinkNode{
public:
    T data;                                     //数据域
    LinkNode<T>*link;                           //指针域
    LinkNode(){}
    LinkNode(const T&el, LinkNode<T>*ptr = 0){  //构造函数
        data=el;
        link=ptr;
    }
};
```

由于单链表中的结点是一个独立的对象，为了方便复用，故将其定义为一个独立的类。LinkNode 是由其自身来定义的，因为其中的 link 域指向正在定义的类型本身，这种类型称为自引用型。由于在 2.4 节栈和 2.5 节队列中也要用到 LinkNode 类，故将其数据成员声明为公有的。

用一个指向表首的变量 head 存放指向单链表首结点的指针。由于单链表的每个结点存储地址并不连续，因此在访问的时候，只能从头指针（head）开始沿着结点的指针域（link）进行。例如图 2.11 中，head ->data = 12，而 head-> link->data = 16。一个线性表的元素个数越多，则这个单链表越长。为了加速对表尾元素的访问，往往会使用一个指向表尾的变量 tail 来存放指向单链表尾结点的指针。如图 2.11 所示，对于单链表的访问只可通过头、尾指针来进行。

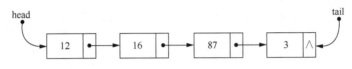

图 2.11　具有头、尾指针的单链表

为了便于实现，为每个单链表加上一个"头结点"，它位于单链表的第一个结点之前。头结点的 data 域可以不存储任何信息，也可以存放一个特殊标志或表长。图 2.12（a）所示为一个带头结点的空链表，图 2.12（b）则为一个带头结点的非空链表。只要表存在，它必须至少有一个头结点。

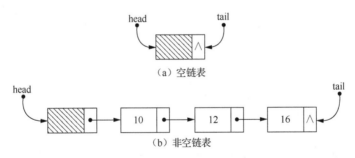

（a）空链表

（b）非空链表

图 2.12　带头结点的单链表

使用带头结点的单链表有以下两个好处：①便于首结点的处理。对带头结点的单链表，在表的任何结点之前插入结点或者删除表中的任何结点，所要做的都是修改前一结点的指针域。若单链表没有头结点，则首结点没有前驱结点，在其前插入结点或删除该结点时要作为特殊情况专门处理。②便于空表和非空表的统一处理。不带头结点的单链表，单链表不为空表时头指针指向首结点，当单链表为空表时头指针为空（head==NULL）。而带头结点的单链表，无论链表是否为空，头指针都是指向头结点的非空指针，如图 2.12（b）所示，头指针 head 指向头结点。若为空表，则头结点的指针域为空（head->link==NULL），如图 2.12（a）所示。

下面给出这种带头结点的单链表的定义，如例 2.19 所示。根据链表的实际应用特点，其中增加了一个尾指针 tail，一个返回链表长度的函数 getSize ()和一个返回指定结点位置的指针的函数 setPos()。

【例 2.19】单链表的类型定义。

```
template<class T>
class LinkList{
    private:
        LinkNode<T> *head, *tail;          //表头和表尾指针
        //记录表当前遍历位置的指针，由插入和删除操作更新
        LinkNode<T> *prevPtr, *currPtr;
        int position;                      //当前元素在表中的位置序号，由函数 reset 使用
    public:
        LinkList();
        ~LinkList();
        int getSize()const;                //返回链表中的元素个数
        bool isEmpty()const;               //链表是否为空
        void reset(int pos = 0);           //初始化指针的位置（第一位数的位置设为0）
        void next();                       //使指针移动到下一个结点
        bool endOfList()const;             //指针是否到了链尾
        int currentPosition(void);         //返回指针当前的位置
        void insertHead(const T&item);     //在表头插入结点
        void insertTail(const T&item);     //在表尾添加结点
        void insertAt(const T&item);       //在当前结点之前插入结点
        void insertAfter(const T&item);    //在当前结点之后插入结点
        void deleteCurrent();              //删除当前结点
        T&data();                          //返回对当前结点成员数据的引用
        const T&data()const;               //返回对当前结点成员数据的常引用
        void clear();                      //清空链表：释放所有结点的内存空间
        LinkNode<T>* setPos(int i);        //返回指定位置 i 的指针
        bool insertPos(const int i, const T value);//在指定位置插入结点
        bool deletePos(const int i);       //删除指定位置的结点
        bool invert();                     //反转整个链表
};
```

对于单链表，最常用的运算为检索、插入和删除，下面分别来介绍这 3 种算法。

1. 单链表检索结点

由于单链表存储地址空间的不连续，单链表无法像顺序表那样直接通过结点的位置来确定其地址，需要从头指针 head 所指的头结点开始，沿指针域逐个结点进行访问。

根据单链表的结构特点，只要有指向某一个结点的指针，便可通过该指针访问此结点。也就是说，按照位置检索只要返回指向该位置的指针即可。例 2.20 给出了在单链表中查找第 i 个结点的代码，并返回指向该结点的指针。

【例 2.20】返回指定位置 i 的指针。

```
template<class T>
LinkNode<T> * LinkList<T>::setPos(int i){
    if(i == -1)                          //i 为-1 则定位到头结点
        return head;
    int count = 0;
    LinkNode<T> *p = head->link;
```

```
    while(p != NULL && count < i)          {
        p = p->link;
        count++;
    }
    return p;                              //指向第 i 个结点, 当链表长度小于 i 时返回 NULL
}
```

链表中第 i 个结点是按照 C/C++的数组下标编号规则, 从 0 到 n-1, 头结点的编号为-1。当单链表实际长度小于给定的 i 时, 返回 NULL, 当 i 为-1 时返回指向头结点的指针。在链表上基于位置检索需要从链表的第一个结点开始移动, 直到找到第 i 个位置, 所以平均需要 $O(n)$ 的时间。

2. 单链表插入结点

由于单链表的结点之间的前驱关系和后继关系由指针来表示, 因此在插入或删除结点时, 维护结点之间逻辑关系只需要改变相关结点的指针域, 而不必像顺序表那样进行大量的数据元素的移动。

在单链表中插入结点还涉及存储管理的问题。在单链表中插入一个新的结点时, 可以使用 new 命令为新结点开辟存储空间。与 new 对应, 可使用 delete 命令释放从单链表中删除的结点所占用的空间, 否则这些被占用的空间会变成存储空间中无法利用的垃圾, 影响再利用。new 和 delete 是 C++程序语言为动态存储管理提供的两个重要的命令, C 语言标准函数库中提供的 malloc()和 free()函数具有同样的功能。

向单链表中插入一个新元素的操作, 具体包括创建一个新结点（并赋值）和修改相关结点的链接信息以维护原有的前驱后继关系。由于单链表没有指向前驱的指针, 因此在第 i 个位置插入结点时, 必须先获得位置 i-1 的指针。对于 n 个结点的线性表, 插入点可以有 n+1 个; i = 0 表示在表头插入, setPos(i-1)将返回头结点 head, 新结点直接插入头结点 head 之后, 成为表中第一个结点; i = n 表示在表尾插入。相应的插入过程如图 2.13 所示, 例 2.21 为单链表插入运算的实现方法。

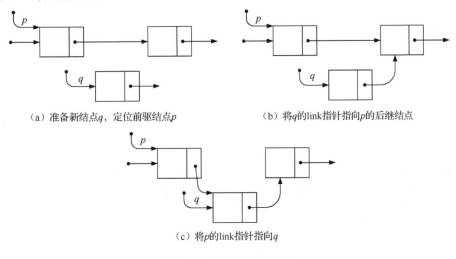

(a) 准备新结点 q, 定位前驱结点 p (b) 将 q 的 link 指针指向 p 的后继结点

(c) 将 p 的 link 指针指向 q

图 2.13   单链表插入运算

【**例 2.21**】插入单链表的第 i 个结点。

```
template<class T>
bool LinkList<T>::insertPos(const int i, const T value){
    LinkNode<T> *p, *q;                        //q 是新插入的结点
    if((p = setPos(i - 1)) == NULL) {          //p 是第 i 个结点的前驱
            cout << "插入操作不允许" << endl;
            return false;
    }
    q = new LinkNode<T>(value, p->link);
    p->link = q;
    if(p == tail)                              //在表尾进行插入操作
            tail = q;
    return true;
}
```

3. 单链表删除结点

与插入算法相同，从表中删除一个结点也需要修改该结点的前驱结点的指针域来维持结点间的线性关系，同时需要释放被删结点所占用的内存，以免发生"丢失"。例 2.22 给出了删除单链表第 i 个结点的代码，相应的操作如图 2.14 所示。

【**例 2.22**】删除单链表的第 i 个结点。

```
template<class T>
bool LinkList<T>::deletePos(const int i){
    LinkNode<T>* p, * q;
    if ((p = setPos(i - 1)) == NULL || p == tail){ //待删除点不存在
        cout << "非法删除点" << endl;
        return false;
    }
    q = p->link;                              //q 为真正待删除点
    p->link = q->link;
    if (q == tail)                            //删除点为表尾，修改尾指针
        tail = p;
    delete q;
    return true;
}
```

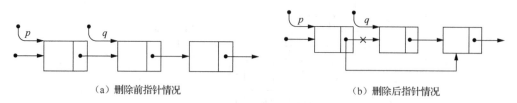

（a）删除前指针情况　　　　　　　　　　　（b）删除后指针情况

图 2.14　单链表删除运算

从例 2.21 和例 2.22 可以看出，尽管插入（删除）操作本身可在常数时间内完成结点的创建（释放）和链接信息的修改，但在位置 i 上进行插入（删除）操作的时候，首先需要检索

到位置 $i-1$ 的结点，而定位操作的平均时间复杂度为 $O(n)$，这也是在某些应用中需要在抽象数据类型中增加一个表示当前位置的成员的原因，因为通常插入和删除均在当前位置上进行。

4. 单链表的反转

了解了单链表的插入和删除后，可以发现在具有方向性的链表结构中插入和删除结点是比较容易的。同时要从头到尾遍历输出整个链表也不难。但是，如果反转过来输出单链表就需要进一步思考了。在单链表中利用结点的指针域可以快速地访问其后继结点，但若要访问其前驱结点就不是那么方便了。如果要将单链表反转，则至少应使用 3 个指针变量，分别指向前驱结点、当前结点和后继结点。单链表的反转示意图如图 2.15 所示，算法如例 2.23 所示。

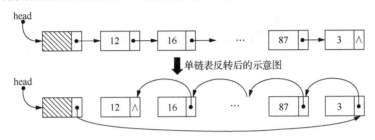

图 2.15 单链表的反转示意图

【例 2.23】单链表的反转。

```cpp
template<class T>
bool LinkList<T>::invert(){
    LinkNode<T> *p, *q, *r;
    p = head->link;          //将 p 指向链表的首结点
    q = NULL;                //q 用来指向 p 的前一个结点
    while (p != NULL)
    {
        r = q;               //将 r 接到 q 之后
        q = p;               //将 q 接到 p 之后
        p = p->link;         //p 移动到下一个结点
        q->link = r;         //q 接到之前的结点
    }
    tail = head->link;
    head->link = q;
    return true;
}
```

在算法 invert()中使用了 3 个指针变量 p、q、r，其演变过程如下：

算法执行 while 循环前，链表和各个指针变量的情况如图 2.16（a）所示。

第一次执行 while 循环，链表和各个指针变量的情况如图 2.16（b）所示。

第二次执行 while 循环，链表和各个指针变量的情况如图 2.16（c）所示。

当执行到 p=NULL 时，整个单链表就反转过来了，此时头结点的指针域（head->link）指向整个表的表尾，用 tail 指针记录下来（tail = head->link），再将头结点的指针域指向新的首结点（head->link = q），反转后的单链表如图 2.16（d）所示。

5. 单链表的连接

两个单链表的连接操作非常简单，只要改变两个指针就可以了。首先将第一个单链表尾结点的指针域指向第二个单链表的首结点，再将第二个单链表的头结点的指针域置空即可，如图 2.17 所示。

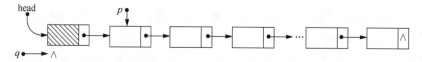

（a）执行while循环前，单链表和各个指针变量的情况

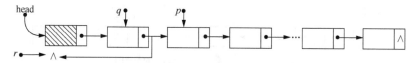

（b）第一次执行while循环，单链表和各个指针变量的情况

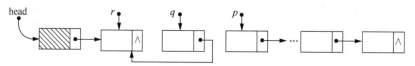

（c）第二次执行while循环，单链表和各个指针变量的情况

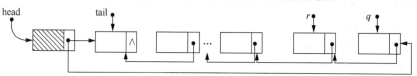

（d）算法运行结束，单链表和各个指针变量的情况

图 2.16 单链表的反转

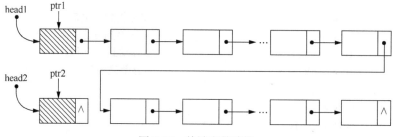

图 2.17 单链表的连接

综上，线性链表的主要优点如下：

（1）线性链表无须事先定义链表的最大长度，只要有存储空间可供分配，就可以增加链表长度，不存在存储溢出的问题。

（2）线性链表插入和删除操作方便，只需要修改链接指针，无须移动大量元素，其时间复杂度为 $O(1)$。

当线性表中经常插入、删除内部元素时，不宜使用顺序表，因为顺序表的插入和删除操作涉及大量的元素移动，其平均时间复杂度为 $O(n)$，n 为顺序表长度。当线性表中经常需要按位置访问内部元素时，不宜选择链表，因为对链表的检索需要从表头开始，其时间复杂度为 $O(n)$。总之，两种存储结构各有其优缺点，应根据应用程序的实际需要来选择使用哪一种。

2.3.2 双向链表

单链表的主要不足之处在于其指针域仅指向其后继结点，因此从一个结点不能快速找到其前驱结点，而必须从表首开始顺着指针域逐一查找。这对长链表而言，代价相当可观。为此，引入双向链表，其基本结构是在每个结点中增加一个指向前驱结点的指针，其结点结构如图 2.18 所示，其中 next 表示指向后继结点的指针，prev 表示指向前驱结点的指针。图 2.19（a）给出了不带头结点的双向链表示意图，图 2.19（b）给出了带头结点的双向链表示意图。其中指针 head 用于指向表首结点或者头结点，指针 tail 用于指向表尾结点。

图 2.18　双向链表的结点结构

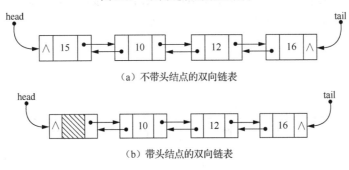

（a）不带头结点的双向链表

（b）带头结点的双向链表

图 2.19　双向链表

线性表的链式实现究竟采用单链表还是双向链表对 List 类的用户而言应该是透明的。下面给出双向链表结点 DLLNode 类的定义，如例 2.24 所示。

【例 2.24】双向链表的结点定义。

```
template<class T>
class DLLNode{
    public:
        T data;                        //保存结点元素的内容
        DLLNode<T> *next;              //指向后继结点的指针
        DLLNode<T> *prev;              //指向前驱结点的指针
        //构造函数
        DLLNode(const T info, DLLNode<T> *prevVal = NULL, DLLNode<T>
                *nextVal = NULL) {
            data = info;
            prev = prevVal;
            next = nextVal;
        }
        //只给定双向指针的构造函数
        DLLNode(DLLNode<T> *prevVal = NULL, DLLNode<T> *nextVal = NULL){
            prev = prevVal;
            next = nextVal;
        }
    };
```

与单链表的基本运算相比，双向链表的运算更复杂一些，因为双向链表需要维护两个指针域。下面以插入和删除两种基本运算为例进行讨论。

1. 双向链表中插入新结点

双向链表中要在 p 所指结点后插入一个新的结点 q，具体操作步骤如下：

（1）执行 new q 开辟结点空间。

（2）填写结点的数据域信息。

（3）填写结点在双向链表中的链接关系，即

```
q->prev = p;
q->next = p->next;
```

（4）修改 p 所指结点及后继结点在新结点插入后的链接信息，即把新结点的地址填入原 p 所指结点的 next 域以及新结点后继的 prev 域，即

```
p->next = q;
q->next->prev = q;
```

插入过程示意图如图 2.20 所示。

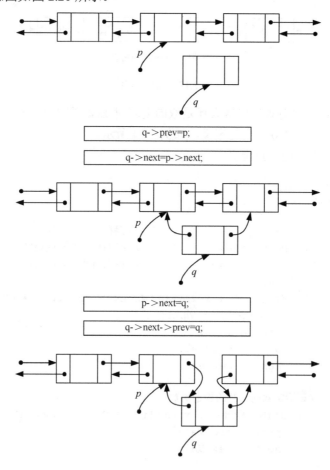

图 2.20　双向链表插入运算

2. 双向链表中删除结点

同样，如果要删除双向链表中的一个结点，只需要修改该结点的前驱结点的 next 域和该结点的后继结点的 prev 域。例如，要删除指针变量 p 所指的结点，需要按如下操作进行。

（1）修改相应的指针。

```
p->prev->next = p->next;
p->next->prev = p->prev;
```

（2）释放被删结点的空间。

```
delete p;
```

删除操作示意图如图 2.21 所示。

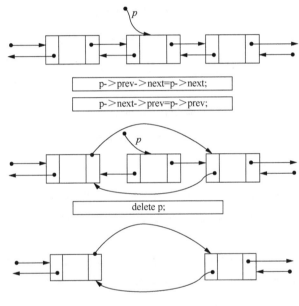

图 2.21　双向链表删除运算

2.3.3　循环链表

在单链表中一件重要的事是维护表头的指针，因为单链表具有方向性，所以如果链表的表头指针被破坏或者遗失，则会丢失整个链表，同时浪费了整个链表的存储空间。

在某些情况下，需要把结点组成循环链表。例如，有多个进程在同一段时间内访问同样的资源，为了保证每一个进程可以公平地分享这个资源，可以把这些进程组织在如图 2.22（a）所示的循环单链表的结构中。

我们看到，只要将单链表的形式稍做修改，使其最后一个结点的指针不为 NULL，而是指向表首结点，就成为一个循环单链表。如此一来就不用担心链表头指针遗失的问题了，因为每个结点都可以是链表头部，所以可以从任意一个结点来遍历其他结点。类似的，也可以将双向链表的头结点和尾结点链接起来，这样不会增加额外存储开销，却给很多操作带来方便。使用循环链表的主要优点是：从循环链表中的任一结点出发，都能访问表中的其他结点。

几种循环链表的示意图如图 2.22 所示。图 2.22（a）所示为不带头结点的循环单链表，图 2.22（b）所示为带头结点的循环单链表，图 2.22（c）所示为带头结点的循环双向链表。

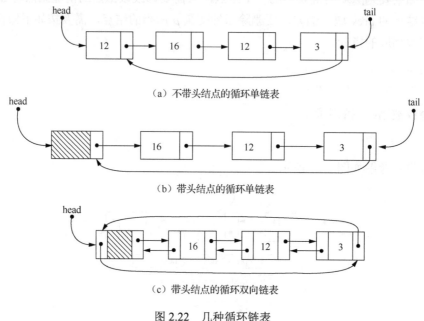

（a）不带头结点的循环单链表

（b）带头结点的循环单链表

（c）带头结点的循环双向链表

图 2.22　几种循环链表

1. 循环单链表插入结点

循环单链表与单链表的插入方式不同，由于每一个结点的指针域都是指向下一个结点，所以没有所谓的从链表尾部插入的问题。通常会出现以下三种情况。

（1）将新结点插入到带头结点的循环单链表第一个结点之前：假设插入之前的循环单链表如图 2.22（b）所示，插入之后的循环单链表如图 2.23 所示。首先将新结点 X 的指针域指向原链表头结点的后继，再将循环单链表的头结点指针域指向新结点 X。其核心代码如例 2.25 所示。

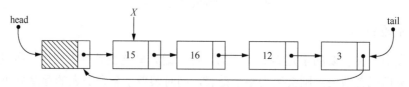

图 2.23　将新结点插入到带头结点的循环单链表第一个结点之前

【例 2.25】将新结点插入到带头结点的循环单链表第一个结点之前。

```
X->next = head->next;
head ->next = X;    //将链表头结点的指针域指向新结点
```

（2）将新结点插入到带头结点的循环单链表最后一个结点之后：假设插入之前的循环单链表如图 2.22（b）所示，插入之后如图 2.24 所示。首先找到最后一个结点，将最后一个结点的指针域指向新结点 X，然后将新结点 X 的指针域指向原链表头结点，再将循环单链表的尾指针指向新结点 X。其核心代码如例 2.26 所示。

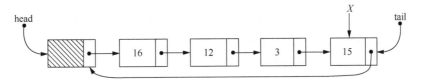

图 2.24   将新结点插入到带头结点的循环单链表最后一个结点之后

【例 2.26】将新结点插入到带头结点的循环单链表最后一个结点之后。

```
tail->next = X;
X->next = head;          //将新结点的指针域指向头结点
tail= X;                 //将链表尾指针指向新结点
```

（3）将新结点插入到带头结点的循环单链表中任意结点 I 之后：首先将新结点 X 的指针域指向结点 I 的下一个结点，再将 I 结点的指针域指向结点 X，如图 2.25 所示。其核心代码如例 2.27 所示。

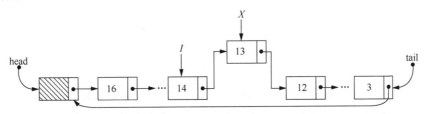

图 2.25   将新结点插入到带头结点的循环单链表中任意结点 I 之后

【例 2.27】将新结点插入到带头结点的循环单链表中任意结点 I 之后。

```
X->next = I->next;
I->next = X
```

2．循环单链表删除结点

带头结点的循环单链表中结点的删除与插入方法类似，也将其分为三种情况，下面分别讨论。

（1）删除带头结点的循环单链表的第一个结点：首先将循环单链表头结点的指针域指向待删除结点 Y 的后继结点，再删除结点 Y，如图 2.26 所示。其核心代码如例 2.28 所示。

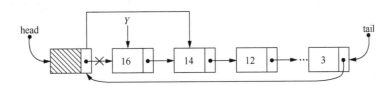

图 2.26   删除带头结点的循环单链表的第一个结点

【例 2.28】删除带头结点的循环单链表的第一个结点。

```
Y = head->next;
head->next = Y->next;   //将循环单链表头结点的指针域指向待删除结点的后继结点
delete Y;               //删除结点 Y
```

（2）删除带头结点的循环单链表的尾结点：首先找到尾结点 Y 的前一个结点，将尾指针 tail 指向这个结点，然后将这个结点的指针域改为指向该循环单链表的头结点，最后删除结点 Y，如图 2.27 所示。其核心代码如例 2.29 所示。

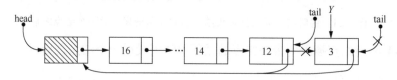

图 2.27 删除带头结点的循环单链表的尾结点

【例 2.29】删除带头结点的循环单链表的尾结点。

```
CurNode = head;
Y = tail;
while (CurNode->next != Y)
        CurNode = CurNode->next;      //找到链表尾结点的前驱结点
tail = CurNode;                       //tail 指向新的尾结点
CurNode->next =head;                  //新的尾结点的指针域指向头结点
delete Y;                             //删除结点 Y
```

（3）删除带头结点的循环单链表的中间结点：首先找到待删除结点 Y 的前一个结点，用指针 PreNode 记录下来，再将 PreNode 的指针域指向待删除结点 Y 的下一个结点，最后删除结点 Y，如图 2.28 所示。其核心代码如例 2.30 所示。

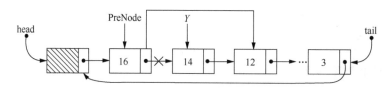

图 2.28 删除带头结点的循环单链表的中间结点

【例 2.30】删除带头结点的循环单链表的中间结点。

```
PreNode = head;
while (PreNode ->next != Y)
        PreNode = PreNode->next;      //找到待删除结点的前一个结点并记录下来
PreNode->next = Y->next;
delete Y;                             //删除结点 Y
```

3. 循环单链表的反转

循环单链表的反转需要遍历整个链表，其反转过程和单链表的反转类似，不同之处在于尾结点的处理，循环单链表尾结点的指针域需要指向循环单链表的头结点，如图 2.29 所示。相关代码如例 2.31 所示。

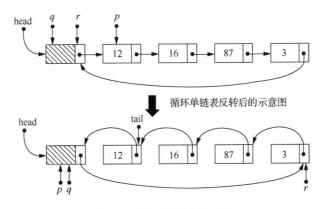

图 2.29 循环单链表的反转

【例 2.31】循环单链表的反转。

```
template<class T>
bool LinkList<T>::invert(){
    if (head->link == NULL) {
        return false;
    }
    LinkNode<T> *p, *q, *r;
    p = head->next;
    q = r = head;
    while (p != head) {
        q = p->next;
        p->next = r;
        r = p;
        p = q;
    }
    tail = head->next;
    head->next = r;
    return true;
}
```

4. 循环单链表的连接

前面提到过两个单链表的连接是非常简单的，如果是两个循环单链表要连接如何操作呢？如果循环单链表标记了头、尾指针，则直接修改这两个指针就可以把两个循环单链表连接在一起了，具体操作如图 2.30 所示。

如果循环单链表中没有标记头、尾指针，则无法直接把循环单链表 1 的尾部指向循环单链表 2 的头部。而正是因为未标记头、尾指针，所以不需要遍历去寻找链表尾部，直接交换结点 X 和结点 Y 指针域的这两个指针就可以把两个循环单链表连接在一起了，具体操作如图 2.31 所示。

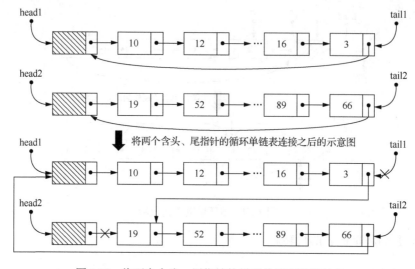

图 2.30 将两个含头、尾指针的循环单链表连接起来

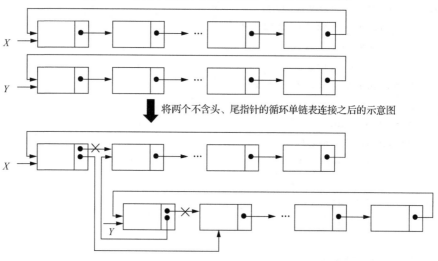

图 2.31 将两个不含头、尾指针的循环单链表连接起来

2.3.4 链表的应用

使用链表的最大好处就是减少内存的浪费，并且能够增加使用上的弹性。例如数学上常用的多项式表示和矩阵的计算，虽然都可以使用数组来实现，但是当数据内容变动时，对数据结构的影响就很大，算法不容易处理。另外，由于数组是静态数据结构，事先必须获取连续的且足够大的内存，容易造成存储空间上的浪费。接下来给出几个链表的具体应用。

1. 一元多项式表示法

假设一个多项式为 $P(x) = a_n x^n + a_{n-1} x^{n-1} + \cdots + a_1 x^1 + a_0 x^0$，这个多项式 $P(x)$ 就被称为一元 n 次多项式。一个多项式如果使用数组结构存储在计算机中，表示法有以下两种。

第一种方法是使用一个长度为 $n+1$ 的一维数组来存放，数组的第一个位置存储最大指数项的系数，其他位置按照指数项递减，按序存储对应项的系数，例如 $P(x)=12x^5+10x^4+6x^2+4x+1$，可转换为数组 A 来表示：$A=\{12, 10, 0, 6, 4, 1\}$。这种方法对某些多项式而言太浪费空间，例

如 $P(x)=X^{10000}+1$，用这种方法需要长度为 10001 的数组，表示为 $A=\{1,0,0,\cdots,0,1\}$。

第二种方法是只存储多项式中的非零项，如果有 m 个非零项，则使用 $2m$ 长的数组来存储每一个非零项的指数和系数，例如，多项式 $P(x)=8x^5+6x^4+3x^2+2$ 可以表示为：$A=\{8,5,6,4,3,2,2,0\}$。

如果使用单链表来表示多项式，在程序设计上相对复杂一点，但在内存的管理和使用效率上能受益不少。多项式的链表表示法主要是存储非零项，且可以采用图 2.32 所示的数据结构，其中 coef 表示该项的系数，exp 表示该项的指数，link 表示指向下一个结点的指针。

图 2.32 用于存储多项式的单链表结点的数据结构

例如，$P(x)=5x^2+3x+2$ 的表示方法如图 2.33 所示。

图 2.33 单链表表示多项式的例子

多项式以单链表的方式存储，便于多项式的四则运算，例如加法或者减法运算等。与普通单链表相比，用于多项式的单链表，其结点的数据域包含两项数据：系数和指数。下面给出多项式结点数据域的定义，如例 2.32 所示。

【例 2.32】多项式结点数据域的定义。

```
typedef struct node {
    int coef;              //多项式系数
    int exp;               //多项式指数
}Term;                     //一元多项式数据域的定义
```

下面给出多项式加法的一个具体例子。假设有两个多项式 $A(x)=1-15x^6+3x^8+7x^{14}$ 和 $B(x)=-x^4+15x^6-3x^{10}+8x^{14}+6x^{18}$，它们的链表表示如图 2.34（a）所示。在执行两个多项式 A 和 B 相加时，假设各个多项式链表都带头结点，设置两个检测指针 pa 和 pb 分别指示在两个多项式链表当中当前检测到的结点，并设结果多项式链表的头指针为 C，初始位置在 A 链的头结点。算法的实现分为以下两个阶段。

（1）当 pa 和 pb 没有检测完各自的链表时，比较当前检测结点的指数域：

如果指数不等，小者加入 C 链，相应检测指针 pa 或者 pb 进 1。

如果指数相等，对应项系数相加。若相加结果不为 0，则结果（存于 pa 所指结点中）加入 C 链，否则不加入 C 链，检测指针 pa 与 pb 都进 1。

（2）当 pa 或 pb 指针中有一个已检测完自己的链表，把另一个链表的剩余部分加入 C 链中。

图 2.34（b）就是图 2.34（a）中两个多项式链表 A 和 B 相加后的结果。算法实现如例 2.33 所示。

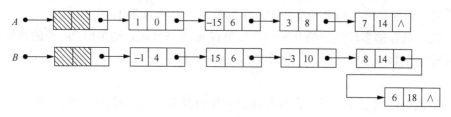

（a）两个相加的多项式

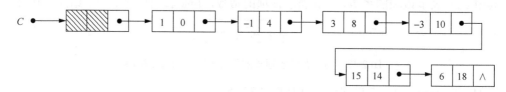

（b）相加结果的多项式

图 2.34　两个多项式相加

【例 2.33】两个多项式相加的算法。

```
void AddPolynomial(LinkList<Term> & A, LinkList<Term> & B, LinkList<Term> & C) {
    //两个带头结点的按升幂排列的一元多项式链表 A 和 B
    //相加结果通过 C 返回。C 已存在且为空（即链表 C 只有头结点存在）
    LinkNode<Term>* pa = A.setPos(0);
    LinkNode<Term>* pb = B.setPos(0);
    LinkNode<Term>* pc;
    Term tmp;
    while (pa != NULL && pb != NULL)             //两两比较
        if (pa->data.exp == pb->data.exp) {      //对应项指数相等
            tmp.exp = pa->data.exp;
            tmp.coef = pa->data.coef + pb->data.coef;     //系数相加
            if (fabs(tmp.coef) > 0.001) {        //相加后系数不为 0
                C.insertTail(tmp);
            }
            pa = pa->link; pb = pb->link;        //pa、pb 指向链中下一结点
        }
        else {                                   //对应项指数不等
            if (pa->data.exp < pb->data.exp) {   //pa 所指项的指数小
                tmp = pa->data;
                pa = pa->link;                   //pa 指向链中下一结点
            }
            else {                               //pb 所指项的指数小
                tmp = pb->data;
                pb = pb->link;                   //pb 指向链中下一结点
            }
            C.insertTail(tmp);
        }
    pc = (pa != NULL) ? pa : pb;                 //pc 指示剩余链的地址
    while (pc != NULL) {                         //处理链剩余部分
```

```
            C.insertTail(pc->data);
            pc = pc->link;
        }
    }
```

　　设两个多项式链表的项数分别为 m 和 n，算法对这两个链表都遍历一遍，时间复杂度为 $O(m+n)$，算法需要额外申请空间保存运算结果，最坏的空间复杂度为 $O(m+n)$。该算法也可以利用已有两个链表的空间保存运算结果，此时空间复杂度为 $O(1)$。

　　多项式减法可以使用类似的算法，请读者自行思考多项式减法的算法。

2. 稀疏矩阵表示法

　　在前面提到过，可以使用三元组(row, col, value)的数据结构来表示稀疏矩阵，优点是节省时间，但是当非零项要增加或删除时，会造成数组内大量数据的移动。如果使用链表来表示稀疏矩阵，最大的优点是在变更矩阵内的数据时，不需要大量移动数据。主要的技巧是用结点来表示非零项，由于矩阵是二维的，因此每个结点首先必须有 3 个字段：行（row）、列（col）和值（value）。其次还需要有两个指针变量——right 和 down，其中 right 指针用来链接同一行的结点，down 指针用来链接同一列的结点。如图 2.35 所示。

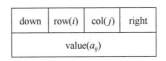

图 2.35　用链表表示稀疏矩阵时链表结点的数据结构

value：此非零项的值。
row：以 i 表示非零项元素所在行数。
col：以 j 表示非零项元素所在列数。
down：指向同一列中下一个非零项元素的指针。
right：指向同一行中下一个非零项元素的指针。

　　例如，给出一个 3×3 稀疏矩阵 $A = \begin{bmatrix} 0 & 0 & 0 \\ 5 & 0 & 0 \\ 0 & 0 & 6 \end{bmatrix}_{3×3}$，图 2.36 是以循环链表的形式表示该稀疏矩阵。

　　在此稀疏矩阵的数据结构中，每一行和每一列的非零项都构成一个带头结点的循环链表，附加一个总头结点，由指针 head 指向它，总头结点的 row 和 col 域存储原稀疏矩阵的行数和列数。稀疏矩阵中每一行的非零项按其列号从小到大顺序由 right 域链成一个带头结点的循环行链表，同样每一列的非零项按其行号从小到大顺序由 down 域也链成一个带头结点的循环列链表。即每个非零项既是第 i 行循环链表中的一个结点，又是第 j 列循环链表中的一个结点。行链表、列链表的头结点的 row 域和 col 域置 0。如图 2.36 所示，最上方的 C1、C2、C3 为列头结点，最左方的 R1、R2、R3 为行头结点，其他的两个结点分别对应到稀疏矩阵中的非零项。

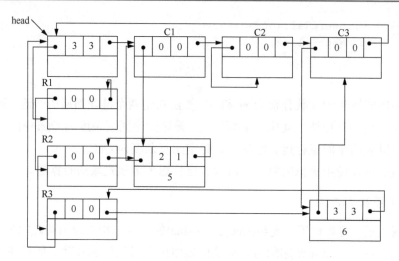

图 2.36   以循环链表表示的稀疏矩阵

3. 打印两个有序链表的公共部分

给定两个有序链表的头指针 head1 和 head2，打印两个链表的公共部分。

因为是有序链表，所以从两个链表的头开始进行如下判断：

（1）如果 head1 的值小于 head2，则 head1 往下移动。

（2）如果 head2 的值小于 head1，则 head2 往下移动。

（3）如果 head1 的值与 head2 的值相等，则打印这个值，然后 head1 与 head2 都往下移动。

（4）如果 head1 或 head2 有任何一个移动到 NULL，则整个过程停止。

算法具体实现过程如例 2.34 所示。

【例 2.34】打印两个有序链表的公共部分。

```cpp
class Node {
public:
    int value;
    Node* next;
    Node(int data) {
        value = data;
        next = NULL;
    }
};


void printCommonPart(Node* head1,Node* head2) {
    cout<<"Common Part:"<<endl;
    Node *p = head1;
    Node *q = head2;
    while(p!=NULL&&q!=NULL) {
        if(p->value<q->value) {
            p = p->next;
        }else if(p->value>q->value) {
            q = q->next;
        } else {
```

```
                cout<<head1->value<<" ";
                p = p->next;
                q = q->next;
            }
        }
    cout<<endl;
}
```

2.4　栈

　　栈是一种限制访问端口的线性表,即栈的所有操作都限定在线性表的一端进行。线性表的元素插入(称为栈的"压入")和删除(称为栈的"弹出")都限制在表首进行。表首被称为"栈顶",而栈的另一端称为"栈底"。栈的特点是,每次取出(并被删除)的总是刚刚压入的元素,即在时间上最后压入的元素。而最先压入的元素则被放在栈的底部,要到最后才能取出。因而,栈又称为"后进先出表"(last in first out,LIFO)、"下推表"。从元素的先后顺序来看,从栈里取出的元素正是压入元素的逆序。栈通常有两种实现方式,分别是采用顺序存储结构的顺序栈与链式结构的链式栈。

　　下面给出栈的一个抽象数据类型定义,如例 2.35 所示。

【例 2.35】栈的类定义。

```
template<class T>
class Stack
{
    public:
        void Clear();                //清空栈
        bool Push(const T item);     //栈的压入操作
        bool Pop(T & item);          //读取栈顶元素的值并删除
        bool Top(T & item);          //读取栈顶元素的值但不删除
        bool IsEmpty();              //判断栈是否为空
        bool IsFull();               //判断栈是否已满
};
```

2.4.1　顺序栈

　　采用顺序存储结构的栈称为顺序栈,需要一块地址连续的存储单元来存储栈中的元素,因此需要事先知道或估计栈的大小。但是,如果栈本身的大小是变动的,而用来存储栈中元素的数组大小只能事先规划和声明好,这样数组规划太大了浪费空间,规划太小了则又不够用。

　　顺序栈本质上是简化的顺序表。对元素数目为 n 的栈,首先需要确定数组的哪一端表示栈顶。如果把数组的第 0 个位置作为栈顶,按照栈的定义,所有的插入和删除操作都在第 0 个位置上进行,即意味着每次的 push 和 pop 操作都需要把当前栈的所有元素在数组中后移或者前移一个位置,时间复杂度为 $O(n)$。反之,如果把最后一个元素的位置 $n-1$ 作为栈顶,那么只需要将新元素添加在表尾,出栈操作也只需要删除表尾的元素,每次操作的时间复杂度仅为 $O(1)$。图 2.37 所示为按照后一种方案实现的栈,其中 top 表示栈顶。

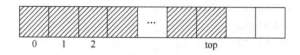

图 2.37　栈的顺序存储结构示意图

顺序栈实现时，用一个整形变量 top（通常为栈顶指针）来指示当前栈顶位置，同时也可以表示当前栈中元素的个数。下面给出一个顺序栈类及其部分成员函数的实现方法，如例 2.36 所示。

【例2.36】顺序栈的实现。

```cpp
template<class T>
class ArrayStack:public Stack<T>
{
    private:
        int maxSize;                        //栈的最大容量
        int top;                            //栈顶位置
        T *st;                              //存放栈元素的数组
    public:
        ArrayStack(int size){               //创建一个给定长度的顺序栈实例
            maxSize = size;
            top = -1;
            st = new T[maxSize];
        }
        ArrayStack() {                      //创建一个顺序栈实例
            top = -1;
        }
        ~ArrayStack() {                     //析构函数
            delete [] st;
        }
        void Clear() {                      //清空栈的内容
            top = -1;
        }
        bool Push(const T item){            //入栈操作
            if(top == maxSize - 1){         //栈已满
                cout << "栈满溢出" << endl;
                return false;
            }else {                         //入栈，并修改栈顶指针
                st[++top] = item;
                return true;
            }
        }
        bool Pop(T & item) {                //出栈操作
            if(top == -1){                  //栈为空
                cout << "栈为空，不能进行删除操作" << endl;
                return false;
            }else{
                item = st[top--];           //读取栈顶元素并修改栈顶指针
```

```
                return true;
            }
        }
        bool Top(T & item) {              //读取栈顶元素，但不删除
            if(top == -1) {               //栈为空
                cout << "栈为空，不能读取栈顶元素" << endl;
                return false;
            } else{
                item = st[top];
                return true;
            }
        }
    };
```

图 2.38 所示为 maxSize 取值为 4 的顺序栈 s 中数据元素和栈顶指针的变化。其中，图 2.38（a）表示空栈状态，此时 s.top = -1；图 2.38（b）表示栈中只有一个元素的情况，此时栈顶 top 所指为栈顶元素所在位置 0；图 2.38（c）表示进行若干次进栈操作后栈满的情况，此时 top = maxSize - 1；图 2.38（d）表示出栈一次后的状态。

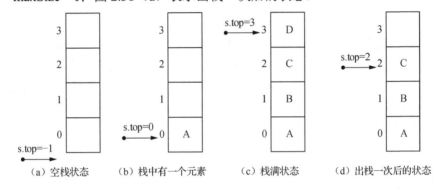

图 2.38　顺序栈的状态变化

栈中的元素是动态变化的，当栈中已有 maxSize 个元素时，进栈操作会产生溢出现象，这种溢出称为"上溢"；相应的，在空栈上进行出栈操作也会发生溢出，这种溢出称为"下溢"。为了避免溢出，在对栈进行插入和删除操作之前要检查栈是否已满或者是否为空。

例 2.37 是改进的进栈操作。如果出现上溢时仍然希望对顺序栈进行进栈操作，可以考虑适当地扩充当前顺序栈的容量。例 2.37 申请了一个扩大一倍的数组，把顺序栈的原有内容移到新的数组中，按照正常的方式进行进栈操作。

【例 2.37】改进的进栈操作。

```
template<class T>
bool ArrayStack<T>::push(const T item){
    if(top == maxSize - 1)      {
        T * newSt = new T [maxSize * 2];
        for(int i = 0; i <= top; i++){
            newSt[i] = st[i];
        }
        delete [] st;                     //释放原栈
```

```
            st = newSt;
            maxSize *= 2;
        }
        st[++top] = item;
        return true;
    }
```

2.4.2　链式栈

虽然以数组结构实现栈的好处是算法的设计与实现都相当简单，但是如果栈本身的大小是变动的，这时往往只能按照栈可能需要的最大空间来声明数组空间，这样会造成内存空间的浪费。链表用来实现栈的优点是随时可以动态改变链表的长度，缺点是设计的算法略微复杂。链式栈本质上是简化的链表，为了方便存取，栈顶元素设置为链表首结点，变量 top 设置为指向栈顶的指针。图 2.39 为一个链式栈的示意图。

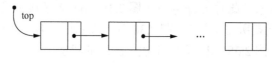

图 2.39　链式栈示意图

下面给出链式栈的一个简单实现，如例 2.38 所示。其中，数据成员 top 为指向链式栈首结点的指针，链表的结点类型为 2.3 节中定义过的 LinkNode 类。进栈操作 push 在链表首结点之前插入元素，出栈操作 pop 删除链表首结点元素并释放其空间，进栈操作和出栈操作的时间复杂度均为 $O(1)$。

【例 2.38】栈的链式实现。

```
template<class T>
class LinkStack:public Stack<T>{
    private:
        LinkNode<T> *top;           //指向栈顶的指针
        int size;                   //存放元素的个数
    public:
        LinkStack() {               //构造函数
            top = NULL;
            size = 0;
        }
        ~LinkStack() {              //析构函数
            Clear();
        }
        void Clear() {              //清空栈内容
            while(top != NULL){
                LinkNode<T> *tmp = top;
                top = top->link;
                delete tmp;
            }
            size = 0;
        }
        bool Push(const T item) { //入栈操作的链式实现
```

```
                LinkNode<T> *tmp = new LinkNode<T>(item, top);
                top = tmp;
                size++;
                return true;
        }
        bool Pop(T & item) {            //出栈操作的链式实现
                LinkNode<T> *tmp;
                if(size == 0){
                        cout << "栈为空，不能执行出栈操作" << endl;
                        return false;
                }
                item = top->data;
                tmp = top->link;
                delete top;
                top = tmp;
                size--;
                return true;
        }
        bool Top(T & item) {            //读取栈顶元素，但不删除
                if(size == 0){
                        cout << "栈为空，不能读取栈顶元素" << endl;
                        return false;
                }
                item = top->data;
                return true;
        }
};
```

2.4.3 栈与递归

递归是计算机科学的一个重要概念，是一种常用的算法设计技术。许多程序设计语言都支持递归，这些支持本质上是通过栈来实现的。在数学及程序设计方法学中递归的定义是：若一个对象部分地包含它自己，或用它自己给自己定义，则称这个对象是递归的；若一个过程直接地或间接地调用自己，则称这个过程是递归的过程。本节将以阶乘函数的计算为例，分析函数的递归调用在程序运行阶段的工作过程。

1. 阶乘函数的递归定义

阶乘函数的递归定义如公式（2.10）所示。

$$n! = \begin{cases} 1, & n=0 \\ n \times (n-1)!, & n>0 \end{cases} \tag{2.10}$$

为了定义整数 n 的阶乘，必须先定义 $(n-1)$ 的阶乘，而为了定义 $(n-1)$ 的阶乘，还要定义 $(n-2)$ 的阶乘，如此直到 $n=0$ 为止，这时 0 的阶乘为 1。由此可以看出，递归定义由两部分组成。第一部分是递归基础，也称为递归出口，是保证递归结束的前提；第二部分是递归规则，确定了由简单情况求解复杂情况需要遵循的规则。在阶乘的定义中，递归基础为 $n=0$，此时阶乘定义为 1；递归规则为 $n \times (n-1)!$，即 n 的阶乘由 $(n-1)$ 的阶乘来求解。例 2.39 给出了阶乘函数的实现。

【例2.39】 阶乘函数。

```
long factorial(long n){
    if(n == 0)
        return 1;
    return n * factorial(n-1);
}
```

2. 递归函数的实现

大多数程序设计语言运行环境所提供的函数调用机制是由底层的编译栈支持的，编译栈中的"运行时环境"指的是目标计算机上用来管理存储器并保存执行过程所需信息的寄存器及存储器的结构。

在非递归调用的情况下，数据区的分配可以在程序运行前进行，直到整个程序运行结束再释放，这种分配称为静态分配。采用静态分配时，函数的调用和返回处理比较简单，不需要每次分配和释放被调用函数的数据区。在递归调用的情况下，被调用函数的局部变量不能静态地分配某些固定单元，而必须每调用一次就分配一次，以存放当前所使用的数据，当返回时随即释放，这种只有在执行调用时才能进行的存储分配称为"动态分配"，此时需要在内存中开辟一个足够大的称之为运行栈的动态区域。

用作动态数据分配的存储区可以按照多种方式组织。典型的组织如图2.40所示，将存储器分为栈区和堆区，栈区用于分配具有后进先出特征的数据（如函数的调用），而堆区则用于不符合后进先出的数据（如指针的分配）的动态分配。

运行栈中元素的类型（即被调函数需要的数据类型）涉及动态存储分配中的一个重要概念——活动记录。过程或函数的一次执行所需要的信息用一块连续的存储区来管理，这块存储区称为活动记录，它由图2.41所示的各个域组成。

图2.40 运行时存储器的组织形式

图2.41 一般的活动记录

活动记录各个域的用途如下。

（1）局部临时变量空间：用来存放目标程序临时变量的值，如计算表达式时所产生的中间结果。

（2）局部变量空间：用于保存过程或函数的局部数据。

（3）机器状态：用来保存过程或函数调用前的机器状态信息，其中包括各种寄存器的当前值和返回地址等。

（4）控制链：用来指向调用方的活动记录。

（5）参数：用于存放调用方提供的实在参数。

（6）返回值：用于存放被调用方返回给调用方的值。

每次调用一个函数时，执行进栈操作，把被调函数所对应的活动记录分配在栈的顶部；而在每次从函数返回时，执行出栈操作，释放该函数的活动记录，恢复到上次调用所分配的数据区域中。因为运行栈中存放的是被调函数的活动记录，所以运行栈又称为活动记录栈。同时，由于运行栈按照函数的调用序列来组织，因此也称为调用栈。

一个函数在运行栈中可以有若干不同的活动记录，每个活动记录代表一个不同的调用。对递归函数来说，递归深度决定了其在运行栈中活动记录的数目。当函数进行递归调用时，函数体的同一个局部变量在不同的递归层次被分配给不同的存储空间，放在运行栈的不同位置。

概括来讲，函数调用可以分解成以下 3 个步骤：

（1）调用函数发送调用信息，包括调用方要传送给被调用方的信息，如传给形式参数（简称形参）的实在参数（简称实参）的值、函数返回地址等。

（2）分配被调用方需要的局部数据区，用来存放被调用方定义的局部变量、形参变量（存放实参的值）、返回地址等，并接受调用方传送来的调用信息。

（3）调用方暂停，把计算控制转移到被调方，即自动转移到被调函数的程序入口。

当被调方结束运行，返回到调用方时，其返回处理一般也分解为 3 个步骤进行：

（1）传送返回信息，包括被调方要传回给调用方的信息，如计算结果等。

（2）释放分配给被调方的数据区。

（3）按返回地址把控制转回调用方。

下面以例 2.40 阶乘函数为例，分析递归计算的过程中递归工作栈和活动记录是如何工作的。

【例 2.40】阶乘函数主程序。

```
#include<iostream>
using namespace std;
int main(){
    cout << factorial(4) << endl;
    return 0;
}
```

主程序通过 factorial(4)这个语句向阶乘函数 factorial(n)的形参 n 提供了实参 4，建立阶乘函数 factorial(4)的一个活动记录，把过程调用所需的必要信息，包括返回地址、参数（4）、局部变量存入栈中，如图 2.42（a）所示。在计算 factorial(4)时，需要计算 factorial(3)的值，需要将 factorial(3)的活动记录压入栈中，如此进行下去，栈顶不断更新，直到最终调用 factorial(0)，此时 factorial(0)的活动记录成为新的栈顶，如图 2.42（b）所示。由于 factorial(0)满足递归的出口条件，可以直接得到计算结果，其活动记录从栈顶弹出，并将计算结果和控制权返回给其调用方 factorial(1)。factorial(1)根据 factorial(0)的返回结果 1 可以计算出 1! = 1，执行结束后，也从栈顶弹出其活动记录，继续将控制权转移给它的调用方 factorial(2)，依此类推，按进栈顺序的反序依次从栈中删除每个活动记录，把计算结果和控制权逐层返回，直至最后 factorial(4)把控制连同计算结果 24 返回给它的调用方 main()函数。这样，当在 main()中执行 cout 语句时，只在运行环境中保留了 main()和全局静态区域的活动记录。

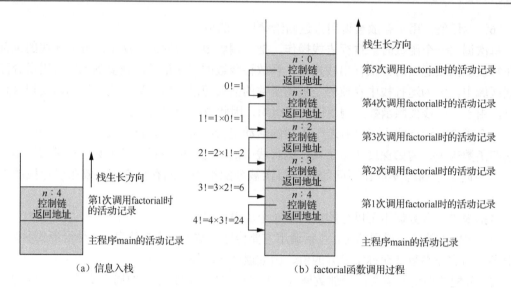

图 2.42　递归调用时栈的变化状态

2.4.4　递归的应用

下面介绍递归的两个具体应用，即汉诺塔问题以及全排列问题的递归求解方法。

1. 汉诺塔问题

在解决汉诺塔（Hanoi）问题时，通常使用分治法。分治法的基本思想是：把一个规模较大的问题分成两个或多个较小的与原问题相似的子问题，首先对子问题进行求解，然后把各个子问题的解合并起来，得出整个问题的解，即对问题分而治之。如果有的子问题的规模仍然比较大，还可以对这个子问题再应用分治法。

汉诺塔问题是："设有一个塔台，台上有 3 根标号为 A、B、C 的柱子，在 A 柱上放着 64 个盘子，每一个都比下面的略小。要求通过有限次的移动把 A 柱上的盘子全部移到 C 柱上。移动的条件是一次只能移动一个盘子，并且移动过程中大盘子不能放在小盘子上面。"

下面给出快速求解汉诺塔问题的递归解法的具体描述。

设 A 柱上最初的盘子总数为 n，问题的解法如下。

如果 $n=1$，则将这一个盘子直接从 A 柱移到 C 柱上。否则，执行以下 3 步：

（1）用 C 柱做过渡，将 A 柱上的 $n-1$ 个盘子移到 B 柱上；

（2）将 A 柱上最后一个盘子直接移到 C 柱上；

（3）用 A 柱做过渡，将 B 柱上的 $n-1$ 个盘子移到 C 柱上。

图 2.43 给出移动 4 个盘子的情形。首先把 A 柱上的 3 个盘子通过 C 柱做过渡移动到 B 柱上，再把 A 柱上剩下的一个盘子直接移动到 C 柱上，最后把 B 柱上的 3 个盘子通过 A 柱移动到 C 柱上。

这样就把移动 n 个盘子的汉诺塔问题分解为两个移动 $n-1$ 个盘子的汉诺塔问题，移动 $n-1$ 个盘子的汉诺塔问题又可分解为两个移动 $n-2$ 个盘子的汉诺塔问题，依此类推，最后可以归结到只移动一个盘子的汉诺塔问题。通过这种方式分解问题、化繁为简，逐步解决问题。

下面给出求解 n 阶汉诺塔问题的递归算法，如例 2.41 所示。

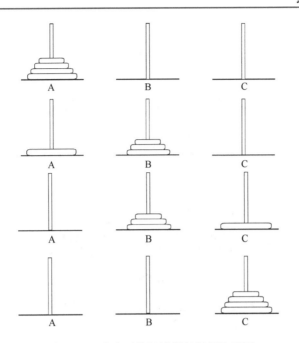

图 2.43　4 个盘子的汉诺塔问题解答示例

【例 2.41】 求解汉诺塔的递归解法。

```
void Hanoi(int n,char A,char B,char C){
if(n==1){                //只有一个盘子
      cout<<"Move disk from"<<A<<"to"<<C<<endl;
}
else{
      Hanoi(n-1,A,C,B);
      cout<<"Move disk from"<<A<<"to"<<C<<endl;
      Hanoi(n-1,B,A,C);
}
};
```

递归树是用于描述递归算法执行过程的图形工具。其根结点代表求解规模为 n 的问题，它的两个子结点代表经过分解得到的两个规模为 $n-1$ 的子问题，这些子结点又有两个子结点，分别代表由子问题分解得到的更小的子问题，如此继续分解下去，直到叶子结点，这些叶子结点代表递归结束、直接求解的情形。

下面是描述 $n = 3$ 时汉诺塔问题递归求解的递归树，如图 2.44 所示。图中的①～⑦是移动盘子的顺序。

通过观察递归树可知，分治法对问题是按"自顶向下，逐层分解"的原则来执行的。递归树的上下层表示递归程序的调用关系，同一程序模块的各子模块从左向右顺序执行。各个处于递归结束位置的子模块执行盘片移动，最右端子模块执行结束后就实现了上一层模块的功能。编号①～⑦给出执行次序。

若设盘子总数为 n，在算法中盘子的移动次数 moves(n)如公式（2.11）所示。

$$\text{moves}(n) = \begin{cases} 1, & n = 1 \\ 2 \times \text{moves}(n-1)+1, & n \geqslant 2 \end{cases} \tag{2.11}$$

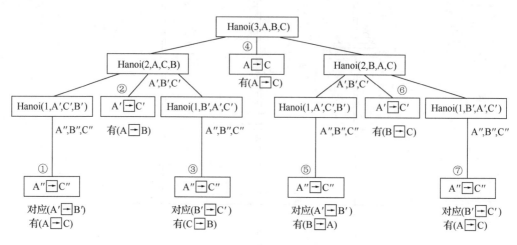

图 2.44　汉诺塔问题的递归树

同样可以推出 moves(n) 的最终计算公式，如公式（2.12）所示。

$$\begin{aligned}
\text{moves}(n) &= 2 \times \text{moves}(n-1) \\
&= 2^2 \times \text{moves}(n-2)+3 \\
&\cdots \\
&= 2^{n-1} \times \text{moves}(1) + (2^{n-1}-1) \\
&= 2^n - 1
\end{aligned} \tag{2.12}$$

由此可见，这类问题的时间复杂度为 $O(2^n)$。从图 2.44 所示的递归树可知，当 $n=3$ 时递归过程调用了 3 层，即递归深度为 3，总的递归调用次数为 $2^3-1=7$。算法的空间复杂度取决于递归调用时栈的深度，为 $O(n)$。

2. 全排列问题

全排列问题是指打印出序列中所有可能的排列。下面给出一个全排列问题的例子。

如果我们有一个序列：a,b,c,d，当我们输出这四个字符的全排列时，输出的格式如下：

$$a_1a_2a_3a_4$$

先考察第一个字符 a_1 的位置。

在输出全排列的时候，a_1 取值依次为：$a_1 = a$ 或 b 或 c 或 d。

下面给出全排列的递归解法。

（1）当 a_1 取定为 a 的时候，余下序列为 b,c,d。

我们发现 a 和序列 b,c,d 的全排列的组合 {a,bcd 全排列}，就构成了以 a 开头的序列的全排列。子问题就是求 bcd 序列的全排列了，可以发现此时子问题的规模减小了 1。那么用递归就很直观了。

（2）接下来我们把 a_1 取定为 b。那么问题的求解就变成了 {b,acd 全排列}。

依此类推，直到所有 a_1 的可能的取值下的子问题都解决了，就能得到全排列。而且序列的初始序列并不影响全排列的过程。

下面给出一个求解全排列问题的算法示例，如例 2.42 所示。

【例 2.42】求解全排列问题的递归算法。

```
void swap_m(char* a, char* b) {          //交换*a 与*b
    if(*a!=*b)
    { char temp = *a;
        *a = *b;
        *b = temp;
    }
     else if (*a == *b) {
         cout << "发生相同交换" << endl;
     }
}


void pernum(char* per, char* begin) {
    if (per == NULL) return;
    if (*begin == '\0') {
        cout << per << endl;
    }
     else {
     //枚举输出以*pCh 开始的排列序列, 也就是遍历整个串分别求以 pCh 开头的排列
            for (char* pCh = begin; *pCh != '\0'; pCh++) {
            // 若 pCh 不是第一个字符位置, 则交换*pCh 与*begin
                if (pCh != begin)
                    swap_m(pCh, begin);
                pernum(per, (begin + 1));
                // 如果前面交换了*pCh 与*begin, 计算后再把序列恢复成初始的序列
                if (pCh != begin)
                    swap_m(pCh, begin);
            }
     }
}
```

2.4.5　栈的应用

栈在计算机领域的应用十分广泛, 常见的应用如下:

（1）二叉树和森林的遍历运算, 例如中序遍历、前序遍历等。

（2）计算机中央处理单元（central processing unit, CPU）的中断处理（interrupt handling）。

（3）图的深度优先搜索法。

（4）递归程序的调用和返回。在每次递归调用时, 先将下一个指令的地址和变量的值保持到栈中。当递归调用返回时, 则按序从栈顶取出这些相关值, 回到原来执行递归前的状态, 再往下继续执行。

（5）算术表达式的转换与求值, 例如中缀表达式转换成后缀表达式。

（6）调用子程序和返回处理, 例如在执行调用的子程序之前, 先将返回地址（即下一条指令的地址）压入栈中, 然后才开始执行调用子程序的操作, 等到子程序执行完毕后, 再从栈中弹出返回地址。

（7）编译错误处理：当编辑程序发生错误或者警告信息时, 会将所在的地址压入栈中,

之后才会显示出错误相关的信息对照表。

下面给出几个具体的实例，学习如何使用栈来解决问题。

1. 数制转换

在计算机基础课程中已经讲过如何利用"除 2 取余"法把一个十进制整数转换为二进制数。若想把一个十进制整数转换为八进制数也可以使用类似的方法。例如，一个十进制整数 1438 转换为八进制数 2636 的计算过程如图 2.45 所示。

整数N	1438	179	22	2
商（$N \div 8$）	179	22	2	0
余数（$N \% 8$）	6	3	6	2

图 2.45 十进制整数转换为八进制数的过程

一般地，可把此方法推广到把十进制整数转换为 k 进制数。假设有一个十进制整数 N，可以先通过 $N \% k$ 求出余数 1，然后令 $N=N/k$，再对新的 N 做除 k 求模运算可求出余数 2，依此类推，直到 N 等于零结束。将得到的余数 1,余数 2,… 反序输出即为转换结果。由于栈具有后进先出的特点，可以将 $N \% k$ 得到的 k 进制数的各位依次进栈，计算完毕后再将栈中的结果依次出栈输出，输出的结果即为 k 进制数。在算法实现时，栈可以采用顺序存储表示，也可以采用链式存储表示。算法的具体实现如例 2.43 所示。

【例 2.43】使用栈实现数制转换的算法。

```
int BaseTrans(int N, int k) {
    int i, result = 0;
    ArrayStack<int> s(20);
    while (N != 0) {
        i = N % k;
        s.Push(i);
        N = N / k;
    }
    while (!s.IsEmpty())
        if (s.Pop(i)){
            result = result * 10 + i;
        }
    return result;
}
```

显然，算法的时间和空间复杂度均为 $O(\log_k n)$。

这是利用栈的后进先出特性的最简单的例子。在这个例子中，栈的操作是单调的，即先一味地入栈，然后一味地出栈，起到了"反序"的作用。有的读者会提出疑问：用数组实现不是更简单吗？但仔细分析上述算法不难看出，栈的引入简化了程序设计的问题，划分了不同的关注层次，使思考范围缩小了。而用数组不仅掩盖了问题的本质，还要分散精力去考虑数组下标增减等细节问题。

在实际利用栈的问题中，入栈和出栈操作大都不是单调的，而是交错进行的。下面的迷宫求解问题和表达式计算都属于这种情况。

2. 迷宫求解问题

1）问题描述

给定一个 $M \times N$ 的迷宫图，求一条从指定入口到出口的迷宫路径。假设一个迷宫如图 2.46 所示（这里 $M=8$，$N=8$），图中的每个方块用空白表示通道，用阴影表示障碍物。

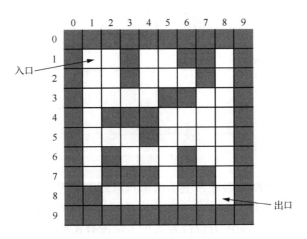

图 2.46　一个迷宫示意图

一般情况下，所求迷宫路径是简单路径，即在求得的迷宫路径上不会重复出现同一方块。迷宫路径可能有多条，有长有短，这里仅仅考虑利用栈求一条从指定入口到出口的迷宫路径。

2）数据组织

为了表示迷宫，设置一个二维数组 mg，其中每个元素表示一个方块的状态，为 0 时表示对应方块是通道，为 1 时表示对应方块是障碍物（不可走）。为了求解方便，一般在迷宫的外围加一道围墙。图 2.46 所示的迷宫对应的迷宫数组 mg（由于迷宫四周加了一道围墙，故 mg 数组的行数和列数均加上 2）如下：

```
int mg[M+2][N+2]-{
    {1,1,1,1,1,1,1,1,1,1},        {1,0,0,1,0,0,1,1,0,1},
    {1,0,0,1,0,0,0,1,0,1},        {1,0,0,0,0,1,1,0,0,1},
    {1,0,1,1,1,0,0,0,0,1},        {1,0,0,0,1,0,0,0,0,1},
    {1,0,1,0,0,0,1,0,0,1},        {1,0,1,1,1,0,1,1,0,1},
    {1,1,0,0,0,0,0,0,0,1},        {1,1,1,1,1,1,1,1,1,1}
};
```

另外，在算法中用到的栈采用顺序栈存储结构，栈中存放的元素为迷宫方块，迷宫方块声明如例 2.44 所示。

【例 2.44】迷宫方块的声明。

```
typedef struct
{
    int i;                //当前方块的行号
    int j;                //当前方块的列号
    int di;               //di 是下一相邻可走方位的方位号
} Box;
```

3）算法设计

对于迷宫中的每个方块，有上、下、左、右 4 个方块相邻，如图 2.47 所示，第 i 行第 j 列的当前方块的位置记为 (i,j)，规定上方方块为方位 0，并按顺时针方向递增编号。在试探过程中，假设按从方位 0 到方位 3 的方向查找下一个可走的相邻方块。

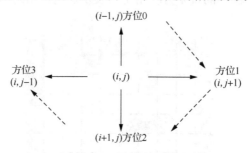

图 2.47 迷宫方位图

求迷宫问题就是在一个指定的迷宫中求出从入口到出口的一条路径。在求解时采用"穷举法"，即从入口出发，按方位 0 到方位 3 的次序试探相邻的方块，一旦找到一个可走的相邻方块就继续走下去，并记下所走的方位；若某个方块没有相邻的可走方块，则沿原路退回到前一个方块，换下一个方位再继续试探，直到所有可能的路径都试探完为止。

为了保证在任何位置上都能沿原路退回（称为回溯），需要保存从入口到当前位置的路径上走过的方块，由于回溯的过程是从当前位置退回到前一个方块，体现出后进先出的特点，所以采用栈来保存走过的方块。

若一个非出口方块 (i,j) 是可走的，将它进栈，每个刚刚进栈的方块，其方位 d_i 置为 −1（表示尚未试探它的周围），然后开始从方位 0 到方位 3 试探这个栈顶方块的四周，如果找到某个方位 d 的相邻方块 (i_1,j_1) 是可走的，则将栈顶方块 (i,j) 的方位 d_i 置为 d，同时将方块 (i_1,j_1) 进栈，再继续从方块 (i_1,j_1) 做相同的操作。若方块 (i,j) 的四周没有一个方位是可走的，将它退栈，如图 2.48 所示，前一个方块 (x,y) 变成栈顶方块，再从方块 (x,y) 的下一个方位继续试探。

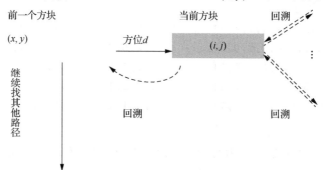

图 2.48 方块 (i,j) 的四周没有一个方位可走情况

在算法中应保证试探的相邻可走方块不是已走路径上的方块。如方块 (i,j) 已进栈，在试探方块 $(i+1,j)$ 的相邻可走方块时又会试探到方块 (i,j)。也就是说，从方块 (i,j) 出发会试探方块 $(i+1,j)$，而从方块 $(i+1,j)$ 出发又会试探方块 (i,j)，这样可能会引起死循环。为此，在一个方块进栈后将对应的 mg 数组元素值改为 −1（变为不可走的相邻方块），当退栈时（表示该栈顶方块没有可走相邻方块）将其恢复为 0。

求解迷宫中从入口(xi, yi)到出口(xe, ye)的一条迷宫路径的过程如例 2.45 所示。

【例 2.45】从入口(xi, yi)到出口(xe, ye)的一条迷宫路径的过程伪算法。

```
将入口(xi,yi)进栈(其初始方位设置为-1);
mg[xi][yi] = -1;
while (栈不空){
        取栈顶方块(i,j,di);
        if ((i,j)是出口(xe,ye))
        {       //输出栈中的全部方块构成一条迷宫路径
                return true;
        }
        查找(i,j,di)的下一个相邻可走方块;
        if (找到一个相邻可走方块)
        {       该方块为(i1,j1),对应方位 d;
                将栈顶方块的 di 设置为 d;
                (i1,j1,-1)进栈;
                mg[i1][j1]=-1;
        }
        if (没有找到(i,j,di)的任何相邻可走方块)
        {       将(i,j,di)出栈;
                mg[i1][j1] = 0;
        }
}
return false;    //没有找到迷宫路径
```

根据上述过程得到求迷宫问题的算法,如例 2.46 所示。

【例 2.46】迷宫求解问题的算法。

```
bool mgpath(int xi, int yi, int xe, int ye)    //求解路径为(xi, yi)->(xe, ye)
{
    Box path[maxSize], e;
    int i, j, di, i1, j1, k;
    bool find;
    ArrayStack<Box> st(maxSize);                //定义 st
    e.i = xi; e.j = yi; e.di = -1;              //设置 e 为入口
    st.Push(e);                                 //方块 e 进栈
    mg[xi][yi] = -1;        //将入口的迷宫值置为-1,避免重复走到该方块
    while (!st.IsEmpty()) {                      //栈不空时循环
        st.Top(e);                              //取栈顶方块 e
        i = e.i; j = e.j; di = e.di;
        if (i == xe && j == ye) {               //找到了出口,输出该路径
            cout << "一条迷宫路径如下:" << endl;
            k = 0;
            while (!st.IsEmpty()) {
                st.Pop(e);                      //出栈方块 e
                path[k++] = e;                  //将 e 添加到 path 数组中
            }
            while (k >= 1) {
                k--;
```

```
                    cout << path[k].i << "   " << path[k].j;
                    if ((k + 2) % 5 == 0)        //每输出 5 个方块后换一行
                        cout << endl;
                }
            cout << endl;
            return true;                          //输出一条迷宫路径后返回 true
        }
        find = false;
        while (di < 4 && !find) {//找方块(i,j)的下一个相邻可走方块(i1,j1)
            di++;
            switch (di) {
            case 0:i1 = i - 1; j1 = j; break;
            case 1:i1 = i; j1 = j + 1; break;
            case 2:i1 = i + 1; j1 = j; break;
            case 3:i1 = i; j1 = j - 1; break;
            }
            if (mg[i1][j1] == 0)
                find = true;   //找到一个相邻可走方块，设置 find 为真
        }
        if (find) {                      //找到了一个相邻可走方块(i1,j1)
            Box bTmp;
            st.Pop(bTmp);
            bTmp.di = di;
            st.Push(bTmp);      //修改原栈顶元素的 d 值
            e.i = i1; e.j = j1; e.di = -1;
            st.Push(e);         //相邻可走方块 e 进栈
            mg[i1][j1] = -1;    //将(i1,j1)迷宫值置为-1，避免重复走到该方块
        }
        else {                           //没有路径可走，则退栈
            st.Pop(e);          //将栈顶方块退栈
            mg[e.i][e.j] = 0;   //让退栈方块的位置变为其他路径可走方块
        }
    }
    return false;                        //表示没有可走路径，返回 false
}
```

4）运行结果

对于图 2.46 所示的迷宫，从入口(1,1)到出口(8,8)的一条迷宫路径如下：

(1,1)	(1,2)	(2,2)	(3,2)	(3,1)
(4,1)	(5,1)	(5,2)	(5,3)	(6,3)
(6,4)	(6,5)	(5,5)	(4,5)	(4,6)
(4,7)	(3,7)	(3,8)	(4,8)	(5,8)
(6,8)	(7,8)	(8,8)		

上述迷宫路径的显示结果如图 2.49 所示，图中路径上方块(i, j)中的箭头表示从该方块行走到下一个相邻方块的方位，例如方块(1,1)中的箭头是"→"，该箭头表示方位 1，即方块(1,1)走方位 1 到相邻方块(1,2)。显然这个解不是最优解，也不是最短路径，在使用队列求解时可以找出最短路径。

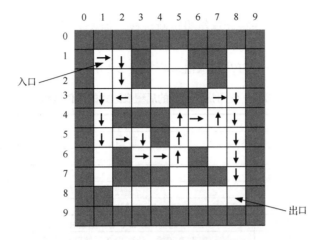

图 2.49　一条迷宫路径的示意图

实际上，在利用栈求解迷宫问题时，当找到出口后输出一条迷宫路径，然后可以继续回溯搜索下一条迷宫路径。采用这种回溯法可以找出所有的迷宫路径。

3. 表达式计算

如何将一个表达式翻译为能够正确求值的指令序列，是语言处理程序要解决的基本问题。在计算机中表达式的计算是通过栈来实现的。

任何一个表达式都是由操作数、操作符和分隔符组成。通常，算术表达式有 3 种表示。

（1）中缀表达式：<操作数><操作符><操作数>，例如　A+B。

（2）前缀表达式：<操作符><操作数><操作数>，例如　+AB。

（3）后缀表达式：<操作数><操作数><操作符>，例如　AB+。

下面我们分别来介绍如何通过栈计算后缀表达式的值、中缀表达式的值以及如何将中缀表达式转换为后缀表达式。

1）后缀表达式的计算

后缀表达式也称为逆波兰记号（reverse polish notation，RPN）。后缀表达式把操作数写在前面，操作符写在后面，是一种没有括号，并严格遵循"从左到右"运算的后缀式表达方法。

对编译程序来说，一般使用后缀表达式对表达式求值。因为计算后缀表达式的过程中不需要考虑操作符的优先级和括号，按顺序处理表达式的操作符即可。

下面举一个例子。给出一个中缀表达式 A+B*(C-D)-E/F，求值的计算顺序如图 2.50 所示，R_1、R_2、R_3、R_4、R_5 为中间计算结果。与中缀表达式 A+B*(C-D)-E/F 对应的后缀表达式为 ABCD-*+EF/-，其计算顺序如图 2.51 所示。

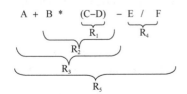

图 2.50　中缀表达式求值

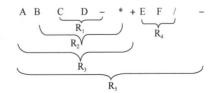

图 2.51　后缀表达式求值

后缀表达式的计算过程为：顺序扫描表达式的每一项，然后根据它的类型做如下相应操作，即如果该项是操作数，则进栈；如果是操作符<op>，则连续从栈中退出两个操作数 Y 和

X，形成运算指令 X<op>Y，并将计算结果重新进栈。当表达式的所有项都扫描并处理完后，栈顶存放的就是最后的计算结果。

对于后缀表达式 ABCD-*+EF/-的求值过程如表 2.2 所示。

表 2.2　使用操作符栈的后缀表达式的求值过程

步	扫描项	类型项	动作	栈中内容
1			置空栈	空
2	A	操作数	进栈	A
3	B	操作数	进栈	A B
4	C	操作数	进栈	A B C
5	D	操作数	进栈	A B C D
6	−	操作符	D、C 退栈，计算 C−D，结果 R_1 进栈	A B R_1
7	*	操作符	R_1 和 B 退栈，计算 B*R_1，结果 R_2 进栈	A R_2
8	+	操作符	R_2 和 A 退栈，计算 A+R_2，结果 R_3 进栈	R_3
9	E	操作数	进栈	R_3 E
10	F	操作数	进栈	R_3 E F
11	/	操作符	F 和 E 退栈，计算 E/F，结果 R_4 进栈	R_3 R_4
12	−	操作符	R_4 和 R_3 退栈，计算 R_3−R_4，结果 R_5 进栈	R_5

例 2.47 给出简单计算器的模拟。它要求从键盘读入一个后缀表达式，计算表达式的值。该计算器接受的操作符包括"+""−""*""/"，操作数在"0"至"9"之间。

【例 2.47】计算后缀表达式的值。

```
#define stkSize 20                          //预设操作数栈的大小
//算法：从操作数栈 OPND 中取两个操作数，根据操作符 op 形成运算指令并计算
int DoOperator() {
    ArrayStack<int> OPND(stkSize);
    char ch; int result, left, right;
    cout << "请输入后缀表达式(输入值限于 0 至 9)，操作符限于+,-,*,/，以字符'#'结束" << endl;
    cin >> ch;
    while (ch != '#') {
        if (ch >= '0' && ch <= '9')
            OPND.Push(ch - 48);             // 操作数：进栈
        else
            if (ch == '+' || ch == '-' || ch == '*' || ch == '/') {
                //操作符：执行计算
                if (OPND.IsEmpty()) { //检查栈空否?
                    cout << "缺少右操作数!" << endl; return 0;
                } //栈空，报错
                OPND.Pop(right);
                if (OPND.IsEmpty()) {        //检查栈空否?
                    cout << "缺少左操作数!" << endl; return 0;
                }//栈空，报错
                OPND.Pop(left);
                switch (ch) {                //形成运算指令
                case '+': OPND.Push(left + right); break;     //加
                case '-': OPND.Push(left - right); break;     //减
                case '*': OPND.Push(left * right); break;     //乘
```

```
                    case '/':
                        if (abs(right) < 0.001) {               //除
                            cout << "Divide by 0!" << endl;
                            return 0;
                        }
                        else
                            OPND.Push(left / right);
                        break;
                    default: return 0;
                    }
                }
                else
                    cout << "输入了非法字符,请重新输入!" << endl;
            cin >> ch;
        }
        OPND.Pop(result);
        return result;
    }
```

2）中缀表达式的计算

我们日常生活中所使用的表达式都是中缀表达式，如 $A + B * (C - D) - E / F$。为了正确执行这种中缀表达式的计算，必须明确各个操作符的执行顺序。为此，程序语言为每一个操作符都规定了一个优先级。为简单起见，本节只讨论算术运算中的双目操作符。在计算一个表达式的值时，先处理优先级高的运算符；如果优先级相同，则自左向右计算；当使用括号时，从最内层的括号开始计算。

为了计算中缀表达式的值，通常需要对各种操作符定义两类优先级：栈内优先级（in stack priority，isp）和栈外优先级（in coming priority，icp），如表 2.3 所示。

表 2.3　各个算术操作符的优先级

操作符 ch	isp	icp
#	0	0
(	1	6
*, /, %	5	4
+, −	3	2
)	6	1

为什么要如此设置？这是因为某一操作符按照算术运算规则有一个优先级，这是栈外优先级。一旦它进入操作符栈，它的优先级要提高，以体现优先级相同的操作符自左向右计算，所以同一操作符的栈内优先级高于它的栈外优先级。左括号"("和右括号")"优先级的设置同样也是为了满足算术运算的规则。操作符优先级相等的情况只出现在")"与栈内"("配对或栈底的"#"号与表达式输入最后的"#"号配对时。前者将连续退出位于栈顶的操作符，直到遇到"("为止，然后将"("退栈以对消括号。后者将结束算法。

在指定各个操作符优先级的基础上，就可以按照如下过程来完成中缀表达式的计算：

（1）定义存储操作数的栈 OPND、存储操作符的栈 OPTR，且在操作符栈中压入'#'，读取中缀表达式的第一个字符，记为 ch。

（2）重复执行以下步骤，直到 ch='#'且 OPTR 为空，停止循环。①如果 ch 是操作数，直接压入操作数栈中，扫描下一个字符 ch。②如果 ch 是操作符，此时操作符栈的栈顶符号为op：若 isp(op)<icp(ch)，则将 ch 压入操作符栈中，扫描下一个字符 ch；若 isp(op)>icp(ch)，则 OPTR 弹出 op，从 OPND 栈顶弹出两个操作数做 op 运算，并将运算结果压入 OPND；若 isp(op)==icp(ch)，则 OPTR 弹出 op 与 ch 抵消，此时若抵消的是括号，则继续扫描下一个字符 ch。

（3）弹出 OPND 栈顶元素，即为表达式求值结果。

下面通过计算3*(7−2)的值来具体说明中缀表达式的求值过程，如表 2.4 所示。

表 2.4　中缀表达式 3*(7−2)的求值过程

步骤	当前扫描项	待扫描表达式	动作	操作数栈	操作符栈
0		3*(7−2)#	'#'进栈，读下一个字符		#
1	3	*(7−2)#	'3'进栈，读下一个字符	3	#
2	*	(7−2)#	isp('#')<icp('*')，'*'进栈，读下一个字符	3	#*
3	(	7−2)#	isp('*')<icp('(')，'('进栈，读下一个字符	3	#*(
4	7	−2)#	'7'进栈，读下一个字符	3 7	#*(
5	−	2)#	isp('(')<icp('−')，'−'进栈	3 7	#*(−
6	2	)#	'2'进栈，读下一个字符	3 7 2	#*(−
7	)	#	isp('−')>icp(')')，'−'出栈，'2'和'7'出栈做运算，7−2=5，'5'进栈	3 5	#*(
8	)	#	isp('(')=icp(')')，'('出栈，消去一对括号，读下一个字符	3 5	#*
9	#		isp('*')>icp('#')，'*'出栈，'5'和'3'出栈做运算，3*5=15，'15'进栈	15	#
10	#		isp('#')=icp('#')，'#'出栈，满足循环结束条件，返回操作数栈顶元素值		

计算中缀表达式值的算法如例 2.48 所示。

【例 2.48】计算中缀表达式的值。

```
#define  stkSize  20    //预设操作数栈的大小
//从键盘读入中缀表达式并输出计算结果，要求输入的最后一个符号是'#'
int InfixOperator() {
ArrayStack<char> OPTR = ArrayStack<char>(stkSize);//定义操作符栈 OPTR 并初始化
ArrayStack<int> OPND = ArrayStack<int>(stkSize);//定义操作数栈 OPND 并初始化
char ch, ch1, op;
int left, right;
cout << "请输入中缀表达式（输入值限于 0 至 9），操作符限于+, -, *, /,以字符'#'结束 " << endl;
OPTR.Push('#');
cin >> ch;                              //栈底放一个'#',读下一个字符
while (!OPTR.IsEmpty() || ch != '#')    //连续处理
    if (ch >= '0' && ch <= '9') {       //输出操作数，读下一个字符
            OPND.Push(ch-48);
            cin >> ch;
    }
    else {
            OPTR.Top(ch1);              //取栈顶操作符 ch1
```

```
        if (isp(ch1) < icp(ch)) {          //栈内优先级低于栈外优先级
            OPTR.Push(ch);
            cin >> ch;
        }
        else if (isp(ch1) > icp(ch)) {  //栈内优先级高于栈外优先级
            OPND.Pop(right); OPND.Pop(left);
            OPTR.Pop(op);
            switch (op) {                   //形成运算指令
            case '+': OPND.Push(left + right); break;   //加
            case '-': OPND.Push(left - right); break;   //减
            case '*': OPND.Push(left * right); break;   //乘
            case '/':
                if (abs(right) < 0.001) {               //除
                    cout << "Divide by 0!" << endl;
                    return 0;
                }
                else
                    OPND.Push(left / right); break;
            default: return 0;
            }
        }
        else {                              //栈内优先级等于栈外优先级
            OPTR.Pop(op);
            if (op == '(')
                cin >> ch;                  //消括号，读入下一个字符
        }
    }
    OPND.Pop(left);
    return left;
}
```

算法中调用求字符 ch 优先级的函数 int icp(char ch)和 int isp(char ch)，请读者根据表 2.3 自行补充完成。需要说明的是，上述算法中的操作数只能是一位数，如果要进行多位数的运算，则需要将读入的数字字符拼成数之后再入栈。读者可以改进此算法，使之能完成多位数的运算。

3）将中缀表达式转换为后缀表达式

中缀表达式中存在操作符的优先级和括号，使得其求值过程复杂，常用的做法是利用栈将表达式的中缀表示转换成后缀表示，从而简化求值过程。基于上述中缀表达式求值的算法，将操作数入栈的操作改为输出，操作符退栈做计算的操作也改为输出，就可以实现中缀表达式向后缀表达式的转换。

中缀表达式转换为后缀表达式的算法思想如下：

（1）定义存储操作符的栈 OPTR，且在操作符栈中压入'#'，读取中缀表达式的第一个字符，记为 ch。

（2）重复执行以下步骤，直到 ch='#'且 OPTR 为空，停止循环。①如果 ch 是操作数，直接输出，扫描下一个字符 ch。②如果 ch 是操作符，此时操作符栈的栈顶符号为 op：若

isp(op)<icp(ch)，则将 ch 压入符号栈中，扫描下一个字符 ch；若 isp(op)>icp(ch)，则 OPTR 弹出 op，并输出；若 isp(op)==icp(ch)，则 OPTR 弹出 op 与 ch 抵消，若抵消的是括号，则扫描下一个字符 ch。

（3）算法结束，输出序列即为所求的后缀表达式。

中缀表达式转换为后缀表达式的算法如例 2.49 所示。

【例 2.49】中缀表达式转换为后缀表达式的算法。

```
#define stkSize 20
void Infix_to_Postfix() {
    //把从键盘读入的中缀表示转换成后缀表示并输出
    //要求输入的最后一个符号是'#'
    ArrayStack<char> OPTR(stkSize);      //定义操作符栈 OPTR,初始化大小为 stkSize
    char ch, ch1, op;
    cout<<"请输入中缀表达式（输入值限于 0 至 9），操作符限于+, -, *, /"<<endl;
    cin>>ch;                             //读第一个字符
    OPTR.Push('#');
    while(!OPTR.IsEmpty() || ch != '#')//连续处理
        if(ch >= '0' && ch <= '9'){      //输出操作数，读下一个字符
            cout<<ch;
            cin>>ch;
        }
        else {
            if(OPTR.IsEmpty()){          //扫描到第一个运算符号直接入栈
                OPTR.Push(ch);
                cin>>ch;
                continue;
            }
            OPTR.Top(ch1);               //取栈顶操作符 ch1
            if(isp(ch1) < icp(ch)){      //新输入操作符 ch 优先级高
                OPTR.Push(ch);
                cin>>ch;
            }                            //进栈，读下一个字符
            else if(isp(ch1) > icp(ch)){ //新输入操作符 ch 优先级低
                OPTR.Pop(op);
                cout<<op;
            }                            //退栈并输出
            else {                       //优先级相等
                OPTR.Pop(op);
                if(op=='(')              //消括号，读下一个字符
                    cin>>ch;
            }
        }
}
```

前面介绍了后缀表达式计算、中缀表达式计算以及中缀表达式转换为后缀表达式的算法，在这几个算法中都只进行一次从左向右的扫描，若设表达式中符号的总数为 n，则时间复杂度均为 $O(n)$。

在高级语言的编译处理过程中，栈不仅应用于表达式的计算，还用于语法成分的分析。在后续课程中会深入介绍栈在语法、语义等分析算法中的具体应用。

2.5 队 列

与栈类似，队列（queue）也是一种限制访问端口的线性表。队列的元素只能从表的一端插入，从表的另一端删除。按照习惯，通常会把只允许删除的一端称为队列的头，简称队头（front），把删除操作称为出队；而把表的另一端称为队列的尾，简称队尾（rear），这一端只允许进行插入操作，并将其操作称为入队。如同现实生活中的排队购物一样，在没有"插队"的情况下，新来的成员总是加入到队列的尾部，而每次取出的成员都是队列的前端，即先来先服务，因此队列通常也被称为先进先出（first in first out，FIFO）线性表。如图 2.52 所示为队列的一个示意图。

图 2.52 队列的示意图

下面给出队列的抽象数据类型，包括队列的入队、出队、查看队头元素等常用操作，如例 2.50 所示。

【例 2.50】队列的抽象数据类型定义。

```
template<class T>
class Queue{
public:
    void Clear();                    //清空队列
    bool EnQueue(const T item);      //队列的尾部加入元素 item
    bool DeQueue(T & item);          //取出队列的第一个元素，并删除
    bool IsEmpty();                  //判断队列是否为空
    bool IsFull();                   //判断队列是否已满
    bool GetFront(T & item);         //读取队头元素，但不删除
};
```

队列的存储结构主要包括顺序存储结构和链式存储结构两种。

2.5.1 顺序队列

用顺序存储结构来实现队列就形成了顺序队列。与顺序表一样，顺序队列需要分配一块连续的区域来存储队列的元素，需要事先定义队列的大小。与栈类似，顺序队列也存在溢出问题，队列满时入队会产生上溢现象，而当队列为空时出队会产生下溢现象。在队列出现上溢的现象时，如果需要继续操作，可以考虑为队列适当开辟新的存储空间。

为了有效地实现顺序队列，如果只沿用顺序表的实现方法，很难取得较高的效率。假设队列中有 n 个元素，顺序表的实现需要把所有元素都存储在数组的前 n 个位置上。如果选择把队列的尾部元素放在位置 0，则出队操作的时间复杂度是 $O(1)$，但是此时的入队操作时间复杂度为 $O(n)$，因为需要把队列中当前元素都向后移动一个位置。如果把队列的尾放在 n-1

的位置上，就会出现相反的情况，出队时间复杂度为 $O(n)$，入队的时间复杂度为 $O(1)$。

如果可以保证队列元素在连续存储的同时允许队列的首尾位置在数组中移动，则可以提高队列的效率。如图 2.53 所示，将元素 3 和 6 分别出队列之后，队头元素变成了 8，将元素 12 入队列之后，队尾元素变成了新入队的 12。在经过多次入队和出队操作之后，队头元素由 3 变成了 8，队尾元素也变成了新入队的 12。随着出队操作的执行，队头 front 不断后移，同时，随着入队元素的增加，队尾 rear 也在不断增加。

当队尾 rear 达到了数组的最末端，即 rear 等于 maxSize-1，即使数组的前端可能还有空闲的位置，再进行入队操作也会发生溢出，这种数组实际上尚有空闲位置而发生上溢的现象称为"假溢出"。解决假溢出的方法是采用循环的方式来组织存放队列元素的数组，在逻辑上将数组看成一个环，也就是把数组中的下标编号最低的位置，看成是编号最高位置的直接后继，这可以通过取模运算实现，即数组位置 x 的后继位置为 $(x+1)\%maxSize$，这样就形成了循环队列，也称为环形队列。图 2.54 所示为一个循环队列的示意图。

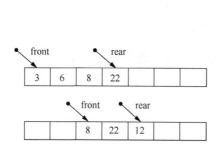

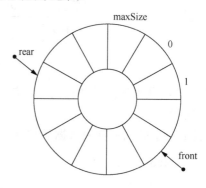

图 2.53 顺序队列的出队、入队示意图   图 2.54 循环队列示意图

下面介绍如何表示一个空队列，以及如何表示一个队列已被元素填满。首先，忽略队头 front 的实际位置和其内容时，队列中可能没有元素（空队列）、有一个元素、两个元素等。如果数组有 n 个位置，则队列中最多有 n 个元素。因此，队列有 $n+1$ 种不同的状态。如果把队头 front 的位置固定下来，则 rear 应该有 $n+1$ 种不同的取值来区分这 $n+1$ 种状态，但实际上 rear 只有 n 种可能的取值，除非有表示空队列的特殊情形。换言之，如果用位置 $0\sim n-1$ 间的相对取值来表示 front 和 rear，则 $n+1$ 种状态中必有两种不能区分。因此，需寻求其他途径来区分队列的空与满。

一种方法是记录队列中元素的个数，或者用至少一个布尔变量来指示队列是否为空。此方法需要每次执行入队或出队操作时设置这些变量。另一种方法，也是顺序队列通常采用的方法，是把存储 n 个元素的数组的大小设置为 $n+1$，即牺牲一个元素的空间来简化操作和提高效率。图 2.55（a）表示队列为空的状态，此时 front=rear；图 2.55（b）表示队列的一般状态，入队操作时，rear=(rear+1)%$(n+1)$，出队操作时，front=(front+1)%$(n+1)$；图 2.55（c）则表示队列为满的状态，此时 $(rear + 1) \% (n + 1) = front$。

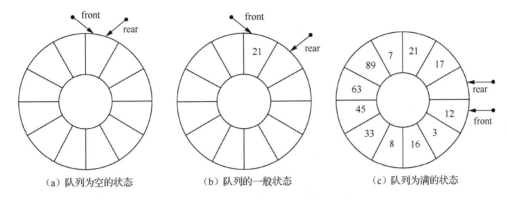

图 2.55 循环队列的几种状态示意图

下面给出顺序队列的实现方法，如例 2.51 所示。

【例 2.51】队列的顺序实现。

```cpp
template<class T>
class ArrayQueue:public Queue<T>{
    private:
        int maxSize;                          //存放队列数组的大小
        int front;                            //表示队头所在位置的下标
        int rear;                             //表示队尾所在位置的下标
        T *queue;                             //存放类型为 T 的队列元素的数组
    public:
        ArrayQueue(int size) {                //创建队列的实例
            maxSize = size + 1;               //多出一个空间，区分队列空与满
            queue = new T[maxSize];
            front = rear = 0;
        }
        ~ArrayQueue(){                        //析构函数
            delete [] queue;
        }
        void Clear() {                        //清空队列
            front = rear;
        }
        bool EnQueue(const T item){           //item 入队，插入队尾
            if((rear + 1) % maxSize == front){
                cout << "队列已满，溢出" << endl;
                return false;
            }
            queue[rear] = item;
            rear = (rear + 1) % maxSize;
            return true;
        }
        bool DeQueue(T & item) {              //返回队头元素，并删除该元素
            if(front == rear){
                cout << "队列为空" << endl;
                return false;
```

```
            }
            item = queue[front];
            front = (front + 1) % maxSize;
            return true;
        }
        bool GetFront(T & item){                    //返回队头元素，但不删除
            if(front == rear){
                cout << "队列为空" << endl;
                return false;
            }
            item = queue[item];
            return true;
        }
    };
```

2.5.2 链式队列

链式队列是队列的基于单链表的存储表示。如图 2.56 所示，在单链表的每个结点中有两个域，一个是存放数据元素的数据域，另一个是存放单链表下一个结点地址的指针域。在此单链表中设置了两个指针：队头指针 front 指向队头结点，队尾指针 rear 指向队尾结点。链表中的所有结点都必须通过这两个指针才能访问到，且队头端只能用来删除结点，队尾端用来插入新结点。例 2.52 给出了链式队列的实现，其中链表结点类型为 2.3 节中已经定义过的 LinkNode 类。

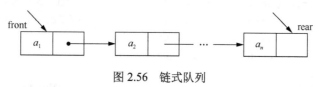

图 2.56 链式队列

【例 2.52】队列的链式实现。

```
template<class T>
class LinkQueue:public Queue<T>{
    private:
        int size;                        //队列中当前元素的个数
        LinkNode<T> * front;             //表示队列的头指针
        LinkNode<T> * rear;              //表示队列的尾指针
    public:
        LinkQueue(int size) {            //构造函数，创建队列的实例
            size = 0;
            front = rear = NULL;
        }
        ~LinkQueue() {                   //析构函数
            Clear();
        }
        void Clear() {                   //清空队列
            while(front != NULL){
                rear = front;
```

```
                    front = front->link;
                    delete rear;
                }
            rear = NULL;
            size = 0;
        }
        bool EnQueue(const T item){                      //item入队，插入队尾
            if(rear == NULL)         {
                front = rear = new LinkNode<T>(item, NULL);
            }else{
                rear->link = new LinkNode<T>(item, NULL);
                rear = rear->link;
            }
            size++;
            return true;
        }
        bool DeQueue(T & item) {                         //读取队头元素并删除
            LinkNode<T> * temp;
            if(size == 0){
                cout << "队列为空" << endl;
                return false;
            }
            item = front->data;
            temp = front;
            front = front->link;
            delete temp;
            if(front == NULL){
                rear = NULL;
            }
            size--;
            return true;
        }
        bool GetFront(T & item) {                        //返回队头元素，但不删除
            if(size == 0){
                cout << "队列为空" << endl;
                return false;
            }
            item = front->data;
            return true;
        }
};
```

2.5.3 队列的应用

队列的应用十分广泛，在计算机硬件设备之间可以作为数据通信缓冲器，在网络服务方面可以用作邮件缓冲器，在操作系统中用来解决 CPU 资源竞争的问题等。此外，在下面几个问题中也常常用到队列。

（1）可用于树和图的广度优先搜索算法，利用队列实现树和图的层次遍历。

（2）可用于计算机的模拟，在模拟过程中，由于各种事件的输入时间不一定，可以使用队列来反映真实的情况。

（3）可用于 CPU 的作业调度。利用队列来处理，可以满足作业先到先执行的要求。

（4）可用于"外围设备联机并发系统"等应用，利用队列的工作原理，让输入/输出数据先在高速磁盘驱动器中完成，把磁盘当成一个大型的工作缓冲区，如此可以让输入/输出操作快速完成，因而缩短了系统响应的时间，接下来由系统软件负责将磁盘数据输出到打印机。

下面介绍队列的一个具体应用，求二项展开式$(a+b)^i$的系数。

利用队列打印二项展开式$(a+b)^i$的系数，是一个典型的分层处理的例子。将二项式$(a+b)^i$展开，其系数构成杨辉三角形，如图 2.57 所示。杨辉三角是二项式系数在三角形中的一种几何排列，最早出现在中国南宋数学家杨辉于 1261 年所著的《详解九章算法》一书。

问题是如何按照图 2.57 所给形式，逐行输出展开式前 n 行的系数？

从杨辉三角形的性质可知，除第 1 行以外，在打印第 i 行时，用到了上一行（第 $i-1$ 行）的数据，在打印第 $i+1$ 行时，又用到了第 i 行的数据。如图 2.58 所示，只要利用第 i 行的两个相邻的数字，就可算出第 $i+1$ 行的一个数字。如第 1 行 $s=1$，$t=1$，$s+t=2$ 就是第 2 行的数字 2。若在第 i 行的两侧各加上一个 0，第 $i+1$ 行两边的数字 1 就可以计算出来。

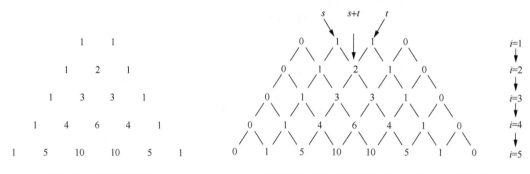

图 2.57　杨辉三角形　　　　　　　图 2.58　第 i 行元素与第 $i+1$ 行元素的关系

利用杨辉三角形的这种特性，借助队列来实现逐行输出杨辉三角形，算法见例 2.53。

【例 2.53】利用队列逐行输出杨辉三角形的前 n 行的算法。

```
//分行打印二项式(a+b)ⁿ展开式的系数
/* 在程序中利用了一个队列，在输出上一行系数时将下一行的系数预先放入队列中。在各行系数之
间插入一个 0 */
void YANGVI(int n){
    LinkQueue<int>  q(0);            //建立队列并初始化
    q.EnQueue(1);
    q.EnQueue(1);                    //第 1 行的两个系数预先进入队列
    int i, j;
    int s = 0, t;                    //计算下一行系数时用到的工作单元
    for( i = 1; i <= n; i++){        //逐行处理
        for(int k=0;k<n-i;k++)
            cout<<" ";
        q.EnQueue(0);                //各行间插入一个 0
        for(j = 1; j <= i+2; j++){   //处理第 i 行的 i+2 个系数（包括 0）
            q.DeQueue(t);            //退出一个系数存入 t
```

```
            q.EnQueue(s+t);              //计算下一行系数，并进队列
            s=t;
            if( j != i+2 )
                    cout<<s<<" ";        //输出一个系数，第 i+2 个是 0 不输出
        }
        cout<<endl;
    }
};
```

2.6 字 符 串

2.6.1 基本概念

串（字符串）是计算机非数值处理的主要对象之一。在早期程序设计语言中，串仅作为输入和输出的常量出现，并不参与运算。随着计算机的发展，串在文字编辑、语法扫描、符号处理及定理证明等许多领域得到越来越广泛的应用。在高级程序设计语言中开始引入串变量的概念，与整型、实型变量一样，串变量也可以参加各种运算，并建立了一组串运算的基本函数和过程。在汇编语言和高级语言编译程序中，源程序和目标程序都是串数据。在事务处理程序中，顾客的姓名和地址及货物的名称、产地和规格等一般也是用字符串处理的。在信息检索系统、文字编辑系统、问答系统、自然语言翻译系统、音乐分析程序以及多媒体应用系统中，也都是以串数据作为处理对象的。

现今使用的计算机硬件结构主要反映计算的需要，因此串数据的处理比整数和浮点数的处理要复杂得多。而且在不同类型的应用中，所处理的串具有不同的特点，要有效地实现串的处理，就必须依据实际情况，使用适合处理的存储结构。

1. 串的定义

串（或字符串）是由零个或多个字符组成的有限序列。含零个字符的串称为空串，用 Φ 表示。串中所含字符的个数称为该串的长度（或串长）。组成字符串的基本单位是字符。通常将一个串表示成 $"a_0a_1\cdots a_n"$ 的形式。其中，最外边的双引号本身不是串的内容，它们是串的标志，以便将串与标识符（如变量名等）加以区别。每个 $a_i(1 \leqslant i \leqslant n)$ 代表一个字符，不同的机器和编译语言对合法字符（即允许使用的字符）有不同的规定。但在一般情况下，英文字母、数字（$0,1,\cdots,9$）和常用标点符号以及空格符等都是合法字符。

2. 子串、主串和位置

串中任意连续的字符组成的子序列称为该串的子串。包含子串的串称为主串。字符在序列中的序号称为该字符在串中的位置，子串在主串中的位置则以子串的第一个字符在主串中的位置来表示。

例如，串"eij"是串"Beijing"的子串，"Beijing"称为主串；字符'n'在串"Beijing"中的位置为 6；子串"eij"在串"Beijing"中的位置为 2。

3. 空格串

由一个或多个空格（" "）组成的串称为空格串。

4. 串的比较

当且仅当两个字符串的值相等时，即只有当两个字符串的长度相等，且各个对应位置的字符都相等时，称这两个串相等。

当两个串不相等时，可以按照"字典顺序"分大小，令

$$S = "s_1 s_2 \cdots s_m"(m \geq 1)$$
$$T = "t_1 t_2 \cdots t_n"(n \geq 1)$$

（1）比较两个串的第一个字符。如果$'s_1' < 't_1'$，则串S小于串T；反之，如果$'s_1' > 't_1'$，则串S大于串T。

（2）确定两个串的最大相等前缀子串，$"s_1 s_2 \cdots s_k" = "t_1 t_2 \cdots t_k"$（其中$1 \leq k \leq m, 1 \leq k \leq n$）。如果$k \neq m$且$k \neq n$，则由是$'s_{k+1}'$大还是$'t_{k+1}'$大来确定是串$S$大还是串$T$大。如果$k = m$且$k < n$，则此时串$T$大于串$S$；如果$k = n$且$k < m$，则此时串$S$大于串$T$。

例如，$"axyz" < "bxyz"$，$"ab" < "abcde"$，$"abcde" < "abcdef"$，$\Phi \neq " "$。

5. 串与线性表的区别

（1）串的数据对象约束为字符集。

（2）串的基本操作与线性表有很大差别：线性表的基本操作中，大多以"单个元素"作为操作对象，如查找某个元素、在某个位置上插入一个元素或删除一个元素。串的基本操作中，通常以"串的整体"作为操作对象。如在串中查找某个子串、在串的某个位置上插入一个子串或删除一个子串。

例如，$a = "BEI"$，$b = "JING"$，$c = "BEIJING"$，$d = "BEI JING"$，长度分别为3、4、7、8；a和b都是c和d的子串；a在c和d中的位置都是1；b在c和d中的位置是4和5；a、b、c、d彼此不相等。

2.6.2 存储结构和实现

考虑到字符串变长的特点，合理选择字符串存储结构是很必要的，同时需要结合具体的应用分析各种存储方案的利弊，再进行合适的选择。在实际应用中字符串长度变化非常显著，长如文件，短如单词。通过统计分布来看，字符串长度分布的方差较大。针对这种情况，用静态长度的向量作为存储结构是不恰当的。串的变长特点是无法回避的，字符串的拼接、查找、置换和模式匹配等操作本身都涉及变长串操作。这些操作开销时间大，必须精心设计算法，选择恰当的字符串存储结构。

1. 字符串的顺序存储

对于字符串的长度分布变化不大的情况，采用顺序存储比较合适。串的顺序表示就是把串中的字符顺序地存储在一组地址连续的存储单元中。为了便于编程和节省空间，一般的顺序存储方案使用类型为char的一维定长数组。

顺序存储的字符串适合访问串中连续的一组字符或者单个字符，但是进行插入或者删除

操作就不是很方便，需要移动插入或者删除点后面的所有字符。此外，存储串的数组为静态定长的，程序运行中一旦产生更长的字符串，就会造成数组溢出，这给编写程序和调试程序带来不便。

C/C++语言的标准字符串是采用顺序存储方案的典型代表。其特点就是在程序中采用"char str[Max]"的形式定义字符串变量，其中 Max 是整型常数，表示字符数组的长度。标准字符串需要在其末尾带一个结束标记'\0'来表示串的结束，因此字符串的最大长度不能超过 Max −1。例如：

```
char str1[13] = "Hello World!";
char str2[7] = "2010";
char str3[4];
```

这 3 个数组 str1、str2 和 str3 在 C++中的存储示意图如图 2.59 所示。

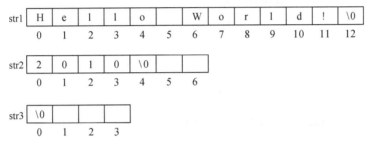

图 2.59　C++标准字符串的变量说明示意图

作为字符串的结束标志，'\0'是 ASCII 码中 8 位全 0 码，又称为 NULL 符。这个 NULL 符专门用作结束标记符。对于字符串常数，C/C++也采用这种存储方式。在说明字符串变量时，字符串可以使用字符串常数作为初始值，也可以不赋初值。图 2.59 中的 str3 就没有给初值，意味着它存储空字符串。

C++中的字符数组是用字符指针定义的，指向字符数组的初始地址。赋值语句 str1 = str2 不可理解为字符串 str2 的内容复制到字符串 str1。这是在字符串处理中非常容易犯的错误。标准库<string.h>提供了若干处理字符串的常用函数，表 2.5 列出了几个常用的函数。

字符串顺序存储方式简单易实现，C++的标准串及其标准库函数提供了若干处理字符串的方法，但并没有避免静态定长的局限。在实际应用中，大多数字符串变量具有动态变化的长度，下面将介绍能够适应动态变化的字符串存储结构。

表 2.5　标准串函数

函数名	函数功能说明
int strlen(char *s)	求字符串 s 的当前长度，不计结束符。空串的长度为 0
char * strcpy(char *s1, const char *s2)	将字符串 s2 复制到 s1，并返回一个指针，指向 s1 的开始位置
char * strcat(char *s1, const char *s2)	将字符串 s2 拼接到 s1 尾部
int strcmp(const char *s1, const char *s2)	比较字符串 s2 和 s1，若 s1 和 s2 完全相同则返回 0；s1 大于 s2 则返回正数；s1 小于 s2 时返回负数
char * strchr(char *s, char c)	返回字符串中第一次出现字符 c 的位置。若 s 中不含 c，则返回空指针
char * strrchr(char *s, char c)	从字符串 s 的尾部查起，返回第一次出现字符 c 的位置。若 s 中不含 c，则返回空指针

2. 字符串类 class String 的存储结构

本节将讨论 String 类的存储结构，通过实例来分析存储空间是如何动态管理的。分别列举创建字符串 String::String(char *s)、赋值运算符 String String::operator = (String& s)、拼接运算符 String String::operator + (String& s)和抽取子串函数 String String::Substr(int index, int count)等 4 种操作。在 2.6.3 节中将给出算法的具体实现代码。

1）构造函数 String::String(char *s)

例如语句：

```
String str1 = "Love";
```

此句隐含调用构造函数 String::String(char *s)，s 所对应的实参为"Love"。功能是在动态存储区开辟一个长度为 5 的字符数组，并将初始值"Love"存入，末尾添加结束符，如图 2.60 所示。

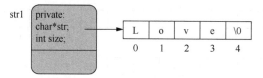

图 2.60　构造函数示意图

2）赋值运算符 String String::operator = (String& s)

例如语句：

```
String str2 = "Love China";
String str1 = str2;
```

先创建字符串实例 str2，然后调用赋值语句 str1=str2，相当于 str1 调用赋值运算符 operator=，其实参数是 str2。为了把较长的字符串拷贝到 str1 中，必须将原有数组的空间释放，在动态存储区开辟新的数组，把 str2 的内容拷贝到新的数组中，如图 2.61 所示。

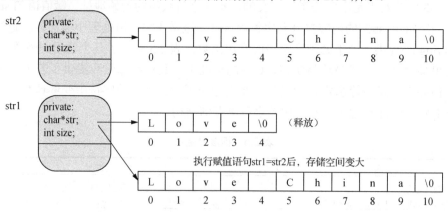

图 2.61　赋值运算示意图

3）拼接运算符 String String::operator + (String& s)

例如下列语句：

```
String str1 ="Love ";
String str2 ="China", str3 = "China";
```

```
str3 = str1 + str2;
```

字符串实例 str1 有初值"Love"，str2 和 str3 有初值"China"。赋值语句 str3 = str1 + str2 中拼接运算符的功能是把 str1 字符串尾部拼接 str2 字符串，结果为一个长的新字符串。由于 str3 没有足够的存储空间来存放结果，因此必须在动态存储区开辟新的空间来存储数组，同时释放原有空间，如图 2.62 所示。

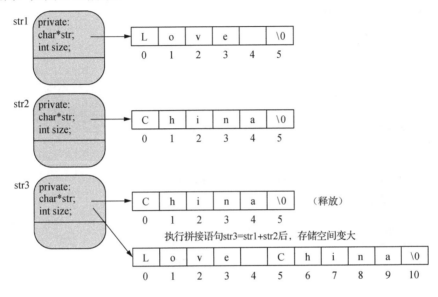

图 2.62 字符串拼接示意图

4）抽取子串函数 String String::Substr(int index, int count)

以下列语句为例

```
String str1 = "Love";
String str2 = "China";
str2 = str1.Substr(1,3);
```

抽取子串函数 str1.Substr(1, 3)是把字符串 str1 的一部分抽取出来，从下标 index 开始抽取长度为 count 的子串，形成新的子串。由于变量 str2 有足够的存储空间来存放赋值号右边的结果字符串，因此无须再动态开辟新的存储数组，如图 2.63 所示。

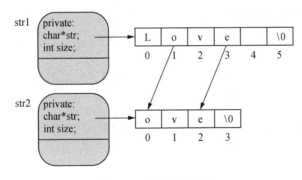

图 2.63 抽取子串实例

2.6.3 字符串运算的算法实现

下面给出几个常用的字符串运算的算法实现。

1. C++标准串运算的实现

例 2.54 给出了求字符串的当前长度的算法实现。

【例 2.54】求字符串的当前长度。

```
int strlen(const char *s){
    int count = 0;
    while(s[count] != '\0'){
        count++;
    }
    return count;
}
```

例 2.55 给出了如何复制一个字符串的算法实现。

【例 2.55】字符串的复制函数。

```
char* strcpy(char* s1, const char* s2){
    int count = 0;
    if (s2 == NULL){              //首先判断 s2 是否为空
        return NULL;
    }
    while(s2[count] != '\0')    {
        s1[count] = s2[count];
        count++;
    }
    s1[count] = '\0';
    return s1;
}
```

例 2.55 中给出了字符串的复制函数，在这个函数中，并没有比较 s1 和 s2 的长度，若 s2 比 s1 长，则会出现拷贝出界问题，可能会丢失字符串。

例 2.56 中给出了字符串的比较函数的算法实现。

【例 2.56】字符串的比较函数。

```
int strcmp(char * s1, char * s2){
    int count = 0;
    while(s1[count] != '\0' && s2[count] != '\0'){
        if(s1[count] > s2[count])
            return 1;
        else if(s1[count] < s2[count])
            return -1;
        count++;
    }
    if(s1[count] == '\0')
        return -1;
```

```
    else
        return 1;
    return 0;
}
```

例 2.57 给出了正向寻找字符函数的算法实现。

【例 2.57】正向寻找字符函数。

```
char * strchr(char * s, char c){
    int count = 0;
    while(s[count] != '\0' && s[count] != c){
        count++;
    }
    if(s[count] == '\0'){
        return '\0';
    }else{
        return &s[count];
    }
}
```

例 2.58 给出了逆向寻找字符函数的算法实现。

【例 2.58】逆向寻找字符函数。

```
char * strrchr(char * s, char c){
    int count = 0;
    while (s[count] != '\0'){
        count++;
    }
    while (count >= 0 && s[count] != c){
        count--;
    }
    if(count < 0){
        return '\0';
    }else {
        return &s[count];
    }
}
```

2. String 串运算的实现

本小节的程序使用了<string.h>库函数来简化编程工作，注意，在类定义程序前要书写#include<string.h>包含语句。

```
class String{
public:
    String():len(0),str(nullptr){}
    String(const String& s);
    String(const char * s);
    String& operator=(const String & s);
    ~String(){delete []str;}
```

```
    size_t size()const{return len;}
    size_t length()const{return len;}
    char* c_str()const{return str;}
    String operator+(const String &s);
    String Substr(int ,int);

    friend std::ostream& operator<<(std::ostream& os,const String &st){
        os<<st.str;
        return os;
    }

private:
    char *str=nullptr;
    size_t len=0;
};

String::String(const String& s){
    len=s.size();
    str = new char[len+1];
    assert(str != nullptr);
    strcpy(str,s.str);
}
```

例 2.59 给出了 String 串构造函数的算法实现。

【例 2.59】String 串构造函数。

```
String::String(const char * s){
    if(s==nullptr){
        str=new char[1];              //对空字符串自动申请存放结束标志'\0'的空间
        assert(str != nullptr); //当开辟动态区域不成功时，运行异常，退出
        str[0]='\0';
        len=0;
    } else{
        int size=strlen(s);
        str = new char[size + 1];
                        //动态开辟一块空间，需要存储结束符'\0'，所以长度为 size+1
        assert(str != nullptr);       //当开辟动态区域不成功时，运行异常，退出
        strcpy(str, s);               //将初值 s 复制到 str 所指的存储空间
        len=size;
    }
}
```

例 2.60 给出了赋值运算符的算法实现，例 2.61 实现了拼接运算符的算法实现，例 2.62 给出了抽取字符串函数的算法实现。

【例 2.60】赋值运算符的实现。

```
String& String::operator = (const String &s){
    if(this!=&s){
        delete [] str;
```

```
        str = new char[s.size() + 1];
        assert(str != nullptr);
        strcpy(str, s.str);
        len=s.size();
    }
    return *this;
}
```

【例 2.61】 拼接运算符的实现。

```
String String::operator + (const String& s){
    String temp;                          //创建一个串 temp
    int new_len;
    new_len = len + s.size();             //拼接长串的长度
    temp.str = new char[new_len + 1];     //为长串开辟存储空间
    assert(temp.str != nullptr);          //若开辟存储空间不成功, 则退出
    temp.len = new_len;
    strcpy(temp.str, str);                //先把本实例的私有项 str 存到 temp
    std::strcat(temp.str, s.str);         //进行字符串的拼接
    return temp;
}
```

【例 2.62】 抽取字符串函数的实现。

```
String String::Substr(int index, int count){
    int left = len - index;               //自下标 index 向右计数到串尾, 长度为 left
    String temp;
    char *p, *q;
    if(index >= len){                     //下标值 index 超过本串的实际长度
        throw out_of_range("index out of range");
    }
    if(count > left) {    //若 count 超过自 index 以右的字符串长度, 则 count 变小
        count = left;
    }
    temp.str = new char[count + 1];
    assert(temp.str != nullptr);          //若开辟存储空间不成功, 则退出
    p = temp.str;                         //p 指向暂无内容的空串
    q = &str[index];                      //q 指向本实例串 str 数组下标 index 处
    for(int i = 0; i < count; i++){
        *p++ = *q++;                      //将 q 所指的内容赋值给 p, 同时后移
    }
    *p = '\0';                            //加入结束标志'\0'
    temp.len = count;
    return temp;
}
```

2.6.4 字符串的模式匹配

字符串的模式匹配是一种常用的运算。所谓模式匹配，可以简单地理解为在目标（字符串）中寻找一个给定的模式（也是字符串），返回目标和模式匹配的第一个子串的首字符位置。通常目标串比较大，而模式串则比较短小。典型的例子包括文本编辑和 DNA 分析。在文本编辑时，人们经常会使用"替换"命令来对文本中的某个字符或者是字符串甚至是语句进行替换，此时便需要找到被替换的内容，再进行修改或替换。这个要查找的内容即为模式，在文本中查找被替换内容的过程就是一个字符串模式匹配的过程。字符串模式匹配算法在分子生物学中越来越重要，人们使用该算法从 DNA 序列中提取信息，在其中定位某种模式，并比较序列，获得共有的子序列。

模式匹配有精确匹配和近似匹配两类。

（1）精确匹配。如果在目标 T 中至少一处存在模式 P，则称匹配成功，否则即使目标与模式只有一个字符不同也不能称为匹配成功，即匹配失败。给定一个字符或符号组成的字符串目标对象 T 和一个字符串模式 P，模式匹配的目的是在目标 T 中搜索与模式 P 完全相同的子串，返回 T 和 P 匹配的第一个字符串的首字母位置。

（2）近似匹配。如果模式 P 与目标 T（或其子串）存在某种程度的相似，则认为匹配成功。常用的衡量字符串相似度的方法是根据一个串转换成另一个串所需的基本操作数目来确定。基本操作包括字符串的插入、删除和替换。

下面介绍关于精确匹配的两种经典算法。

1. 朴素的模式匹配算法

这个匹配算法又称为 BF 模式匹配算法，是由 Brute 和 Force 提出来的。它的基本思想是把模式 P 的字符依次与目标 T 的相应字符进行比较。首先从首字母开始，依次将两个字符串相应位置上的字符进行比较，如图 2.64 的第（1）步所示。当某次比较失败时，则把模式 P 相对于 T 向右移动一个字符位置，重新开始下一次匹配，如图 2.64 的步骤（2）所示。如此不断重复，直到某一次匹配成功返回，如图 2.64 的步骤（3）所示；或者比较到目标的结束也没有出现"配串"的情况，则匹配失败，如图 2.64 的步骤（4）所示。

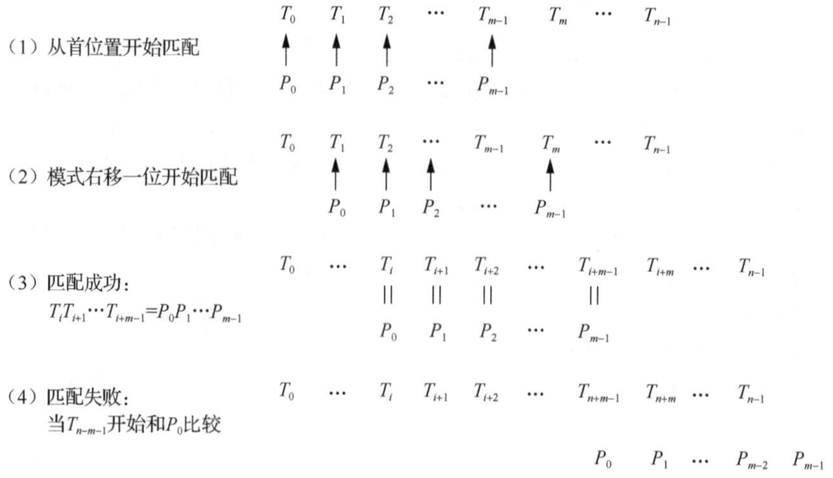

图 2.64 朴素的模式匹配方法示意图

图 2.65 是一个采用朴素的模式匹配算法的例子，目标字符串为"acabaabaabcacab"，模式为"abaabcac"，匹配过程中若模式的字符与当前目标字符不等则用下划线标出。在第 1 次匹配中，目标字符串中字符'c'与模式中的字符'b'不匹配，此时模式右移到下一个字符开始第 2 次匹配，发现对应的字符'c'与模式中的字符'a'不匹配，模式继续右移，直到第 6 次匹配时匹配成功，此时返回匹配位置 5，作为模式匹配成功的结果。若匹配不成功，则返回一个负值。

```
        0  1  2  3  4  5  6  7  8  9 10 11 12 13 14
T    a  c  a  b  a  a  b  a  a  b  c  a  c  a  b
1    a  b̲  a  a  b  c  a  c
2       a̲  b  a  a  b  c  a  c
3          a  b  a  a  b  c̲  a  c
4             a̲  b  a  a  b  c  a  c
5                a  b̲  a  a  b  c  a  c
6                   a  b  a  a  b  c  a  c
```

图 2.65 朴素的模式匹配示例

有下划线的字母代表失配字符

朴素的模式匹配算法的具体实现见例 2.63。函数 int NaiveStrMatching(const string & T, const string & P)从目标 T 的首位置开始进行匹配，用模式 P 匹配 T，寻找首个模式 P 子串并返回其下标位置。若整个过程匹配失败，则返回负值。

【例 2.63】朴素的字符串模式匹配算法。

```
int NaiveStrMatching(const string & T, const string & P){
    int j = 0;                    //模式的下标变量
    int i = 0;                    //目标的下标变量
    int plen = P.length();        //模式的长度
    int tlen = T.length();        //目标的长度
    if(tlen < plen)               //如果目标比模式短，匹配无法成功
        return -1;
    while(j< plen && i < tlen){   //反复比较对应字符进行匹配
        if(T[i] == P[j]){
            j++;
            i++;
        }else{
            i = i- j + 1;
            j = 0;
        }
    }
    if(j == plen)
        return (i - j);
    else
        return -1;
}
```

朴素的模式匹配算法最差的情况需要 $O(n \times m)$ 的代价，其中 n 和 m 分别是目标和模式的长度。极端情况下，要做 $n-m+1$ 趟比较，每趟比较 m 次，最多需要比较 $m \times (n-m+1)$ 次。例如目标 T 形如 a^n（即由 n 个字符 a 组成的字符串），而模式 P 形如 $a^{m-1}b$，每次都是模式的最后一个字符处不匹配，即每次都需要进行 m 次比较，再把模式右移一位，再次从模式的第一个字符开始比较，最多需要比较 $m \times (n-m+1)$ 次。在多数情况下 m 远小于 n，因此，朴素的模式匹配算法的时间复杂度为 $O(n \times m)$。

2. 字符串的特征向量

D. E. Knuth、J. H. Morris 和 V. R. Pratt 等发现，其实每次右移的位数存在且与目标无关，仅依赖于模式本身，因此他们对朴素的模式匹配算法进行了改进，称为克努特-莫里斯-普拉特操作（简称 KMP 算法）。其基本思想为：预先处理模式本身，分析其字符分布情况，并为模式中的每一个字符计算失配时应该右移的位数。这就是字符串的特征向量。字符串的特征向量是 KMP 算法的关键，而这个字符串的特征向量也称为 Next 数组，所以如果可以得出这个 Next 数组就可以知道每一个字符失配时应该右移的位数。

下面介绍如何求字符串的特征向量（Next 数组）。

如图 2.66 所示，在模式 P 与目标 T 的匹配过程中，当某次比较出现 $P_j \neq T_i$ 时，意味着在此前的匹配历史中有下述匹配的子串满足：$P(0, \cdots, j-1) = T(i-j, \cdots, i-1)$。即在 $P_j \neq T_i$ 之前，P 从首字母开始的子串 $P(0, \cdots, j-1)$ 已与目标 T 中的 $T(i-j, \cdots, i-1)$ 相等，如果 $P(0, \cdots, j-2) = P(1, \cdots, j-1)$ 成立，即表示模式右移一位后，$P(0, \cdots, j-2)$ 与 $T(i-j+1, \cdots, i-1)$ 必相等。所以，此时直接比较 P_{j-1} 和 T_i 即可。由此可知，利用之前的比较结果减少了在目标串上的回溯。若 $P(0, \cdots, j-2) = P(1, \cdots, j-1)$ 不成立，则可以继续查看 $P(0, \cdots, j-3)$ 与 $P(2, \cdots, j-1)$ 是否相等，若相等，则把模式右移两位，因为此时 $P(0, \cdots, j-3)$ 与 $T(i-j+2, \cdots, i-1)$ 必相同。依此类推，必然可以找到某一个 k 值，使得 $P(0, \cdots, j-k-1) = P(k, \cdots, j-1)$ 成立，此时把模式右移 k 位开始下一次匹配，既不会丢失配串，又不会产生目标回溯的情况。

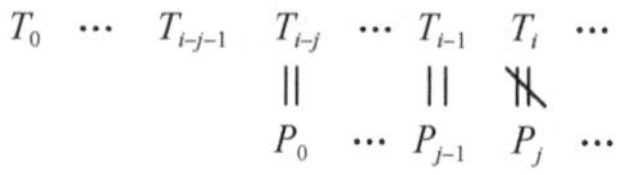

$$T_0 \cdots \quad T_{i-j-1} \quad T_{i-j} \cdots T_{i-1} \quad T_i \cdots$$
$$\| \qquad \| \quad \diagdown$$
$$P_0 \cdots P_{j-1} \quad P_j \cdots$$

图 2.66 $P_j \neq T_i$ 时的状态

通常，把模式 P 的前 k 个字符组成的子串 $P(0, \cdots, k-1)$ 称为 P 的前缀子串，把 P 在 $j-1$ 位以及 $j-1$ 位之前的 k 个字符组成的子串 $P(j-k, \cdots, j-1)$ 称为 $j-1$ 位的后缀子串。对模式位置 j 上的字符 P_j 而言，一旦与目标 T_i 失配时，模式的下标从位置 j 移动到位置 k，P_k 直接与 T_i 比较，而跳过了 $P(0, \cdots, k-1)$。如果把目标 T_i 看作是不动的，则模式向右滑动了 $j-k$ 位。把这个 k 值称为 P_{j-1} 的特征数 n_{j-1}，即 $P(0, \cdots, j-1)$ 中与 $j-1$ 位后缀子串相同的最大前缀子串长度。所有的特征数组成了模式的一个特征向量，表示模式 P 的字符分布特征。

特征数 $n_j (0 \leq n_j \leq j)$ 是递归定义的，其定义如下：

（1）$n_0 = 0$，对于 $j > 0$ 的 n_j，假定已知前一位置的特征数 $n_{j-1} = k$；

（2）如果 $j > 0$ 且 $P_j = P_k$，则 $n_j = k+1$；

（3）当 $P_j \neq P_k$ 且 $k \neq 0$ 时，令 $k = n_{k-1}$，并让（3）循环直到条件不满足；

（4）当 $P_j \neq P_k$ 且 $k=0$ 时，$n_j = 0$。

下面给出计算字符串特征向量 N 的程序 int * Next(String P)，如例 2.64 所示。

【例 2.64】计算字符串特征向量的算法。

```
int * Next(string P){
    int m = P.size();                    //模式 P 的长度
    assert(m > 0);                       //若 m = 0，则退出
    int * N = new int[m];                //在动态存储区开辟新的数组
    assert(N != 0);
    N[0] = 0;
    for(int j = 1; j < m; j++) {         //对 P 的每一个位置进行分析
        int k = N[j - 1];                //第 j-1 位置的最长前缀串长度
        while(k > 0 && P[j] != P[k])
            k = N[k - 1];
        if(P[j] == P[k])
            N[j] = k + 1;
        else
            N[j] = 0;
    }
    return N;
}
```

例如，模式 P 为 a b a b a c a，模式 P 的特征向量的计算过程如图 2.67 所示。

步骤1：$j=1$，$k=0$，$N[1]=0$

	0	1	2	3	4	5	6
P	a	b	a	b	a	c	a
N	0	0					

步骤2：$j=2$，$k=0$，$N[2]=1$

	0	1	2	3	4	5	6
P	a	b	a	b	a	c	a
N	0	0	1				

步骤3：$j=3$，$k=1$，$N[3]=2$

	0	1	2	3	4	5	6
P	a	b	a	b	a	c	a
N	0	0	1	2			

步骤4：$j=4$，$k=2$，$N[4]=3$

	0	1	2	3	4	5	6
P	a	b	a	b	a	c	a
N	0	0	1	2	3		

步骤5：$j=5$，$k=3$，$N[5]=0$

	0	1	2	3	4	5	6
P	a	b	a	b	a	c	a
N	0	0	1	2	3	0	

步骤6：$j=6$，$k=0$，$N[6]=1$

	0	1	2	3	4	5	6
P	a	b	a	b	a	c	a
N	0	0	1	2	3	0	1

图 2.67　模式 P 的特征向量的计算过程

初始时：$m = P.size() = 7$，$N[0] = 0$

3. KMP 模式匹配算法

KMP 算法是一种改进的字符串模式匹配算法，算法的核心思想是利用匹配失败后的信息，尽量减少模式与目标的匹配次数以达到快速匹配的目的。

在求得模式的特征向量之后，KMP 模式匹配算法与朴素匹配算法类似，只是在每次匹配过程中发生某次失配时，不再单纯地把模式后移一位，而是根据当前字符的特征数来决定模式右移的位数。

举一个具体例子，如图 2.68 所示，假设字母表中只有两种字符，目标 *T* 为 ABAAAA BAAAAAAAAA，模式 *P* 为 BAAAAA。现在，假设已经匹配了模式中的 5 个字符，第 6 个字符匹配失败。当发现不匹配的字符时，可以知道目标 *T* 中的前 6 个字符肯定是 BAAAAB（由于前 5 个匹配，第 6 个失败），目标指针现在指向的是失配的字符 B。可以观察到，这里不需要回退目标指针 *i*，因为目标的前 4 个字符都是 A，均与模式 *P* 的第一个字符 B 不匹配。另外，*i* 当前指向的字符 B 和模式 *P* 的第一个字符 B 匹配，可以保持指针 *i* 不变，模式 *P* 从头开始进行匹配。由此可见，KMP 算法在匹配失败时总是能够使指针 *i* 不回退。

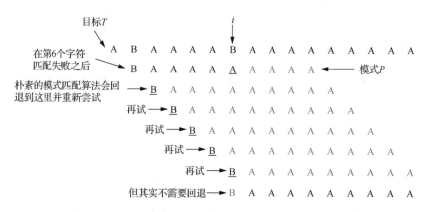

图 2.68　目标字符串的指针在模式匹配过程中的回退问题

有下划线的字母代表失配字符

在匹配失败时，如果模式字符串中的某前缀子串可以和匹配失败处的目标相匹配，那么就不应该完全跳过所有已经匹配的字符。例如，当在目标 AABAABAAAA 中查找 AABAAA 时，首先会在模式的第 6 个字符处发现匹配失败，但是应该在第 3 个字符处继续查找，否则就会错过已经匹配的部分。KMP 算法的主要思想是提前判断如何重新开始查找，而这种判断只取决于模式本身。

KMP 算法的基本步骤是：当匹配过程中发生失配时，如果模式指针 *j* 等于零，则目标指针 *i* 加 1，模式指针 *j* 不变（*j* 仍是零）；如果模式指针 *j* 大于零，则保持目标指针 *i* 不变，模式指针 *j* 退回到 *N*[*j*−1]所指示的位置上重新进行匹配。

KMP 模式匹配算法具体实现见例 2.65。

【例 2.65】KMP 模式匹配算法。

```
int KMPStrMatching(string T, string P, int * N, int startIndex){
    int lastIndex = T.size() - P.size();
    if((lastIndex - startIndex) < 0)    //若startIndex过大则无法匹配成功
```

```
            return (-1);
        int i=startIndex;              //目标的下标变量
        int j = 0;                     //模式的下标变量
        while( i < T.size()&&j<P.size() ){
            if(P[j] == T[i]) {     //当 P 的第 j 位和 T 的第 i 位相同时，继续后续字符
              j++;  i++;  }
          else if(j!=0)
              j = N[j-1];
          else                         //P[j]!=T[i]，且 j==0
              i++;
        }
        if(j==P.size())
            return (i - j );           //匹配成功，返回该 T 子串的开始位置
        else
            return (-1);
    }
```

KMP 模式匹配算法的流程图如图 2.69 所示。

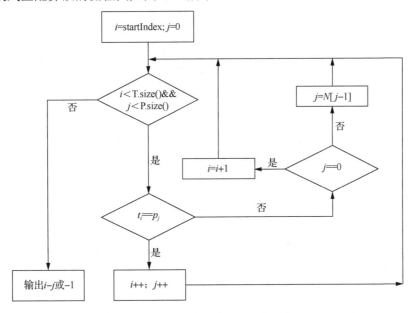

图 2.69　KMP 模式匹配算法流程图

下面举例说明 KMP 模式匹配算法的具体计算过程。假设目标 T=bacbabababacaca，模式 P=ababaca。P 的特征向量已经计算完成，如图 2.67 所示。初始时，T 的大小 n 等于 15（T.size=15），P 的大小 m 等于 7（P.size=7），KMP 模式匹配算法的具体计算过程如图 2.70 所示。

由于计算字符串特征向量数组的算法本身采用的也是 KMP 模式匹配，因此时间代价也与模式长度成正比，为 $O(m)$。所以整个 KMP 匹配的时间代价为 $O(m + n)$。在模式长度远小于目标长度时，时间代价基本上为 $O(n)$。此外，对于同一模式，由于特征向量是预先计算的，其计算结果可以在 KMP 算法中被多次使用。

步骤1：*i*=0，*j*=0。*P*[0]≠*T*[0]。*P*向右移动一个位置，即*i*++，*j*=0

T	b	a	c	b	a	b	a	b	a	b	a	c	a	c	a
P	a	b	a	b	a	c	a								

步骤2：*i*=1，*j*=0。*P*[0]=*T*[1]。继续比较后续字符，*i*++，*j*++

T	b	a	c	b	a	b	a	b	a	b	a	c	a	c	a
P		a	b	a	b	a	c	a							

步骤3：*i*=2，*j*=1。*P*[1]≠*T*[2]。此时*j*>0，*P*回溯，求*j*=*N*[*j*−1]=*N*[0]=0，*i*不变，*j*=0

T	b	a	c	b	a	b	a	b	a	b	a	c	a	c	a
P		a	b	a	b	a	c	a							

步骤4：*i*=2，*j*=0。*P*[0]≠*T*[2]。*P*向右移动一个位置，即*i*++，*j*=0

T	b	a	c	b	a	b	a	b	a	b	a	c	a	c	a
P			a	b	a	b	a	c	a						

步骤5：*i*=3，*j*=0。*P*[0]≠*T*[3]。*P*向右移动一个位置，即*i*++，*j*=0

T	b	a	c	b	a	b	a	b	a	b	a	c	a	c	a
P				a	b	a	b	a	c	a					

步骤6：*i*=4，*j*=0。*P*[0]=*T*[4]。继续比较后续字符，*j*++，*i*++

T	b	a	c	b	a	b	a	b	a	b	a	c	a	c	a
P					a	b	a	b	a	c	a				

步骤7：*i*=5，*j*=1。*P*[1]=*T*[5]。继续比较后续字符，*j*++，*i*++

T	b	a	c	b	a	b	a	b	a	b	a	c	a	c	a
P					a	b	a	b	a	c	a				

步骤8：*i*=6，*j*=2。*P*[2]=*T*[6]。继续比较后续字符，*j*++，*i*++

T	b	a	c	b	a	b	a	b	a	b	a	c	a	c	a
P					a	b	a	b	a	c	a				

步骤9：*i*=7，*j*=3。*P*[3]=*T*[7]。继续比较后续字符，*j*++，*i*++

T	b	a	c	b	a	b	a	b	a	b	a	c	a	c	a
P					a	b	a	b	a	c	a				

步骤10：*i*=8，*j*=4。*P*[4]=*T*[8]。继续比较后续字符，*j*++，*i*++

T	b	a	c	b	a	b	a	b	a	b	a	c	a	c	a
P					a	b	a	b	a	c	a				

步骤11：*i*=9，*j*=5。*P*[5]≠*T*[9]。此时*j*>0，*P*回溯，求*j*=*N*[*j*−1]=*N*[4]=3，*i*不变，*j*=3

T	b	a	c	b	a	b	a	b	a	b	a	c	a	c	a
P							a	b	a	b	a	c	a		

步骤12：$i=9$，$j=3$。$P[3]=T[9]$。继续比较后续字符，$j++$，$i++$

T	b	a	c	b	a	b	a	b	a	b	b	a	c	a	c	a
P						a	b	a	b	b	a	c	a			

步骤13：$i=10$，$j=4$。$P[4]=T[10]$。继续比较后续字符，$j++$，$i++$

T	b	a	c	b	a	b	a	b	a	b	a	c	a	c	a	
P						a	b	a	b	a	c	a				

步骤14：$i=11$，$j=4$。$P[5]=T[11]$。继续比较后续字符，$j++$，$i++$

T	b	a	c	b	a	b	a	b	a	b	a	c	a	c	a	
P						a	b	a	b	a	c	a				

步骤15：$i=12$，$j=6$。$P[6]=T[12]$。继续比较后续字符，$j++$，$i++$

T	b	a	c	b	a	b	a	b	a	b	a	c	a	c	a	
P						a	b	a	b	a	c	a				

步骤16：$i=13$，$j=7$。当$j=P.size$时，算法结束，返回匹配成功的位置$i-j=6$

图 2.70　KMP 模式匹配算法的计算过程

习　　题

1．线性表采用顺序表或链表存储，试问：

（1）两种存储表示各有哪些主要优缺点？

（2）如果有 n 个表同时并存，并且在处理过程中各表的长度会动态地发生变化，表的总数也可能自动改变，在此情况下，应选用哪种存储表示？为什么？

（3）若表的总数基本稳定，且很少进行插入和删除操作，但要求以最快的速度存取表中的元素，应采用哪种存储表示？为什么？

2．利用顺序表的操作，实现以下函数：

（1）从顺序表中删除具有最小值的元素并由函数返回被删元素的值，空出的位置由最后一个元素填补。

（2）从顺序表中删除具有给定值 x 的所有元素。

（3）从有序顺序表中删除其值在给定值 s 与 t 之间（$s<t$）的所有元素。

3．已知一个带头结点的单链表，查找链表中倒数第 k 个位置上的结点（k 为正数）。

4．已知 head 为单链表的表头指针，链表中存储的都是整型数据，实现下列运算的递归算法：

（1）求链表中的最大值。

（2）求链表中的结点个数。

（3）求所有整数的平均值。

5．设 A 和 B 是两个单链表，其表中元素递增有序。试写一算法将 A 和 B 归并成一个按元素值递减有序的单链表 C，并要求辅助空间为 $O(1)$，试分析算法的时间复杂度。

6．设 ha 和 hb 分别是两个带头结点的非递减有序单链表的表头指针，试设计一个算法，将这两个有序链表合并成一个非递减有序的单链表。要求结果链表仍使用原来两个链表的存储空间，不另外占用其他的存储空间。表中允许有重复的数据。

7. 设双向链表表示的线性表 $L=(a_1,a_2,\cdots,a_n)$，试写一时间复杂度为 $O(n)$ 的算法，将 L 改造为 $L=(a_1,a_3,\cdots,a_n,\cdots,a_4,a_2)$。

8. 已知有一个循环双向链表，p 指向第一个元素值为 x 的结点，设计一个算法从该循环双向链表中删除 p 所指向的结点。

9. 内存中一片连续存储空间（不妨假设地址从 1 到 m），提供给两个栈 S_1 和 S_2 使用，怎样分配这部分存储空间，使得对任一个栈，仅当这部分空间全满时才发生上溢。

10. 简述线性表、栈和队列的异同。

11. 设有一个数列的输入顺序为 123456，若采用栈结构，并以 I 和 O 分别表示进栈和出栈操作，试问进栈和出栈操作的合法序列有多少种？能否得到输出顺序为 325641 的序列？能否得到输出顺序为 154623 的序列？

12. 设计算法把一个十进制整数转换为二至九进制之间的任意进制数输出。

13. 假设表达式中允许包含 3 种括号：圆括号、方括号和大括号。设计一个算法采用顺序栈判断表达式中的括号是否正确配对。

14. 由用户输入 n 个 10 以内的数，每当输入 $i(0 \leqslant i \leqslant 9)$，就把它插入到第 i 号队列中。最后把 10 个队列中非空队列，按队列号从小到大的顺序串接成一条链，并输出该链的所有元素。

15. 设计一个环形队列，用 front 和 rear 分别作为队头和队尾指针，另外用一个变量 tag 表示队列是空（0）还是不空（1），这样就可以用 front==rear 作为队满的条件。要求设计队列的相关基本运算算法。

16. 已知 $P=$abcaabbcabcaabdab，求模式 P 的特征向量（next 数组）。

17. 设计 Strcmp(s,t) 算法，实现两个字符串 s 和 t 的比较。

18. 设计一个算法，在串 str 中查找字符串 substr 最后一次出现的位置（不能使用 STL）。

科学家小传
——姚期智

　　姚期智（Andrew Chi-Chih Yao），1946 年出生于中国上海，世界著名计算机科学家，2000 年图灵奖得主，中国科学院院士，美国科学院院士，美国科学与艺术学院院士，清华大学高等研究中心教授，香港中文大学博文讲座教授。1967 年获得台湾大学物理学士学位，1972 年获得美国哈佛大学物理博士学位，1975 年获得美国伊利诺伊大学计算机科学博士学位。1975 年至 1986 年曾先后在美国麻省理工学院数学系、斯坦福大学计算机系、加利福尼亚大学伯克利分校计算机系任助理教授、教授。2004 年，姚期智决定将 57 岁以后的人生回归中国大陆，开创科学研究的新舞台。他毅然辞去了普林斯

顿大学终身教职，正式加盟清华大学高等研究中心任全职教授。2017 年 2 月，姚期智教授放弃外国国籍成为中国公民，正式转为中国科学院院士，加入中国科学院信息技术科学部。姚期智的研究方向包括计算理论及其在密码学和量子计算中的应用。他在三大方面具有突出贡献：①创建理论计算机科学的重要领域：通信复杂性和伪随机数生成计算理论；②奠定现代密码学基础，在基于复杂性的密码学和安全形式化方法方面有根本性贡献；③解决线路复杂性、计算几何、数据结构及量子计算等领域的开放性问题并建立全新典范。1993 年，姚期智最先提出量子通信复杂性，基本上完成了量子计算机的理论基础。1995 年，他提出分布式量子计算模式，该模式后来成为分布式量子算法和量子通信协议安全性的基础。因为对计算理论包括伪随机数生成、密码学与通信复杂度的突出贡献，美国计算机协会（ACM）把 2000 年度的图灵奖授予他。

趣味阅读

区块链与链表

区块链是一串使用密码学方法相关联产生的数据块，每一个数据块（区块）中包含了某种应用信息（例如一批次比特币网络交易的信息），用于验证其信息的有效性（防伪）和生成下一个区块。从数据结构的角度讲，就是用链将区块一个个连接起来，最后形成了区块链。"区块链"类似于链表，其中"区块"相当于链表中的 Node 结点，Node 结点之间相互串联形成"链"。即每个 Node（区块）的结点包含一个保存下一个 Node 结点的指针域（即一个指针变量，假设为 next），next 保存下一个 Node 结点在内存中的地址，这样，计算机程序可以从第一个结点开始，依次找到后面所有处于链表中的结点，并访问每个结点中保存的数据（data 域）内容。

区块链中，除了创世区块（整个区块链上的第一个区块）外，每个区块都是根据其所在链中的上一个区块的头部 Hash 值生成的。简单地讲，就是用 Hash 值代替了内存指针。一条区块链一般可以由世界各地的计算机设备共同维护，每台设备可以有完整的拷贝，但正常情况下，每台设备所拥有的最新的区块链拷贝应该是相同的。

区块链是去中心化的，它由很多同等地位的运维工程师（客户端）共同维护运转。每当有一个新区块创建出来，且即将加入区块链中时，创建者（客户端）会向其他人发布广播。所有人会亲自验证新区块的身份，如果新区块确实是上一区块的孩子（Hash 验证），那么便承认它的身份，让它加入区块链中。这样，大家对结果达成共识，那么区块链数据便能达到唯一性。每个区块生成并挂载到区块链上后（从大家都验证并承认它的身份后开始），它的数据不能再做任何改变。

比特币是一个和区块链紧密相关的产物，人们想要理解区块链，总是会不自觉地往比特币上面去靠。这是因为比特币中蕴含着的利益博弈，是理解区块链在人心驱动下的精髓，也是区块链价值的核心所在。区块链唯一的信仰，就是每个人（客户端）都会牟取自己的利益。支持对自己有利的行为，反对对自己有害的行为，监督其他人的不合规矩的行为（一般都不符合自己的利益）。它（比特币规则）坚信这一点，并以此为核心，形成的一系列附加规则，通过人与人之间相互制约、监督，建立起一套完整的货币体系。

引自：https://blog.csdn.net/camike/article/details/79387341

第3章 树

　　第 2 章介绍的线性结构反映了事物的一种特殊联系。但是，联系的普遍性说明联系是多种多样的，线性结构显然无法表达更复杂的联系方式。本章和第 4 章介绍非线性结构。

　　本章将介绍树形结构，客观世界中存在很多这样的非线性结构，例如家谱、书籍的章节结构等。树形结构被广泛地应用在各种算法中，该结构对于处理嵌套数据具有极好的效果。本章将重点介绍树和二叉树的一些基本概念及操作，同时给出一些实用的例子来加深对本章内容的理解。

3.1　树的基本概念

3.1.1　树的定义

　　树是由 n 个结点组成的有限集合。在这个集合中没有直接前驱的结点称为根结点。

　　（1）当 $n=0$ 时，它是一个空结构，或者空树。

　　（2）当 $n>0$ 时，所有结点中存在且仅存在一个根结点，其余结点可以分为 m（$m \geq 0$）个互不相交的子集合，每一个子集合都是一棵满足定义的树，称为根的子树。

　　由此可知，树的定义是一个递归的定义，即树的定义中又用到了树的概念。

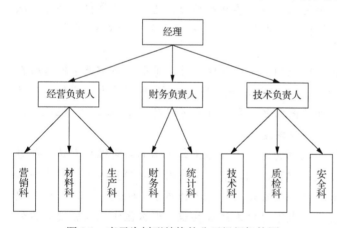

图 3.1　表示为树形结构的公司组织机构图

　　图 3.1 以公司组织机构为例给出了一个树形结构的例子。

　　下面介绍一下有关树的基本术语。

　　结点：树形结构中的每个元素称为一个结点，结点包含该元素的值和该元素的逻辑关系信息。例如在图 3.1 中，该组织机构树总共有 12 个结点。

　　边：用 $<m,n>$ 表示从结点 m 指向结点 n 的连线，代表结点 m 与结点 n 之间存在某种联系。这种有向连线就称为边。

　　双亲结点和孩子结点：如果在树形结构中存在从 m 结点指向 n 结点的连线 $<m,n>$，则称 m 结点是 n 结点的双亲结点（也称父结点），同时，n 结点称为 m 结点的孩子结点（也称子结点）。如图 3.1 所示，"财务负责人"结点有指向"财务科"结点的连线，则"财务负责人"结点是"财务科"结点的双亲结点，"财务科"结点是"财务负责人"结点的孩子结点。

　　兄弟结点：如果两个结点有共同的双亲结点，则这两个结点互为兄弟结点。例如图 3.1 中，"财务科"结点和"统计科"结点的双亲结点都是"财务负责人"，因此，"财务科"结点和"统计科"结点互为兄弟结点。

叶子结点：没有孩子结点的结点称为叶子结点或者终端结点。在图 3.1 中，最底层的结点都是叶子结点。

分支结点：非叶子结点称为分支结点。

结点的度：该结点所拥有的孩子结点的数量称为该结点的度。例如图 3.1 中，"经理"结点的度是 3，"财务负责人"结点的度则是 2。根据叶子结点的定义，所有的叶子结点的度都为 0。

树的度：该树形结构中的所有结点的度的最大值，就是该树的度。因此，图 3.1 中树的度为 3。

结点的层数：结点的层数从根结点起开始定义，根结点的层数为 0。树中其他任一结点的层数为其双亲结点的层数加 1。图 3.1 中，经理的层数是 0，财务科的层数是 2。

树的深度：树中所有结点的层数的最大值就是该树的深度。空树的深度为 0，图 3.1 中树的深度为 2。

树的高度：树的高度等于树的深度加 1。图 3.1 中树的高度为 3。

路径：从树的一个结点 m 到另一个结点 n，如果存在一个有限集合 $S = \{s_1, s_2, \cdots, s_k\}$，使得 $\langle m, s_1 \rangle, \langle s_1, s_2 \rangle, \cdots, \langle s_k, n \rangle$ 都是该树中的边，则称从结点 m 到结点 n 存在一条路径。

祖先结点和子孙结点：如果从结点 m 到结点 n 存在一条路径，则称结点 m 是结点 n 的祖先结点，结点 n 是结点 m 的子孙结点。

有序树：如果树中每个结点的所有子树之间存在确定的次序关系，则称该树为有序树。

无序树：如果树中的每个结点的各子树之间不存在确定的次序关系，则称该树为无序树。

森林：森林是由 m（$m \geq 0$）棵互不相交的树组成的集合。

3.1.2 树的基本性质

树具有如下基本性质。

【性质 3.1】 树中的结点数等于其所有结点的度数之和加 1。

证明：根据树的定义，每个结点的子树之间互不相交，也就是说除了根结点以外的其他所有结点，每个结点有且仅有一个前驱结点。这说明树中除了根结点以外的其他每个结点都只对应一个分支（边），而每个结点的分支数就是该结点的度数，因而除根结点以外的所有结点的数量等于所有结点的度数之和。因此，加上根结点后可得到结论：树的结点数等于其所有结点的度数之和加 1。

【性质 3.2】 度为 m 的树，其第 i 层上至多有 m^i 个结点（根结点为第 0 层，$i \geq 0$）。

证明：该性质可由数学归纳法来证明。第 0 层上只有根结点，因此将 $i=0$ 代入 m^i 中，结果为 1，也就是第 0 层上至多有 1 个结点，因此当 $i=0$ 时结论成立。假设 $i=k$ 时结论成立，也就是第 k 层上最多有 m^k 个结点。由于树的度是 m，也就是每个结点的度都不大于 m。因此，第 k 层上每个结点的度为 m 时，第 $k+1$ 层上的结点数是最多的。而第 k 层上的结点数至多为 m^k，因此，第 $k+1$ 层上的结点数至多为 $m \times m^k$ 也就是 m^{k+1}，这与性质 3.2 的结论相同，因此性质 3.2 成立。

【性质 3.3】 高度为 h（深度为 $h-1$）、度为 m 的树至多有 $\dfrac{m^h - 1}{m-1}$ 个结点（$m>1$）。

证明：在性质 3.2 中给出度为 m 的树，其第 i 层上至多有 m^i 个结点（$i \geq 0$）。高度为 h 度为 m 的树，当其每一层上的结点数都达到该层最大的结点数时，该树才具有最多的结点数，因此整个树的最大结点数就是该树的每一层的最大结点数之和，也就是 $m^0 + m^1 + \cdots + m^{h-1}$，等比数列求和得到结果 $\dfrac{m^h-1}{m-1}$，因此性质3.3成立。

【性质3.4】具有 n 个结点的度为 m 的树，其最小高度为 $\lceil \log_m(n(m-1)+1) \rceil$（$\lceil x \rceil$ 代表大于等于 x 的最小整数）。

证明：假设该树的高度为 h，当该树的前 $h-1$ 层的结点数全都达到对应层的最大结点数时，该树具有最小高度，此时，第 h 层的结点数可能等于该层的最大结点数，也可能小于最大结点数。根据树的性质3.3可得结点总数 n 和高度 h 的关系：

$$\frac{m^{h-1}-1}{m-1} < n \leqslant \frac{m^h-1}{m-1}$$

将上式左边部分的不等式化简，得到 $h < \log_m\left(n(m-1)+1\right)+1$。同理化简右部分不等式得到 $h \geqslant \log_m\left(n(m-1)+1\right)$。综合两个不等式，即 $\log_m\left(n(m-1)+1\right) \leqslant h < \log_m\left(n(m-1)+1\right)+1$。由于高度 h 只能取整数，因此得到 $h = \lceil \log_m\left(n(m-1)+1\right) \rceil$。

3.2　二叉树的概念

3.2.1　二叉树的定义

中国古代哲学著作《老子》说：一生二，二生三，三生万物。辩证唯物主义认为，事物总是一分为二的。对立统一或一分为二是唯物辩证法的实质和核心。在计算机的世界里，二是个奇妙的数字，二进制表达了一切计算机能够表达的东西。二叉树是树形结构中的一种特殊形式，也是最简单的非线性结构。但二叉树的表现能力非常强，能够用来解决很多实际问题。其定义是：所有结点的度小于等于2的树。

从二叉树的定义可以看出，二叉树中不存在度大于2的结点，也就是每个结点至多可以有两棵子树。因此，二叉树中每个结点都有两棵子树——左子树和右子树，其中左子树或者右子树可以为空，或者左右子树均为空。因此二叉树可以有五种基本的形态，在图3.2中给出示意图。由于二叉树的子树有左右之分，次序不可颠倒，因此二叉树是有序树。

（a）空二叉树　　（b）只有根结点　　（c）右子树为空　　（d）左子树为空　　（e）左右子树都
　　　　　　　　　的二叉树　　　　的二叉树　　　　的二叉树　　　　非空的二叉树

图3.2　二叉树的五种基本形态

3.2.2　几种特殊的二叉树

（1）完全二叉树。一棵高度为 h 的二叉树，除最后一层以外的其他所有层上的结点数都达到最大值，而最后一层上的所有结点分布在该层最左边的连续的位置上。

完全二叉树有如下特点，叶子结点只能在层次最大和次大的两个层次上出现。对任一结点，如果其左子树的高度为 m，则其右子树的高度必为 m 或者 $m-1$。图3.3中给出完全二叉树和非完全二叉树的例子。

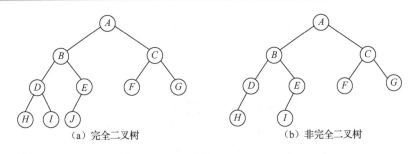

（a）完全二叉树　　　　　　　（b）非完全二叉树

图 3.3　完全二叉树与非完全二叉树

（2）满二叉树。一棵二叉树，如果其所有分支结点都有非空左子树和非空右子树，并且所有叶子结点都在同一层上，这样的二叉树称为满二叉树。高度为 h 的满二叉树有 2^h-1 个结点。满二叉树一定是完全二叉树，但完全二叉树不一定是满二叉树。图 3.4 中给出满二叉树的例子。

满二叉树有如下特点，每一层上的结点数量都达到最大个数，所有分支结点的度都为 2，叶子结点都出现在最后一层上。

（3）扩充二叉树。把原二叉树所有结点中出现空的子树的位置上都增加特殊的结点——空树叶，得到的二叉树就称为扩充二叉树。也就是对于原来度为 2 的分支结点，不增加空树叶；对于度为 1 的分支结点，

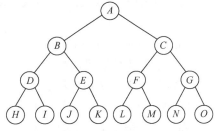

图 3.4　满二叉树

增加一个空树叶；对于度为 0 的叶子结点，增加两个空树叶。这里的空树叶又称为外部结点，二叉树中原有的结点称为内部结点。

普通的二叉树经过上述的扩充步骤之后，新增加的空树叶（外部结点）的数量等于原来二叉树中结点（内部结点）的数量加 1。

外部路径长度 E：扩充的二叉树里从根结点到每个外部结点的路径长度之和。

内部路径长度 I：扩充的二叉树里从根结点到每个内部结点的路径长度之和。

例如，图 3.5（a）所示是原二叉树，图 3.5（b）中用方框来代表空树叶，即外部结点。在这个扩充二叉树中：

$$E = 2+4+4+4+5+5+5+5+4+4+4+3+3=52$$

$$I = 1+2+3+3+4+1+2+2+3+3+4=28$$

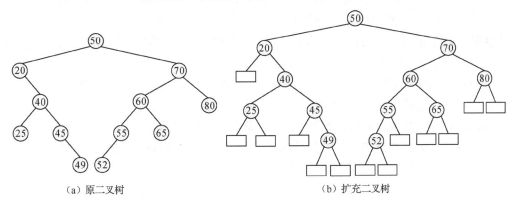

（a）原二叉树　　　　　　　　　　（b）扩充二叉树

图 3.5　扩充二叉树

E 和 I 这两个量之间的关系为 $E = I + 2n$，这里的 n 是内部结点的数量。该结论可以用归纳法证明，有兴趣的读者可以自己证明。

3.2.3 二叉树的性质

由于二叉树具有特殊的结构，因此具有一些特殊的性质。

【性质 3.5】任何一棵二叉树，度数为 0 的结点比度数为 2 的结点多一个。

证明：设二叉树的结点总数为 n，其中度数为 0,1,2 的结点的数量分别为 x_0, x_1, x_2，则有

$$n = x_0 + x_1 + x_2 \qquad (3.1)$$

根据树的性质 3.1：树中的结点数等于其所有结点的度数之和加 1。对于二叉树，就有

$$n = 0 \cdot x_0 + 1 \cdot x_1 + 2 \cdot x_2 + 1 \qquad (3.2)$$

将式（3.1）和式（3.2）相减，得

$$x_0 = x_2 + 1$$

因此，性质 3.5 的结论成立。

由树的基本性质可以得到二叉树的如下性质。

【性质 3.6】二叉树的第 i 层上至多有 2^i 个结点（$i \geq 0$）。

【性质 3.7】高度为 h 的二叉树至多有 $2^h - 1$ 个结点。

满二叉树是二叉树中的一种特殊的结构，因此具有特殊的性质。

【性质 3.8】非空满二叉树的叶子结点的数量等于其分支结点的数量加 1。

证明：假设该满二叉树的高度为 h（深度为 $h-1$），其第 $h-1$ 层上的所有结点都为叶子结点，其他层上的结点都是分支结点，且度都为 2。满二叉树的每层上的结点数都为该层的最大结点数，因此根据树的性质 3.2 可知：

第 $h-1$ 层上的结点数为

$$2^{h-1}$$

其他所有层的结点数之和为

$$2^0 + 2^1 + \cdots + 2^{h-2}$$

上式化简结果为 $2^{h-1} - 1$，因此二叉树的性质 3.8 的结论成立。

【性质 3.9】有 n 个结点的完全二叉树的高度为 $\lceil \log_2(n+1) \rceil$。

证明：完全二叉树中除了最后一层以外，其他所有层的结点数都等于该层最大结点数，因此该完全二叉树是具有 n 个结点且度为 2 的所有树中高度最小的树，满足树的性质 3.4，此时 $m=2$，代入 $\lceil \log_m(n(m-1)+1) \rceil$ 中得到该树的高度为 $\lceil \log_2(n+1) \rceil$。

【性质 3.10】如果对一棵有 n 个结点的完全二叉树的结点按层编号（从低层到高层，每层从左到右），则对任一结点 i（$1 \leq i \leq n$），有：

如果 $i=1$，则结点 i 无双亲，是二叉树的根。如果 $i>1$，则其双亲是结点 $i/2$。

如果 $2i>n$，则结点 i 是叶子结点，否则，其左孩子是结点 $2i$。

如果 $2i+1>n$，则结点 i 无右孩子，否则，其右孩子是结点 $2i+1$。

此外，若对二叉树的根结点从 0 开始编号，则相应的 i 号结点的双亲结点的编号为 $(i-1)/2$，左孩子的编号为 $2i+1$，右孩子的编号为 $2i+2$。

此性质可采用数学归纳法证明。证明略。

这个性质是一般二叉树顺序存储的重要基础。

3.2.4　二叉树的存储结构

二叉树通常有两种存储结构：顺序存储结构和链式存储结构。下面将详细讨论这两种结构。

1. 二叉树的顺序存储结构

二叉树的顺序存储结构由一个一维数组构成，二叉树上的结点按照某种次序分别存入该数组的各个单元中。显然，这里的关键在于结点的存储次序，结点之间的逻辑关系则由这种次序反映出来。

如果将一棵完全二叉树按层对所有结点进行编号，则结点编号之间的数值关系可以准确地反映出结点之间的逻辑关系。因此，对任意的完全二叉树来说，可以采用"以编号为地址"的策略将结点存入一维数组中，也就是将编号为 i 的结点存入一维数组的第 i 个单元中。完全二叉树的顺序存储结构示意图如图 3.6 所示。

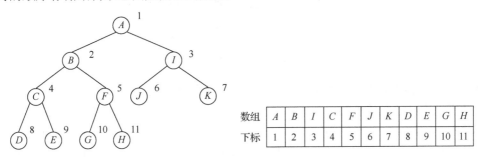

（a）完全二叉树　　　　　　　　　　　　（b）顺序存储示意图

图 3.6　完全二叉树的顺序存储结构

在这一存储结构中，由于某一结点的存储位置（即下标）同时也是它的编号，因此结点间的逻辑关系可以通过它们下标的数值关系来确定。例如，要在图 3.6（b）中的顺序存储结构中查找结点 F 的左孩子，根据二叉树的性质 3.10，由 F 的下标为 5 可以算出，其左孩子的下标为 $2 \times 5 = 10$，右孩子的下标为 $2 \times 5 + 1 = 11$，对应的结点就是 G 和 H，其双亲结点下标为 $\lfloor 5/2 \rfloor = 2$，对应结点为 B。如果要找结点 J 的左孩子，由于 J 的下标为 6，$2 \times 6 = 12 > 11$，所以结点 J 为叶子结点，没有左孩子，$6/2 = 3$，所以其双亲结点是下标为 3 的 I 结点。由此可见，这种存储结构可以方便地实现二叉树的各种运算。

但是，假如需要存储的二叉树不是完全二叉树，上面的存储策略就不能直接使用了。因此，必须先将一般二叉树转化为完全二叉树，这个步骤可以通过在非完全二叉树的空缺位置上增加"虚结点"来实现，如图 3.7 所示。

显然，经过转化后再按层编号进行存储的方法可以解决非完全二叉树的顺序存储问题，但同时也造成了存储空间的浪费，所以二叉树的顺序存储结构一般只应用于一些特殊的情况下。

2. 二叉树的链式存储结构

二叉树有多种链式存储结构，其中最常用的是二叉链表，二叉链表的结点形式如图 3.8 所示。

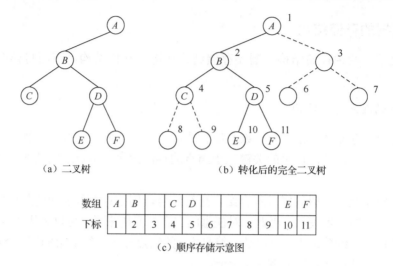

（a）二叉树　　　　　　　　　　（b）转化后的完全二叉树

数组	A	B		C	D					E	F
下标	1	2	3	4	5	6	7	8	9	10	11

（c）顺序存储示意图

图 3.7　非完全二叉树的顺序存储结构

leftChild	data	rightChild

图 3.8　二叉链表的结点

其中 data 域称为数据域，用于存储二叉树结点中的数据元素，leftChild 域称为左孩子域，用于存放指向本结点左孩子的指针（称为左指针），类似的，rightChild 域称为右孩子指针域，用于存放指向本结点右孩子的指针（称为右指针）。二叉链表中的所有存储结点通过它们的左右指针的链接而形成一个整体。此外，每个二叉链表还必须有一个指向根结点的指针，称为根指针。根指针用来标识二叉链表，访问者可以从根指针开始对二叉链表进行访问。

图 3.9（a）和图 3.9（b）分别表示一棵二叉树及其对应的二叉链表。二叉链表中每个结点的每个指针域必须有一个值，这个值可以是该结点的一个孩子的指针，也可以是空指针。

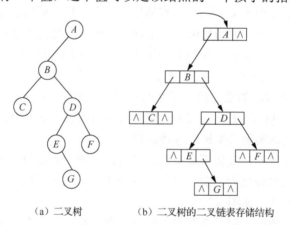

（a）二叉树　　　　　　（b）二叉树的二叉链表存储结构

图 3.9　二叉树及其二叉链表存储结构

若二叉树为空，则 root =NULL。若某个结点的某个孩子不存在，则相应的指针为空。具有 n 个结点的二叉树中，一共有 $2n$ 个指针域，其中只有 $n-1$ 个指针用来指向结点的左右孩子，其余的 $n+1$ 个指针均为空。

在二叉链表这种存储结构上，二叉树的很多基本运算，如求根，求左、右孩子等都很容易实现。但求双亲运算的实现却比较麻烦，而且时间效率不高。由于在给定的实际问题中经常需要求双亲运算，因此选用二叉链表为存储结构效率不高，这时可以采用三叉链表作为存储结构。

三叉链表是二叉树的另一种主要的链式存储结构。三叉链表与二叉链表的主要区别在于，它的结点比二叉链表的结点多一个指针域，该域用来存储一个指向其父结点的指针。三叉链表的结点形式如图 3.10 所示。

对于图 3.9 中的二叉树，其三叉链表的表示形式在图 3.11 中给出。

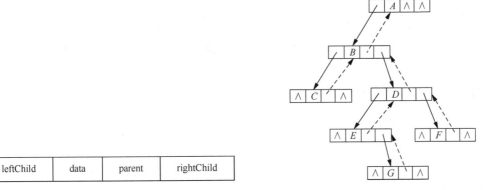

leftChild	data	parent	rightChild

图 3.10　三叉链表的结点形式　　　　图 3.11　二叉树的三叉链表存储结构

显然，在三叉链表上，二叉树的求双亲运算很容易实现，而且时间性能很好。二叉树的链式存储结构操作方便，表达简明，因而成为二叉树最常用的存储结构。但是该结构也存在弊端，由于存储了大量的指针，空间浪费比较严重。因此，在某些情况下，二叉树的顺序存储结构也很有用处。

3.2.5　二叉树的抽象数据类型

在现实算法中，经常会用到树形结构来解决问题。树中有些运算是对整棵树而言的，有些运算是对结点而言的，因此在代码中必须将树与结点的类分别实现。

例 3.1 给出二叉树结点的抽象数据类型 BinaryTreeNode，例 3.2 给出二叉树的抽象数据类型 BinaryTree。

【例 3.1】二叉树结点的抽象数据类型。

```
template <class T>
class BinaryTreeNode{
private:
    T element;                        //结点的数据域
    BinaryTreeNode<T> * leftChild;    //结点的左孩子结点
    BinaryTreeNode<T> * rightChild;   //结点的右孩子结点
public:
BinaryTreeNode(){};                   //默认构造函数
//给定数据域的值的构造函数
BinaryTreeNode(const T& ele):element(ele),leftChild(nullptr),rightChild(nullptr){};
//给定数据值和左右孩子结点的构造函数
BinaryTreeNode(const T& ele, BinaryTreeNode<T> * l, BinaryTreeNode<T> * r);
```

```
BinaryTreeNode<T> * getLeftChild() const{return leftChild;};
                                    //返回该结点的左孩子结点
BinaryTreeNode<T> * getRightChild() const{return rightChild;};
                                    //返回该结点的右孩子结点
void setLeftChild(BinaryTreeNode<T> * l){leftChild=l;};
                                    //设置该结点的左孩子结点
void setRightChild(BinaryTreeNode<T> * r){rightChild=r;};
                                    //设置该结点的右孩子结点
void createLeftChild();             //创建该结点的左孩子结点
void createRightChild();            //创建该结点的右孩子结点
T getValue() const{return element;};    //返回该结点的数据值
void setValue(const T& val){element=val;};//设置该结点的数据域的值
bool isLeaf() const;            //判断该结点是否是叶子结点，若是，则返回 true
};
```

【例 3.2】 二叉树的抽象数据类型。

```
template <class T>
class BinaryTree{
private:
    BinaryTreeNode<T> * root;           //二叉树根结点
public:
    BinaryTree();                       //默认构造函数
    ~BinaryTree();                      //析构函数
    bool isEmpty() const;               //判断二叉树是否为空树
    BinaryTreeNode<T> * getRoot() const;//返回二叉树的根结点
    //返回 current 结点的父结点
    BinaryTreeNode<T> * getParent(BinaryTreeNode<T> * current) const;
    //返回 current 结点的左兄弟
    BinaryTreeNode<T> * getLeftSibling(BinaryTreeNode<T> * current) const;
    //返回 current 结点的右兄弟
    BinaryTreeNode<T> * getRightSibling(BinaryTreeNode<T> * current) const;
    void levelOrder(BinaryTreeNode<T> * root);
                                    //广度优先遍历以 root 为根结点的子树
    void preOrder(BinaryTreeNode<T> * root);//前序遍历以 root 为根结点的子树
    //非递归前序遍历以 root 为根结点的子树
    void PreOrderWithoutRecursion(BinaryTreeNode<T> * root);
    void inOrder(BinaryTreeNode<T> * root); //中序遍历以 root 为根结点的子树
    //非递归中序遍历以 root 为根结点的子树
    void InOrderWithoutRecursion(BinaryTreeNode<T> * root);
    void postOrder(BinaryTreeNode<T> * root);//后序遍历以 root 为根结点的子树
    //非递归后序遍历以 root 为根结点的子树
    void PostOrderWithoutRecursion(BinaryTreeNode<T> * root);
    void deleteBinaryTree(BinaryTreeNode<T> * root);
                                    //删除以 root 为根结点的子树
    void visit(BinaryTreeNode<T> *t);   //访问当前结点
    void preincreatetree(BinaryTreeNode<T> *t,string pre,string in);
                                    //前序和中序创建二叉树
```

```
//后序和中序创建二叉树
void inpostcreatetree(BinaryTreeNode<T> *t,string in,string post);
};
```

3.2.6　二叉树的遍历

遍历二叉树也就是按照某种次序，顺着制定的搜索路径访问二叉树中的各个结点，该过程中每个结点被访问且仅被访问一次。访问操作包括很多种情况，例如读取结点的值，修改结点的数据值等。虽然该过程可以修改结点的数据值，但是不允许修改结点之间的逻辑关系。

遍历是任意数据结构都具有的操作，但是二叉树的非线性结构的特性使得其可以有多种遍历方法，所以存在按何种搜索路径进行遍历的问题。由于上述原因，在遍历的时候必须规定遍历的规则。

根据二叉树的结构特征，遍历可以有两种搜索路径：广度优先遍历和深度优先遍历。

1. 广度优先遍历

广度优先遍历也就是按层次遍历，是从最高层（或者最低层）开始，向下（向上）逐层访问每个结点，在每一层上，自左向右（或者自右向左）访问每个结点。

该遍历方法可以使用队列来实现。二叉树的广度优先遍历自上向下、自左向右进行遍历，在访问了一个结点之后，它的子结点（如果有的话）按照从左到右的顺序依次放入队列的末尾，然后访问该队列头部的结点，这样的过程满足"第 n 层的结点必须在第 $n+1$ 层的结点之前访问"的条件。被访问过的结点则从队列中出队。

相应的成员函数的实现在例 3.3 中给出。

【例 3.3】广度优先遍历。

```
template <class T>
void BinaryTree<T>::levelOrder(BinaryTreeNode<T> * root)
{
    queue<BinaryTreeNode<T> *> nodeQueue;      //用队列来存放将要访问的结点
    BinaryTreeNode<T> * pointer = root;
    if(pointer)                                //如果根结点非空,将根结点移入队列
        nodeQueue.push(pointer);
    while(!nodeQueue.empty()){
        pointer = nodeQueue.front();           //读取队头结点
        visit(pointer);                        //访问当前结点
        nodeQueue.pop();                       //将访问过的结点移出队列
        if(pointer->getLeftChild())
            nodeQueue.push(pointer->getLeftChild());
        if(pointer->getRightChild())
                                               //将访问过的结点的左右孩子结点依次加入队尾
            nodeQueue.push(pointer->getRightChild());
    }
}
```

2. 深度优先遍历

考虑到二叉树的基本结构，设 D 表示根结点，L 表示左子树，R 表示右子树，则对这三个部分进行访问的次序组合共有 6 种：*DLR*、*DRL*、*LDR*、*LRD*、*RDL*、*RLD*。若限定先左后右的顺序，则只剩下以下 3 种遍历方法。

（1）前序遍历（*DLR*，也称为先序遍历、先根遍历）：①访问根结点（D）；②前序遍历左子树（L）；③前序遍历右子树（R）。

（2）中序遍历（*LDR*，也称为中根遍历）：①中序遍历左子树（L）；②访问根结点（D）；③中序遍历右子树（R）。

（3）后序遍历（*LRD*，也称为后根遍历）：①后序遍历左子树（L）；②后序遍历右子树（R）；③访问根结点（D）。

归纳上面的三种遍历方式：前序遍历的遍历次序为"根—左子树—右子树"，中序遍历的遍历次序为"左子树—根—右子树"，后序遍历的遍历次序为"左子树—右子树—根"。图 3.12 给出 4 种遍历方法的实例。

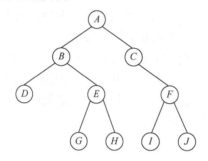

前序遍历结果：*ABDEGHCFIJ*
中序遍历结果：*DBGEHACIFJ*
后序遍历结果：*DGHEBIJFCA*
层次遍历结果：*ABCDEFGHIJ*

图 3.12　二叉树的遍历

下面介绍深度优先遍历算法的实现。

1）递归算法

根据二叉树的递归定义，前序、中序和后序遍历算法都可以用简单的递归方式来实现。例 3.4 给出了具体实现算法。

【例 3.4】深度优先遍历的三种算法实现。

```
//前序遍历二叉树或其子树
template<class T>
void BinaryTree<T>::preOrder(BinaryTreeNode<T> * root)
{
    if(root != NULL){
        visit(root);                          //访问当前结点
        preOrder(root->getLeftChild());       //访问左子树
        preOrder(root->getRightChild());      //访问右子树
    }
};

//中序遍历二叉树或其子树
template<class T>
void BinaryTree<T>::inOrder(BinaryTreeNode<T> * root)
```

```
    {
        if(root != NULL){
            inOrder(root-> getLeftChild());        //访问左子树
            visit(root);                           //访问当前结点
            inOrder(root-> getRightChild());       //访问右子树
        }
    }

    //后序遍历二叉树或其子树
    template<class T>
    void BinaryTree<T>::postOrder(BinaryTreeNode<T> * root)
    {
        if(root!=NULL){
            postOrder(root-> getLeftChild());      //访问左子树
            postOrder(root-> getRightChild());     //访问右子树
            visit(root);                           //访问当前结点
        }
    }
```

2）深度优先遍历的非递归实现

递归算法的效率一般比非递归算法的效率低，对于二叉树的遍历算法，可以利用非递归算法来实现。

（1）前序遍历的非递归算法。

对于前序遍历，由其定义可知，其结点的遍历次序为"根—左子树—右子树"，左右子树的访问也是按照这个顺序进行，所以该遍历顺序也可以归纳为从根结点开始，沿着左子树往下搜索，每到达一个结点，就访问它，直到访问的结点没有左子树为止，然后自下向上依次遍历这些访问过的结点的右子树。由于自下向上依次遍历被访问过的每个结点的右子树，所以在设计该算法的时候，可以借助栈来存储每个访问过的结点的右子树的根，以便遍历完每个结点的左子树后，可以转到该结点的右子树。

非递归前序遍历二叉树算法的思想：每遇到一个结点，先访问该结点，并把该结点的非空右子树的根结点压入栈中，然后遍历其左子树，重复该过程直到当前访问过的结点没有左子树时停止，然后从栈顶弹出待访问的结点，继续遍历，直到栈为空时停止。图 3.13 给出了前序遍历二叉树的过程示意。例 3.5 给出了算法实现。

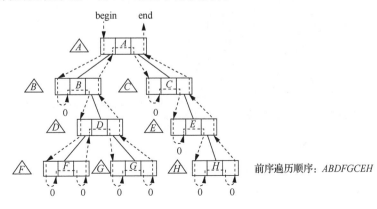

前序遍历顺序：*ABDFGCEH*

图 3.13　二叉树的前序遍历示意

【例3.5】 非递归前序遍历二叉树。

```
template <class T>
void BinaryTree<T>::PreOrderWithoutRecursion(BinaryTreeNode<T> * root)
{
        stack<BinaryTreeNode<T> * > nodeStack;    //存放待访问的结点的栈
        BinaryTreeNode<T> * pointer = root;        //保存根结点
        while(!nodeStack.empty() || pointer) {     //栈为空时遍历结束
                if(pointer){
                        visit(pointer);                      //访问当前结点
                        if(pointer->getRightChild() != NULL)
                          //当前访问结点的右子树的根结点入栈
                            nodeStack.push(pointer->getRightChild());
                        pointer = pointer->getLeftChild(); //转向访问其左子树
                }
                else{      //左子树访问完毕，转向访问右子树
                        pointer = nodeStack.top();  //读取栈顶待访问的结点
                        nodeStack.pop();                  //删除栈顶结点
                }
        }
}
```

（2）中序遍历的非递归算法。

对于中序遍历访问每个结点的后继结点有如下规则：如果某个结点有右子树，则其后继结点为右子树的最左下侧的结点，如果该结点没有右子树，则其后继结点为其父结点。中序遍历最先访问最左下侧的结点，在搜索到达该结点的过程中，应将搜索路径上的每个结点用栈存储起来，存储的目的是在访问完当前子树时可以顺利转到其父结点。

非递归中序遍历二叉树算法的思想：从根结点开始向左搜索，每遇到一个结点，就将其压入栈中，然后遍历其左子树，遍历完左子树后，弹出栈顶结点并访问它，然后遍历其右子树。图3.14给出了中序遍历二叉树的过程示意，例3.6给出了算法实现。

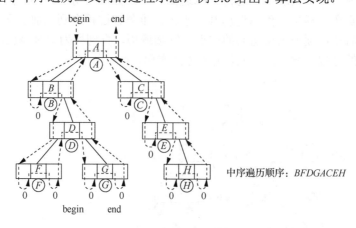

图3.14 二叉树的中序遍历示意

【例3.6】 非递归中序遍历二叉树。

```
template <class T>
```

```
void BinaryTree<T>::InOrderWithoutRecursion(BinaryTreeNode<T> * root)
{
        stack<BinaryTreeNode<T> * > nodeStack;          //存储待访问结点
        BinaryTreeNode<T> * pointer = root;             //保存根结点
        while(!nodeStack.empty() || pointer) {          //栈为空时遍历结束
                if(pointer) {
                        nodeStack.push(pointer);        //当前结点入栈
                        pointer = pointer->getLeftChild();      //转向访问其左孩子
                }
                else {                                  //左子树访问完毕, 转向访问右子树
                        pointer = nodeStack.top();      //读取栈顶待访问的结点
                        visit(pointer);                 //访问当前结点
                        pointer = pointer->getRightChild();     //转向其右孩子
                        nodeStack.pop();                //删除栈顶结点
                }
        }
}
```

（3）后序遍历的非递归算法。

后序遍历二叉树的非递归方法要复杂些，因为根结点是最后访问的，对于任一结点，应该先访问其左子树，再访问其右子树，然后访问该结点，因此最先被访问的结点是最左下侧的叶子结点。访问过某个结点后，找到其父结点，如果父结点的右子树没有被访问过，则访问父结点的右子树，然后再访问该父结点，如果没有右子树，则直接访问该父结点。重复该过程直到所有结点都被遍历到。由于在访问过一个结点之后，需要找到其父结点，因此在顺序向下搜索的过程中，每搜索到一个结点就存储到栈中，以便找到每个结点的父结点。

非递归后序遍历二叉树算法的思想：从根结点开始，向左搜索，每搜索到一个结点就将其压入栈中，直到压入栈中的结点不再有左子树为止。读取栈顶结点，如果该结点有右子树且未被访问，则访问其右子树，否则，访问该结点并从栈中移除。图 3.15 给出了后序遍历二叉树的过程示意，具体实现在例 3.7 中给出。

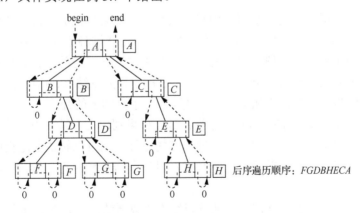

图 3.15　二叉树的后序遍历示意

【例 3.7】非递归后序遍历二叉树。

```
template <class T>
void BinaryTree<T>::PostOrderWithoutRecursion(BinaryTreeNode<T> * root)
```

```
    {
        stack<BinaryTreeNode<T> * > nodeStack;          //存储待访问结点
        BinaryTreeNode<T> * pointer = root;             //保存根结点
        BinaryTreeNode<T> * pre = root;                 //保存前一个被访问的结点
        while(pointer){
            for( ; pointer->getLeftChild() != NULL; pointer = pointer->
                getLeftChild())
                nodeStack.push(pointer);                //向左搜索
            while(pointer != NULL && (pointer->getRightChild() == NULL ||
                pointer->getRightChild() == pre)) {
                    //当前结点没有右孩子或者右孩子刚被访问过,则访问该结点
                visit(pointer);
                pre = pointer;                          //记录刚被访问过的结点
                if(nodeStack.empty())
                    return;
                pointer = nodeStack.top();              //取栈顶结点
                nodeStack.pop();
            }
            nodeStack.push(pointer);
            pointer = pointer->getRightChild();         //转向当前结点的右子树
        }
    }
```

3.2.7　线索二叉树

前面介绍的二叉树的遍历算法都使用了线性结构中的栈或者队列来存储结点信息以及遍历次序。因此，在执行程序的时候不仅需要花费额外的时间来维护栈或队列中的数据，还要为栈或队列留出足够的空间，这使得算法在时间效率和空间效率上存在一定的问题。除了上述问题外，对于一棵树，如何直接找到任意结点的前驱和后继结点也是一个值得讨论的问题。

在遍历的时候，采用栈这种数据结构来存放结点，如果将栈加入树形结构中，则可以提高时间效率。在实际操作中采用在结点中引入线索（thread）这种方式来将栈加入树形结构中。结点中加入线索的树称为线索树。这里的线索就是指向该结点的前驱和后继的指针，因此加入线索后的结点中应该包含四个指针（左孩子、右孩子、前驱结点、后继结点），这样虽然解决了时间问题，但是指针数量增加了一倍，从而增加了空间上的开销。

n 个结点的二叉链表中含有 $n+1$ 个空指针域，如果利用二叉链表中的这些空指针域来存放指向结点在某种遍历次序下的前驱和后继结点的指针，则可以解决上述空间问题。为了区分指针指向的是孩子结点还是前驱、后继结点，对每个结点增加两个标志域，用来记录对应指针的意义。

要实现线索二叉树，就必须定义二叉链表结点的数据结构，如图 3.16 所示。

leftChild	leftTag	Data	rightTag	rightChild

图 3.16　线索二叉树的结点数据结构

说明：

（1）leftTag = 0 时，表示 leftChild 指向该结点的左孩子。

（2）leftTag = 1 时，表示 leftChild 指向该结点的线性前驱结点。

（3）rightTag = 0 时，表示 rightChild 指向该结点的右孩子。

（4）rightTag = 1 时，表示 rightChild 指向该结点的线性后继结点。

以上述二叉链表结点为数据结构所构成的二叉链表称为线索二叉链表，对二叉树以某种次序遍历将其变成线索二叉树的过程称为线索化。

线索二叉树的结点类定义如例 3.8 所示，线索二叉树的类定义如例 3.9 所示。

【例 3.8】 线索二叉树的结点类。

```
template <class T>
class ThreadBinaryTreeNode  {
private:
      int leftTag, rightTag;                        //左右标志位
      ThreadBinaryTreeNode<T> * leftChild;          //前驱或左子树
      ThreadBinaryTreeNode<T> * rightChild;         //后继或右子树
      T element;                                    //结点数据域
public:
      ThreadBinaryTreeNode();
      ThreadBinaryTreeNode(const T& ele);           //构造函数
      ThreadBinaryTreeNode(const T& ele, ThreadBinaryTreeNode<T> * l,
      ThreadBinaryTreeNode<T> * r );
      ThreadBinaryTreeNode<T> * getLeftChild() const;  //返回左指针指向的结点
      ThreadBinaryTreeNode<T> * getRightChild() const; //返回右指针指向的结点
      void setLeftChild(ThreadBinaryTreeNode<T> * l); //设置左指针指向的结点
      void setRightChild(ThreadBinaryTreeNode<T> * r);//设置右指针指向的结点
      void setLeftTag(int tag);  //设置左标签值
      void setRightTag(int tag); //设置右标签值
      int getLeftTag() const {return leftTag;};      //返回左标签值
      int getRightTag() const{return rightTag;};     //返回右标签值
      T getValue() const;                            //返回该结点的数据值
      void setValue(const T& val);                   //设置该结点的数据域的值
  };
```

【例 3.9】 线索二叉树类。

```
template <class T>
class ThreadBinaryTree{
private:
      ThreadBinaryTreeNode<T> * root;                //根结点指针
public:
      ThreadBinaryTree();                            //构造函数
      ThreadBinaryTree(ThreadBinaryTreeNode<T> * r);
      ~ThreadBinaryTree();                           //析构函数
```

```
void InsertNode(ThreadBinaryTreeNode<T>* pointer,
ThreadBinaryTreeNode<T>* newPointer);          //中序线索二叉树的插入操作
ThreadBinaryTreeNode<T> * getRoot();           //返回根结点指针
//中序线索化二叉树
void InThread(ThreadBinaryTreeNode<T> * root, ThreadBinaryTreeNode<T> * & pre );
void InOrder(ThreadBinaryTreeNode<T> * root);    //中序遍历
};
```

图 3.17 给出二叉树经过中序线索化后得到的中序线索链表图，图中实线表示指针，虚线表示线索。结点 B 的左线索为空，表示 B 是中序遍历的开始结点，无前驱。结点 H 的右线索为空，表示 H 是中序遍历的终端结点，无后继。

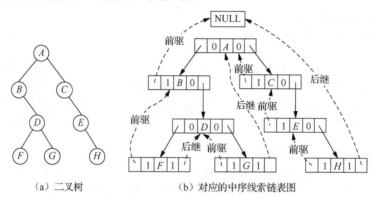

（a）二叉树　　　　　　（b）对应的中序线索链表图

图 3.17　中序线索二叉树及其存储结构

二叉树线索化的实质是：按某种次序遍历二叉树，在遍历过程中用线索取代空指针。该算法应附设一个指针 pre 始终指向刚刚访问过的结点（pre 的初值应为 NULL），而指针 current 指示当前正在访问的结点。结点 pre 是结点 current 的前驱，而 current 是 pre 的后继。中序线索化二叉树的递归实现代码如例 3.10 所示。

【例 3.10】中序线索化二叉树。

```
template <class T>
void ThreadBinaryTree<T>::InThread(ThreadBinaryTreeNode<T>* root,
ThreadBinaryTreeNode<T>* &pre) {                  //pre 初始值为 NULL
    ThreadBinaryTreeNode<T>* current;             //pre 为当前访问结点的前一个结点
    current = root;                               //current 为当前访问结点
    if (current != NULL){
        InThread(current->getLeftChild(), pre);   //中序线索化左子树
        if (current->getLeftChild() == NULL){
            current->setLeftChild(pre);
            current->setLeftTag(1);               //建立前驱线索
        }
        if ((pre!= NULL) && (pre->getRightChild() == NULL)){
            pre->setRightChild(current);
            pre->setRightTag(1);                  //建立后继线索
        }
        pre = current;
```

```
        InThread(current->getRightChild(), pre);  //中序线索化右子树
    }
}
```

二叉树的前序线索化和后序线索化算法同上面的中序线索化算法类似，读者可以自己完成实现代码。

对于中序线索二叉树，其对应的遍历方法描述如下：先从中序线索二叉树的根结点出发，一直沿左指针，找到"最左"结点（它一定是中序遍历的第一个结点），然后反复查找当前结点在中序下的后继。检索中序线索二叉树某结点的线性后继结点的算法：

（1）如果该结点的 rightTag = 1，那么 rightChild 就是它的线性后继结点；

（2）如果该结点的 rightTag = 0，那么该结点右子树"最左边"的终端结点就是它的线性后继结点。

中序线索二叉树的遍历算法如例 3.11 所示。

【例 3.11】中序遍历线索二叉树。

```
template<class T>
void ThreadBinaryTree<T>::InOrder(ThreadBinaryTreeNode<T>* root){
    ThreadBinaryTreeNode<T>* current;
    current = root;
    while (current->getLeftTag() == 0)
         current = current->getLeftChild();              //寻找中序遍历的第一个结点
    while (current){
         cout<<current->getValue();                      //访问当前结点
         if (current->getRightTag() == 1){
             current = current->getRightChild();//沿线索寻找后继
         }
         else{
             current = current->getRightChild();
             while (current && current->getLeftTag() == 0)
                 current = current->getLeftChild();//寻找最左终端结点
         }
    }
}
```

二叉树加上线索后，当插入或删除结点时，可能会破坏原来二叉树的线索，所以在线索二叉树中插入或删除结点的时候，也要修改相关结点的线索以保持正确的前驱后继关系，本书不作具体讨论。

3.3　二叉树的应用

3.3.1　二叉搜索树

二叉搜索树（binary search tree），又称为"二叉排序树""二叉查找树"。二叉搜索树可以为空树，也可以是这样定义的二叉树：该树的每个结点都有一个作为搜索依据的关键码，对任意结点而言，其左子树（如果存在）上的所有结点的关键码均小于该结点的关键码，其右

子树（如果存在）上的所有结点的关键码都大于该结点的关键码。图 3.18 中给出了二叉搜索树与非二叉搜索树的例子，其中图 3.18（a）、图 3.18（b）是二叉搜索树，而图 3.18（c）不是二叉搜索树。

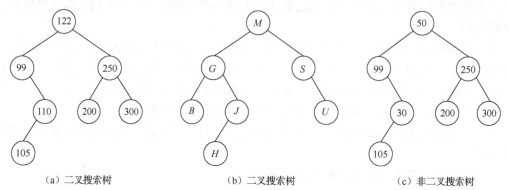

图 3.18　二叉搜索树与非二叉搜索树举例

二叉搜索树的基本操作有：查找、插入和删除。下面分别介绍这三种基本操作。

1. 二叉搜索树的查找

由于二叉搜索树的特殊定义，使得二叉树结点之间的大小关系可以通过结点间的位置关系得到，因此二叉搜索树的查找操作有规律可循，无须遍历整棵二叉树。常用的算法为分割式查找法，具体步骤如下：

（1）若根结点的关键码的值等于待查找的键值，则查找成功。

（2）否则，若键值小于根结点的关键码的值，则继续在其左子树中查找；若键值大于根结点的关键码的值，则继续在其右子树中查找。

其实现代码如例 3.12 所示。

【例 3.12】二叉搜索树的查找。

```
template<class T>
BinarySearchTreeNode<T>* BinarySearchTree<T>::search(BinarySearchTreeNode
    <T>* root, T key){
    BinarySearchTreeNode<T>* current = root;
    while((NULL != root) && (key != current->getValue()))  {
    //当前结点的 key 值等于查询的值时，退出循环
    current = (key < current->getValue() ? search(current->getLeftChild(), key) :
    search(current->getRightChild(), key));//根据当前结点的值的大小决定移动方向
    }
    return current;
}
```

2. 二叉搜索树的插入

将一个结点插入二叉搜索树中，并且要保持二叉搜索树的结构特征，关键是要找到合适的插入位置。所以，进行插入操作时，先进行插入位置的查找。方法是从根开始，将要插入的结点的关键码与树中每一个结点的关键码进行比较，如果大于该结点的关键码，则下一个

比较的位置移到该结点的右子结点。否则，下一个比较的位置移到该结点的左子结点。这样一直比较到树的最"底下"的结点 x（叶子结点）。然后比较关键码与该结点关键码的大小，把需要插入的结点设置为该结点 x 的左子结点，或是右子结点。具体代码如例 3.13 所示。

【例 3.13】向二叉搜索树中插入结点。

```
template<class T>
void BinarySearchTree<T>::insertNode(const T& value) {
    BinarySearchTreeNode<T> *p = root, *prev = NULL;
    while (p != 0) {                        //新结点查找位置
        prev = p;                           //记录父结点
        if( p->getValue() < value )
            p = p->getRightChild();
        else
            p = p->getLeftChild();
    }
    if( root == NULL )    //如果是空树，将新结点作为根结点
        root = new BinarySearchTreeNode<T>(value);
    else if( prev->getValue() < value )
                    //根据关键码决定设置为左子结点还是右子结点
        prev->setRightChild(new BinarySearchTreeNode<T>(value));
    else
        prev->setLeftChild(new BinarySearchTreeNode<T>(value));
}
```

给定一个关键码集合，可以通过结点插入的算法来得到该关键码集合对应的二叉搜索树，方法为：从一棵空的二叉搜索树开始，将关键码按照插入算法一个个地插入，最终得到二叉搜索树。

将关键码集合转化为对应的二叉搜索树，实际上是对集合里的关键码进行了排序。按中序遍历二叉搜索树就能得到按照从小到大的顺序排列好的关键码序列。

3. 二叉搜索树的删除

在删除结点操作中，最重要的问题是如何在删除结点后，仍然保持二叉搜索树的特征。

这里结点的删除分为三种情况：

（1）如果被删除的结点 p 没有子树，这种情况最简单，直接将结点 p 删除就可以了，对二叉搜索树的基本特征没有任何影响。

（2）如果被删除的结点 p 只有一棵子树，就用那个唯一的子树的根结点来替换要删除的结点 p，然后删掉需要删除的结点。这样就不会影响二叉搜索树的基本特征。这两种情况的删除示例在图 3.19 和图 3.20 中给出，图中带阴影的结点为要删除的结点。

（3）如果被删除结点 p 有两棵子树，这种情况就比前面两种情况复杂多了，解决该问题的关键是要使删除结点后的二叉树仍然保持二叉搜索树的基本性质。这种情况的解决方法有两种：合并删除和复制删除。

合并删除：查找到被删除的结点 p 的左子树中按中序遍历的最后一个结点 r，将结点 r 的

右指针赋值为指向结点 p 的右子树的根，然后用结点 p 的左子树的根代替被删除的结点 p，最后删除结点 p。

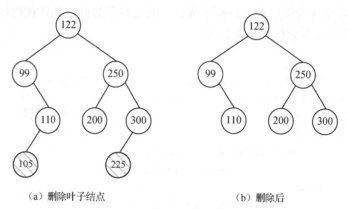

（a）删除叶子结点　　　　　　　　（b）删除后

图 3.19　二叉搜索树删除叶子结点示例

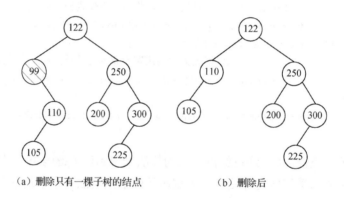

（a）删除只有一棵子树的结点　　　　　（b）删除后

图 3.20　二叉搜索树删除只有一棵子树的结点示例

图 3.21 给出合并删除方法的示意图，其中结点 p 为要删除的结点，将结点 p 的右子树作为其左子树中最右侧结点的右子树，用结点 p 的左子树的根结点来替换结点 p，最后删除结点 p。

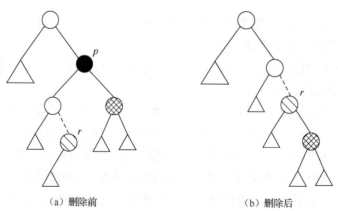

（a）删除前　　　　　　　　　（b）删除后

图 3.21　合并删除示意图

　　复制删除：选取一个合适的结点 r，并将该结点的关键码复制给被删除结点 p，然后将结点 r 删除。结点的选取方法有两种：选取结点 p 的左子树中关键码最大的结点（左子树中最右侧的结点）或者选取结点 p 的右子树中关键码最小的结点（右子树中最左侧的结点）。如果结点 r 有左子树或右子树，则将其唯一的子树放置到结点 r 原来的位置上。

　　图 3.22 中给出复制删除的一个实例。图 3.22（a）中 p 指针指向的结点为要删除的结点，例子中选择了结点 p 的左子树中关键码最大的结点（也可以是右子树中关键码最小的结点 q），也就是 r 指针指向的关键码为 110 的结点，然后将关键码 110 赋值给指针 p 指向的结点，最后将 r 指针指向的结点删除。

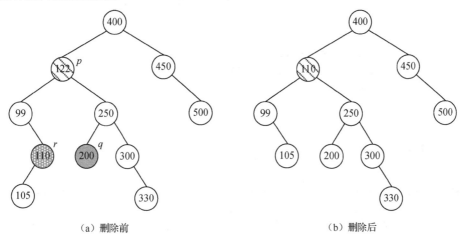

（a）删除前　　　　　　　　　　　　　　　（b）删除后

图 3.22　复制删除实例

【例 3.14】合并删除算法实现。

```cpp
template<class T>
void BinarySearchTree<T>::deleteByMerging(BinarySearchTreeNode<T>* node){
    BinarySearchTreeNode<T> *tmp = node;
    if (node != NULL){
        //如果被删除结点没有右子树，用其左子树的根结点来代替被删除结点
        if (!node->getRightChild())
            node = node->getLeftChild();
        //如果被删除结点没有左子树，用其右子树的根结点来代替被删除结点
        else if (node->getLeftChild() == NULL)
            node = node->getRightChild();
        else {                              //如果被删除结点左右子树都存在
            tmp = node->getLeftChild();
            while (tmp->getRightChild() != NULL)
                //查找左子树中按中序遍历的最后一个结点
            tmp = tmp->getRightChild();
                //将查找到的结点的右指针赋值为被删除结点的右子树的根
            tmp->setRightChild(node->getRightChild());
            tmp = node;
            node = node->getLeftChild();//用左子树的根结点代替被删除结点
        }
        if (root == tmp) {      //如果要删除的结点是根结点，则改变根结点
```

```
                    root = node;
            }
            else{
                    BinarySearchTreeNode<T>* current = getParent(tmp);
                    //找到父结点之后，调整父结点的左右指针
                    if (current->getLeftChild() == tmp){
                        current->setLeftChild(node);
                    }
                    else{
                        current->setRightChild(node);
                    }
            }
            tmp->setLeftChild(NULL);
            tmp->setRightChild(NULL);
            delete tmp;
        }
    }
```

【例 3.15】复制删除算法实现。

```
template<class T>
void BinarySearchTree<T>::deleteByCopying(BinarySearchTreeNode<T>* node){
    BinarySearchTreeNode<T>* previous, *tmp = node;
        //如果被删除结点没有右子树，用其左子树的根结点来代替被删除结点
    if(node->getRightChild() == NULL)
            node = node->getLeftChild();
        //如果被删除结点没有左子树，用其右子树的根结点来代替被删除结点
    else if(node->getLeftChild() == NULL)
            node = node->getRightChild();
    else { //如果被删除结点左右子树都存在
            tmp = node->getLeftChild();
            previous = node;
            while(tmp->getRightChild() != NULL){//查找左子树中关键码最大的结点
                    previous = tmp;
                    tmp = tmp->getRightChild();
            }
            node->setValue(tmp->getValue());//将查找到的结点的值赋值给被删除结点
            if(previous == node)
                    previous->setLeftChild(tmp->getLeftChild());
            else
                    previous->setRightChild(tmp->getLeftChild());
    }
    delete tmp;
}
```

3.3.2 平衡二叉树

由于二叉搜索树的时间复杂度受输入顺序的影响，在最好的情况下复杂度为 $O(\log n)$，最坏情况下复杂度为 $O(n)$，为了使二叉搜索树的时间复杂度始终保持 $O(\log n)$ 级的平衡状

态，Adelson-Velskii 和 Landis 发明了 AVL 树（平衡二叉树）。下面给出相关定义。

（1）结点的平衡因子。二叉树中某结点的右子树的高度与左子树的高度之差称为该结点的平衡因子。

（2）平衡二叉树。平衡二叉树或者是一棵空树，或者是具有以下性质的二叉搜索树：①树中任一结点的平衡因子的绝对值不超过 1；②任一结点的左子树和右子树都是平衡二叉树。

因此，对平衡二叉树中的任一结点来说，其平衡因子只有三个可能的取值：0,1,-1。图 3.23 给出平衡二叉树与非平衡二叉树的例子。其中图 3.23（a）为平衡二叉树，因为其每个结点的平衡因子的绝对值都不超过 1，而图 3.23（b）不是平衡二叉树，因为关键码为 9 的结点的平衡因子为-2，不满足平衡二叉树的性质。

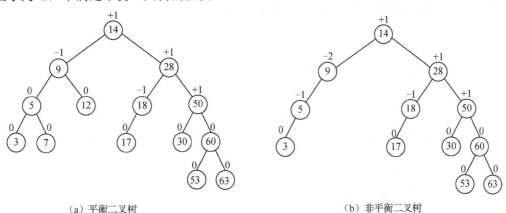

（a）平衡二叉树　　　　　　　　　　　　（b）非平衡二叉树

图 3.23　平衡二叉树与非平衡二叉树实例

平衡二叉树的基本操作主要有：查找、插入和删除。由于平衡二叉树是一种特殊的二叉搜索树，因此平衡二叉树的查找算法与二叉搜索树的查找算法一致。下面重点介绍一下平衡二叉树的插入和删除操作。

1．平衡二叉树的插入操作

如果要在图 3.23（a）中插入一个关键码为 2 的结点，按照二叉搜索树的插入过程，其插入后的情况如图 3.24 所示。

从图 3.24 中可以看出，插入关键码为 2 的结点后，该平衡二叉树的其他结点的平衡因子会被改变，关键码为 3 和 5 的结点的平衡因子由 0 变为-1，关键码为 9 的结点的平衡因子则由-1 变为-2，而这个变化破坏了原来二叉树的平衡性，使其不再满足平衡二叉树的性质。为了使插入结点后的二叉树仍然保持平衡二叉树的性质，就需要在插入结点后判断插入行为是否破坏了平衡性，如果破坏了平衡性，则调整树的结构使其平衡化。

平衡二叉树插入结点的平衡化调整方法如下：

每插入一个新结点，平衡二叉树中相关结点的

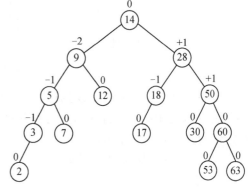

图 3.24　插入结点后的图示

平衡状态会发生改变。因此，在插入一个新结点后，需要从插入位置沿通向根的路径回溯，检查各结点的平衡因子（左右子树的高度差）。

如果在某一结点处发现高度不平衡，停止回溯。从发生不平衡的结点起，沿刚才回溯的路径取直接下两层的结点。

如果这三个结点（称为被选取结点）处于一条直线上，则采用单旋转进行平衡化。单旋转可按其方向分为左单旋转和右单旋转，其中一个是另一个的镜像，其方向与不平衡的形状相关。

如果这三个结点处于一条折线上，则采用双旋转进行平衡化。双旋转分为先左后右双旋转和先右后左双旋转两类。

因此，调整的方法有 4 种：右单旋转、左单旋转、左右双旋转、右左双旋转。这四种情况下的三个被选取结点的位置分别在图 3.25 中给出。

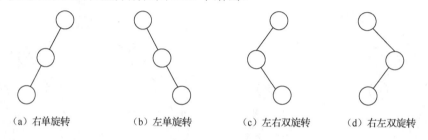

（a）右单旋转　　　　（b）左单旋转　　　　（c）左右双旋转　　　　（d）右左双旋转

图 3.25　旋转情况示例

下面将详细分析这 4 种方法的具体操作。

（1）第一种情况：右单旋转。

图 3.26（a）中在左子树 D 上插入新结点使其高度增 1，导致结点 A 的平衡因子变为-2，破坏了平衡性。为使树恢复平衡，从 A 沿插入路径连续取 3 个结点 A、B 和 D，它们处于一条方向为"/"的直线上，符合右单旋转的情况，所以需要做右单旋转。

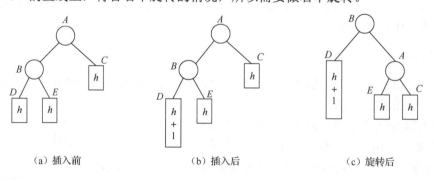

（a）插入前　　　　　　（b）插入后　　　　　　（c）旋转后

图 3.26　右单旋转

右单旋转方法：以结点 B 为旋转轴，将结点 A 顺时针旋转，即将 A 的左孩子 B 向右上旋转代替 A 成为根结点，将 A 结点向右下旋转成为 B 的右孩子的根结点，而结点 B 的原右子树 E 则作为 A 结点的左子树。

（2）第二种情况：左单旋转。

在图 3.27（a）中，如果在子树 E 中插入一个新结点，该子树高度增加 1，导致结点 A 的平衡因子变成+2，出现不平衡。

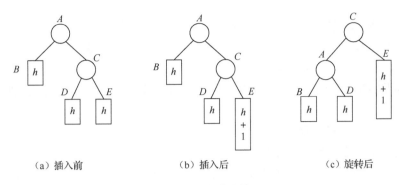

（a）插入前　　　　　　　（b）插入后　　　　　　　（c）旋转后

图 3.27　左单旋转

沿插入路径检查三个结点 A、C 和 E，它们处于一条方向为"\"的直线上，符合左单旋转的情况，因此需要做左单旋转。

左单旋转方法：以结点 C 为旋转轴，让结点 A 逆时针旋转。将结点 A 的孩子 C 向左上旋转代替结点 A 成为根结点，将 A 结点向左下旋转成为结点 C 的左子树的根结点，而结点 C 原来的左子树 D 则作为结点 A 的右子树。

（3）第三种情况：左右双旋转。

在图 3.28（a）中，在子树 F 或 G 中插入新结点，得到插入结点后的图 3.28（b），从图 3.28（b）中可以看出该子树的高度增 1，结点 A 的平衡因子变为-2，发生了不平衡，需要进行平衡化调整。

从结点 A 起沿插入路径选取 3 个结点 A、B 和 E，它们位于一条形如"〈"的折线上，符合左右双旋转的情况，因此需要进行先左后右双旋转。

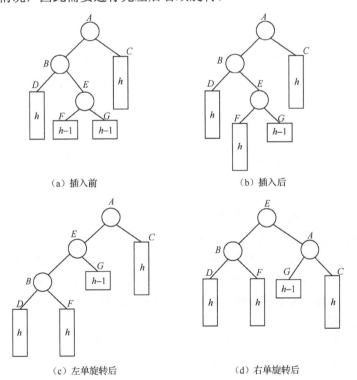

（a）插入前　　　　　　　　　　　　　　（b）插入后

（c）左单旋转后　　　　　　　　　　　（d）右单旋转后

图 3.28　左右双旋转

首先以结点 E 为旋转轴，将结点 B 逆时针旋转，做左单旋转（以结点 E 代替原来结点 B 的位置，结点 E 原来的左子树 F 作为结点 B 的右子树）。左单旋转后得到的结果如图 3.28（c）所示，结点 A、E 仍然不满足平衡性，于是再以结点 E 为旋转轴，将结点 A 顺时针旋转，做右单旋转（参照右单旋转的步骤），得到结果见图 3.28（d），满足平衡二叉树的性质，平衡化调整结束。

（4）第四种情况：右左双旋转。

右左双旋转是左右双旋转的镜像。

图 3.29（a）中在子树 F 或 G 中插入新结点，得到插入结点后的图 3.29（b），从图 3.29（b）中可以看出该子树高度增 1，结点 A 的平衡因子变为 2，发生了不平衡。

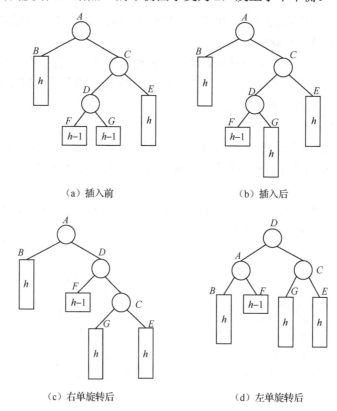

图 3.29　右左双旋转

从结点 A 起沿插入路径选取 3 个结点 A、C 和 D，它们位于一条形如 ")" 的折线上，符合右左双旋转情况，需要进行先右后左的双旋转。

首先做右单旋转：以结点 D 为旋转轴，将结点 C 顺时针旋转，以结点 D 代替原来结点 C 的位置，结点 D 的右孩子 G 则作为结点 C 的左孩子。右单旋转后得到的结果如图 3.29（c）所示，结点 A、D 仍然不满足平衡性。再做左单旋转：以结点 D 为旋转轴，将结点 A 逆时针旋转，恢复树的平衡。

按照上面介绍的平衡二叉树调整算法，可以从一棵空树开始，通过输入一系列关键码，逐步建立平衡二叉树。下面给出建立平衡二叉树的实例。

例如，输入关键码序列为 $\{16, 3, 7, 11, 9, 26, 18, 14, 15\}$，插入和调整过程在图 3.30 中给出。

图中不带文字的箭头表示插入结点步骤，带文字的箭头表示进行旋转调整，调整方法由箭头上的描述文字给出。

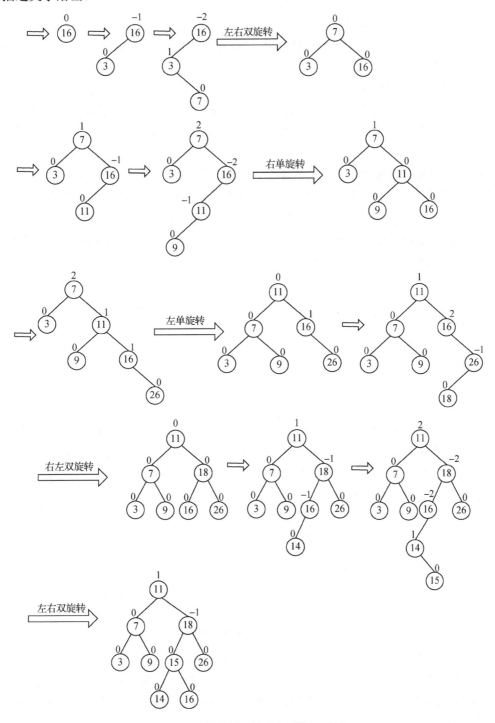

图 3.30 从空树开始建立平衡二叉树

2. 平衡二叉树的删除

在平衡二叉树上删除结点 x 的步骤如下：

（1）用一般的二叉搜索树的删除算法找到并删除结点 x。

（2）沿根结点到被删除结点的路径的逆向逐层向上回溯，并重新计算 x 的祖先结点的平衡因子，必要时修改 x 祖先结点的平衡因子。

（3）回溯途中如果发现某个祖先结点失去了平衡性，就要进行调整使之平衡。

（4）如果平衡化调整后，子树的高度比调整前降低了，需要继续回溯，即继续沿着通往根的路径考查其父结点的平衡因子，重复上面的过程。在平衡二叉树上删除一个结点，可能引起多次平衡化调整。

（5）如果平衡化调整后子树的高度不变，则停止回溯。

具体删除过程中会遇到多种情况，下面以在左子树删除结点为例来进行分析。

情况一（图 3.31）：祖先结点 p 的平衡因子原为 0，在左子树上删除结点 x 后，左子树的高度降低 1，右子树的高度不变，因此以祖先结点 p 为根结点的子树高度不变，因此将 p 结点的平衡因子修改为 1 后，调整结束。

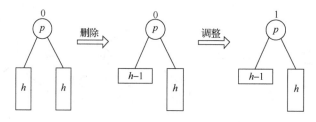

图 3.31　删除调整情况一

情况二（图 3.32）：祖先结点 p 的平衡因子原为 -1，在左子树上删除结点 x 后，左子树的高度降低 1，右子树的高度不变，此时左右子树的高度一致，因此祖先结点 p 的平衡因子变为 0，但是以 p 为根结点的子树的高度却减少了 1，所以在将 p 结点的平衡因子修改为 0 后，调整不能停止，应该继续回溯。

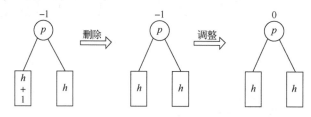

图 3.32　删除调整情况二

情况三（图 3.33）：祖先结点 p 的平衡因子原为 1，这时又分为以下三种情形来讨论。

（1）图 3.33（a）中的情况为祖先结点 p 的右子树根结点 r 的平衡因子为 0 时，从结点 p 的左子树中删除结点 x 后，左子树高度降低 1，右子树高度不变，因此结点 p 的平衡因子变为 2，破坏了平衡性，于是进行相应的左单旋转调整，调整后以结点 r 为根结点的子树的高度不变，因此调整停止。

（2）图 3.33（b）中的情况为祖先结点 p 的右子树根结点 r 的平衡因子为 1 时，从结点 p

的左子树中删除结点 x 后，左子树高度降低 1，右子树高度不变，因此结点 p 的平衡因子变为 2，破坏了平衡性，于是进行相应的左单旋转调整，调整后以结点 r 为根结点的子树的高度降低了 1，因此继续回溯。

（3）图 3.33（c）中的情况为祖先结点 p 的右子树根结点 r 的平衡因子为 -1 时，从结点 p 的左子树中删除结点 x 后，左子树高度降低 1，右子树高度不变，因此结点 p 的平衡因子变为 2，破坏了平衡性。由于结点 r 的左子树的根结点是结点 m，从结点 r 的平衡因子和其右子树的高度可以判断出以结点 m 为根结点的子树的高度为 h，而结点 m 的平衡因子大小不确定，但是必定是 1,0,-1 中的一个，所以结点 m 的左子树 L 和右子树 R 的高度关系只能有以下几种组合情况：$(L: h-1, R: h-2)$、$(L: h-1, R: h-1)$、$(L: h-2, R: h-1)$。在进行相应的右左双旋转调整后，以结点 m 为根结点的子树的高度降低了 1，因此继续回溯。

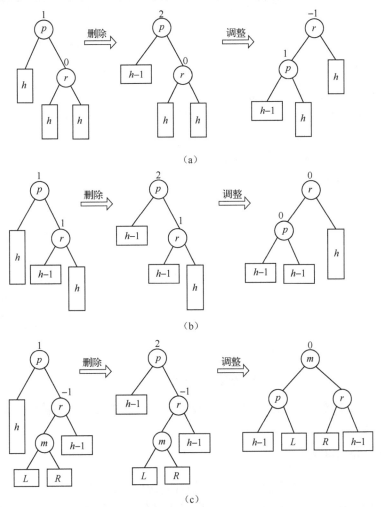

图 3.33　删除调整情况三

下面给出平衡二叉树删除操作的实例。例如，针对情况一，图 3.34 给出了在已有的平衡二叉树中删除结点 19 的操作示例，图中带文字的箭头表示进行删除操作。

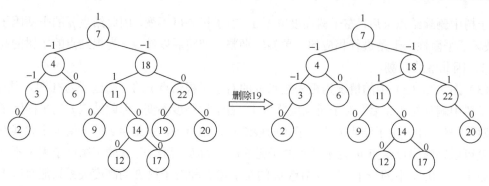

图 3.34   删除情况一示例

图 3.35 给出了针对情况三的情形（1）操作示例，图中带文字的箭头表示进行删除和调整操作。

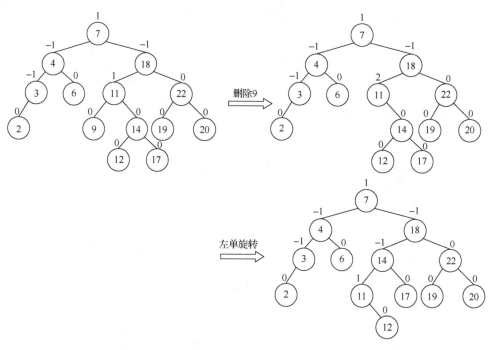

图 3.35   删除情况三的情形（1）示例

图 3.36 给出了针对情况三的情形（3）操作示例，图中带文字的箭头表示进行删除和调整操作。

3. 平衡二叉树的效率

平衡二叉树的检索、插入和删除效率都是 $O(\log n)$，这是因为具有 n 个结点的平衡二叉树的高度一定是 $O(\log n)$。要说明这一点，只需证明有 n 个结点的平衡二叉树的最大高度不超过 $K \log n$ 即可，这里 K 是一个小的常数。

为了证明，在此构造一系列临界平衡二叉树 $T_1, T_2, T_3, \cdots$。其中，T_i 的深度是 i，使每棵具有深度 i 的其他平衡二叉树都比 T_i 的结点个数多。图 3.37 表示了 T_1, T_2, T_3, T_4。为了构造 T_i，先分别构造 T_{i-1} 和 T_{i-2}，T_i 即是以 T_{i-1} 和 T_{i-2} 为其左右子树的平衡二叉树（因为既要保证它们都是平衡二叉树，又要求它们包含最少的结点，所以必然深度相差 1）。因此对于每一个 i，所构造的是在结点数一定时最接近于不平衡的平衡二叉树，这种树在结点一样多的平衡二叉树中具有最大深度，可用此树来计算平衡二叉树深度的上限值。

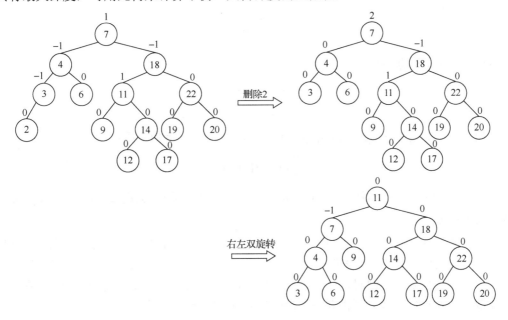

图 3.36　删除情况三的情形（3）示例

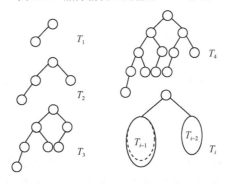

图 3.37　最接近于不平衡的平衡二叉树

先计算上面所说的平衡二叉树的结点个数，然后建立深度与结点个数的关系。令 $t(i)$ 为 T_i 的结点数，从图 3.37 可看出有下列关系成立：

$$t(1) = 2$$
$$t(2) = 4$$
$$t(i) = t(i-1)+t(i-2)+1$$

对于 $i > 2$ 此关系类似于定义 Fibonacci 数关系：

$$F(0) = 0$$
$$F(1) = 1$$
$$F(i) = F(i-1) + F(i-2)$$

对于 $i > 1$ 仅检查序列的前几项就可有

$$t(i) = F(i+3)-1$$

Fibonacci 数满足渐进公式：

$$F(i) = \phi^i / \sqrt{5}, \quad \phi = (1 + \sqrt{5}) / 2$$

由此可得近似公式：

$$t(i) = \frac{1}{\sqrt{5}} \phi^{i+3} - 1$$

解出深度 i 与结点个数 $t(i)$ 的关系：

$$\phi^{i+3} \approx \sqrt{5}(t(i) + 1)$$

$$i + 3 \approx \log_\phi \sqrt{5} + \log_\phi(t(i) + 1)$$

由换底公式 $\log_\phi X = \log_2 X / \log_2 \phi$ 和 $\log_2 \phi \approx 0.694$ 求出近似上限：

$$i < \frac{3}{2} \log_2(t(i) + 1) - 1$$

因为 $t(i)$ 是结点个数，即对于一个有 n 个结点的平衡二叉树，其高度不超过 $1.5 \log_2(n+1)$，这就是所要证明的结果。

二叉搜索树（包括平衡二叉树）适用于组织内存中小规模的目录。对于较大的、存放在外存储器上的文件，用二叉搜索树来组织索引就不太合适。若以结点作为内外存交换的单位，则检索中在找到需要的关键码之前平均要对外存进行 $\log_2 n$ 次访问，这是很费时的。在文件索引中大量使用的是每个结点包含多个关键码的 B 树，尤其是 B+树。

3.3.3* 红黑树

红黑树（red-black tree）也是一种"平衡"的二叉搜索树。相比于平衡二叉树的完全平衡，红黑树只要求局部平衡，因此当对红黑树插入和删除结点时，需要调整的地方比平衡二叉树要少，统计性能要高于平衡二叉树。在最坏的情况下，红黑树基本集合操作的时间复杂度是 $O(\log n)$。

1. 红黑树的性质

红黑树是一棵二叉搜索树，每个结点有一个标志位表示颜色，该颜色可以是红（RED）或黑（BLACK）。通过对任何一条从根结点到叶子结点的简单路径上各点的颜色进行约束，就能确保没有一条路径会比其他路径长出 2 倍，因而是近似于平衡的。

红黑树每个结点有 5 个属性，红黑树结点的数据结构如图 3.38 所示。其中 color 是颜色，key 是关键字，leftChild 是指向左孩子的指针，rightChild 是指向右孩子的指针，parent 是指向父结点的指针。如果一个结点没有子结点和父结点，则该结点的 leftChild、rightChild、parent 指针指向 NULL。这些 NULL 视为二叉搜索树的外部结点，其他结点为内部结点。

color	key	leftChild	rightChild	parent

图 3.38 红黑树结点的数据结构表示形式

一棵红黑树是满足如下红黑性质的二叉搜索树。

RB1：每个结点或是红色，或是黑色。

RB2：根结点是黑色的。

RB3：每个叶子结点（NULL 结点）是黑色的。

RB4：如果一个结点是红色的，则它的两个子结点都是黑色的。

RB5：对于每个结点，从该结点到其所有后代叶子结点的简单路径上，均包含相同数目的黑色结点。

在红黑树中，有如下定义。

黑高：从某个结点出发（不含该点）到达其子树中任一个叶子结点的简单路径上的黑色结点个数称为该结点的黑高。

可以证明，一棵有 n 个内部结点的红黑树的高度至多为 $2\log(n+1)$。

红黑树示例如图 3.39 所示，其中阴影的圆圈表示黑色结点，白色圆圈表示红色结点，阴影的方块表示外部结点。

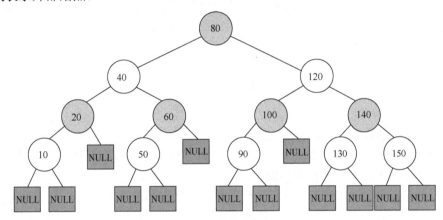

图 3.39　红黑树示例

2. 红黑树的基本操作

红黑树的基本操作和其他树形结构一样，包括查找、插入、删除等。因为红黑树是一种自平衡的二叉搜索树，其查找过程和二叉搜索树一样，下面主要介绍插入和删除操作。由于这两个操作对树做了修改，可能会导致树中结点违反红黑树的性质。为了维护这些性质，需要通过旋转操作来改变树中某些结点的颜色以及指针结构。

1）旋转操作

旋转操作的目的是在插入或删除过程中维护红黑树的性质。图 3.40 中给出了两种旋转操作：左单旋转和右单旋转。对结点 X 做左单旋转，必须保证它的右孩子 Y 不为 NULL 结点，旋转以 X 到 Y 之间的支轴进行，让 Y 取代 X 的位置成为该子树新的根，而 X 成为 Y 的左孩子，Y 原来的左孩子就成为 X 的右孩子，时间复杂度为 $O(1)$。右单旋转与左单旋转呈镜像关系。左单旋转的实例可参考图 3.41。

2）插入操作

向红黑树中插入一个新的结点，与二叉搜索树一样，将新结点插入红黑树中，并将该新结点着红色，如果违反了红黑树的性质，则进行维护。维护的主要任务就是通过修改红黑树中结点的结构和颜色让根结点为黑色，或者让插入的红结点的父结点变成黑色（如果不是黑色）。

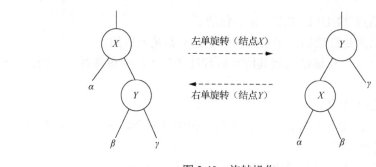

图 3.40   旋转操作

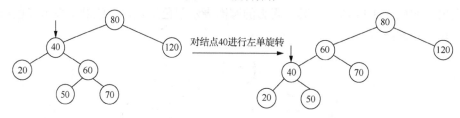

图 3.41   左单旋转的实例（对结点 40 做左单旋转）

插入新结点 z，有以下四种类型：

（1）当 z 是根结点时，直接着黑色即可。

（2）当 z 的父结点是黑色的时候，插入一个红色的结点并没有对红黑树的五个性质产生破坏，所以直接插入，不用进行调整操作。

（3）如果 z 的父结点是红色，并且父结点是祖父结点的左支的时候，有以下几种情况。

情况一：z 的叔叔结点为红色时，只需将父结点和叔叔结点着黑色，将祖父结点着红色，将 z 的祖父结点作为当前结点 z，继续调整，如图 3.42 所示。

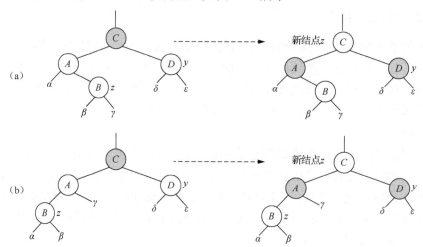

图 3.42 z 的叔叔结点 y 是红色时的调整

情况二：z 的叔叔结点为黑色且 z 是父结点的右支时，将 z 的父结点作为新的当前结点 z，以新的当前结点 z 为支点左单旋转，继续维护，如图 3.43 所示。

情况三：z 的叔叔结点为黑色且 z 是父结点的左支时，违反了性质 RB4，需要进行调整操作，即以 z 的祖父结点为支点进行右单旋转，并将祖父结点和父结点颜色进行互换，以祖父结点作为新结点 z，继续维护，如图 3.43 所示。

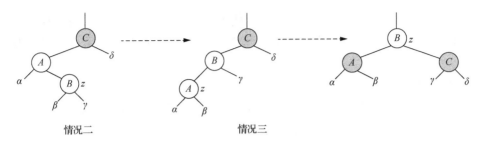

情况二　　　　　　　　　情况三

图 3.43　z 的叔叔结点 y 是黑色时的调整

（4）如果 z 的父结点是红色且父结点是祖父结点的右支的时候，与（3）所表述的情形对称，将（3）中调整方法的左和右互换一下就可以。

图 3.44 给出了一个插入的实例。图 3.44（a）插入新结点 z 后，z 和它的父结点 $z.parent$ 都是红色的，违反了性质 RB4。由于 z 的叔叔结点 y 是红色的，应用（1）的方法，将结点重新着色，并且指针 z 沿树上升，所得的树如图 3.44（b）所示。此时，z 及其父结点都为红色，但 z 的叔叔结点 y 是黑色的，且 z 是 $z.parent$ 的右孩子，根据（3）中情况二，执行一次左单旋转，所得结果见图 3.44（c），转化为（3）中情况三。重新着色并执行一次右单旋转后得图 3.44（d）中的树，从而调整为一棵合法的红黑树。

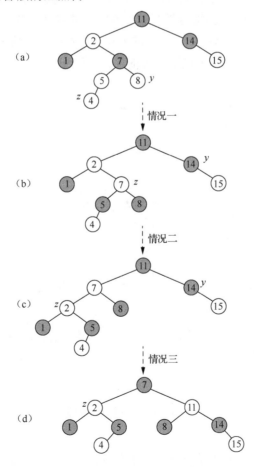

图 3.44　红黑树插入操作的实例

由于一棵有 n 个结点的红黑树的高度为 $O(\lg n)$，插入一个结点后，可能对 $O(\lg n)$ 个结点位置进行性质检查，对每一个位置最多做两次旋转，因此插入一个结点的时间复杂度为 $O(\lg n)$。

3）删除操作

引入 x、y、z 三个结点指针，z 表示要删除的结点，y 表示实际删除的结点，x 表示代替 y 的结点。在红黑树中删除某一个结点的步骤如下。

（1）将红黑树当作一棵二叉搜索树进行结点删除，具体删除情况与二叉搜索树中删除结点的情况相同，如图 3.45 所示。

如果 z 的左孩子为 NULL，则用 z 的右孩子结点 x（可能也是 NULL 结点）代替 z 的位置，此时 $y=z$。

如果 z 的左孩子 x 不是 NULL 结点，但右孩子是 NULL 结点，则用 x 结点代替 z 的位置，此时 $y=z$。

如果 z 的左右孩子均不是 NULL 结点，则从右子树中找到最小值所在的结点 y（也可以是左子树的最大值所在的结点），将结点 y 的数据赋值给 z，最后删除 y 结点，代替 y 的结点为 x。

如果 y 结点是红色，则删除后不需要做调整；如果 y 结点是黑色的，且结点 x 是红色的，则将 x 调整为黑色，不需要其他调整；否则（即 y、x 都是黑色的），需要执行下面的步骤（2）。

（2）当 y 结点是黑色时，删除后需要通过旋转和重新着色等一系列操作来调整该树，使之满足红黑树的性质要求。调整后，x 是左孩子和 x 是右孩子的情形是对称的，这里只讨论 x 是左孩子时的调整方法，具体分为以下四种情况，如图 3.46 所示。

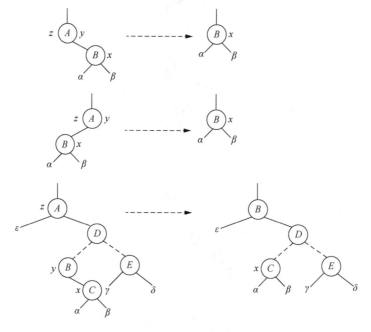

图 3.45　从红黑树中删除结点 z

情况一：x 的兄弟结点 w 是红色的。

此时［图 3.46（a）］，w 的子结点一定是黑色的。将结点 x 的父结点着红色，结点 w 着黑色，对结点 x 的父结点做左单旋转。调整后，x 的右兄弟结点就是调整前结点 w 的左黑孩子结点。将 x 的新的右兄弟结点记为新的 w 结点。从而将情况一转换为情况二、三或四，即以 w 的子结点的颜色来区分，继续进行调整。

情况二：x 的兄弟结点 w 是黑色的，而且 w 的两个子结点都是黑色的。

此时 [图 3.46 (b)]，从 x 的父结点到其左子树叶子结点的简单路径中的黑色结点个数少于从 x 的父结点到其右子树叶子结点的简单路径中的黑色结点个数，因此要从以 w 为根的子树上去掉一重黑色。即将 w 结点着红色，使父结点为根的子树黑高度少 1，导致从父结点位置开始出现违规。将父结点作为新的当前结点 x，继续调整。

情况三：x 的兄弟结点 w 是黑色的，w 的左孩子是红色的，w 的右孩子是黑色的。

此时 [图 3.46 (c)]，交换 w 和 w 的左孩子的颜色，然后对 w 进行右单旋转，这个过程不违反红黑树的任何性质。调整后，x 的新兄弟结点是黑色的，且其右孩子结点是红色，即将情况三转换成了情况四，继续调整。

情况四：x 的兄弟结点 w 是黑色的，且 w 的右孩子是红色的。

此时 [图 3.46 (d)]，将 w 结点的颜色与父结点的颜色进行交换，并将 w 的右兄弟结点着黑色，然后对父结点进行左单旋转，此时满足红黑树的所有性质，调整结束。

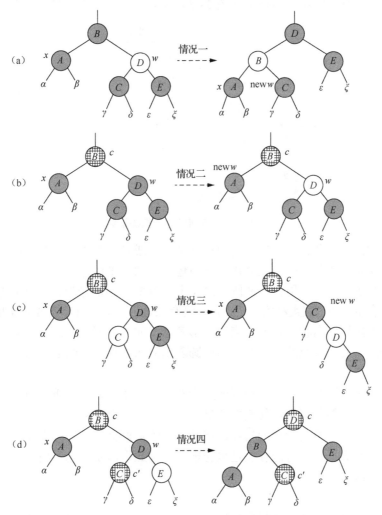

图 3.46 红黑树删除过程中的调整情况（方格线填充的圆圈，表示该结点既可能是红色，也可能是黑色；阴影的圆圈表示黑色结点；白色圆圈表示红色结点）

由于一棵有 n 个结点的红黑树的高度为 $O(\lg n)$，执行第一个步骤的时间复杂度为 $O(\lg n)$。如果还执行了调整步骤，可能对 $O(\lg n)$ 个结点位置进行性质检查，对每一个位置最多做 3 次旋转，因此删除一个结点的时间复杂度也是 $O(\lg n)$。

3.3.4* 基于决策树的分类方法

分类是数据挖掘中的一个重要课题。分类的目的是学习一个分类模型（也常常称作分类器），该模型能把数据库中的数据项映射到给定类别中的某一个。分类技术有很多，如决策树、贝叶斯网络、神经网络、遗传算法、关联规则等。本小节详细讨论决策树中的相关算法。

1．决策树

1）基本概念

决策树是一种树形结构，叶子结点对应于决策结果，每个内部结点则对应于一个属性测试，每个结点包含的样本集合根据属性测试的结果被划分到子结点中，根结点包含了样本全集。判断是否喜欢键盘的决策树模型如图 3.47 所示。

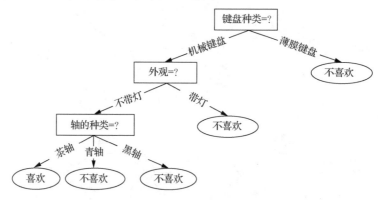

图 3.47　键盘问题的一棵决策树

决策过程中的每个测试结果或者导出最终结论，或者导出进一步判断的问题，并且其考虑范围在上次决策结果的限定范围之内。一般地，一棵决策树包含一个根结点、若干个内部结点和若干个叶子结点，并用含属性值标记（比如图 3.47 中的带灯、茶轴）的有向边相连。根结点用矩形表示，如"键盘种类"结点，它没有入边，但可以有零条或多条出边，字串"键盘种类"是样本集属性名称。内部结点用矩形表示，如"外观"结点，只有一条入边，但有两条或多条出边。叶子结点或终端结点用椭圆表示，如"喜欢"结点，只有一条入边且没有出边。

决策树学习是为了产生一个能处理未见示例的泛化能力强的决策树模型。算法通常根据划分准则递归地选择最优属性，使其能够最好地分类每一个子数据集。整个过程对应着对数据空间的划分，也对应着决策树的构建。但是对训练数据具有良好分类能力的决策树，并不一定也适用于未知数据，即可能存在过拟合现象。因此，需要对已生成的树进行剪枝处理，从而增强其泛化能力。

2）划分选择

决策树学习的关键是如何选择最优的属性划分，在二分类问题中，就是尽量使划分的样本属于同一类别，即"纯度"最高的属性。通常将信息增益作为属性划分的标准。信息熵是度量样本集合纯度最常用的一种指标。假定当前样本集 D 中第 k 类样本所占的比例为 $p_k (k=1,2,\cdots,K)$，K 为类别总数，则 D 的信息熵定义如下：

$$\text{Ent}(D) = -\sum_{k=1}^{K} p_k \log p_k$$

公式表明 Ent(D)的值越小，则 D 的纯度越高。

假定离散属性 a 有 V 个可能的取值 $\{a^1, a^2, \cdots, a^V\}$，如果使用属性 a 来对数据集 D 进行划分，就会产生 V 个分支结点，其中第 v 个结点包含了 D 中所有在属性 a 上取值为 a^v 的样本总数 D^v，可以根据公式计算出 D^v 的信息熵，考虑到不同的分支结点所包含的样本数量不同，给分支结点赋予权重 $|D^v| / D^v$，即样本数越多的分支结点的影响越大。那么，用属性 a 来划分样本集 D 获得的信息增益为

$$\text{Gain}(D,a) = \text{Ent}(D) - \sum_{v=1}^{V} \frac{|D^v|}{|D|} \text{Ent}(D^v)$$

一般来说，信息增益越大，则表示使用属性 a 对数据集 D 进行划分带来的"纯度"提升越大。因此信息增益可以用于决策树划分属性的选择，即选择信息增益最大的属性。

3）剪枝处理

剪枝（pruning）的目的是避免决策树模型的过拟合。在决策树算法学习过程中，为了尽可能正确的分类训练样本，会不停地对结点进行划分，导致决策树的分支过多，即过拟合。因此需要将复杂的决策树进行简化，即去掉一些结点解决过拟合问题，这个过程称为剪枝。决策树的基本剪枝策略有：预剪枝（pre-pruning）和后剪枝（post-pruning）。

预剪枝是指在构造决策树的过程中，在划分前先对每个结点进行评估，若当前结点的划分不能提升模型的泛化能力，则停止划分并且将当前结点标记为叶子结点；后剪枝则是先生成完整的决策树，再自底向上对非叶子结点逐一考查，若该结点对应的子树换为叶子结点能够带来泛化性能的提升，则进行替换。后剪枝方法又分为两种：一类是把训练数据集分成树的生长集和剪枝集；另一类则是使用同一数据集进行决策树生长和剪枝。常见的后剪枝方法有代价复杂度剪枝（cost complexity pruning，CCP）、降低错误剪枝（reduced error pruning，REP）、悲观错误剪枝（pessimistic error pruning，PEP）、最小错误剪枝（minimum error pruning，MEP）。

预剪枝能降低过拟合的风险，显著减少模型的训练时间和测试时间，但是可能带来欠拟合的风险，后剪枝正好与此相反。

2. 基于决策树的分类算法

决策树的典型算法有 ID3、C4.5、分类与回归树（classification and regression tree，CART）等。这里介绍 ID3 算法。

ID3 算法的基本思想是在决策树各个结点上根据信息增益来进行属性的划分，然后递归地构建决策树。具体方法：从根结点开始，对结点计算所有可能的属性的信息增益，选择信息增益值最大的属性作为结点的划分属性；由该属性的不同取值建立子结点；再对子结点递归地调用以上方法，构建决策树；直到所有属性的信息增益都很小或者没有属性可以选择为止，得到最终的决策树。

ID3 算法流程如下。

输入：训练数据集 D，属性集 A，阈值 ε。

输出：决策树 T。

（1）若 D 中所有样本属于同一类 C_k，则 T 为 C_k 类的单结点树，返回 T。

（2）若 $A=\Phi$ 或 D 中所有样本在 A 取值相同，则 T 为单结点树，其类别标记为 D 中样本数最多的类，返回 T。

（3）否则，计算 A 中每个属性对 D 的信息增益，选择获取最大值的最优划分属性 a_*。

（4）若 a_* 的信息增益小于 ε，则置 T 为单结点树，其类别标记为 D 中样本数最多的类，返回 T。

（5）否则，按照 a_* 中每一个可能值 a_*^v 将 D 划分成若干非空子集 D_v，D_v 中样本数最多的类作为类别标记，构建子结点进而构建 T，返回 T。

（6）对第 v 个子结点，将 D_v 作为训练集，$A\text{-}\{a_*\}$ 作为属性集，递归调用（1）～（5）获得子树 T_i，返回 T_i。

由于 ID3 算法采用信息增益作为选择最优划分属性的标准，而信息增益会偏向那些取值较多的属性，因此该算法产生的树容易产生过拟合。算法的概要实现如例 3.16。

【例 3.16】ID3 算法。

```cpp
#include <utility>
#include <list>
#include <map>
#include <iostream>
#include <cassert>
#include <cmath>
#define Type int                                //样本数据类型
#define  Map1        std::map< int, Type >      //定义一维 map
#define  Map2        std::map< int, Map1 >      //定义二维 map
#define  Map3        std::map< int, Map2 >      //定义三维 map
#define  Pair        std::pair<int, Type>
#define  List        std::list< Pair >          //一维 list
#define  SampleSpace std::list< List >          //二维 list 用于存放样本数据
#define  Child       std::map< int, Node* >     //定义后继结点集合
#define  CI          const_iterator
#include <iostream>
using namespace std;
struct Node{                          //样本结点
     int index;                       //当前结点样本最大增益对应第 index 个属性
     int type;                        //当前结点的类型
     Child next;                      //当前结点的后继结点集合
     SampleSpace sample;              //未分类的样本集合
    };
class ID3{                            //定义 ID3 决策树
private:
     int dimension;                   //数据维度
     Node *root;                      //根结点
     double _entropy(const Map1&, double);           //计算熵值
```

```
    //获取最大的信息增益对应的属性
    int    _get_max_gain(const SampleSpace&);
    void   _split(Node*, int);          //对当前结点的样本进行划分
    //获取数据，提取出所有样本的 y 值、x 属性值，以及属性值和结果值 xy
    void   _get_data(const SampleSpace&, Map1&, Map2&, Map3&);
    double _info_gain(Map1&, Map2&, double, double);    //计算信息增益
    //判断当前所有样本是否是同一类，如果不是则返回-1
    int _same_class(const SampleSpace&);
    void   _clear(Node*);
    void   _build(Node*, int);
    void   _work(Node*);
    int    _match(const int*, Node*);
    void   _print(Node*);
public:
    ID3(int );                          //初始化 ID3 的数据成员
    ~ID3();                             //清空整个决策树
    void Build();                       //构建决策树
    int  Match(const Type*);            //根据新的样本预测结果
    void Print();                       //打印决策树的结点的值
    void PushData(const Type*, const Type);   //将样本数据 Push 给二维链表
};
//初始化 ID3 的数据成员
ID3::ID3(int dimension){
    this->dimension = dimension;
    root = new Node();
    root->index = -1;
    root->type = -1;
    root->next.clear();
    root->sample.clear();
}

//清空整个决策树
ID3::~ID3(){
    this->dimension = 0;
    _clear(root);
}
//x 为 dimension 维的属性向量，y 为向量 x 对应的值
void ID3::PushData(const Type *x, const Type y){
    List single;
    single.clear();
    for(int i = 0; i < dimension; i++)
        single.push_back(make_pair(i + 1, x[i]));
    single.push_back(make_pair(0, y));
    root->sample.push_back(single);
}
void ID3::_clear(Node *node){
    Child &next = node->next;
    Child::iterator it;
```

```
        for(it = next.begin(); it != next.end(); it++)
            _clear(it->second);
        next.clear();
        delete node;
    }
    void ID3::Build(){
        _build(root, dimension);
    }
    void ID3::_build(Node *node, int dimension){
        //获取当前结点未分类的样本数据
        SampleSpace &sample = node->sample;
        //判断当前所有样本是否是同一类，如果不是则返回-1
        int y = _same_class(sample);
        //如果所有样本是属于同一类
        if(y >= 0) {
            node->index = -1;
            node->type = y;
            return;
        }
        //在_max_gain()函数中计算出当前结点的最大增益对应的属性，并根据这个属性对数据进行划分
        _work(node);

        //Split 完成后清空当前结点的所有数据，以免占用太多内存
        sample.clear();
        Child &next = node->next;
        for(Child::iterator it = next.begin(); it != next.end(); it++)
            _build(it->second, dimension - 1);
    }
    //判断当前所有样本是否是同一类，如果不是则返回-1
    int ID3::_same_class(const SampleSpace &ss){
        //取出当前样本数据的一个 Sample
        const List &f = ss.front();
        //如果没有 x 属性，而只有 y，直接返回 y
        if(f.size() == 1)
            return f.front().second;
        Type y = 0;
        //取出第一个样本数据 y 的结果值
        for(List::CI it = f.begin(); it != f.end(); it++)
        {
            if(!it->first){
                y = it->second;
                break;
            }
        }
    //接下来进行判断，因为 list 是有序的，所以从前往后遍历，发现有一对不一样，则所有样本不是同一类
        for(SampleSpace::CI it = ss.begin(); it != ss.end(); it++)
        {
            const List &single = *it;
```

```
        for(List::CI i = single.begin(); i != single.end(); i++)
        {
            if(!i->first){
                if(y != i->second)
                    return -1;                //发现不是同一类则返回-1
                else
                    break;
            }
        }
    }
    return y;                    //比较完所有样本的输出值 y 后，发现是同一类，返回 y 值
}
void ID3::_work(Node *node){
    int mai = _get_max_gain(node->sample);
    assert(mai >= 0);
    node->index = mai;
    _split(node, mai);
}
int ID3::_get_max_gain(const SampleSpace &ss){
        Map1 y;
        Map2 x;
        Map3 xy;
        _get_data(ss, y, x, xy);
        double s = ss.size();
        double entropy = _entropy(y, s);    //计算熵值
        int mai = -1;
        double mag = -1;
        for(Map2::iterator it = x.begin(); it != x.end(); it++)
        {    //计算信息增益值
            double g = _info_gain(it->second, xy[it->first], s, entropy);
            if(g > mag)
            {
                mag = g;
                mai = it->first;
            }
        }
        if(!x.size() && !xy.size() && y.size())        //如果只有 y 数据
            return 0;
            return mai;
    }
//获取数据，提取出所有样本的 y 值、x 属性值，以及属性值和结果值 xy
void ID3::_get_data(const SampleSpace &ss, Map1 &y, Map2 &x, Map3 &xy){
    for(SampleSpace::CI it = ss.begin(); it != ss.end(); it++)
    {
        int c = 0;
        const List &v = *it;
        for(List::CI p = v.begin(); p != v.end(); p++)
        {
```

```
            if(!p->first)  {
                c = p->second;
                break;
            }
        }
        ++y[c];
        for(List::CI p = v.begin(); p != v.end(); p++)
        {
            if(p->first) {
                ++x[p->first][p->second];
                ++xy[p->first][p->second][c];
            }
        }
    }
}
double ID3::_entropy(const Map1 &x, double s){
    double ans = 0;
    for(Map1::CI it = x.begin(); it != x.end(); it++)
    {
        double t = it->second / s;
        ans += t * log2(t);
    }
    return -ans;
}
double ID3::_info_gain(Map1 &att_val, Map2 &val_cls, double s, double entropy){
    double gain = entropy;
    for(Map1::CI it = att_val.begin(); it != att_val.end(); it++)
    {
        double r = it->second / s;
        double e = _entropy(val_cls[it->first], it->second);
        gain -= r * e;
    }
    return gain;
}
void ID3::_split(Node *node, int idx){
    Child &next = node->next;
    SampleSpace &sample = node->sample;
    for(SampleSpace::iterator it = sample.begin(); it != sample.end(); it++)
    {
        List &v = *it;
        for(List::iterator p = v.begin(); p != v.end(); p++)
        {
            if(p->first == idx){
                Node *tmp = next[p->second];
                if(!tmp){
                    tmp = new Node();
                    tmp->index = -1;
                    tmp->type = -1;
```

```
                next[p->second] = tmp;
            }
            v.erase(p);
            tmp->sample.push_back(v);
            break;
        }
    }
    }
}
int ID3::Match(const Type *x){
    return _match(x, root);
}
int ID3::_match(const Type *v, Node *node){
    if(node->index < 0)
        return node->type;
    Child &next = node->next;
    Child::iterator p = next.find(v[node->index - 1]);
    if(p == next.end())
        return -1;
    return _match(v, p->second);
}
void ID3::Print(){
    _print(root);
}
void ID3::_print(Node *node){
    cout << "Index   = " << node->index << endl;
    cout << "Type    = " << node->type << endl;
    cout << "NextSize = " << node->next.size() << endl;
    cout << endl;
    Child &next = node->next;
    Child::iterator p;
    for(p = next.begin(); p != next.end(); ++p)
        _print(p->second);
}
```

3.3.5 堆与优先队列

在现实应用中，经常会遇到频繁地在一组数据中查找最大值或者最小值的情况，要解决这个问题，可以对这组数据进行排序，然后再从已排序序列中找到最大值或者最小值。这种方法虽然可行，但时间开销比较大。对于这种特殊的应用，堆结构能够提供较高的效率。

1. 堆的定义与实现

最大（最小）树：每个结点的值都大于（小于）或等于其子结点（如果有的话）的值的树。

最大（最小）堆：最大（最小）的完全二叉树。

由最大（最小）堆的定义可以看出，根结点是该完全二叉树中关键码最大（最小）的结点，也就是堆中最大（最小）的元素。

下面以最大堆为例子来分析堆的插入、删除和构建算法。

1）最大堆的插入

最大堆的插入算法描述如下：

（1）将新结点插入该树最末尾的位置上。

（2）用该结点与其父结点进行比较，如果该结点的关键码大于父结点的关键码，则将两个结点的位置交换。

（3）重复步骤（2）直到新结点的关键码不再大于父结点的关键码或者新结点成为根结点为止。

图 3.48 给出一个简单的插入结点的例子。当插入关键码为 21 的结点时，首先将该结点插入完全二叉树的最末尾的位置，然后用该结点与其父结点（关键码为 2）进行比较，该结点的关键码大于父结点的关键码，所以两个结点需要互换位置。交换之后，再用该结点与新的父结点（关键码为 20）进行比较，该结点的关键码仍然大于父结点的关键码，所以需要继续互换位置。交换之后，该结点已经成为根结点，停止比较步骤，得到的结果即为插入关键码为 21 的结点后的最大堆。

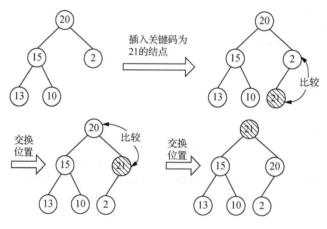

图 3.48　最大堆插入结点的实例

2）最大堆的删除

最大堆的删除结点方法描述如下：

（1）将完全二叉树最末尾结点 m 和待删除结点 p 交换位置，删除结点 p。

（2）用结点 m 与其左右孩子结点中关键码较大的一个进行比较，如果该结点的关键码小于该孩子结点的关键码，则将两个结点的位置交换。

（3）重复步骤（2）直到结点 m 不再小于左右孩子结点中关键码较大的那个或者结点 m 为叶子结点为止。

图 3.49 给出一个最大堆删除结点的例子，当删除关键码为 21 的根结点时，首先将该完全二叉树中最末尾的结点 m 和待删除结点 p 交换位置，再删除结点 p。然后用结点 m 与其孩子结点中较大的一个（也就是关键码为 20 的那个结点）进行比较，结点 m 的关键码较小，所以两个结点要互换位置。再用结点 m 与新的孩子结点中关键码较大的一个（也就是关键码为 13 的那个结点）进行比较，结点 m 的关键码仍然较小，所以需要继续互换位置。再次交换之后，该结点已经成为叶子，停止比较步骤，得到的结果即为删除根结点后的最大堆。

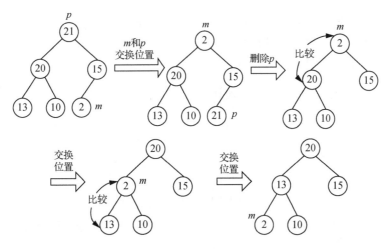

图 3.49   最大堆删除结点的实例

3）最大堆的构建

可以通过插入算法进行最大堆的构建，即从空堆开始，依次插入各个关键码。该方法的时间复杂度为 $O(n\log n)$。还有其他的构建方法，可以将时间复杂度降低到 $O(n)$。下面详细介绍这种构建方法。

1964 年 Floyd 提出了一种称为筛选法的算法，该算法首先将待排序的所有关键码放到一棵完全二叉树的各个结点中，显然，该完全二叉树中以任一叶子结点为根的子树已经满足最大堆的性质，不需调整。从第一个具有孩子结点的结点 i 开始（$i=\lfloor n/2\rfloor-1$，符号 $\lfloor x\rfloor$ 代表小于等于 x 的最大整数），如果以这个元素为根的子树已是最大堆，则不需调整，否则需调整子树使之成为堆。继续检查 $i-1$、$i-2$ 等结点为根的子树，直到该二叉树的根结点（其位置为 0）被检查并调整结束后，构建才结束。

由于最大堆是完全二叉树的一种特殊形式，因此参照完全二叉树的性质，可以将最大堆存储到数组中，用数组的下标来表示结点之间的关系。下面给出一个最大堆构建的例子。

假设用数组来存放具有 10 个关键码的最大堆，令 int $a[10]$={20,12,35,15,10,80,30,17,2,1}，建立最大堆的初始状态如图 3.50 所示。图 3.50（a）中是将关键码依顺序添加而得到的完全二叉树，每个结点旁边的编号代表关键码在数组中对应的下标。图 3.50（b）中表示关键码在数组中的存放位置，右侧的数字代表下标。

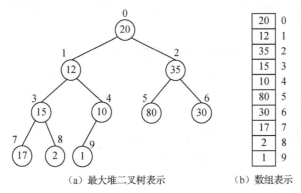

（a）最大堆二叉树表示   （b）数组表示

图 3.50   最大堆构建的初始状态

按照筛选法的步骤，算法从编号为 $i = \lfloor n/2 \rfloor - 1$ 的分支结点开始，按照编号递减的顺序逐个判断以该结点为根的子树是否满足最大堆的性质，若满足，则不做调整，否则需按照筛选法进行调整。具体步骤在图 3.51 中给出。

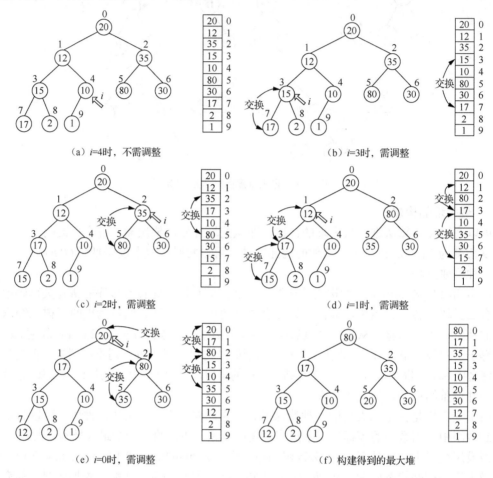

图 3.51　筛选法构建最大堆

图 3.51（a）为调整的第一步，$i = \lfloor n/2 \rfloor - 1 = 4$，因此第一个被判断的子树根结点就是编号为 4 的结点，对应的关键码是 10，其孩子结点的关键码是 1，满足最大堆的性质，因此不需调整。

图 3.51（b）中判断下一个子树根结点，即编号为 3 的结点，该子树不满足最大堆的性质，因此调整该子树使其满足最大堆的性质，也就是将子树中关键码较大的 17 与子树根结点 15 互换位置（同时在数组中做相应修改）。

图 3.51（c）中对编号为 2 的子树根结点进行调整，该子树不满足最大堆的性质，因此需要将关键码 80 与 35 互换位置（同时在数组中做相应修改）。

图 3.51（d）中对编号为 1 的子树根结点进行调整。调整的过程中首先将关键码 12 与 17 互换位置（在数组中做相应修改），然后判断出经过以上调整后，编号为 1 结点的左子树的最大堆的性质被破坏，需要再次调整，也就是将编号为 3 和 7 的结点再次交换（同时在数组中做相应修改）。

图 3.51（e）中对编号为 0 的结点，也就是根结点，进行判断调整。该调整与图 3.51（d）一样，需要多步调整，首先将编号为 0 和 2 的结点互换位置，然后再将编号为 2 和 5 的结点再次交换（数组中做相应修改）。

最终图 3.51（f）中得到的数组就是通过筛选法构建出来的最大堆。

上面已经介绍了最大堆的定义以及插入、删除和构建等操作的详细步骤，下面给出其部分代码。

【例 3.17】最大堆的定义。

```
template <class T>
class maxHeap
{
private:
    T* heapArray;                        //存放堆数据的数组
    int CurrentSize;                     //当前堆中元素数目
    int maxSize;                         //堆所能容纳的最大元素数目
public:
    MaxHeap(T* array,int num,int max);
    virtual ~MaxHeap(){};                //析构函数
    void BuildHeap();
    bool isLeaf(int pos) const;          //如果是叶子结点，返回 TRUE
    int leftchild(int pos) const;        //返回左孩子位置
    int rightchild(int pos) const;       //返回右孩子位置
    int parent(int pos) const;           //返回父结点位置
    bool Remove(int pos, T& node);       //删除给定下标的元素
    void SiftDown(int left);       //筛选法函数，参数 left 表示开始处理的数组下标
    void SiftUp(int position);        //从 position 向上开始调整，使序列成为堆
    bool Insert(const T& newNode);       //向堆中插入新元素 newNode
    void MoveMax();                      //从堆顶移动最大值到尾部
    T& RemoveMax();                      //从堆顶删除最大值
    int getCurrSize();                   //返回堆中元素个数
};
```

【例 3.18】构建最大堆的函数实现。

```
template<class T>
void MaxHeap<T>::SiftDown(int left){
    //准备
    int i = left;                        //标识父结点
    int j = 2 * i + 1;                   //标识左子结点
    T temp = heapArray[i];               //保存父结点的关键码
                                         //过筛
    while (j < CurrentSize){
        if ((j < CurrentSize - 1) && (heapArray[j] < heapArray[j + 1]))
            j++;
        //该结点有右孩子且右孩子的关键码大于左孩子的关键码时，j 指向右子结点
        if (temp < heapArray[j]) {
            //该结点的关键码小于左右孩子中比较大的那个时
            heapArray[i] = heapArray[j];//交换对应值
```

```
                    i = j;
                    j = 2 * j + 1;              //向下继续判断是否满足最大堆的性质
                }
                else break;
            }
            heapArray[i] = temp;
        }
```

从上面的函数定义可知，SiftDown( )函数中执行 while 循环的次数不超过子树的高度，对于由 n 个结点构成的堆，SiftDown( )函数的时间复杂度为 $O(\log n)$。而建堆要不断地向下调整，大约 $n/2$ 次调用 SiftDown( )函数，因此建堆的时间复杂度的上界是 $O(n\log n)$。

对于 n 个结点的堆，其对应的完全二叉树的层数是 $\log n$。设 i 表示二叉树的层编号，则第 i 层上的结点数最多为 $2^i(i \geqslant 0)$。建堆过程中，对每一个非叶子结点都调用了一次 SiftDown( )调整算法，而每个数据元素最多向下调整到最底层，即第 i 层上的结点向下调整到最底层的调整次数为 $\log n - i$。因此，建堆的计算时间为

$$\sum_{i=0}^{\log n} 2^i (\log n - i)$$

令 $j = \log n - i$，代入上式得

$$\sum_{i=0}^{\log n} 2^i (\log n - i) = \sum_{j=0}^{\log n} 2^{\log n - j} \cdot j = \sum_{j=0}^{\log n} n \cdot \frac{j}{2^j} < 2n$$

因此，建堆算法的时间复杂度是 $O(n)$，说明可以在线性时间内把一个无序的序列转化成堆序。

2. 优先队列

优先队列是一种特殊的数据结构，其中能被访问和删除的是具有最高优先级的元素。优先级是通过一些方法对元素进行比较得到的。其具体定义为：优先队列是这样的一种数据结构，对它的访问或者删除操作只能对集合中通过指定优先级方法得出的具有最高优先级的元素进行。

优先队列实际上可以用堆来实现，或者说堆就是一种优先队列。由于堆插入元素和删除元素都会破坏堆结构，所以堆的插入和删除操作都要进行结构调整。一般的队列插入元素是在队列的最后进行，而优先队列却不一定插入到最后，需要按照优先级算法将元素插入到队列中，出队时还是从第一个（优先级最高的那个）元素开始，删除的时候需要对被破坏了的结构进行调整，按优先级来选出优先级最高的那个元素放在第一个位置上。从上面优先队列的插入和删除操作来看，与数据结构——最大堆的操作一致，因此可以采用最大堆来实现优先队列。

优先队列的出队（即删除优先级最高的那个元素）操作需要在删除结点后进行，剩下的元素仍需保持按优先级从大到小排列的要求，即剩下的 $n-1$ 个结点值仍然符合最大堆的性质。因此，优先队列出队的具体操作为：首先用最大堆的最末尾结点的关键码替换根结点的关键码，然后删除最末尾结点，最后对最大堆进行调整。具体实现在例 3.19 中给出。

【例 3.19】用堆实现优先队列的出队操作。

```
template<class T>
T& MinHeap<T>::RemoveMin(){              //删除堆顶元素
    if(CurrentSize == 0){               //空堆情况
        cout << "Can't Delete";
        exit(1);
    }
    else{
        T temp = heapArray[0];          //取堆顶元素
        heapArray[0] = heapArray[CurrentSize-1];  //将堆尾元素上升至堆顶
        CurrentSize--;                  //堆中元素数量减 1
        if(CurrentSize > 1)             //堆中元素个数大于 1 时才需要调整
                                        //从堆顶开始筛选
            SiftDown(0);
        return temp;
    }
}
```

3.3.6 Huffman 编码树

Huffman（哈夫曼）树又称最优二叉树，是一类加权路径长度最短的二叉树，在编码设计、决策与算法设计等领域有着广泛应用。3.2.2 小节中介绍了扩充二叉树以及外部路径、内部路径的概念，本节将介绍的数据结构与扩充二叉树以及外部路径有关。

1. 建立 Huffman 编码树

给出 n 个实数 $W_0, W_1, \cdots, W_{n-1} (n \geqslant 2)$，要求得到一个具有 n 个外部结点的扩充二叉树，该扩充二叉树的每个外部结点 k_i 有一个 W_i 与之对应，作为结点 k_i 的权值，使得带权外部路径长度 $\mathrm{WPL} = \sum_{i=0}^{n-1} W_i l_i$ 为最小，其中 l_i 是从根到外部结点 k_i 的路径长度。

例如，图 3.52 中有 3 棵二叉树，它们都有 4 个叶子结点 a、b、c、d，分别带权 7、5、2、4，求它们各自的带权路径长度 WPL。

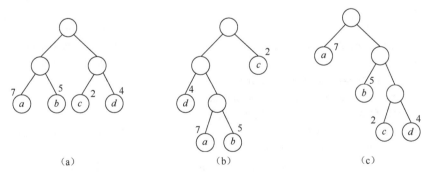

图 3.52　计算带权路径长度的实例

图 3.52（a）中，$\mathrm{WPL} = 7 \times 2 + 5 \times 2 + 2 \times 2 + 4 \times 2 = 36$。

图 3.52（b）中，$\mathrm{WPL} = 7 \times 3 + 5 \times 3 + 2 \times 1 + 4 \times 2 = 46$。

图 3.52（c）中，$\mathrm{WPL} = 7 \times 1 + 5 \times 2 + 2 \times 3 + 4 \times 3 = 35$。

从图 3.52（a）、图 3.52（b）、图 3.52（c）三种情况计算出来的结果可以看出，一般情况下，权值越大的叶子离根越近，该二叉树的带权外部路径长度之和就越小。

解决上述问题而得到的扩充二叉树就称为 Huffman 树。Huffman 树的定义如下：假设有 n 个权值 $W_0, W_1, \cdots, W_{n-1}(n \geqslant 2)$，构造一棵有 n 个叶子结点的二叉树，每个叶子结点 k_i 有一个权值 W_i 与之对应，则构造出的所有二叉树中使得带权外部路径长度 WPL 最小的那个二叉树就称为 Huffman 树。

Huffman 树的构建方法如下：

（1）根据给定的 n 个权值 $W_0, W_1, \cdots, W_{n-1}(n \geqslant 2)$ 构成 n 棵二叉树的集合 $F = \{T_1, T_2, \cdots, T_n\}$，其中每棵二叉树 T_i 中只有一个权值为 W_i 的根结点。

（2）在 F 集合中选取两棵根结点权值最小的树作为左右子树来构造一棵新的二叉树，且置新二叉树的根结点的权值为其左右子树根结点的权值之和。

（3）在 F 集合中删除这两棵树，同时将新得到的二叉树加入集合 F 中。

（4）重复（2）和（3），直到 F 集合中只含一棵树为止。

以图 3.52 中的 4 个权值组成的权值集合{7,5,4,2}来构建 Huffman 树的过程如图 3.53 所示。

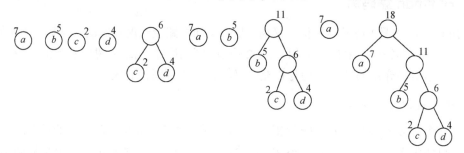

图 3.53　构建 Huffman 树的实例

【例 3.20】Huffman 树的类定义。

```
template <class T>
class HuffmanTreeNode {
public:
    T element;                              //结点的数据域
    HuffmanTreeNode<T>* leftChild;          //结点的左孩子结点
    HuffmanTreeNode<T>* rightChild;         //结点的右孩子结点
    HuffmanTreeNode<T>* parent;
    HuffmanTreeNode();//默认构造函数
    //给定数据值和左右孩子结点的构造函数
    HuffmanTreeNode(T ele, HuffmanTreeNode<T> * l = NULL, HuffmanTreeNode<T>
    * r = NULL, HuffmanTreeNode<T> * p = NULL) ;
    bool operator <=(HuffmanTreeNode<T>&r);   //重载<=运算
    bool operator <(HuffmanTreeNode<T>&r);    //重载<运算
    bool operator >=(HuffmanTreeNode<T>&r);   //重载>=运算
    bool operator >(HuffmanTreeNode<T>&r);    //重载>运算
};

template <class T>
```

```
class HuffmanTree{
private:
    HuffmanTreeNode<T>* root;          //Huffman 树的树根
public:
//构造 Huffman 树，weight 是权值的数组，n 是数组长度
    HuffmanTree(T weight[], int n);
    ~HuffmanTree();          //析构函数
    HuffmanTreeNode<T> * getRoot(); //返回 Huffman 树的根结点
    void preOrder(HuffmanTreeNode<T> *root); //前序遍历以 root 为根结点的子树
    void inOrder(HuffmanTreeNode<T> *root);  //中序遍历以 root 为根结点的子树
    //把 ht1 和 ht2 为根的 Huffman 子树合并成一棵以 parent 为根的二叉树
    void MergeTree(HuffmanTreeNode<T> *ht1, HuffmanTreeNode<T> *ht2,
    HuffmanTreeNode<T>* parent);
    void DeleteTree(HuffmanTreeNode<T>* root); //删除 Huffman 树或其子树
};

template<class T>
HuffmanTree<T>::HuffmanTree(T weight[], int n){
        MinHeap <HuffmanTreeNode<T>*> heap(n);              //定义最小堆
        HuffmanTreeNode<T>* parent, *firstchild, *secondchild,*temp;
        for (int i = 0; i<n; i++)
        {
            temp = new HuffmanTreeNode<T>(weight[i]);
            heap.Insert(temp);
        }
        for (int i = 0; i < n - 1; i++)        //通过 n-1 次合并建立 Huffman 树
        {
            parent = new HuffmanTreeNode<T>;
            firstchild = new HuffmanTreeNode<T>;
            secondchild = new HuffmanTreeNode<T>;
            heap.RemoveMin(firstchild);     //选择权值最小的结点
            heap.RemoveMin(secondchild);
            MergeTree(firstchild, secondchild, parent);
                                        //合并权值最小的两棵树
            heap.Insert(parent);            //把 parent 插入堆中
            root = parent;                  //建立根结点
        }
    }
```

2. Huffman 编码及其应用

Huffman 树常见的应用是在数据通信和数据压缩领域，经 Huffman 编码的信息消除了冗余数据，有效地提高了通信信道的传输效率。

设某电文由 A、B、C、D 四个字符组成，如果把这些字符编码成二进制的 0、1 序列，该如何进行编码呢？一种较为简单的策略是采用定长编码方案，将 A、B、C、D 四种字符编码为 00、01、10、11。设传送的电文为 ABACCD，则原电文转换为 00 01 00 10 10 11。对方接收后，采用二位一分进行译码。

虽然定长编码方案的编码和译码都很方便，但当每个字符出现的概率不等时，这种编码

方案极有可能造成冗余。在传送电文时，总是希望编码总长越短越好，如果对每个字符设计长度不等的编码，且让电文中出现次数较多的字符采用较短的编码，则可以减短电文编码的总长。

例如，对 *ABACCD* 重新编码，*A*、*B*、*C*、*D* 分别编码为 0、00、1、01，则原电文转换后的电文编码为 0 00 01 1 01。电文编码的总长减短了。那么对转换后的二进制编码该如何译码呢？前四个字符（0000）就有多种译法，可以译成 *AAAA*、*BB* 等。

为了避免编码、译码时出现歧义，在变长编码方案中必须保证任一编码都不是另一个编码的前缀，这样的编码称为前缀编码。前缀编码可以利用 Huffman 树来实现。

设 $D = \{d_0, d_1, \cdots, d_{n-1}\}$，$W = \{W_0, W_1, \cdots, W_{n-1}\}$，$D$ 为需要编码的字符集合，W 为 D 中各字符出现的频率，要对 D 里的字符进行前缀编码，使得通信编码长度最短，利用 Huffman 树可以这样做：用 $D = \{d_0, d_1, \cdots, d_{n-1}\}$ 作为外部结点，$W = \{W_0, W_1, \cdots, W_{n-1}\}$ 作为外部结点的权值，构造具有最小带权外部路径长度的 Huffman 树。把每个结点指向其左孩子的边标为 0，指向其右孩子的边标为 1，从根结点到某个叶子结点的路径上的标号连接起来就得到该叶子结点所代表的字符的前缀编码。

例如，某通信可能出现 *A*、*B*、*C*、*D*、*E*、*F*、*G*、*H* 这 8 个字符，其概率分别为 0.05、0.29、0.07、0.08、0.14、0.23、0.03、0.11，图 3.54 给出利用 Huffman 算法构造出的编码树及各字符的二进制编码。

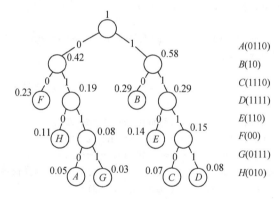

图 3.54　Huffman 编码实例

用 Huffman 算法构造出的扩充二叉树不仅给出了各字符的编码，同时也用来译码，译码过程如下：

（1）从根结点出发，从左至右扫描编码。

（2）若为"0"则走左分支，若为"1"则走右分支，直至叶子结点为止。

（3）取叶子结点字符为译码结果。

（4）重复执行（1）～（3）直至全部译完为止。

3.4　树　与　森　林

3.4.1　二叉树、树、森林之间的转换

由于树形结构的特殊性，二叉树与树、森林之间有一个一一对应的关系。它们之间可以相互转换，也就是任何一座森林或者一棵树，可以唯一地对应为一棵二叉树，而任意一棵二叉树，也可以唯一地对应为一座森林或者一棵树。因此，对树或者森林的处理，都可以转换

为与其对应的二叉树的处理。由于这个特性，二叉树在树的应用中占很重要的地位。

根据二叉树的定义知道其是有序树，而一般的树或者森林都是无序的，为了使二叉树与树、森林之间的转换能够进行，下面的章节中将树和森林看作有序的，每个结点的次序由该结点在图中出现的位置决定。

1. 树、森林转换为二叉树

将一棵树转换为二叉树的方法如下：

（1）树中所有相邻兄弟结点之间加一条连线。

（2）对于树中的每个结点，只保留它与第一个孩子结点之间的连线，删去它与其他孩子结点之间的连线。

（3）以树的根结点为轴心，将整棵树顺时针转动一定的角度，使之结构层次分明。

将一座森林转换为二叉树的方法如下：

（1）将森林中的每棵树转换成相应的二叉树。

（2）第一棵二叉树不动，从第二棵二叉树开始，依次把后一棵二叉树的根结点作为前一棵二叉树根结点的右孩子，当所有二叉树连在一起后，所得到的二叉树就是由森林转换得到的二叉树。

图 3.55 给出了森林转换为二叉树的例子。

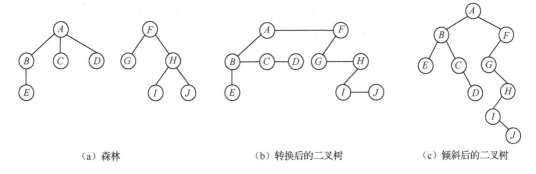

（a）森林　　　　　　　　（b）转换后的二叉树　　　　　　（c）倾斜后的二叉树

图 3.55　森林转换为二叉树

按照上面的转换方法，二叉树里的某个结点的左子结点是它在原来树形结构里的最左边的子结点，它的右子结点是它在原来树形结构里的右边相邻的兄弟结点。

下面给出递归构造方法。

若 $T=\{T_1,T_2,\cdots,T_m\}$ 是 $m(m\geqslant 0)$ 棵树的序列，则与 T 相对应的二叉树 $\beta(T)$ 的构造方法如下：

（1）如果 $m=0$，则 $\beta(T)$ 为空二叉树。

（2）如果 $m>0$，则以 T_1 的根结点作为 $\beta(T)$ 的根结点，以 $\beta(T_{1,1},T_{1,2},\cdots,T_{1,r})$ 作为 $\beta(T)$ 的左子树，其中 $T_{1,1},T_{1,2},\cdots,T_{1,r}$ 是 T_1 的子树，以 $\beta(T_2,T_3,\cdots,T_m)$ 作为 $\beta(T)$ 的右子树。

根据上述的构造方法，如果 T 是有序树的序列，那么根据其构造出来的二叉树 $\beta(T)$ 是唯一的。

2. 二叉树还原为森林、树

将一棵由森林或者一般树转换得到的二叉树还原为一般的森林或者树的过程如下：

（1）若某结点是其双亲的左孩子，则把该结点的右孩子、右孩子的右孩子……都与该结点的双亲结点用线连起来。

（2）删掉原二叉树中所有双亲结点与右孩子结点的连线。

（3）整理由（1）、（2）两步所得到的树或森林，使之结构层次分明。

图 3.56 是图 3.55 中得到的二叉树的还原过程。

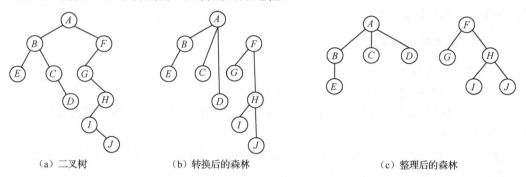

　（a）二叉树　　　　　　　　（b）转换后的森林　　　　　　　　（c）整理后的森林

图 3.56　二叉树的还原过程

下面给出递归还原的方法。

若 $\beta(T)$ 是一棵二叉树，把 $\beta(T)$ 还原为对应的由 $m(m \geq 0)$ 棵树序列组成的森林 $T = \{T_1, T_2, \cdots, T_m\}$ 的步骤如下：

（1）如果 $\beta(T)$ 是空二叉树，则 T 为空。

（2）如果 $\beta(T)$ 为非空二叉树，则以 $\beta(T)$ 的根结点为森林 T 中的第一棵树 T_1 的根结点，以 $\beta(T)$ 的左子树还原成的森林作为 T_1 中根结点的子树序列 $\{T_{1,1}, T_{1,2}, \cdots, T_{1,r}\}$，以 $\beta(T)$ 的右子树还原成的森林作为森林 T 中除 T_1 以外的其余树的序列 $\{T_2, T_3, \cdots, T_m\}$。

3.4.2　树和森林的遍历

树和森林的遍历也是按照某种次序访问树和森林中的每个结点，每个结点被且仅被访问一次。

1. 树的遍历

1）深度优先遍历

参照二叉树的前序遍历和后序遍历法，可以定义树的先根次序和后根次序。

（1）先根次序。

步骤 1：访问根结点。

步骤 2：从左到右，依次先根遍历根结点的每一棵子树。

例如图 3.57 中的树，按照先根次序遍历的结果为 ABECFHGD，这与将该树先转换为对应的二叉树，再对该二叉树进行前序遍历得到的结果一致。

（2）后根次序。

步骤 1：从左到右，依次后根遍历根结点的每一棵子树。

步骤 2：访问根结点。

例如图 3.57 中的树，按照后根次序遍历的结果为 EBHFGCDA，这与将该树先转换为对应的二叉树，再对该二叉树进行中序遍历得到的结果一致。

2）广度优先遍历

该遍历方法与二叉树中所讲述的层次优先遍历方法一致。图 3.57 中的树的广度优先遍历结果为 ABCDEFGH。

2. 森林的遍历

森林的遍历包括先根次序遍历和后根次序遍历两种。

1）先根次序遍历

若森林非空，则遍历方法如下。

步骤 1：访问森林中第一棵树的根结点。

步骤 2：先根次序周游第一棵树的根结点的子树森林。

步骤 3：先根次序周游其他的树。

例如图 3.58 中的森林，按照先根次序遍历的结果为 *ABCDEFGHIJ*，这与将该森林先转换为对应的二叉树，再对该二叉树进行前序遍历得到的结果一致。

2）后根次序遍历

若森林非空，则遍历方法如下。

步骤 1：后根次序周游森林中第一棵树的根结点的子树森林。

步骤 2：访问第一棵树的根结点。

步骤 3：后根次序周游其他的树。

例如图 3.58 中的森林，按照后根次序遍历的结果为 *BCDAFEHJIG*，这与将该森林先转换为对应的二叉树，再对该二叉树进行中序遍历得到的结果一致。

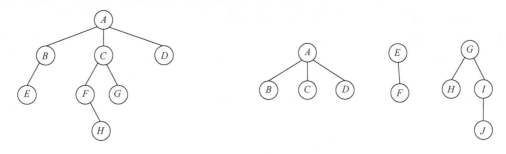

图 3.57　树　　　　　　　　　　　　　　　　图 3.58　森林

3.4.3　树的存储

本小节将详细给出树的存储表示方法，并对每种表示方法在空间代价和操作性能上进行优劣分析。树的存储结构根据应用的不同，可以对应有不同的存储方法，下面介绍几种常用的方法。

1. 孩子表示法

由于树中每个结点可能有多个孩子，因此很自然就可以想到用多重链表来进行存储。在多重链表中，用指针将每个结点与孩子结点连接起来。每个结点除了有存放数据信息的 data 域以外，还需要有若干指针来指向其孩子结点。但是不同的结点所拥有的孩子结点的数量不同，因此每个结点中需要的指针域的个数也不同，那么每个结点中到底给出几个指针域呢？为此给出如下两种方案。

1）定长结点的多重链表

这种方案规定以树的度数作为每个结点指针域的数目，每个结点中的指针域的个数相同。该方法中结点的形式在图 3.59 中给出。不难看出，一棵具有 n 个结点的度数为 k 的树中共有

$n \times k$ 个指针域，但是其中有用的只有 $n-1$ 个，因此大部分的指针域空置，造成存储空间的极大浪费。例如图 3.60（a）中所示的树，其定长结点的多重链表表示法如图 3.60（b）所示。

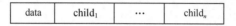

图 3.59　定长结点的多重链表中结点的形式

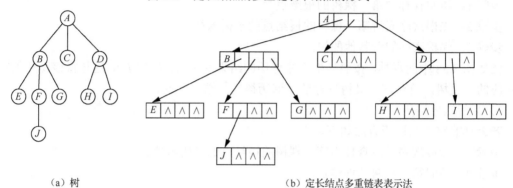

（a）树　　　　　　　　　　　　　　（b）定长结点多重链表表示法

图 3.60　定长结点多重链表表示法示例

2）不定长结点的多重链表

上面介绍的定长结点的多重链表由于设定每个结点中的指针域的个数相同，致使存储空间严重浪费，在这里采取新的方法来减少空间的浪费。该方法规定每个结点中的指针域的个数与该结点的度数一致。为了在操作的时候可以知道每个结点的指针域的个数，需要在结点中设置一个度数域（degree）来指出该结点的度数，具体的结点的形式在图 3.61 中给出。图 3.62 则为图 3.60（a）中树的不定长结点的多重链表表示法的对应表示，可以看出这种方法的存储密度较前者有所提高，但由于各结点的结构不同，会造成操作上的不方便。

图 3.61　不定长结点的多重链表中的结点形式

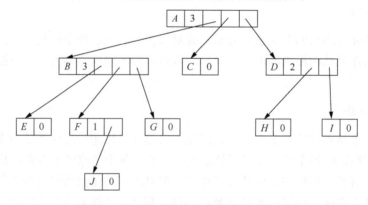

图 3.62　不定长结点的多重链表表示法示例

2. 孩子-兄弟表示法

上面介绍的孩子表示法，其中定长结点的多重链表方法的存储空间浪费较严重，而不定长结点的多重链表方法由于结点的结构不同，操作复杂。为了解决这两个问题，使得每个结点中的指针域的数量相同，并且减少空间的浪费量，这里提出一个新的存储方法：孩子-兄弟表示法。这种方法又称二叉树表示法（或二叉链表表示法）。在这种二叉链表的每个结点中除了用于存放数据信息的 data 域外，还有两个指针域 firstChild 和 nextSibling，分别用于指向该结点的第一个孩子结点和它的下一个兄弟结点。图 3.63 给出结点的形式，图 3.64 为图 3.60（a）所示的树的孩子-兄弟链表。在这种存储结构中，树的操作比较方便，且存储密度较高。

data	firstChild	nextSibling

图 3.63　孩子-兄弟表示法中的结点形式

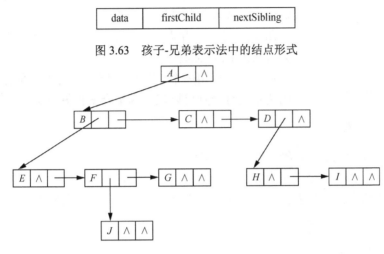

图 3.64　孩子-兄弟表示法示例

3. 双亲表示法

在这种方法中，用一组连续的存储单元存储树中的结点，结点的形式如图 3.65 所示。

其中，data 域用于存放有关结点本身的信息，parent 域用于指示该结点的双亲位置。例如，图 3.60（a）所示的树，其双亲表示法如图 3.66 所示。

父结点索引		0	0	0	1	1	1	3	3	5
数据	A	B	C	D	E	F	G	H	I	J
结点索引	0	1	2	3	4	5	6	7	8	9

data	parent

图 3.65　双亲表示法中的结点形式　　　　图 3.66　双亲表示法示例

这种存储结构利用了每个结点（除根以外）只有唯一双亲的性质。在这种存储结构下，求结点的双亲十分方便，也很容易求树的根。但是这种表示法在求某个结点的孩子结点时需要遍历整个存储空间。

3.5* 树 的 应 用

3.5.1　并查集

1. 并查集的概念

并查集（union find sets）是一种用于不相交集合的数据结构。不相交集合上有两个重要的操作，即找出给定元素的所属集合和合并两个不相交的集合，每一个集合表示一个等价类。

并查集维护一组不相交的动态集合 $S = \{S_1, S_2, \cdots, S_k\}$。每一个集合通过一个"代表"来表示，"代表"即集合中的某个元素。通常来讲，选取哪一个成员作为"代表"是无所谓的，我们关心的是如何在查找过程中不改变集合且得到的结果是相同的。当然，也有一些应用对选取的"代表"是有要求的，比如集合中的最小元素（假设集合元素是可比较的）。接下来的讨论中，我们认为"代表"的选取是任意的。

图 3.67 是一个并查集的例子，图中表示两个不相交的集合分别为 {x,y,z} 和 {a,b,c,d}。

每一个集合用一个"代表"表示，存储在树的根结点。图 3.67 中的两个集合分别可以表示为集合 x 和集合 a。

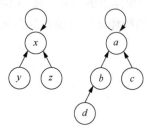

图 3.67　并查集与等价类实例

2. 并查集的典型操作

合并（union）：将两个集合合并为一个集合。

查找（find）：找到一个元素所在的集合。

此外，判断两个元素是否在同一个集合中也是并查集的一个主要应用。

【例 3.21】　并查集的定义。

```
class UFSets{
    private:
        int n;                  //集合容量大小
        int* parent;            //结点根结点数组
        int* height;            //结点在集合中的层级
    public:
        UFSets(int n){
            this->n=n;
            this->parent=new int[this->n];
            this->height=new int[this->n];
            for(int i=0;i!=this->n;i++){
                this->parent[i]=i;
                this->height[i]=1;
            }
        }

        int FindRoot(int v){
            assert(v<n);
            if(v==parent[v]){
                return v;
            }
            return FindRoot(parent[v]);
        }
        void Union(int u,int v){
            assert(u<n && v<n);
            int ru=FindRoot(u);
            int rv=FindRoot(v);
```

```
        if(ru==rv){
            cout<<"connected!"<<endl;
            return;
        }
        if(height[ru]<height[rv]){
            parent[ru]=rv;
        }else if(height[ru]==height[rv]){
            parent[ru]=rv;
            height[rv]++;
        }else{
            parent[rv]=ru;
        }
    }
    bool isConnected(int v,int u){
        return FindRoot(u)==FindRoot(v);
    }
};
```

在实际应用中，并查集通常用于等价类的表示和存储。另外，并查集也可以不采用树形结构进行存储，具体请见 4.4.2 节。

3.5.2　频繁模式树

频繁模式树（frequent pattern tree，FP 树）是一种特殊形态的树形结构，主要用于关联规则挖掘中识别频繁项集。关联规则挖掘是搜索存在于项目集合、事务数据、关系数据或其他信息载体中的对象集合之间隐藏的模式和因果关系，即从事务数据库中挖掘哪些事件会在一起频繁发生，并分析出这些事件中"某些事件导致其他事件"等规则。换句话说，关联规则挖掘就是在业务数据库中挖掘出业务的频繁项集，通过频繁项集找出一定的关联规则，从而判断不同业务之间的关系，即从大量数据中发现业务集之间的有趣关联和相关性，进而描述业务中某些属性同时发生的规律。例如，对表 3.1 的购物数据进行分析后会发现"顾客购买豆奶时通常也会购买莴苣"，这一规则有助于指导合理摆放货架，从而提升超市的服务质量和销售额。

1. 项和项集

数据项是关联规则挖掘的基本元素项，一个或多个数据项的集合称为数据项集。只包括一个数据项的项集称为单一项集；如果项集中的数据项个数为 k，则称为 k-项集。实际应用中，一个项集就是一个事务。如表 3.1 所示，每个商品表示一个数据项，每个交易事务就是一个项集。所有交易事务的集合构成了关联规则挖掘的数据集。

表 3.1　购物交易示例

交易编号	事务
1	豆奶，莴苣
2	莴苣，尿布，葡萄酒，甜菜
3	豆奶，尿布，葡萄酒，橙汁
4	莴苣，豆奶，葡萄酒，尿布
5	莴苣，豆奶，尿布，橙汁

2. 项集的支持度

项集的支持度（support）是指数据集中包含该项集的记录所占的比例。表 3.1 中，{豆奶}的支持度为 0.8，{豆奶,尿布}的支持度为 0.6。可以定义一个最小支持度，支持度大于最小支持度的项集称为频繁项集。频繁项集是指那些经常出现在一起的项的集合，反映的是数据集中"经常出现在一起的项目"的关系。在关联规则的挖掘过程中，通常是在频繁项集上挖掘相关的关联知识规则。

3. 挖掘频繁项集的 FP-Growth 算法

FP-Growth 算法是一种关联分析算法，将提供频繁项集的数据集压缩到一棵频繁模式树中，但仍保留项集关联信息。

（1）频繁模式树形结构包括两个部分：项头表和 FP 树。

项头表中记录了所有的频繁单一项集的数据项、支持度以及指向 FP 树中该数据项出现位置的指针，项头表中的记录通常按照支持度降序排列。通过项头表和 FP 树之间的联系实现数据查找和更新。基于表 3.1 的数据集合建立的项头表如表 3.2 所示。

表 3.2　项头表示例

数据项	支持度	指针域
豆奶	4	
莴苣	4	
尿布	4	
葡萄酒	3	
橙汁	2	
甜菜	1	

FP 树是一种特殊的前缀树，树中的结点表示一个数据项，一个数据项集对应了 FP 树中的一条路径。下面以表 3.3 的项集为例来介绍 FP 树的构造过程。

表 3.3　项集示例

事务编号	元素序列
001	r, z, h, j, p
002	z, y, x, w, v, u, t, s
003	z
004	r, x, n, o, s
005	y, r, x, z, q, t, p
006	y, z, x, e, q, s, t, m

（2）FP-Growth 算法需要对数据集扫描两遍以构建 FP 树。

第一次扫描，在各项集中过滤掉所有不满足最小支持度的项，然后构造项头表。本例中，最小支持度设置为 2，则 h,j,m,n,o,p,q,u,v,w 这些项都被过滤掉；对于大于最小支持度的项，按照全局支持度排序，为了处理方便，也可以对相同支持度的项按照项的关键字再次排序。

对各个项集，过滤掉低于最小支持度的项，并按照项的支持度从高到低进行排序。表 3.3 的项集过滤重排后的结果如表 3.4 所示。

表 3.4 过滤后的项集

事务编号	元素序列	过滤后的项集
001	r, z, h, j, p	z, r
002	z, y, x, w, v, u, t, s	z, x, y, s, t
003	z	z
004	r, x, n, o, s	x, s, r
005	y, r, x, z, q, t, p	z, x, y, r, t
006	y, z, x, e, q, s, t, m	z, x, y, s, t

第二次扫描，构造 FP 树。FP 树初始时只有一个根结点。每个过滤后的项集形成一条从根结点开始到叶子结点的路径，每个结点包括一个项目和该项目在这条路径上的支持度计数。若某些项集具有相同的前 n 个项目，则它们在 FP 树中共享这前 n 个项目所代表的结点，且 FP 树中每个结点的支持度计数为所有路径经过该结点的项集的个数。根据以上规则，依次扫描过滤后的项集，完成 FP 树的构建。

图 3.68～图 3.72 给出了依次插入表 3.4 中过滤后的项集所构造的 FP 树状态。图中带箭头的实线连接的是项集中的各项，带箭头的虚线连接的是频繁项头表与 FP 树中的结点。有时为了操作方便，也会将 FP 树中相同的项目所在的结点连接起来。

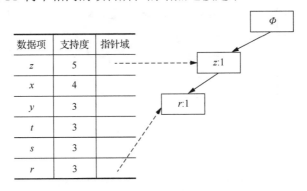

图 3.68 加入项集{z,r}之后的 FP 树状态

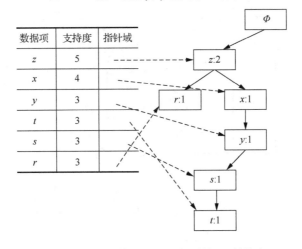

图 3.69 加入项集{z,x,y,s,t}之后的 FP 树状态

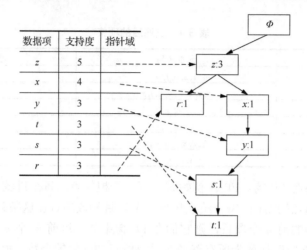

图 3.70　加入项集{z}之后的 FP 树状态

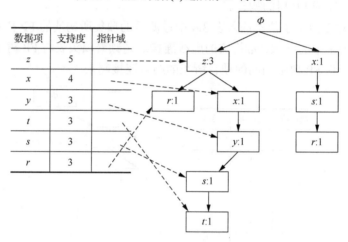

图 3.71　加入项集{x,s,r}之后的 FP 树状态

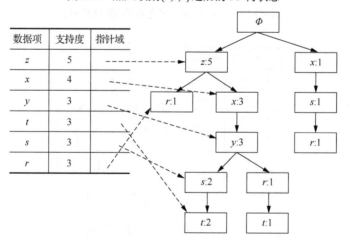

图 3.72　FP 树的最终状态

（3）挖掘频繁项集。

构建好 FP 树，就要进行频繁项集的挖掘。一般会从项头表的底部项依次向上挖掘。对于

项头表的每一项，找到它的条件模式基（conditional pattern base）。条件模式基定义为以后缀模式（即所查找的元素）为结尾的所有前缀路径（prefix path）的集合。条件模式基中每条前缀路径的各项支持度设置为 FP 树中该路径的后缀模式的支持度。如图 3.72 所示的 FP 树中，r 的条件模式基为 $\{\{z\}:1,\{z,x,y\}:1,\{x,s\}:1\}$。基于条件模式基，根据最小支持度进行过滤后构造一棵 FP 树，即为条件 FP 树。如果条件 FP 树为空，则后缀模式即为频繁项集；若新构造的条件 FP 树只包含一条路径，则利用枚举法将所有可能出现的项组合一一列出，最后通过与后缀模式相连获取对应的频繁项集；如果包含多条路径，则递归地在该条件 FP 树中挖掘频繁项集。

下面以图 3.72 所示的 FP 树为例，介绍 FP-Growth 算法挖掘频繁项集的过程。

首先考虑 r 的频繁项集，即以 r 为后缀模式的频繁项集。r 的条件模式基为 $\{\{z\}:1,\{z,x,y\}:1,\{x,s\}:1\}$。虽然 x、s、t、z 对全局来说是频繁的，但是对 r 来说都是不频繁的（支持度不大于最小支持度的设置值 2），因此均被过滤掉，r 的条件 FP 树为空，即 r 的频繁项集为 $\{r\}:3$。

继续考虑 s 的频繁项集。s 的条件模式基为 $\{\{z,x,y\}:2,\{x\}:1\}$，此时按照最小支持度过滤后的项集为 $\{x\}$，构造的条件 FP 树如图 3.73 所示，s 的频繁项集为 $\{x,s\}:3$。

图 3.73　s 的条件 FP 树

接着考虑 t 的频繁项集。t 的条件模式基为 $\{\{z,x,y,s\}:2,\{z,x,y,r\}:1\}$。$s$ 与 r 对全局来说是频繁的，但是对 t 来说是不频繁的，因此 s 与 r 被过滤掉。构造的条件 FP 树如图 3.74 所示。t 的频繁项集为 $\{z,t\}:3,\{x,t\}:3,\{y,t\}:3,\{z,x,t\}:3,\{x,y,t\}:3,\{z,x,y,t\}:3$。

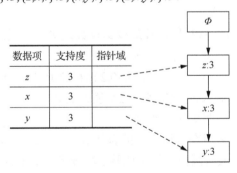

图 3.74　t 的条件 FP 树

FP-Growth 算法只需要扫描两遍数据集，将数据集压缩存储在 FP 树中，通过挖掘 FP 树获取频繁项集，大大减少了系统的 I/O 开销，提高运行效率。但是当最小支持度阈值发生改变或者数据集中添加或删除数据时，都需要重新扫描数据集，即重新挖掘频繁项集。

习　　题

1. n 个结点可构造出多少种不同形态的二叉树？若有 3 个数据 1,2,3，输入它们构造出来的中序遍历结果都为 1,2,3 的不同二叉树有哪些？

2．具有 33 个结点的完全二叉树的深度是多少？有多少个叶子结点？有多少个度为 1 的结点？

3．某二叉树有 20 个叶子结点，有 30 个结点仅有一个孩子，求该二叉树的总结点数是多少？

4．试分别找出满足以下条件的所有二叉树：

（1）二叉树的前序序列与中序序列相同；

（2）二叉树的中序序列与后序序列相同；

（3）二叉树的前序序列与后序序列相同。

5．设一棵二叉树以二叉链表表示，试编写有关二叉树的递归算法：

（1）统计二叉树中度为 1 的结点个数；

（2）统计二叉树中度为 2 的结点个数；

（3）统计二叉树中度为 0（叶子结点）的结点个数；

（4）统计二叉树的高度；

（5）统计二叉树的宽度，即在二叉树的各层上具有结点数最多的那一层上的结点总数；

（6）计算二叉树中各结点中的最大元素的值；

（7）交换每个结点的左孩子结点和右孩子结点；

（8）从二叉树中删去所有叶子结点。

6．编写算法判别给定二叉树是否为完全二叉树。

7．在中序线索二叉树中如何查找给定结点的前序后继？如何查找给定结点的后序后继？

8．对于后序线索二叉树进行遍历是否需要栈的支持？为什么？

9．已知一棵二叉树的前序遍历序列为 $ABECDFGHIJ$，中序遍历序列为 $EBCDAFHIGJ$。

（1）试画出这棵二叉树并写出它的后序遍历序列；

（2）试画出这棵二叉树的中序线索二叉树。

10．已知序列{50,72,43,85,75,20,35,45,65,30}，请以顺序插入方式构造二叉搜索树，并画出删除结点 72 之后的二叉搜索树。

11．对于一个高度为 h 的 AVL 树，其最少结点数是多少？反之，对于一个有 n 个结点的 AVL 树，其最大高度是多少？最小高度是多少？

12．若关键字的输入序列为{20,9,2,11,13,30,22,16,17,15,18,10}。

（1）试从空树开始顺序输入各关键字建立平衡二叉树，画出每次插入时二叉树的形态，若需要平衡化旋转则旋转并注明旋转的类型。

（2）计算该平衡二叉搜索树在等概率下的查找成功的平均查找长度。

（3）基于上面建树的结果，画出从树中删除 22、删除 2、删除 10 与 9 后二叉树的形态和旋转类型。

13．假定一组记录的关键码为{46,79,56,38,40,84,50,42}，利用筛选法构建最大堆（以树状表示）。

14．写出向最小堆中加入数据 4, 2, 5, 8, 3, 6, 10, 14 时，每加入一个数据后堆的变化。

15．假定用于通信的电文仅由 8 个字母 A,B,C,D,E,F,G,H 组成，各字母在电文中出现的频率分别为 5,25,3,6,10,11,36,4。试为这 8 个字母设计不等长 Huffman 编码，并给出该电文的总码数。

16．在结点个数为 n ($n>1$)的各棵树中，高度最小的树的高度是多少？它有多少个叶子结点？多少个分支结点？高度最大的树的高度是多少？它有多少个叶子结点？多少个分支结点？

17. 对图 3.75 所示树形结构分别进行先根遍历和后根遍历。
18. 试写出下列森林（图 3.76）的先根序列、后根序列和层次序列。
19. 画出图 3.77 中的二叉树所对应的森林。
20. 已知如下森林（图 3.78），画出对应的二叉树。
21. 试用三种表示法画出图 3.79 所示的树的存储结构。
（1）孩子表示法；
（2）孩子-兄弟表示法；
（3）双亲表示法。

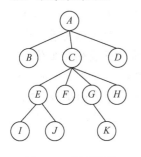

图 3.75　树形结构

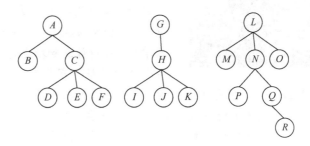

图 3.76　森林

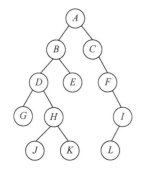

图 3.77　二叉树

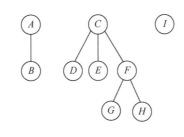

图 3.78　森林

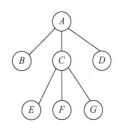

图 3.79　树

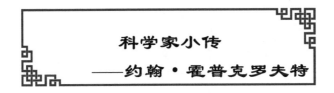

科学家小传
——约翰·霍普克罗夫特

　　约翰·霍普克罗夫特（John Edward Hopcroft），1939 年 10 月生于美国华盛顿州西雅图。早年在西雅图大学获得电气工程学士学位后，进入斯坦福大学研究生院深造，师从研究自适应信号处理和神经元网络的鼻祖——著名学者威德罗。作为美国理论计算机科学家，美国科学院、工程院及艺术和科学院院士以及康奈尔大学终身教授，北京大学讲席教授、图灵班指导委员会主任，上海交通大学校长特别顾问、访问讲席教授，他在算法、数据结构、自动机理论和图论算法方面取得了令世人瞩目的成就。他将计算机科学萌芽阶段的零散结果总结为具有整体性的系统知识，提出用渐进分析作为衡量算法性能的主要指标，成为当今计算机科

学的一大支柱。1986 年，由于在算法及数据结构设计和分析方面的基础性成就，他被授予图灵奖。2007 年，他获得计算机研究协会的杰出贡献奖。2010 年，因在形式语言与自动机理论及在理论计算机科学领域的大量开创性的贡献，他获得了电气和电子工程师协会（Institute of Electrical and Electronics Engineers，IEEE）约翰·冯诺依曼奖。他在算法设计方面的著作 *The Design and Analysis of Computer Algorithms* 和 *Formal Languages and Their Relation to Automata* 成为计算机科学的经典教材，深刻影响了计算机科技工作者对算法的理解和应用。近年来，他积极探索并指出计算机科学的前瞻发展方向，在机器学习、并行计算和社会复杂网络方面开展研究工作，做出了系列重要贡献。霍普克罗夫特非常重视与中国相关高校的合作。从 2011 年起，他每年在上海交通大学工作三个月，讲授计算机科学方向课程。2017 年 1 月，上海交通大学 John Hopcroft 计算机科学中心正式成立。2017 年 12 月，他受聘成为北京大学信息技术高等研究院名誉院长。2016 年，他荣获"中国政府友谊奖"。2017 年，他当选中国科学院外籍院士。

第4章 图

线性表和树分别反映的是事物间的特殊联系。要表达更普遍的联系，我们需要用到图。图（graph）是一种比树更为复杂的非线性数据结构。在树形结构中，数据元素间存在着明显的层次关系，每一层上的数据元素可以和下一层的一个或多个数据元素相关，但只能和上一层中的一个数据元素相关。在图结构中，数据元素间的关系可以是任意的，图中任意两个数据元素之间都可能相关。图结构反映的是一种网状关系。

图在数据挖掘、信息论、博弈论、运筹学等领域都有着广泛的应用。如何将实际应用中图（如互联网）的数据及关系存储到计算机中？如何解决实际应用的问题（如确定数据包在给定的两台计算机之间传送的最短路径）？本章主要介绍图的逻辑结构、存储结构以及图的常用操作。

4.1 图的基本概念

4.1.1 图的定义和概念

图是由顶点集合 V 和顶点之间的关系集合 E 组成的一种数据结构：

$$G = (V, E)$$

式中，V 是一个非空有限集合，代表顶点；E 代表关系的非空有限集合。在将图 G 可视化时，通常将两个顶点之间的关系用两个顶点之间的边来表示。

1. 常用图的基本类型

无向图：在图 G 中，如果代表关系的边没有方向，则称 G 为无向图（undirected graph）。无向图中的边通过顶点的无序对来表示，如 (v_i, v_j) 表示 v_i 和 v_j 之间的无向边。一个公司的局域网就是一个无向图，其中把计算机看作顶点，计算机之间的网络连接看作边。图 4.1 中 G_1 就是一个无向图，其中 $V(G_1) = \{v_1, v_2, v_3, v_4, v_5\}$，$E(G_1) = \{(v_1, v_2), (v_1, v_4), (v_2, v_3), (v_2, v_5), (v_3, v_4), (v_3, v_5)\}$。

有向图：如果图 G 中的边是有方向的，则称 G 为有向图（directed graph）。有向图中的边通过顶点的有序对来表示，如 $\langle v_i, v_j \rangle$ 表示 v_i 指向 v_j 的边。有向图中边又称为"弧"。在互联网中，如果把网页看作顶点，超级链接看作是源页面到目标页面的有向边，则网页链接结构就是一个有向图。图 4.1 中 G_2 就是一个有向图，其中 $V(G_2) = \{v_1, v_2, v_3, v_4\}$，$E(G_2) = \{\langle v_1, v_2 \rangle, \langle v_1, v_3 \rangle, \langle v_3, v_4 \rangle, \langle v_4, v_1 \rangle, \langle v_4, v_2 \rangle\}$。

带权图：图的边（或弧）可以被赋予相关的数值，表达一定的实际意义（如表示两点之间的路径长度、通信费用等）。边（或弧）上的数值称为"权"，边上具有权的图称为带权图，根据边是否有方向可分为带权有向图和带权无向图。图 4.1 中 G_3 就是一个带权无向图。

子图：对于图 $G = (V, E)$ 和 $G' = (V', E')$，如果 V' 是 V 的子集，即 $V' \subseteq V$，且 E' 是 E 的子集，即 $E' \subseteq E$，则称 G' 为 G 的子图。如图 4.1 中，G_4 是 G_1 的子图，G_5 是 G_2 的子图。

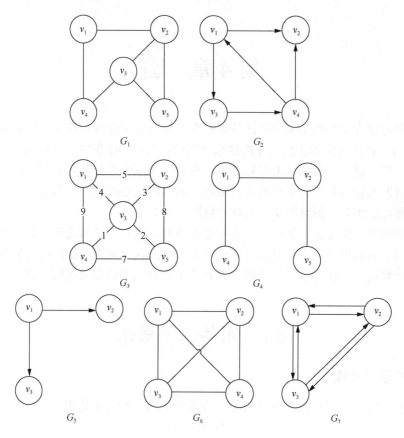

图 4.1　图的基本类型

2．关联边和邻接点

如果图中两点 v_i 与 v_j 之间存在一条边 (v_i,v_j)（或 $\langle v_i,v_j \rangle$），则称 v_i 与 v_j 相邻接，(v_i,v_j)（或 $\langle v_i,v_j \rangle$）与顶点 v_i、v_j 相关联。在图 4.1 的无向图 G_1 中，v_3 和 v_2 是邻接点，v_3 和 v_4 是邻接点，v_3 和 v_5 是邻接点；在图 4.1 的有向图 G_2 中，存在有向边 $\langle v_1,v_2 \rangle$，则称顶点 v_1 邻接到顶点 v_2，顶点 v_2 邻接于顶点 v_1；v_1、v_2 分别是有向边 $\langle v_1,v_2 \rangle$ 的始点和终点。在图 4.1 的无向图 G_1 中，与顶点 v_1 相关联的边有 (v_1,v_2) 和 (v_1,v_4)。在图 4.1 的有向图 G_2 中，与顶点 v_1 相关联的边有 $\langle v_1,v_2 \rangle$、$\langle v_1,v_3 \rangle$ 和 $\langle v_4,v_1 \rangle$。

如果图中每条边关联不同的两个顶点（即不存在点到点自身的边）且不存在相同的边，则该图称为简单图。本书仅限于讨论简单图的结构、算法及应用。

【性质 4.1】在具有 n 个顶点的无向图中，设边数为 e，则有

$$0 \leqslant e \leqslant \frac{n(n-1)}{2}$$

【性质 4.2】在具有 n 个顶点的有向图中，设边数为 e，则有

$$0 \leqslant e \leqslant n(n-1)$$

包括所有可能边的图称为完全图；边数相对较少的图称为稀疏图，反之称为稠密图。图 4.1 中，G_6 是一个完全无向图，G_7 则是一个完全有向图。

3. 顶点的度

在无向图中，顶点的度是与该顶点相关联的边的数目。在有向图中，顶点的度分为入度和出度，以顶点 v_i 为终点的边的数目，称为顶点 v_i 的入度；以顶点 v_i 为起点的边的数目，称为顶点 v_i 的出度。如图 4.1 的无向图 G_1 中，顶点 v_1 的度为 2；有向图 G_2 中，顶点 v_1 的入度为 1，出度为 2，度为 3。若一个图中有 n 个顶点和 e 条边，每个顶点的度为 $d_i(1 \leqslant i \leqslant n)$，则有

$$e = \frac{1}{2}\sum_{i=1}^{n}d_i。$$

4. 路径及路径长度

在图 $G(V,E)$ 中，如果从顶点 v_i 出发，经过一些顶点和边到达顶点 v_j，则称顶点序列 $\{v_i = w_0, w_1, w_2, \cdots, w_{m-1}, w_m = v_j\}$，其中 $(w_i, w_{i+1}) \in E$（或 $\langle w_i, w_{i+1}\rangle \in E$）为顶点 v_i 到顶点 v_j 的路径。例如，图 4.1 的 G_1 中顶点序列 $\{v_1, v_2, v_3, v_5\}$ 是 v_1 到 v_5 的路径，G_2 中顶点序列 $\{v_1, v_3, v_4\}$ 是 v_1 到 v_4 的路径。路径上的边数定义为路径长度。若一条路径上除起点和终点可以相同以外，其余顶点均不相同，则称此路径为简单路径。若一条路径的起点与终点相同，则此路径称为回路或环。如果构成回路的路径是简单路径，则称此回路为简单回路。不带回路的图称为无环图。

5. 图的连通性

在无向图 G 中，若从顶点 v_i 到 v_j 存在路径，则称 v_i 和 v_j 是连通的。若无向图 G 中任意两个顶点都连通，则称无向图 G 为连通图，反之为非连通图，例如，图 4.1 中 G_1、G_3、G_4、G_6 是连通的，图 4.2 是不连通的。无向图的最大连通子图称为连通分量，例如，图 4.2 中有两个连通分量 C_1 和 C_2，如图 4.3 所示。显然，任何连通图的连通分量只有一个，即本身，而非连通图有多个连通分量。

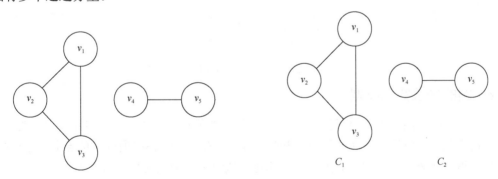

图 4.2　不连通的无向图 G_8 　　　　　　　图 4.3　G_8 的连通分量

在有向图 G 中，如果从 v_i 到 v_j 或从 v_j 到 v_i 都存在路径，则称顶点 v_i 和 v_j 连通。若图中任意两个顶点 v_i 和 v_j，既存在从 v_i 到 v_j 的路径，也存在从 v_j 到 v_i 的路径，则称图 G 是强连通图。例如，图 4.1 中的 G_7 是强连通的，有向图 G_2 不是强连通的，因为不存在从 v_2 到 v_1 的路径。有向图的最大强连通子图称为该有向图的强连通分量，例如，图 4.4 所示的是图 4.1 中 G_2 的两个强连通分量。显然，强连通图只有一个强连通分量，即本身，而非强连通图有多个强连通分量。

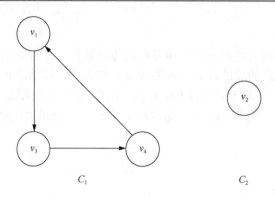

图 4.4　G_2 的两个强连通分量

6．生成树

对于具有 n 个顶点的连通图 G，如果存在连通子图 G'包含 G 中所有顶点和一部分边，且不形成回路，则称 G'为图 G 的生成树。显然，连通图 G 的生成树就是它的极小连通子图，具有如下性质：

（1）包含 n 个顶点；

（2）包含 n-1 条边；

（3）是图 G 的连通子图。

图 4.5 所示的连通图都是图 4.1 中 G_1 的生成树。显然生成树不唯一。

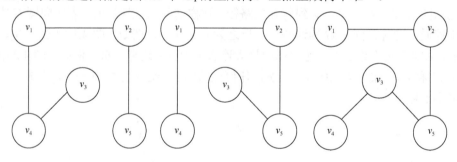

图 4.5　G_1 的生成树

4.1.2　图的抽象数据类型

4.1.1 小节给出了图的基本概念，现在讨论图的抽象数据类型。虽然实际应用问题中的顶点包括很多信息，但是在处理过程中，通常先将顶点存储到静态的顶点信息表中并进行编号，然后通过编号来表示某个顶点。为了简便起见，假设 n 个顶点的编号为 0 到 n-1。

例 4.1 给出了图的抽象数据类型定义。

【例 4.1】图的抽象数据类型。

```
//Graph<vertexes, edges>是一个图
template<class T>
class Graph {
public:
  Graph(int vertexNum, EdgeType edgeType);      //构造函数
  ～Graph();                                     //析构函数
```

```
    EdgeType EdgeType();                                    //获取是否为有向图
    Edge<T> FirstEdge(int oneVertex);                       //获取一个结点的第一条边
    Edge<T> NextEdge(Edge<T> oneEdge);                      //获取下一条边
    int VertexCount();                                      //返回图的顶点个数
    int EdgeCount();                                        //返回图的边数
    bool IsEdge(Edge<T> oneEdge);                           //判断一条边是否为合法的边
    int StartVertex(Edge<T> oneEdge);                       //返回边 oneEdge 的始点
    int EndVertex(Edge<T> oneEdge);                         //返回边 oneEdge 的终点
    T Weight(Edge<T> oneEdge);                              //返回边 oneEdge 的权重
    void SetEdge(int start, int end, T weight);  //设置边
    void DeleteEdge(int start, int end);                    //删除边
};
```

由于对图的大多数操作都需要顶点数目、边数目以及判断一个顶点是否已经处理等信息，所以通常将图描述成如例 4.2 所定义的类型，本章以此类作为图的基类。

【例 4.2】图的类定义。

```
template<class T>
class Edge {
public:
    int start;                                              //边的始点
    int end;                                                //边的终点
    T weight;                                               //边的权
    Edge() {}
    //构造边(start,end),权重为 weight
    Edge(int start, int end, T weight) :start(start), end(end), weight(weight)
    {}
    //重载运算符用于比较边
    bool operator ==(const Edge<T>& other) const {
        return start == other.start && end == other.end && weight == other.weight;
    }
    bool operator !=(const Edge<T>& other) const { return !(*this == other); }
    bool operator<(const Edge<T>& other) const {
        return this->weight < other.weight;
    }
    bool operator>(const Edge<T>& other) const {
        return this->weight > other.weight;
    }
    //构造一个空边用以判断边是否有效
    static Edge Empty() { return Edge(-1, -1, 0); }
};

enum VisitFlag { UNVISITED, VISITED };                      //用以标识图中结点是否访问过
enum EdgeType { DIRECTED, UNDIRECTED };                     //用以标识是否为有向图
template<class T>
class Graph {                                               //图类型
protected:
    int vertexNum;                                          //图的顶点数目
```

```
  int edgeNum;                                //图的边数目
  VisitFlag* marks;                           //标记某顶点是否被访问过
  EdgeType edgeType;
public:
  static T MAX_VALUE;
  Graph(int vertexNum, EdgeType edgeType = DIRECTED) {   //构造函数
    this->vertexNum = vertexNum;              //初始化图的顶点的个数
    this->edgeNum = 0;                        //初始化图的边的个数
    this->marks = new VisitFlag[vertexNum];   //申请数组,Mark 为数组指针
    this->edgeType = edgeType;                //设置图是否为有向图
    for (int i = 0; i < vertexNum; i++) {     //标志位初始化为未被访问过
      marks[i] = UNVISITED;
    }
  }
  ~Graph() {                                  //析构函数
    delete[] marks;                           //释放 Mark 数组
  }
  virtual Edge<T> FirstEdge(int oneVertex) = 0;
  virtual Edge<T> NextEdge(Edge<T> oneEdge) = 0;
  int VertexCount() {return vertexNum;}     //返回图的顶点个数
  int EdgeCount() {return edgeNum;}         //返回图的边数
  bool IsEdge(Edge<T> oneEdge) {            //判断 oneEdge 是否为有效的边
    return (oneEdge != Edge<T>::Empty());
  }
  int StartVertex(Edge<T> oneEdge) {        //返回边 oneEdge 的始点
    return oneEdge.start;
  }
  int EndVertex(Edge<T> oneEdge) {          //返回边 oneEdge 的终点
    return oneEdge.end;
  }
  T Weight(Edge<T> oneEdge) {               //返回边 oneEdge 的权重
    return oneEdge.weight;
  }
  virtual void SetEdge(int start, int end, T weight) = 0;
  virtual void DeleteEdge(int start, int end) = 0;
  //4.3 节及其后的方法的声明增加在此
  typedef void (*VisitFunction)(Graph<T>&, int);
};
```

下面将根据图的不同的存储结构，以不同的方式来实现图类的具体定义。

4.2　图的存储及基本操作

图的存储方法分为顺序存储（邻接矩阵）和链式存储（邻接表、邻接多重表以及十字链表）两大类型，应用中往往根据不同的需求使用不同的存储方法。

4.2.1　图的邻接矩阵表示法

在图的邻接矩阵表示中，顶点信息记录在一个顶点表中，顶点之间的邻接关系用一个二维数组表示。其中，数组的每一个元素表示一条边，元素的两个下标分别代表相邻接的两个顶点编号。若 $G=\langle V,E\rangle$ 是一个具有 n 个顶点的图，则该图的邻接矩阵是如下定义的 $n\times n$ 矩阵：

$$A[i][j]=\begin{cases}1, & 若\left(v_i,v_j\right)\in E或\left\langle v_i,v_j\right\rangle\in E\\ 0, & 若\left(v_i,v_j\right)\notin E或\left\langle v_i,v_j\right\rangle\notin E\end{cases}$$

图 4.1 中的无向图 G_1 和有向图 G_2 的邻接矩阵如下所示：

$$A_1=\begin{bmatrix}0&1&0&1&0\\1&0&1&0&1\\0&1&0&1&1\\1&0&1&0&0\\0&1&1&0&0\end{bmatrix},\quad A_2=\begin{bmatrix}0&1&1&0\\0&0&0&0\\0&0&0&1\\1&1&0&0\end{bmatrix}$$

由于无向图中的边 $\left(v_i,v_j\right)$ 等价于 $\left(v_j,v_i\right)$，因此无向图的邻接矩阵是对称的，如 A_1 所示。有向图的邻接矩阵则不一定是对称的。利用邻接矩阵很容易获得顶点的度，如无向图中顶点 v_i 的度是第 i 行的元素或第 i 列的元素之和，而在有向图中，顶点 v_i 的出度是第 i 行的元素之和，顶点 v_i 的入度是第 i 列的元素之和。

对于带权图，设 $w_{i,j}$ 是边 $\left(v_i,v_j\right)$（或 $\left\langle v_i,v_j\right\rangle$）的权，则邻接矩阵定义如下：

$$A[i][j]=\begin{cases}w_{ij}, & 若i\neq j且\left(v_i,v_j\right)\in E或\left\langle v_i,v_j\right\rangle\in E\\ \infty, & 若i\neq j且\left(v_i,v_j\right)\notin E或\left\langle v_i,v_j\right\rangle\notin E\\ 0, & 若i=j\end{cases}$$

图 4.1 中的带权图 G_3 的邻接矩阵如下所示：

$$A_3=\begin{bmatrix}0&5&4&9&\infty\\5&0&3&\infty&8\\4&3&0&1&2\\9&\infty&1&0&7\\\infty&8&2&7&0\end{bmatrix}$$

下面给出采用邻接矩阵存储图的类型定义和操作实现。

【例 4.3】图的邻接矩阵的实现。

```
template<class T>
class AdjGraph : public Graph<T> {
private:
    T** matrix; //指向邻接矩阵的指针
    int vertexNum;
public:
    //构造函数
    AdjGraph(int vertexNum, EdgeType edgeType = DIRECTED):Graph<T>::Graph
      (vertexNum, edgeType) {
        this->vertexNum = vertexNum;
```

```
        //申请空间，先申请 vertexNum 行，每一行申请 vertexNum 列
        this->matrix = (T * *)new T * [vertexNum];
        for (int i = 0; i < vertexNum; i++)
            matrix[i] = new T[vertexNum];
        //初始化邻接矩阵的元素
        for (int i = 0; i < vertexNum; i++)
            for (int j = 0; j < vertexNum; j++)
                matrix[i][j] = 0;
    }
    ~AdjGraph() { //析构函数
        for (int i = 0; i < this->vertexNum; i++)
            delete[] matrix[i];
        delete[] matrix;
    }
    //返回顶点 oneVertex 的第一条边
    Edge<T> FirstEdge(int oneVertex) {
        for (int i = 0; i < this->vertexNum; i++)
            if (matrix[oneVertex][i] != 0)
                return Edge<T>(oneVertex, i, matrix[oneVertex][i]);
        return Edge<T>::Empty();
    }
    //返回与边 oneEdge 有相同始点的下一条边
    Edge<T> NextEdge(Edge<T> oneEdge) {
        for (int i = oneEdge.end + 1; i < this->vertexNum; i++)
            if (matrix[oneEdge.start][i] != 0)
                return Edge<T>(oneEdge.start, i, matrix[oneEdge.start][i]);
        return Edge<T>::Empty();
    }
    //为图设置边
    void SetEdge(int start, int end, T weight) {
        assert(start >= 0 && start < vertexNum);
        assert(end >= 0 && end < vertexNum);
        if (matrix[start][end] == 0)
            this->edgeNum++;
        matrix[start][end] = weight;
        if (this->edgeType == UNDIRECTED) //如果是无向图，则同时设置对称的边
            matrix[end][start] = weight;
    }
    //删除边
    void DeleteEdge(int start, int end) {
        assert(start >= 0 && start < vertexNum);
        assert(end >= 0 && end < vertexNum);
        if (matrix[start][end] != 0) //该边存在
            this->edgeNum--;
        matrix[start][end] = 0;
```

```
        if (this->edgeType == UNDIRECTED) //如果是无向图同时删除其对称边
            matrix[end][start] = 0;
    }
};
```

使用邻接矩阵存储图信息，可以很容易地判定任意两个顶点间是否有边相连。如果图中含有 n 个顶点，则邻接矩阵存储需要占用的存储单元为 $n \times n$ 个，与边的数目无关，因此邻接矩阵适用于稠密图的存储。

4.2.2　图的邻接表表示法

对于稀疏图（具有很少条边），采用邻接矩阵存储会造成存储空间的浪费。图的邻接表表示则是一种适用于稀疏图存储的表示方法。

邻接表表示法是对图中每一个顶点 v_i 建立一个单链表，将所有与 v_i 关联的边存储到该链表中。链表中的结点称为边结点，包含三个域：邻接点的编号（adjvex），边的信息（arcinfo），指示下一条关联边的边结点指针（nextarc）。其中，边的信息域是针对带权图而设计的，如果是非加权图，该域可以省略。每条链表设一个头结点，存储与该链表中所有边都关联的顶点信息。头结点通常采用顺序结构进行存储，以便进行随机访问。

为了不失一般性，可以将图 G_1 和 G_2 附上边信息，如图 4.6 中的 G_9 和 G_{10} 所示，图 4.7 和图 4.8 分别给出了无向图 G_9 和有向图 G_{10} 的邻接表表示。

由图 4.7 可以看出，使用邻接表存储无向图，顶点 v_i 的度就是第 i 条链表中的边结点数目。另外，每条边在它关联的两个顶点的链表里各存储一次，因此，存储 n 个顶点、e 条边的无向图需要占用 $n+2e$ 个单元的存储空间。

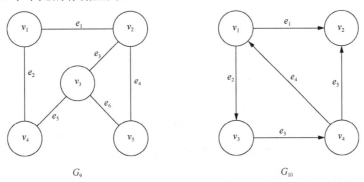

图 4.6　带权图

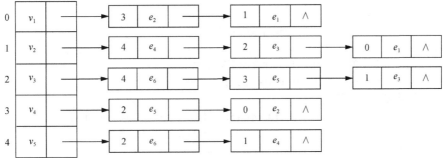

图 4.7　无向图 G_9 的邻接表表示

对于有向图的邻接表，可以方便地计算顶点 v_i 的出度，即第 i 条链表中的边结点数目。如果要知道顶点 v_i 的入度，必须遍历整个邻接表，查看有多少个边结点指向顶点 v_i。使用邻接表存储有向图时，每条边的信息只在发出该边的顶点链表里存储一次，因此所需要的存储空间为 $n+e$。

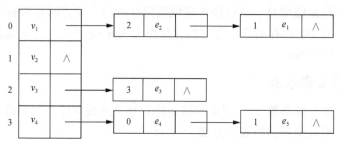

图 4.8 有向图 G_{10} 的邻接表表示

在计算图的关键路径等有向图的实际应用中，不仅需要知道由每个顶点出发的边信息，还需要使用指向每个顶点的边信息，而采用邻接表存储显然不便于找到指向每个顶点的边。因此对于有向图，还可以使用逆邻接表来存储。

和邻接表的存储类似，逆邻接表也包括头结点和边结点，头结点包含两个域：顶点的信息（vexinfo），指向该顶点第一条关联边的边结点指针（firstarc）。边结点包含三个域：邻接顶点序号（adjvex），边的信息（arcinfo），指向该顶点的下一条关联边的边结点指针（nextarc）。

如有向图 G_{10} 的逆邻接表表示如图 4.9 所示。

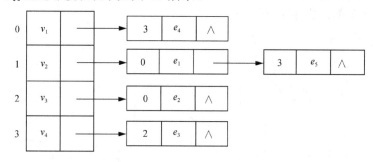

图 4.9 有向图 G_{10} 的逆邻接表表示

例 4.4 给出了图的邻接表表示的实现。

【例 4.4】图的邻接表的实现。

```
template<class T>
class ListGraph : public Graph<T> {
private:
    //使用第 2 章的 LinkList 类保存图中的结点
    LinkList<Edge<T>>* vertexList;
    //设置边的具体实现
    void setEdgeInternal(int start, int end, T weight) {
        //线性查找起点和终点为 start、end 的边是否已经存在
        LinkNode<Edge<T>>* temp = vertexList[start].First();
        while (temp != nullptr && temp->data.end < end)
            temp = temp->link;
```

```
        //未找到且已经在边表的结束位置，直接在最后插入这条边
        if (temp == nullptr) {
            vertexList[start].insertTail(Edge<T>({ start,end,weight }));
            this->edgeNum++;
            return;
        }
        //未找到但在边表的中间位置,则在边表中插入这条边
        if (temp->data.end > end) {
            vertexList[start].insertPos(vertexList[start].search(temp->
              data), Edge<T>({ start,end,weight }));
            this->edgeNum++;
            return;
        }
        //找到对应的边，则只修改权重
        if (temp->data.end == end) {
            temp->data.weight = weight;
            return;
        }
    }
    //删除边的具体实现
    void deleteEdgeInternal(int start, int end) {
        //线性查找起点和终点为 start、end 的边是否已经存在
        LinkNode<Edge<T>>* temp = vertexList[start].First();
        while (temp != nullptr && temp->data.end < end)
            temp = temp->link;
        if (temp == nullptr) return;   //边不存在,不需任何操作
        if (temp->data.end == end) {   //边存在,将其删掉
            vertexList[start].deletePos(vertexList[start].search(temp->data));
            this->edgeNum--;
        }
    }
public:
    //构造函数
    ListGraph(int vertexNum, EdgeType edgeType = DIRECTED):Graph<T>::
      Graph(vertexNum, edgeType) {
        vertexList = new LinkList<Edge<T>>[this->vertexNum];
    }
    ~ListGraph() { delete[] vertexList; }    //析构函数
    //返回顶点 oneVertex 的第一条边
    Edge<T> FirstEdge(int oneVertex) {
        LinkNode<Edge<T>>* temp = vertexList[oneVertex].First();
        if (temp != nullptr)
            return temp->data;
        return Edge<T>::Empty();
    }
    //返回与边 oneEdge 有相同关联顶点的下一条边
    Edge<T> NextEdge(Edge<T> oneEdge) {
        LinkNode<Edge<T>>* temp = vertexList[oneEdge.start].First();
```

```
        while (temp != nullptr && temp->data.end <= oneEdge.end)
            temp = temp->link;
        if (temp != nullptr)
            return temp->data;
        return Edge<T>::Empty();
    }
    //为图设定一条边
    void SetEdge(int start, int end, T weight) {
        setEdgeInternal(start, end, weight);
        //如果是无向图，同时设置其对称的边
        if (this->edgeType == UNDIRECTED)
            setEdgeInternal(end, start, weight);
    }
    //删掉图的一条边
    void DeleteEdge(int start, int end) {
        deleteEdgeInternal(start, end);
        //如果是无向图，同时删除其对称的边
        if (this->edgeType == UNDIRECTED)
            deleteEdgeInternal(end, start);
    }
};
```

4.2.3 图的十字链表和邻接多重表表示法

十字链表是有向图的另一种链式存储结构，可以看成是邻接表和逆邻接表的结合。在十字链表中，也有两种结点类型：边结点和头结点。边结点描述边的信息，共有五个域：始点编号（startvex）、终点编号（endvex）、指针域 startnextarc、指针域 endnextarc 和 arcinfo 域。指针域 startnextarc 指向始点相同的下一个边结点；指针域 endnextarc 指向终点相同的下一个边结点；arcinfo 域表示边权值等信息。头结点由三个域组成：vexinfo 域、指针域 finstinarc 和 firstoutarc。vexinfo 域存放顶点的相关信息；指针域 firstinarc 指向以该顶点为终点的第一个边结点；指针域 firstoutarc 指向以该顶点为始点的第一个边结点。所有的头顶点通常存放在顺序存储结构中。

例如，有向图 G_{10} 的十字链表存储如图 4.10 所示。

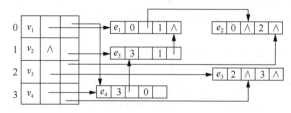

图 4.10 有向图 G_{10} 的十字链表存储示意图

在十字链表中，很容易找到以 v_i 为始点和终点的边。从 v_i 所对应的头结点的 firstoutarc 出发，沿着边结点的 startnextarc 域链接起来的链表，正好是原来的邻接表结构，统计这个链表中的边结点个数，可以得到顶点 v_i 的出度。如果从 v_i 所对应的头结点的 firstinarc 出发，沿着 endnextarc 域链接起来的链表，恰好是原来的逆邻接表结构，统计这个链表中的边结点个数，可以求出顶点 v_i 的入度。

邻接多重表是无向图的另一种链式存储结构。虽然邻接表是无向图的一种很有效的存储结构，但在邻接表中，每一条边都被存储两次，导致在某些对边进行的操作（例如对搜索过的边做标记）中需要对每一条边处理两遍。采用邻接多重表存储无向图更加便于实现这类操作。

邻接多重表的结构与其他的链式存储结构类似，也具有头结点和边结点。边结点包括五个域：数据域 ivex 和 jvex 描述一条边所关联的两个顶点编号；指针域 inext 指向与该边具有相同的关联顶点 ivex 的下一个边结点；指针域 jnext 指向与该边具有相同的关联顶点 jvex 的下一个边结点；数据域 info 描述该边的权重等信息。头结点包含两个域：描述顶点信息的 vexinfo 域，以及指向与该顶点关联的第一个边结点的指针 firstedge。

图 4.1 中无向图 G_9 的邻接多重表的存储结构如图 4.11 所示。

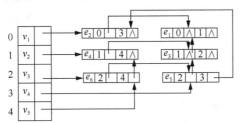

图 4.11　无向图 G_9 的邻接多重表存储结构示意图

采用邻接多重表存储无向图，也可以方便地找出一个顶点 v_i 关联的所有边，方便地计算顶点的度，并且每条边只被存储一次，节省了一定的存储空间，但是存储规模仍然是 $O(n+e)$。

4.3　图　的　遍　历

与树的遍历相似，图的遍历是指从某一顶点出发访遍图中所有顶点，且使每一个顶点仅被访问一次的过程。图的遍历是许多图算法及图的应用基础，如网络爬虫就是按照图的遍历策略来爬取网络中页面。图的遍历是建立在"记忆化访问"的基础上，即在遍历的过程中为每一个顶点设置一个标志位，标记该顶点是否被访问过，这是由图的结构特点所决定的。例如，非连通图中从某一顶点出发可能不会到达其他所有顶点；再如图中存在回路则有可能导致算法陷入死循环，通过"记忆化访问"便可以解决这种问题。

图的遍历算法有深度优先搜索（depth first search，DFS）和广度优先搜索（breadth first search，BFS）两种。这两种遍历算法对于无向图和有向图都适用，这里以无向图为例来介绍。

4.3.1　深度优先搜索

深度优先搜索类似树的前序遍历，基本思想是从图中某个顶点 v 出发，访问此顶点并标记为"已访问"，然后依次从与 v 相邻且未被访问的邻接点 u 出发进行深度优先搜索，直至图中所有和 v 有路径相通的顶点都被访问到。若此时图中尚有顶点未被访问，再选择图中一个未被访问的顶点作起始点，重复上述过程，直至图中所有顶点都被访问到。例如，按照深度优先搜索的方式遍历图 4.12 中的无向图 G_{11}，可以得到如下的顶点序列：$v_1,v_2,v_4,v_8,v_5,v_6,v_9,v_3,v_7$。深度优先搜索得到的遍历序列可能不唯一。

在搜索过程中，由某个顶点 v 访问与其相邻且未被访问的顶点 u 时经过的边 (v,u) 称为前向边。对于一个连通图 G，深度优先搜索过程中的所有前向边和顶点组成的子图 G'是原图 G 的一个生成树，也称为深度优先搜索生成树。对于图 4.12 的连通图 G_{11}，从顶点 v_1 开始进行深度优先搜索得到的深度优先搜索生成树如图 4.13 所示。

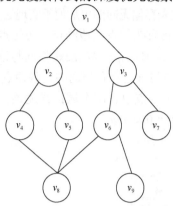

图 4.12　无向图 G_{11}

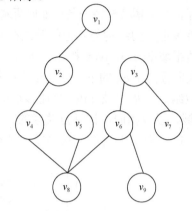

图 4.13　无向连通图 G_{11} 的深度优先搜索生成树

例 4.5 给出了深度优先搜索的算法实现。

【例 4.5】图的深度优先搜索算法。

```cpp
//从顶点 v 开始进行深度优先搜索
template<class T>
void Graph<T>::DFS(int v, VisitFunction visit) {
  visit(*this, v);                          //访问该顶点
  marks[v] = VISITED;                       //标记该顶点已访问
  for(Edge<T> e = FirstEdge(v); IsEdge(e); e = NextEdge(e))
    //访问 v 邻接到的未被访问过的顶点，并递归地进行深度优先搜索
    if(marks[e.end] == UNVISITED)
      DFS(e.end, visit);
}
//对整个图进行深度优先搜索
template<class T >
void Graph<T>::DFSTraverse(VisitFunction visit) {
  for(int i = 0; i <vertexNum; i++)         //对所有顶点的标志位初始化
    marks[i] = UNVISITED;
  for(int i = 0; i < vertexNum; i++) {
    //检查图是否有未访问的顶点，如果有则从该顶点开始深度优先搜索
    if(marks[i] == UNVISITED)
      DFS(i, visit);                        //对未访问的顶点调用 DFS
  }
}
```

深度优先搜索也可以采用非递归的方法实现，如例 4.6，这时需要使用栈结构。

【例 4.6】深度优先搜索的非递归实现。

```cpp
template<class T>
void Graph<T>::DFSNoReverse(VisitFunction visit) {
    ArrayStack<int> stack(100);
```

```
for(int i = 0; i < vertexNum; i++)      //对所有顶点的标志位初始化
    marks[i] = UNVISITED;
for(int i = 0; i < vertexNum; i++){
//检查图是否有未访问的顶点，如果有则从该顶点开始深度优先搜索
    if(marks[i] == UNVISITED) {
        stack.Push(i);
        while(!stack.IsEmpty()) {
            int v;
            stack.Pop(v);
            if(marks[v] == UNVISITED)
                visit(*this, v);
            marks[v] = VISITED;
            //将所有未访问的邻接点入栈
            for(Edge<T>e = FirstEdge(v); IsEdge(e); e = NextEdge(e)) {
                if (marks[e.end] == UNVISITED)
                    stack.Push(e.end);
            }
        }
    }
}
```

深度优先搜索过程中，对图中每个顶点至多调用一次 DFS 函数。搜索过程实质上是对每个顶点查找其邻接点的过程，其耗费的时间取决于所采用的存储结构。用邻接矩阵表示图时，共需检查 n^2 个矩阵元素，所需时间为 $O(n^2)$；而使用邻接表时，找邻接点需要将邻接表中所有边结点检查一遍，耗时为 $O(e)$，对应的深度优先搜索算法的时间复杂度为 $O(n+e)$。

4.3.2　广度优先搜索

图的广度优先搜索类似于树的层次遍历，基本思想是从图中某个顶点 v 出发，访问并标记此顶点，然后依次访问 v 的各个未被访问的邻接点，并对这些邻接点进行以上相同的操作，直至图中所有和 v 有路径相通的顶点都被访问到。若此时图中尚有顶点未被访问，则另选图中一个未被访问的顶点作起始点，重复上述过程，直至图中所有顶点都被访问到。例如，按照广度优先搜索的方式遍历图 4.12 所示的无向图 G_{11}，得到的顶点序列是 $v_1,v_2,v_3,v_4,v_5,v_6,v_7,v_8,v_9$。对于一个连通图 G，广度优先搜索过程中的所有前向边和顶点组成的子图 G' 也是原图 G 的一个生成树，称为广度优先搜索生成树。对于连通图 G_{11}，从顶点 v_1 开始进行广度优先搜索得到的广度优先搜索生成树如图 4.14 所示。

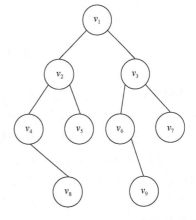

图 4.14　无向连通图 G_{11} 的广度优先搜索生成树

例 4.7 给出了从顶点 v 开始的广度优先搜索的实现以及图的广度优先搜索算法实现。

【例 4.7】图的广度优先搜索算法。

```
//从一个顶点 v 开始的广度优先搜索算法
template<class T>
void Graph<T>::BFS(int v, VisitFunction visit){
    ArrayQueue<int> queue(100);
    queue.EnQueue(v);
    while(!queue.IsEmpty()){//队列为空时停止迭代
        int u;
        queue.DeQueue(u);
        if(marks[u] == UNVISITED)
            visit(*this, u);
        marks[u] = VISITED;  //访问顶点 u，并标志位置为已访问
        //与该点相邻的每一个未访问点都入队
        for(Edge<T> e = FirstEdge(u); IsEdge(e); e = NextEdge(e)){
            if(marks[e.end] == UNVISITED)
                queue.EnQueue(e.end);
        }
    }
}
//图的广度优先搜索算法
template<class T>
void Graph<T>::BFSTraverse(VisitFunction visit){
    for(int v = 0; v < vertexNum; v++)   //对所有顶点的标志位初始化
        marks[v] = UNVISITED;
    for(int v = 0; v < vertexNum; v++)
        //检查图中是否有未访问的顶点，如果有则从该顶点开始广度优先搜索
        if(marks[v] == UNVISITED)
            BFS(v, visit);
}
```

图的广度优先搜索中，每个顶点至多入队一次，搜索过程实质上也是通过边或弧寻找邻接点的过程，因此广度优先搜索遍历图的时间复杂度和深度优先搜索遍历相同，两者的不同之处仅仅在于对顶点访问的顺序不同。

4.4 最小生成树

生成树的概念已在 4.1 节给出。具有 n 个顶点的连通图 G 的生成树是其包含 n 个顶点、$n-1$ 条边的极小连通子图。利用深度优先搜索和广度优先搜索可以得到连通图的生成树。

对于带权无向图，生成树上各条边的权重之和称为生成树的代价。代价最小的生成树称为最小生成树（minimum-cost spanning tree，MST）。许多应用问题都是求无向连通图的最小生成树问题。如：如何在 n 个城市之间铺设公路，使得任意两个城市之间都可以到达并且总费用最小？如何在 n 个教学楼之间铺设网线，使得任何两个教学楼之间都可以网络通信并且使用的线缆最少？

图 4.15 中（b）是（a）的一棵最小生成树。

在实际应用中，通常利用构造方法来构造最小生成树。典型的构造方法有：普里姆（Prim）算法和克鲁斯卡尔（Kruskal）算法。

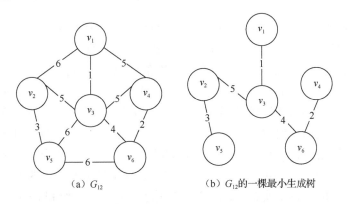

(a) G_{12} (b) G_{12} 的一棵最小生成树

图 4.15 带权图 G_{12} 和 G_{12} 的一棵最小生成树

4.4.1 Prim 算法

设 $G = \langle V, E \rangle$ 是一个连通的带权无向图。Prim 算法通过不断地增加生成树的顶点来得到最小生成树。在算法的任一时刻，一部分顶点已经添加到生成树的顶点集合中，而其余顶点尚未加到生成树中。此时，Prim 算法通过选择边 (u, v)，使得 (u, v) 的权值是所有 u 在生成树中但 v 不在生成树中的边的权值最小者，从而找到新的顶点 v 并把它添加到生成树中。图 4.16 指出该算法如何从顶点 v_1 开始构建图 G_{12} 的最小生成树。初始时，只有顶点 v_1 在构造的生成树中，之后每一步向生成树中添加一条边和一个顶点。

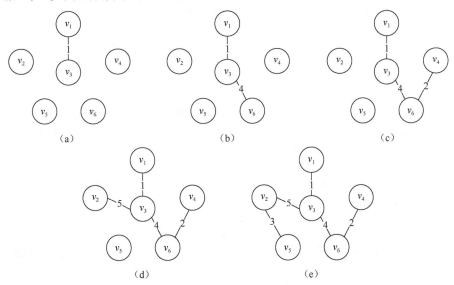

图 4.16 Prim 算法构造带权图 G_{12} 的最小生成树的步骤

设 U 是算法执行过程中最小生成树的顶点集合，TE 是最小生成树中边的集合。Prim 算法的详细步骤如下：

（1）初始状态，$U = \{u_1\}$，TE = {}。其中，u_1 是图的顶点集合中某一顶点。

（2）在所有 $u \in U$，$v \in V - U$ 的边 (u, v) 中寻找代价最小的边 (u', v')，并纳入集合 TE 中，同时将 v' 纳入集合 U 中。这一过程不会产生回路。

（3）如果 $U = V$，则算法结束；否则重复步骤（2）。

　　Prim 算法在执行过程中，需要标注各个点是否已经在生成树集合中。另外，当向生成树中添加一个新顶点时，需要更新那些一个顶点已经在生成树集合而另一个顶点不在生成树集合中的边信息，Prim 算法通过这样的边来发现新的顶点。在算法的具体实现中，可以引入 neighbor 和 nearest 数组，neighbor[j]的值如果为-1 则表明顶点 j 已经在生成树集合中；否则 neighbor[j]的值为已经在生成树中的某个顶点编号，该顶点与顶点 j 的边权值是所有已经在生成树中的顶点和 j 的边的权值中最小者，nearest[j]即为相应的最小权值。Prim 算法每次遍历 neighbor 和 nearest 数组，对于所有满足 neighbor[j]不为-1 的顶点 j，找到一个最小的 nearest[v]，则 v 即为新找到的顶点，(neighbor[v],v)为相应的边。这个确定新顶点的过程也可以通过最小堆来实现。在向生成树中添加顶点 v 后，要再次更新 neighbor 数组和 nearest 数组，对于尚未在生成树集合中的顶点 j，检查(j,v)的边权值是否小于 nearest[j]，如果是，则更新 nearest[j]以及 neighbor[j]。

　　例 4.8 给出了 Prim 算法的实现。

　　【例 4.8】Prim 算法的实现。

```
//最小生成树的 Prim 算法
template<class T>
bool Graph<T>::Prim(int from, LinkList<Edge<T>> & mst){
    int i, j;
    T* nearest = new T[vertexNum];//nearest[i]表示生成树中点到 i 点的最小边权值
    int* neighbor = new int[vertexNum];
    //neighbor[i]表示生成树中与 i 点最近的点编号,-1 表示 i 点已经在生成树集合中
    for(i = 0; i < vertexNum; i++){    //初始化 neighbor 数组和 nearest 数组
        neighbor[i] = from;
        nearest[i] = MAX_VALUE;
    }
    //与 from 相邻接的顶点的边权值作为这些点距离生成树集合的最短边长
    for(Edge<T> e = FirstEdge(from); IsEdge(e); e = NextEdge(e)){
        nearest[e.end] = e.weight;
    }
    neighbor[from] = -1;//将已加入到生成树的点的最近邻设置为-1
    for(i = 1; i < vertexNum; i++){ //i 标记已经加入到生成树中的点个数
        T min = MAX_VALUE;//记录最小权值
        int v = -1;//记录下一个将要加入到集合中的点
    //确定一个顶点在生成树集合,一个顶点不在生成树集合且权值最小的边所关联的顶点
        for(j = 0; j < vertexNum; j++){
            if(nearest[j]<min && neighbor[j]>-1){
                min = nearest[j];
                v = j;
            }
        }
    //将 v 加入到生成树集合中,更新到生成树外的各个点最小权值的边信息
        if(v >= 0){
            Edge<T> tempEdge(neighbor[v], v, nearest[v]);
            mst.insertTail(tempEdge);
            neighbor[v] = -1;
```

```
        for(Edge<T> e = FirstEdge(v); IsEdge(e); e = NextEdge(e)){
            int u = e.end;
            if(neighbor[u] != -1 && nearest[u] > e.weight){
                //用与 v 关联的边更新生成树之外顶点到生成树集合的最小权值边
                neighbor[u] = v;
                 nearest[u] = e.weight;
            }
        }
    }
}
delete[] neighbor; //释放空间
delete[] nearest;
//当图完全连通时返回 true
if(mst.Count() == vertexNum - 1) return true;
return false;
}
```

Prim 算法的实现主要是两个过程的重复：寻找一个满足条件的未插入到生成树集合中的顶点；利用该顶点更新其余顶点的信息。所以 Prim 算法的时间复杂度为 $O(n^2)$，其中 n 为图的顶点数。Prim 算法的复杂度与图中的边数无关，因此适用于边数比较稠密的图。

4.4.2 Kruskal 算法

设 $G = \langle V, E \rangle$ 是一个连通的带权图，令最小生成树的初始状态为只有 n 个孤立顶点的非连通图 $T = (V, \{\})$，图中每个顶点自成一个连通分量。Kruskal 算法的基本思想是基于贪心准则，首先在 E 中选择权重最小的边，若该边所关联的两个顶点属于两个不同的连通分量，则将此边加入 T 中，否则选择下一条权重最小的边。重复上述过程，直至 T 中所有顶点都在一个连通分量中。

对于图 4.15 中所示的带权图 G_{12}，按照 Kruskal 算法选取边的过程如图 4.17 所示。

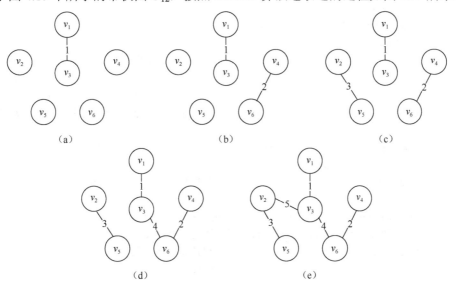

图 4.17　Kruskal 算法构造带权图 G_{12} 的最小生成树的步骤

　　Kruskal 算法的三个核心操作是：确定权值最小的边；判定一条边所关联的两个顶点是否在一个连通分量中；如果不是则合并两个顶点所属的连通分量。第一个操作可以按边的权值组成优先队列，该优先队列通过最小堆来实现。第二、三个操作涉及合并两个集合操作，合并两个线性表复杂度为 $O(n^2)$。可以通过并查集来实现集合的合并操作，合并两个集合的复杂度为 $O(n \lg n)$。把连通分量中的顶点作为并查集的元素，采用并查集的查找（find）方法确定边的两个连接点所属的连通分量是否相同，采用并查集的合并（union）方法合并两个连通分量。

　　【例4.9】基于数组的并查集实现。

```cpp
class UFsets {
private:
    int n;                      //并查集中元素的个数
    int* root;                  //root[i]表示元素 i 所在的集合的代表元素编号
    int* next;                  //next[i]表示在集合中,i 的后面元素编号
    int* length;                //length[i]表示 i 所代表的集合的元素个数
public:
    UFsets(int size){
        n = size;               //初始 size 个元素的集合
        root = new int[n];
        next = new int[n];
        length = new int[n];
        for(int i = 0; i < n; i++){
            root[i] = next[i] = i;          //各个元素独自成一个集合
            length[i] = 1;
        }
    }
    int Find(int v){
        if(v < n){
            return root[v];
        }//返回集合中的代表元素编号
        else{
            cout << "参数不合法" << endl;  //边界检查
        }
    }
    void Union(int v, int u);//合并 v 和 u 所在的集合，将元素少的合并到元素多的里面去
};
void UFsets::Union(int v, int u){
    if(root[u] == root[v]){
        return;                             //如果两个在同一个集合中，则返回
    }
    else if(length[root[v]] <= length[root[u]]){
        //如果 u 的长度比 v 的长度长，那么就把 v 合到 u 里面
        int rt = root[v];           //记录 v 所在的集合的代表元素
        length[root[u]] = length[root[u]] + length[root[v]];
                                    //修改 u 所在的集合的元素的个数
        root[rt] = root[u];         //下面来修改 v 所在的集合里面的元素的代表元素
```

```
        for(int j = next[rt]; j != rt; j = next[j]){
            root[j] = root[u];
        }
        //下面交换两个代表元素 rt,root[u]的 next 值
        int temp;
        temp = next[rt];
        next[rt] = next[root[u]];
        next[root[u]] = temp;
    }
    else if(length[root[v]] > length[root[u]]){//相反的一样
        int rt = root[u];
        length[root[v]] = length[root[v]] + length[root[u]];
        root[rt] = root[v];
        for(int k = next[rt]; k != rt; k = next[k]){
            root[k] = root[v];
        }
        int temp;
        temp = next[rt];
        next[rt] = next[root[v]];
        next[root[v]] = temp;
    }
}
```

基于上述并查集的定义，Kruskal 算法的实现见例 4.10。

【例 4.10】Kruskal 算法的实现。

```
//最小生成树的 Kruskal 算法
template<class T>
bool Graph<T>::Kruskal(LinkList<Edge<T>>& mst){
    int* vArr = new int[vertexNum];
    for(int i = 0; i < vertexNum; i++)
        vArr[i] = i;
    UFsets set(vertexNum);      //定义 vertexNum 个结点的集合
    MinHeap<Edge<T>> heap(EdgeCount());        //定义含有 e 个元素的最小堆
    for(int i = 0; i < vertexNum; i++)
        for(Edge<T> edge = FirstEdge(i); IsEdge(edge); edge = NextEdge(edge))
            if(edge.start < edge.end)
                            //限制起始点的编号大小顺序，防止无向图中的边被重复加入
                heap.Insert(edge);
    int edgeNum = 0;            //生成树的边个数
    while(!heap.IsEmpty() && edgeNum < vertexNum - 1){
        Edge<T> edge = heap.RemoveFirst();  //找到权重最小的未处理的边
        int start = edge.start;
        int end = edge.end;
        if(set.Find(start)!=set.Find(end)){ //不在同一个连通分量
            set.Union(start, end); //合并两个顶点所在的集合
            mst.insertTail(edge);   //将符合条件的边添加到生成树边集合中
            edgeNum++;
```

```
            }
        }
        if(mst.Count() == vertexNum - 1) return true;
        return false;
    }
```

Kruskal 算法实现过程中，向堆中插入了 e 条边，时间复杂度是 $O(e\log e)$；从堆中最多删除了 e 条边，时间复杂度是 $O(e\log e)$；最多执行 $2e$ 次并查集的查找操作，时间复杂度是 $O(e)$；最多执行 e 次并查集的合并操作，时间复杂度是 $O(e\log e)$。所以总的时间复杂度是 $O(e\log e)$。Kruskal 算法的时间复杂度主要取决于边数，适用于构造稀疏图的最小生成树。

4.5 最 短 路 径

在实际生活中经常会遇到如何选择最佳出行路线（费用最低或时间最短）的问题。这种最佳路线也称为最短路径。求带权有向图中的最短路径在许多领域里都有实际应用意义。最短路径指的是，从图中某顶点出发（该点称为源点），经过图上的一些边到达另一顶点（称为终点）的所有路径中路径长度（路径上各条边的权重之和）最小的路径。本节介绍两种常见的最短路径——单源最短路径和顶点对之间的最短路径及其计算方法。

4.5.1 单源最短路径

对于图 $G=(V,E)$，给定源点 $s \in V$，单源最短路径指的是从 s 到图中其他各顶点的最短路径。例如，对于图 4.18 所示的带权有向图 G_{13}，从 v_0 到其余各个顶点的最短路径如表 4.1 所示。求解单源最短路径的一个常用算法是迪杰斯特拉（Dijkstra）算法。Dijkstra 算法是一种按照路径长度递增的次序产生到各顶点最短路径的贪心法。

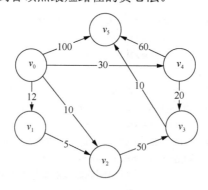

图 4.18 单源最短路径的示例 G_{13}

表 4.1 图 G_{13} 中 v_0 到其余各顶点的最短路径及长度

源点	终点	最短路径	路径长度
v_0	v_1	$v_0 \rightarrow v_1$	12
	v_2	$v_0 \rightarrow v_2$	10
	v_3	$v_0 \rightarrow v_4 \rightarrow v_3$	50
	v_4	$v_0 \rightarrow v_4$	30
	v_5	$v_0 \rightarrow v_4 \rightarrow v_3 \rightarrow v_5$	60

设图的邻接矩阵为 W。Dijkstra 算法首先将图的顶点集合划分成两个集合 S 和 V-S。集合 S 表示最短路径已经确定的顶点集合，其余的顶点则存放在另一个集合 V-S 中。初始状态时，集合 S 只包含源点，即 $S = \{s\}$，表示此时只有源点到自己的最短路径是已知的。设 v 是 V 中的某个顶点，把从源点 s 到顶点 v 且中间只经过集合 S 中顶点的路径称为从源点 s 到顶点 v 的特殊路径，并用数组 D 来记录当前所找到的从源点 s 到每个顶点的最短特殊路径长度，用数组 path 来记录到达各个顶点的前驱顶点。其中，如果从源点 s 到顶点 c 有弧，则以弧的权值作为 $D[v]$ 的初始值；否则将 $D[v]$ 初始为无穷大。path 数组初始化为 s。

Dijkstra 算法每次从尚未确定最短路径长度的集合 V-S 中取出一个最短特殊路径长度最小的顶点 u，将 u 加入集合 S，同时更新数组 D、path 中由 s 可达的各个顶点的最短特殊路径长度。更新 D 的策略是，若加进 u 作中间顶点，使得 v_i 的最短特殊路径长度变短，则修改 v_i 的最短特殊路径长度及前驱顶点编号，即当 $D[u] + W[u, v_i] < D[v_i]$ 时，令 $D[v_i] = D[u] + W[u, v_i]$，$\text{path}[v_i] = u$。重复上述操作，直到 S 包含了 V 中所有的顶点，D 记录了从源点 s 到各个顶点的最短路径长度，path 记录了相应最短路径的终点的前驱顶点编号。

例如，对于图 4.18 所示的有向图 G_{13}，为方便计算，可以先得到其带权邻接矩阵，如图 4.19 所示，应用 Dijkstra 算法计算从源点 v_0 到其他顶点的最短路径的过程如表 4.2 所示。

$$\begin{bmatrix} 0 & 12 & 10 & \infty & 30 & 100 \\ \infty & 0 & 5 & \infty & \infty & \infty \\ \infty & \infty & 0 & 50 & \infty & \infty \\ \infty & \infty & \infty & 0 & \infty & 10 \\ \infty & \infty & \infty & 20 & 0 & 60 \\ \infty & \infty & \infty & \infty & \infty & 0 \end{bmatrix}$$

在表 4.2 中，初始时集合 S 只包含源点 v_0，通过邻接矩阵可以很容易地列出源点到每个顶点的最短特殊路径长度，

图 4.19　图 G_{13} 的带权邻接矩阵

Dijkstra 算法首先从集合 V-S 中取出一个最短特殊路径长度最小的顶点 v_2 加入集合 S，$D[v_2] = 10$（表中用下划线标记），然后更新源点到其他顶点的最短特殊路径长度，例如，v_0 到 v_3 的最短路径（即 $D[v_3]$）原来为无穷大，当加入新顶点 v_2 时，通过邻接矩阵得到 $W[v_2, v_3] = 50$，并且 $D[v_3] > D[v_2] + W[v_2, v_3]$，于是按照 Dijkstra 的思想更新 $D[v_3]$ 为 $D[v_3] = D[v_2] + W[v_2, v_3] = 10 + 50 = 60$，同时更新 $\text{path}[v_3] = v_2$。依此类推，直至确定了源点 s 到所有其余顶点的最短路径，即所有点都在集合 S 中。

表 4.2　Dijkstra 算法的处理过程（源点为 v_0）

顶点	S					
		$\{v_2\}$	$\{v_2, v_1\}$	$\{v_2, v_1, v_4\}$	$\{v_2, v_1, v_4, v_3\}$	$\{v_2, v_1, v_4, v_3, v_5\}$
v_1	12	<u>12</u>				
v_2	<u>10</u>					
v_3	∞	60	60	<u>50</u>		
v_4	30	30	30			
v_5	100	100	100	90	<u>60</u>	
最短路径	$v_0 v_2$	$v_0 v_1$	$v_0 v_4$	$v_0 v_4 v_3$	$v_0 v_4 v_3 v_5$	
新顶点	v_2	v_1	v_4	v_3	v_5	
路径长度	10	12	30	50	60	

经过表 4.2 的处理，可以很直观地看出顶点 v_0 到图中其他顶点的最短路径及最短路径的长度。

例 4.11 给出了 Dijkstra 算法的具体实现。

【例 4.11】Dijkstra 算法的实现。

```
template<class T>
void Graph<T>::Dijkstra(int s, LinkList<Edge<T>>& dij){
    //边的三个要素：起点，终点，权值。以终点为索引，需要用数组存储其余两项
    ArrayList<T> distances (vertexNum);          //过程中各顶点的最短特殊路径长度
    ArrayList<int> path (vertexNum);             //过程中要增加的边在生成树中的起点
    //初始化
    for(int i = 0; i < vertexNum; i++){
        marks[i] = UNVISITED;
        distances[i] = MAX_VALUE;
        path[i] = s;
    }
    distances[s] = 0;                            //s 到自身的最短长度为 0
    for(int j = 0; j < vertexNum; j++){
        //找到一条最短特殊路径,即 min{D[j]&&G.Mark[j]==UNVISITED, 0<=j<n}
        T minDistance = MAX_VALUE;
        int minVertex = -1;
        for(int i = 0; i < vertexNum; i++)
            if(marks[i] == UNVISITED && minDistance > distances[i]){
            minDistance = distances[i];
            minVertex = i;
        }
        if(minVertex >= 0){
            //已确定 s 到 k 的最短路径
            dij.insertTail(Edge<T>(path[minVertex], minVertex, minDistance));
            marks[minVertex] = VISITED;
            //利用 k 更新到其余未访问顶点的最短特殊路径
            for(Edge<T> e = FirstEdge(minVertex); IsEdge(e); e = NextEdge(e))
                if(marks[e.end] == UNVISITED &&
                    distances[e.end] > (distances[minVertex] + e.weight)){
                    distances[e.end] = distances[minVertex] + e.weight;
                    path[e.end] = minVertex;
            }
        }
    }
}
```

分析 Dijkstra 算法，其主要包括两个操作：通过简单选择法来确定最短的特殊路径，时间复杂度为 $O(n)$（如果用最小堆，则时间复杂度为 $O(\log n)$）；利用新确定的最短路径终点来确定到其余顶点的最短特殊路径，这个操作要遍历该终点相关联的各条边，最多检查 $n-1$ 次，时间复杂度为 $O(n)$。因此，Dijkstra 算法的时间复杂度为 $O(n^2)$（如果用最小堆，则总的时间复杂度为 $O(n\log n)$）。

Dijkstra 算法是在假定边权为非负的情况下设计的，如果存在负边权，那么 Dijkstra 算法不能正确运行。感兴趣的读者可以自己设计例子来验证。

4.5.2 顶点对之间的最短路径

顶点对之间的最短路径问题指的是图 $G=(V,E)$ 中任意的顶点对 $\langle v_i, v_j \rangle$ 之间的最短路径。解决这个问题的一种方法是，分别以图上的各个顶点为源点，重复执行 n 次 Dijkstra 算法，从而计算出任意两点之间的最短路径，时间复杂度为 $O(n^3)$。另外一种计算顶点对之间最短路径的算法是下面介绍的弗洛伊德（Floyd）算法。

Floyd 算法是一种动态规划法，即先自底向上分别求解子问题的解，然后由子问题的解得到原问题的解。Floyd 算法形式比较简单，时间复杂度仍然是 $O(n^3)$。

设图 G 的顶点集 $V=\{v_1,v_2,\cdots,v_n\}$。Floyd 算法的基本思想是，如果 v_i 与 v_j 两点之间的最短路径经过一个或多个中间点，则可以认为这条最短路径由两条最短路径 $A_k=\{v_i=v_{i0},v_{i1},\cdots,v_{im}=v_k\}$、$B_k=\{v_k=v_{j0},v_{j1},\cdots,v_{jp}=v_j\}$ 连接而成，并且 $i_1,i_2,\cdots,i_m$ 和 $j_1,\cdots,j_p$ 均不大于 k（$1\leq k\leq n$）。Floyd 算法要先分别确定 v_i 到 v_k、v_k 到 v_j 且中间经过的顶点编号小于 k 的最短路径，再考查路径 $\{A_k,B_k\}$ 的长度是否是 v_i 到 v_j 且中间经过的顶点编号小于等于 k 的最短路径。

Floyd 算法具体的求解过程是，定义 adj$^{(k)}$ 矩阵，元素 adj$^{(k)}[i,j]$ 描述从 v_i 到 v_j 且中间顶点编号不大于 k 的最短路径长度；定义 path$^{(k)}$ 矩阵，元素 path$^{(k)}[i,j]$ 描述从 v_i 到 v_j 且中间顶点编号不大于 k 的最短路径中 v_j 的前驱顶点编号。初始时，定义 adj$^{(0)}$ 为邻接矩阵，即任意两点之间不经过任何其他顶点。在矩阵 adj$^{(0)}$ 上做 n 次迭代，循环地产生一个矩阵序列 adj$^{(1)},\cdots$，adj$^{(k)},\cdots$，adj$^{(n)}$。这个循环地产生 adj$^{(1)},\cdots$，adj$^{(k)},\cdots$，adj$^{(n)}$ 的过程就是逐步允许越来越多的顶点作为路径的中间顶点，直到所有顶点都允许作为中间顶点，最短路径也就出来了。

上述求解过程中，假设已求得矩阵 adj$^{(k-1)}$，那么从顶点 v_i 到顶点 v_j 中间顶点的编号不大于 k 的最短路径有两种情况：一种是中间不经过顶点 v_k，那么就有 adj$^{(k)}[i,j]=$adj$^{(k-1)}[i,j]$；另一种是中间经过顶点 v_k，那么 adj$^{(k)}[i,j]<$adj$^{(k-1)}[i,j]$。所以由顶点 v_i 经过 v_k 到顶点 v_j 的中间顶点编号不大于 k 的最短路径就分解成两个子路径问题：一段是从顶点 v_i 到 v_k 的中间顶点编号不大于 $k-1$ 的最短路径；一段是从顶点 v_k 到 v_j 的中间顶点编号不大于 $k-1$ 的最短路径，路径长度应为这两段最短路径长度之和，即 adj$^{(k)}[i,j]=$adj$^{(k-1)}[i,k]+$adj$^{(k-1)}[k,j]$。

综合这两种情况，有

$$\text{adj}^{(k)}[i,j]=\min\{\text{adj}^{(k-1)}[i,j],\text{adj}^{(k-1)}[i,k]+\text{adj}^{(k-1)}[k,j]\}$$

例如，用 Floyd 算法求解图 4.20 中每对顶点间的最短路径的求解过程如图 4.21 所示。

adj$^{(0)}$ 和 path$^{(0)}$ 为初始的长度矩阵和路径矩阵，adj$^{(1)}$ 表示中间经过顶点编号不大于 1 的长度矩阵，以求 adj$^{(1)}[3,2]$ 为例，adj$^{(0)}[3,1]+$adj$^{(0)}[1,2]=9<$adj$^{(0)}[3,2]=\infty$，因此修改 adj$^{(1)}[3,2]=9$，同时修改 path$^{(1)}[3,2]=1$，它表示 v_2 的前驱顶点编号是 1。

下面介绍一下如何找到一条最短路径的所有顶点。以根据 path$^{(4)}$ 来确定 v_2 到顶点 v_1 的最短路径为例。path$^{(4)}[2,1]=4$，表示 v_1 的前驱顶点是 v_4；然后由 path$^{(4)}[2,4]=3$，确定 v_4 的前驱顶点是 v_3；再根据 path$^{(4)}[2,3]=2$，确定 v_3 的前驱顶点是 v_2；最后得出从顶点 v_2 到顶点 v_1 的最短路径为 $\langle v_2,v_3\rangle$、$\langle v_3,v_4\rangle$、$\langle v_4,v_1\rangle$。例 4.12 给出了求顶点对之间最短路径的 Floyd 算法的实现。

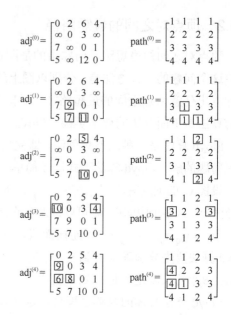

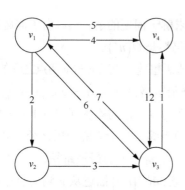

图 4.20 顶点对间的最短路径示例

图 4.21 Floyd 算法的求解过程

【例 4.12】Floyd 算法的实现。

```
template<class T>
void Graph<T>::Floyd(ArrayList<ArrayList<T>>& distance,ArrayList<ArrayList<int>>& path){
  for(int i = 0; i < vertexNum; i++){           //初始化 adjArray 数组、path 数组
    for(int j = 0; j < vertexNum; j++){
        distance[i][j] = (i == j) ? 0 : MAX_VALUE;
        path[i][j] = i;                         //前驱顶点编号是自身
    }
    for(Edge<T> e = FirstEdge(i); IsEdge(e); e = NextEdge(e))
      distance[i][e.end] = e.weight;
  }
  for(int v = 0; v < vertexNum; v++)            //遍历途经第 v 个结点
    for(int i = 0; i < vertexNum; i++)          //遍历从第 i 个结点开始的路径
      for(int j = 0; j < vertexNum; j++)        //遍历到第 j 个结点结束的路径
        if(distance[i][j] > distance[i][v] + distance[v][j]){
          distance[i][j] = distance[i][v] + distance[v][j];
          path[i][j] = path[v][j];
        }
}
```

Floyd 算法利用三层 for 循环来得到任意两点之间的最短路径，显然时间复杂度为 $O(n^3)$。

4.6 拓 扑 排 序

在实际问题中，经常会遇到判断一个有向图中是否存在环的问题。例如，在计算机专业学生的部分课程结构（表 4.3）中，有些课程是基础课程，不需要其他课程作为基础，而有些课程必须在学完先修课程后才可以开始。先修课程描述了课程之间的优先关系，可以用有向

图表示这种优先关系，如图 4.22 所示。图中的顶点表示课程，有向边表示课程之间的先修关系。如课程 C_1 是 C_2 的先修课程，则在图 4.22 中，存在 C_1 到 C_2 的一条有向边。显然在这样的有向图中不能存在环。

表 4.3 某大学计算机专业部分课程结构

课程编号	课程名称	先修课程
C_1	C 语言程序设计	无
C_2	离散数学	C_1
C_3	数据结构	C_1、C_2
C_4	计算机组成与结构	无
C_5	编译原理	C_3
C_6	操作系统	C_3、C_4

对于无向图，深度优先搜索过程中如果在当前访问的顶点和已经访问过的顶点之间存在一条边，且这条边不是前向边，则可以判断图中一定存在环。如图 4.23 所示，从顶点 v_1 开始深度优先搜索时，首先从 v_1 访问到 v_2，接着从 v_2 访问到 v_3 时，存在 v_3 到已经访问的顶点 v_1 之间的一条非前向边（v_3 到已经访问的顶点 v_2 之间的边就是前向边），从而可以判定该图存在环。而对于有向图，利用深度优先搜索有时不能得到正确的判定结果。如对图 4.22，首先从顶点 C_1 开始进行深度优先搜索，依次访问 C_1、C_2、C_3、C_5、C_6，接着将从 C_4 开始访问，而在 C_4 与已经访问的顶点 C_6 之间存在有向边（非前向边），显然图中并不存在环。

拓扑排序是对有向图中顶点进行的一种排序，根据排序结果可以判断有向图中是否存在环。

在有向图 G 中，若 $\langle v_i, v_j \rangle$ 是一条弧，则称 v_i 为 v_j 的前驱顶点，v_j 为 v_i 的后继顶点。对有向无环图 G 中的所有顶点进行排序，如果满足若 v_i 是 v_j 的前驱顶点，在序列中 v_i 必在 v_j 之前，则称这样的排序为拓扑排序（topological sorting），对应的顶点序列为拓扑序列（topological order）。序列 $\{C_1, C_2, C_3, C_5, C_4, C_6\}$、$\{C_4, C_1, C_2, C_3, C_5, C_6\}$ 都是图 4.22 的拓扑序列，显然拓扑序列可能不唯一。

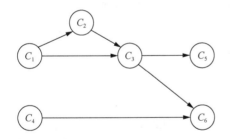 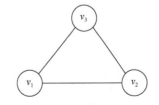

图 4.22 边表示优先关系的有向图　　　图 4.23 利用深度优先搜索判断无向图中是否存在环

一个简单的拓扑排序算法是先找出任意一个没有入边的顶点（即入度为 0），然后输出该顶点，并从图中删除该顶点和由它指出的边，修正其余顶点的入度信息。然后对图的剩余部分应用同样的方法处理。当图中找不到没有入边的顶点时，如果所有的顶点已经访问完，则图中不存在环，否则存在环。

如图 4.24（a）所示，首先选择没有入边的顶点 A，输出 A 并删除 A 以及由 A 指出的边后，只有 B 的入度为 0，输出 B 后删除 B 以及由 B 指出的边，此时只有 C 没有入边，输出 C 后删除 C 以及由 C 指出的边，最后输出 D。而对图 4.24（b），首先选择没有入边的顶点 A，输出

A 并删除 A 以及由 A 指出的边后，找不到入度为 0 的顶点，而此时还有顶点没有输出，从而判定存在环。拓扑排序过程中选择没有入边的顶点时如果有多种选择，则意味着可以产生多种拓扑排序结果。

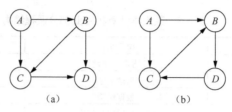

图 4.24　利用拓扑排序判断有向图中是否存在环

上述拓扑排序算法的核心操作是不断修正各个顶点的入度信息，为此在算法实现时，可以设计一个数组来表示各个顶点的入度信息，数组元素的下标表示相应的顶点序号。当删除一个顶点时，需要检查由该顶点发出的边，将边的终点的入度值减 1。具体的算法实现如例 4.13 所示。

【例 4.13】 拓扑排序算法。

```
template<class T>
bool Graph<T>::TopologySort(LinkList<int>& topSort)
{
  ArrayList<int> indegree(vertexNum);        //创建一个数组记录各个顶点的入度值
  //初始化
  for(int v = 0; v < vertexNum; v++){
    indegree[v] = 0;
    marks[v] = UNVISITED;
  }
  for(int v = 0; v < vertexNum; v++)         //统计各个顶点的入边信息
    for(Edge<T> e = FirstEdge(v); IsEdge(e); e = NextEdge(e))
      indegree[e.end]++;
  for(int i = 0; i < vertexNum; i++){
    //依次确定拓扑序列 SortArray 中的第 i 个元素
    //找到入度为 0 且未被访问的顶点
    int indeg0 = -1;
    for(int v = 0; v < vertexNum; v++)
      if(indegree[v] == 0 && marks[v] == UNVISITED){
        indeg0 = v;
        break;                               //退出 for(v) 循环
      }
    if(indeg0 == -1)  return false;          //找不到入度为 0 的顶点,退出拓扑排序
    //将顶点 v 放到排序序列中,并将其状态设置为 VISITED
    marks[indeg0] = VISITED;
    topSort.insertTail(indeg0);
    //修改 v 指向的顶点的入度
    for(Edge<T> e = FirstEdge(indeg0); IsEdge(e); e = NextEdge(e))
      indegree[e.end]--;
  }
```

```
    return true;
  }
```

分析拓扑排序算法，对具有 n 个顶点、e 条边的有向图而言，初始化各个顶点的入度信息的时间复杂度是 $O(e)$，循环找到入度为 0 的顶点并修正其余顶点的入度信息的时间复杂度是 $O(n^2 + e)$，因此总的时间复杂度是 $O(n^2 + e)$。

另外一种拓扑排序算法是先获得逆拓扑序列，然后再形成拓扑序列。要获得逆拓扑序列，可以先找出任意一个没有出边的顶点（即出度为 0），从图中删除该顶点和指向它的边，修正其余顶点的出度信息。然后对图的剩余部分应用同样的方法处理。这个过程也称为逆拓扑排序。

4.7 关 键 路 径

在有向无环图中，可以用顶点表示事件（event），边表示活动（activity），边的权值表示活动所需要的时间，边的方向表示活动可以在起点事件之后开始，在终点事件之前完成。这样的有向无环图也称为 AOE 网。在 AOE 网中只有一个入度为 0 的顶点（源点），一个出度为 0 的顶点（汇点）。实际应用中，通常用 AOE 网来估算项目的完成时间。如图 4.25 为一个包含 8 项活动、7 个事件的 AOE 网。在 AOE 网中，完成工程的最短时间是从源点到汇点的最长路径的长度，该路径称为关键路径。关键路径上的活动称为关键活动。在项目管理中，关键路径决定了整个项目的最短完成时间。如图 4.25 所示，边上数值表示相应的活动需要多少天完成，图中的路径 $v_1 \rightarrow v_2 \rightarrow v_4 \rightarrow v_5 \rightarrow v_7$ 是 v_1 到 v_7 的最长的路径，即关键路径，表明从 v_1 事件开始到 v_7 事件最快需要 18 天。

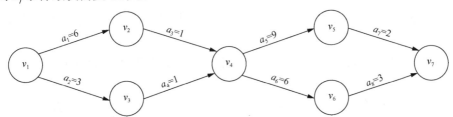

图 4.25　关键路径示例

为了计算 AOE 网中关键路径，首先引入以下几个概念。

$ve(v_i)$：表示事件 v_i 的最早发生时间，例如在图 4.25 中，$ve(v_1) = 0$，$ve(v_3) = 3$。

$vl(v_i)$：表示事件 v_i 的最迟发生时间，例如在图 4.25 中，$vl(v_1) = 0$，$vl(v_3) = 6$。

$e(a_i)$：表示活动 a_i 的最早开始时间，例如在图 4.25 中，$e(a_1) = 0$，$e(a_2) = 0$。

$l(a_i)$：表示活动 a_i 的最迟开始时间，例如在图 4.25 中，$l(a_1) = 0$，$l(a_2) = 3$。

$dut(j,k)$：表示活动 a_i 的持续时间。

$l(a_i) - e(a_i)$：表示完成活动 a_i 的时间余量。

$l(a_i) = e(a_i)$ 的活动称为关键活动。显然，关键路径上的活动都是关键活动。

在计算关键路径的过程中，事件与活动有着密切的关系，设活动 a_i 关联的前后事件分别是 v_j 和 v_k，如图 4.26 所示，则有 $e(a_i) = ve(v_j)$ 且 $l(a_i) = vl(v_k) - dut(j,k)$。

图 4.26 活动 a_i 与其关联的事件

要计算关键路径，就要先确定关键活动。而确定哪些活动是关键活动，则需要清楚各个活动的最早开始和最晚开始时间，即该活动所关联的起点事件的最早发生时间和终点事件的最迟发生时间。

求解事件的最早发生时间需要考虑该事件的前驱事件。例如图 4.25 中，有 $\mathrm{ve}(v_2) = \mathrm{ve}(v_1) + 6$，$\mathrm{ve}(v_3) = \mathrm{ve}(v_1) + 3$，但在求解 $\mathrm{ve}(v_4)$ 时，有两种情况，一种是 $\mathrm{ve}(v_4) = \mathrm{ve}(v_2) + 1$，另一种是 $\mathrm{ve}(v_4) = \mathrm{ve}(v_3) + 1$，该如何取舍呢？根据实际工程经验可知，事件 v_4 发生的前提是事件 v_2 与 v_3 全部结束，所以事件 v_j 最早是在所有前驱事件及活动都完成后发生，即 $\mathrm{ve}(v_j) = \max\{\mathrm{ve}(v_i) + \mathrm{dut}(i,j)\}$，式中 v_i 是 v_j 的前驱事件。

类似的道理，求解事件的最迟发生时间需要考虑它的后继事件，如图 4.25 所示，可以得到 $\mathrm{vl}(v_5) = \mathrm{vl}(v_7) - 2$，$\mathrm{vl}(v_6) = \mathrm{vl}(v_7) - 3$，计算 $\mathrm{vl}(v_4)$ 时依然有两种不同的选择，但是事件 v_4 最迟也不能耽误其后继事件，因此 $\mathrm{vl}(v_i) = \min\{\mathrm{vl}(v_j) - \mathrm{dut}(i,j)\}$，式中 v_j 是 v_i 的后继事件。

计算出各个事件的最早发生和最迟发生时间后，就可以计算出各个活动的最早开始和最晚开始时间，从而确定关键路径。

求解关键路径的具体算法如下：

（1）从源点 v_0 出发，令 $\mathrm{ve}(v_0) = 0$，利用拓扑排序过程顺序计算各事件的最早发生时间 $\mathrm{ve}(v_i)$。

（2）从汇点 v_n 出发，令 $\mathrm{vl}(v_n) = \mathrm{ve}(v_n)$，利用逆拓扑排序过程计算各事件的最迟发生时间 $\mathrm{vl}(v_i)$。

（3）根据各事件的 $\mathrm{ve}(v_i)$ 和 $\mathrm{vl}(v_i)$，计算各活动的最早开始时间 $e(a_j)$ 和最迟开始时间 $l(a_j)$。

（4）$l(a_j) = e(a_j)$ 的活动称为关键活动，关键活动组成的路径即为关键路径。

如计算工程图 4.25 中的关键路径，首先计算各个事件的最早发生时间和最迟发生时间，如表 4.4 所示。然后计算出各个活动的最早开始时间和最迟开始时间，如表 4.5 所示。

表 4.4　事件的最早和最迟发生时间

	v_1	v_2	v_3	v_4	v_5	v_6	v_7
ve	0	6	3	7	16	13	18
vl	0	6	6	7	16	15	18

表 4.5　活动的最早和最迟发生时间

	a_1	a_2	a_3	a_4	a_5	a_6	a_7	a_8
e	0	0	6	3	7	7	16	13
l	0	3	6	6	7	9	16	15

由表 4.5 可以确定 a_1, a_3, a_5, a_7 是关键活动，所以该工程的关键路径为 a_1, a_3, a_5, a_7。

根据上面的讨论分析可知，计算关键路径问题实质上就是要计算出各个活动的最早开始时间和最迟开始时间。假定图采用邻接矩阵存储，并且图中边的权值为整数。修改拓扑排序后可以用来计算各个顶点事件的最早发生时间，从而计算出各个活动的最早开始时间和最迟开始时间。具体如例 4.14、例 4.15 所示。

【例 4.14】修改拓扑排序算法，计算出各个顶点事件的最早发生时间。

```
template<class T>
bool Graph<T>::TopologySort(ArrayList<int>& topSort, ArrayList<T>& earlyTime)
{//对图 G 利用拓扑排序,获得各个顶点事件的最早发生时间, 拓扑序列存放在数组 SortArray 中
  ArrayList<int> indegree(vertexNum);        //创建一个数组记录各个顶点的入度值
  for(int v = 0; v < vertexNum; v++){
    //各个顶点的入度初始化 0, 访问状态标记为未访问, 事件的最早发生时间初始化 0
    indegree[v] = 0;
    marks[v] = UNVISITED;
    earlyTime[v] = 0;
    topSort[v] = -1;
  }
  for(int v = 0; v < vertexNum; v++)          //统计各个顶点的入边信息
    for(Edge<T> e = FirstEdge(v); IsEdge(e); e = NextEdge(e))
      indegree[e.end]++;
  int topCount = 0;
  //关键路径中需要 vn 个结点
  for(int i = 0; i < vertexNum; i++){
    //找到入度为 0 且未被访问的顶点
    int indeg0 = -1;
    for(int v = 0; v < vertexNum; v++)
    if(indegree[v] == 0 && marks[v] == UNVISITED){
      indeg0 = v;
      break;
    }
    //找不到入度为 0 的顶点,退出拓扑排序
    if(indeg0 == -1)  return false;
    //将顶点 v 放到排序序列中,并将其状态设置为 VISITED
    marks[indeg0] = VISITED;
    topSort[topCount++] = indeg0;
    for(Edge<T> e = FirstEdge(indeg0); IsEdge(e); e = NextEdge(e)){
      //修改 v 指向的顶点的入度
      indegree[e.end]--;
      //修改 v 的后继事件的最早发生时间 max{ve[i]+dut[i,j]}
      if(earlyTime[e.end] < earlyTime[indeg0] + e.weight)
          earlyTime[e.end] = earlyTime[indeg0] + e.weight;
    }
  }
  return true;
}
```

在例 4.14 基础上，确定关键活动的算法实现代码如例 4.15 所示。

【例 4.15】 确定关键活动。

```cpp
template<class T>
T  Graph<T>::CriticalPath(LinkList<Edge<T>>& keyPath, LinkList<T>& startTime)
{
  ArrayList<T> earlyTime(vertexNum);          //各个顶点事件的最早发生时间
  ArrayList<T> lateTime(vertexNum);           //各个顶点事件的最迟发生时间
  ArrayList<int> topSort;                     //记录拓扑序列
  //获得图的拓扑排序及各个顶点事件的最早发生时间
  if(!TopologySort(topSort, earlyTime))       //存在环,不能计算关键活动
    return-1;
  //各个顶点事件的最迟发生时间都初始化成终点事件的最早发生时间
  for(int i = 0; i < vertexNum; i++)
    lateTime[i] = earlyTime[topSort[vertexNum - 1]];
  for(int i = vertexNum - 1; i >= 0; i--){
    //利用逆拓扑序列来计算各个顶点的最迟发生时间
    int start = topSort[i];                   //每次修改的顶点(也是边的起始点)
    for(Edge<T> e = FirstEdge(start); IsEdge(e); e = NextEdge(e)){
      int end = e.end;
      T dut = e.weight;
      if(lateTime[start] > lateTime[end] - dut)
        lateTime[start] = lateTime[end] - dut; //修改最迟发生时间
    }
  }
  T sum = 0;                                  //保存完成所有事件需要的最快时间
  for(int v = 0; v < vertexNum; v++){         //确定关键活动
    for(Edge<T> e = FirstEdge(v); IsEdge(e); e = NextEdge(e)){
      //按照遍历每个顶点的边,寻找满足关键活动的边
      int u = e.end;
      T dut = e.weight;
      if(earlyTime[v] == lateTime[u] - dut){
        //确定关键活动
        keyPath.insertTail(e);
        startTime.insertTail(earlyTime[v]);
        sum = sum + dut;                      //累计时间
      }
    }
  }
  return sum;
}
```

确定关键活动的算法需要计算各个顶点事件的最早发生时间和最迟发生时间。如果图采用邻接矩阵存储，则算法的时间复杂度为 $O(n^2)$，如果采用邻接表来存储，则时间复杂度为 $O(n+e)$。

实际应用中，在不改变网络结构的前提下（不改变关键路径），通常采用提高关键活动的

速度来缩短源点到汇点的工期。但如果 AOE 网中有多条关键路径，则必须提高各条关键路径共有的关键活动的速度才能缩短工期。

4.8* 最 大 流

在 4.5 节中，我们通过有向图模拟道路交通图以找出从源点到终点的最短路径。在本节中，我们将有向图看成一个"流网络"来解决物料流动方面的问题。假设一种物料从图中某顶点产生（该点称为源点），流经图上的一些边到达消耗该物料的另一顶点（称为汇点）。在该过程中，源点以某种稳定的速率产生物料，汇点以同样的速率消耗物料，因此，物料在图中任一顶点的"流量"就是物料在该顶点的流动速率。所谓最大流指的是在图中每条边的容量都允许的情况下，源点产生物料的最大速率，也是汇点消耗物料的最大速率。本节介绍两种解决最大流问题的方法——基本的 Ford-Fulkerson 方法和效率更高的推送-重贴标签算法。

4.8.1 流网络

流网络 $G = (V, E)$ 是一个有向图，V 是顶点的集合，E 是边的集合，图中的每条边 $(u,v) \in E$ 都有一个非负的容量值 $c(u,v) \geq 0$。而且，如果边集 E 中包含了边 (u,v)，则图中不存在其反向边 (v,u)。如果 $(u,v) \notin E$，则定义其容量值 $c(u,v) = 0$，并且在图中不允许出现自环。在流网络中，有两个特殊顶点——源点 s 和汇点 t，并假定每个顶点都在从源点到汇点的某条路径上。因此，对于图中的每个顶点 $v \in V - \{s,t\}$，都存在一条路径 $s \rightarrow v \rightarrow t$。因此，流网络图是连通的，并且由于除源点外的每个结点都至少有一条进入的边，因此有 $|E| \geq |V| - 1$。

图 4.27 是一个流网络示例，该图中每条边 (u,v) 上注明的是其容量值 $c(u,v)$。

流网络 G 中的流是一个实值函数 $f: V \times V \rightarrow R$，且满足如下的两条性质：

（1）容量限制。对于所有的顶点 $u, v \in V$，都有 $0 \leq f(u,v) \leq c(u,v)$。

（2）流量守恒。对于所有的顶点 $u \in V - \{s,t\}$，都有 $\sum_{v \in V} f(v,u) = \sum_{v \in V} f(u,v)$。

其中，$f(u,v)$ 表示从顶点 u 到顶点 v 的流量。当 $(u,v) \notin E$ 时，从顶点 u 到顶点 v 不存在流量，故定义 $f(u,v) = 0$。

容量限制性质说明，从顶点 u 到顶点 v 的流量必须为非负值，且不能超过容量值 $c(u,v)$。流量守恒性质说明，流入顶点 u（非源点 s 和非汇点 t）的总流量必须等于从顶点 u 流出的总流量，即"流入等于流出"。

在一个流网络 G 中，流的值 $|f|$ 定义如下：

$$|f| = \sum_{v \in V} f(s,v) - \sum_{v \in V} f(v,s)$$

式中，流的值 $|f|$ 是从源点流出的总流量减去流入源点的总流量。通常来说，流网络中源点的入度为 0，此时流的值 $|f|$ 中的求和项 $\sum_{v \in V} f(v,s) = 0$。但在本节随后要介绍的残存网络中，流入源点的流量非常重要，因此，在此处统一定义流的值 $|f|$。

图 4.28 是流网络 G_{14} 的一个流 f。在该图中，每条边 (u,v) 上注明的是 $f(u,v)/c(u,v)$，且 "/" 仅代表分隔流量和容量。经计算易得，该流网络中流的值 $|f| = 11 + 8 = 19$。

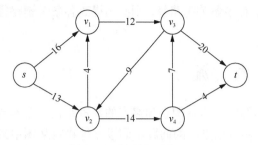

图 4.27　流网络示例 G_{14}

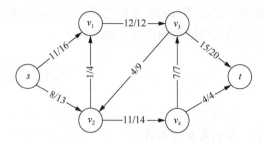

图 4.28　流网络 G_{14} 的一个流

通过给定的流网络 G、源点 s 和汇点 t，我们希望在 G 中找到值 $|f|$ 最大的一个流，这就是所谓的最大流问题。

4.8.2　最大流最小割定理

对于给定的流网络 G 和流 f，残存网络 G_f 由那些仍允许增加流量的边构成。流网络中的一条边允许增加的额外流量等于该边的容量减去该边已有的流量。如果所得差值为正，则将该边加到残存网络 G_f 中，并将其残存容量设置为 $c_f(u,v)=c(u,v)-f(u,v)$；否则，该边将不属于残存网络 G_f。

残存网络 G_f 还可能包含流网络 G 中不存在的边。对流量进行操作的目标是增加总流量，为此，可能需要缩减某些特定边的流量。为了表示对流量 $f(u,v)$ 的缩减，可以将边 (v,u) 加入残存网络 G_f 中，并将其残存容量设置为 $c_f(v,u)=f(u,v)$。因此，将流量从同一条边发送回去等同于缩减该边的流量，且一条边所允许的反向流量最多将其正向流量抵消。

给定一个流网络 $G=(V,E)$ 和流 f，则由流 f 所诱导的图 G 残存网络为 $G_f=(V,E_f)$，其中，对 G_f 中的任一边 $(u,v)\in E_f$，都有 $c_f(u,v)>0$。E_f 中可能包含 E 中原有的边，也可能包含其反向边，则有 $|E_f|\leq 2|E|$。

残存网络 G_f 与容量为 c_f 的流网络相似，但其不满足流网络的定义，因为边 (u,v) 和它的反向边 (v,u) 可能同时存在于 G_f 中。除此区别之外，残存网络与流网络具有相同的性质。

残存网络 G_f 中的增广路径 p 是一条从源点 s 到汇点 t 的简单路径。对 G_f 中增广路径 p 上的任一边 $(u,v)\in E_f$，可以增加的流量至多为 $c_f(u,v)$。因此，在 G_f 中的一条增广路径 p 上，至多可以增加的流量的值为：$|c_f(p)|=\min\{c_f(u,v):(u,v)\in p\}$。

在残存网络 G_f 中，p 是一条增广路径，则可以证明如下定义的函数 f_p 是一个流。

$$f_p(u,v)=\begin{cases} c_f(p), & \text{若}(u,v)\text{在}p\text{上} \\ 0, & \text{其他} \end{cases}$$

显然 $|f_p|=c_f(p)$。

对于给定的流网络 $G=(V,E)$ 和流 f，如果将流 f 递增 f_p 记为 $f\uparrow f_p$，具体定义如下，$f\uparrow f_p$ 是流网络 G 的一个流，其值为 $|f\uparrow f_p|=|f|+|f_p|$。

$$f\uparrow f_p(u,v)=\begin{cases} f(u,v)+f_p(u,v)-f_p(v,u), & \text{若}(u,v)\in E \\ 0, & \text{其他} \end{cases}$$

图 4.29 是对应图 4.28 的残存网络 G_f，该图中每条边 (u,v) 上注明的是其残存容量值 $c_f(u,v)$，阴影覆盖的边为流 f_p 指出的一条增广路径 p，其值为 $|f_p|=4$。

图 4.30 是图 4.28 的流 f 递增 f_p 后的流 $f \uparrow f_p$，其值为 $\left| f \uparrow f_p \right| = 19 + 4 = 23$。

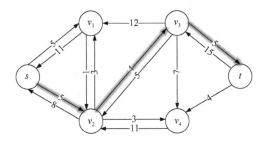

图 4.29　残存网络示例

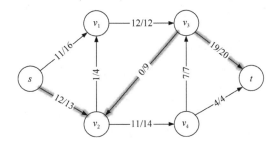

图 4.30　流网络 G_{14} 递增后的流

对于没有运送流量的边 $\langle v_3, v_2 \rangle$ 只标出了其容量

接下来介绍流网络中的切割概念。

对于给定的流网络 $G = (V, E)$ 和流 f，某个切割 $\mathrm{cut}(S, T)$ 可以将顶点集 V 分割为 S 和 $T = V - S$ 两个集合。定义切割 $\mathrm{cut}(S, T)$ 的净流量 $f(S, T)$ 为从 S 到 T 的流量减去从 T 到 S 的流量，即

$$\left| f(S, T) \right| = \sum_{u \in S} \sum_{v \in T} f(u, v) - \sum_{u \in S} \sum_{v \in T} f(v, u)$$

任一切割 $\mathrm{cut}(S, T)$ 的净流量都等于流 f 的值，即 $\left| f(S, T) \right| = \left| f \right|$。

定义切割 $\mathrm{cut}(S, T)$ 的容量 $c(S, T)$ 为从 S 到 T 的容量，即

$$\left| c(S, T) \right| = \sum_{u \in S} \sum_{v \in T} c(u, v)$$

流网络 G 的最小切割为容量值 $\left| c(S, T) \right|$ 最小的切割。

图 4.31 是对图 4.28 的一个切割 $\mathrm{cut}(S, T)$，其中切割净流量 $\left| f(S, T) \right| = 12 + 11 - 4 = 19$，切割容量 $\left| c(S, T) \right| = 12 + 14 = 26$。

显然，由净流量和容量的定义可知，在流网络 G 的容量限制性质下，任一切割 $\mathrm{cut}(S, T)$ 的净流量都不能超过其容量。因此，流网络 G 中最大流的值必须小于或等于最小切割的容量值，由此，给出如下的最大流最小割定理：

（1）f 是流网络 G 的最大流，当且仅当其残存网络 G_f 中不包含任何增广路径；

（2）f 是流网络 G 的最大流，且 $\mathrm{cut}(S, T)$ 是流网络 G 的最小切割，则有 $\left| f \right| = \left| c(S, T) \right|$。

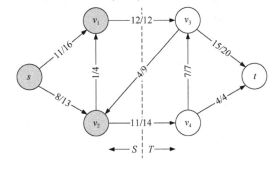

图 4.31　流网络 G_{14} 的切割

4.8.3　Ford-Fulkerson 方法

对于给定的流网络 $G = (V, E)$，Ford-Fulkerson 方法通过循环对流 f 进行递增以获得其最

大流。首先，对于所有的顶点 $u,v \in V$，令 $f(u,v)=0$；之后，通过对残存网络 G_f 进行广度优先搜索寻找一条增广路径 p，并使用计算得到的流值 $|f_p|$ 对流 f 进行递增；最后，更新残存网络 G_f 重新遍历，迭代此过程直至残存网络 G_f 中不存在增广路径，此时得到的流 f 便是流网络 G 的最大流。

图 4.32 指出了 Ford-Fulkerson 方法求流网络 G_{14} 的最大流的具体步骤。图 4.32 的左侧部分是残存网络 G_f，阴影覆盖的路径为增广路径 p；图 4.32 的右侧部分是对流 f 递增流值 $|f_p|$ 后形成的新的流网络。图 4.32（d）的残存网络 G_f 中已不存在增广路径 p，因此，图 4.32（c）中显示的流 f 已经是最大流。

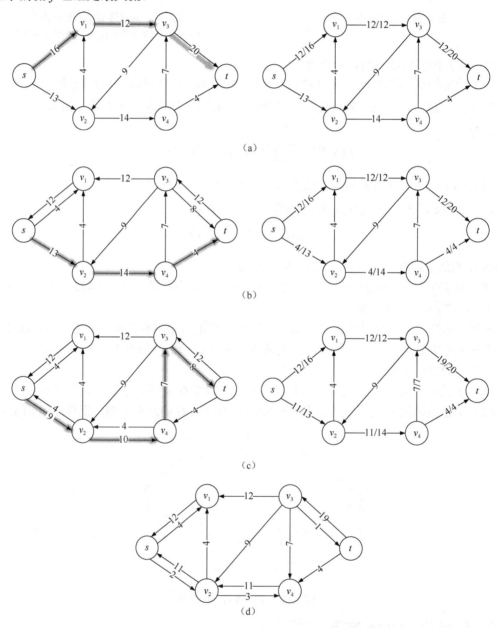

图 4.32　Ford-Fulkerson 方法求流网络 G_{14} 的最大流的步骤

例 4.16 给出了 Ford-Fulkerson 方法求流网络中最大流的具体实现。

【例 4.16】Ford-Fulkerson 方法的实现。

```
template<class T>
T  Graph<T>::FordFulkerson(int source, int target){
    T maxFlow = 0;
    ArrayList<int> parent(vertexNum); //记录结点的前驱结点
    ArrayList<ArrayList<T>> residual(vertexNum); //存储残存网络的容量
    for(int i = 0; i < vertexNum; i++){  //初始化
        for(int j = 0; j < vertexNum; j++)
            residual[i][j] = 0;
        for(Edge<T> e = FirstEdge(i); IsEdge(e); e = NextEdge(e))
            residual[i][e.end] = e.weight;
    }
    while(true){
        for(int i = 0; i < vertexNum; i++){    //初始化 Mark 数组,path 数组
            marks[i] = UNVISITED;
            parent[i] = 0;
        }
        //从源点 s 广度优先搜索残存网络,寻找增广路径
        ArrayQueue<int> queue;
        queue.EnQueue(source);
        while(!queue.IsEmpty()){
            int v;
            queue.DeQueue(v);
            marks[v] = VISITED;
            for(Edge<T> e = FirstEdge(v); IsEdge(e); e = NextEdge(e))
                if(marks[e.end] == UNVISITED && residual[e.start][e.end] > 0){
                    parent[e.end] = e.start;
                    queue.EnQueue(e.end);
                }
        }
        if(marks[target] == UNVISITED)
            break; //汇点 t 未被访问时,不存在增广路径
            //遍历增广路径寻找最小容量
        T pathFlow = MAX_VALUE;
        for(int v = target; v != source; v = parent[v]){
            int u = parent[v];
            pathFlow = pathFlow <= residual[u][v] ? pathFlow : residual[u][v];
        }
        maxFlow += pathFlow;
        //更新残存网络
        for(int v = target; v != source; v = parent[v]){
            int u = parent[v];
            residual[u][v] -= pathFlow;
            residual[v][u] += pathFlow;
        }
    }
    return maxFlow;
}
```

分析 Ford-Fulkerson 方法可知，对具有 n 个顶点、e 条边的流网络而言，对流 f 进行递增的时间复杂度为 $O(ne)$，而每次迭代用广度优先搜索寻找增广路径的时间复杂度为 $O(e)$，因此总的时间复杂度为 $O(ne^2)$。

4.8.4 推送-重贴标签算法

与 Ford-Fulkerson 方法相比，推送-重贴标签算法具有更强的局域性。具体来说，推送-重贴标签算法不会在残存网络中寻找增广路径，而是逐步查看每个顶点，每一步只检查当前顶点的邻接顶点。此外，在执行过程中，推送-重贴标签算法维持一个预流，该预流是一个实值函数 $f:V \times V \to \mathbb{R}$，且 f 满足容量限制性质，但不满足流量守恒性质。对于所有的顶点 $u \in V - \{s\}$，都有

$$e(u) = \sum_{v \in V} f(v,u) - \sum_{v \in V} f(u,v) \geqslant 0$$

即进入一个顶点的流量可以超过从该顶点流出的流量，并将超出部分定义为进入顶点 u 的超额流 $e(u)$。当超额流 $e(u) > 0$ 时，称顶点 u 溢出。

为了约束预流 f 在顶点对之间的流动方向，给顶点定义一个高度函数 $h:V \to N$，满足源点高度 $h(s) = |V|$，汇点高度 $h(t) = 0$，且对于 G_f 中的任一边 $(u,v) \in E_f$，都有 $h(u) \leqslant h(v)+1$。此外，规定预流 f 只能从高度较高的顶点向高度较低的顶点推送。因此，当顶点 u 溢出且其所有邻接顶点高度均不低于 u 的高度时，为了消除顶点 u 的超额流，必须增加顶点 u 的高度，即对顶点 u 进行"重贴标签"。

推送-重贴标签算法首先从源点 s 下发尽可能多的流到其邻接顶点，之后循环执行推送或重贴标签操作，使尽可能多的流到达汇点。在此过程中，必须保持源点高度 $h(s) = |V|$，汇点高度 $h(t) = 0$，即不能对源点 s 和汇点 t 重贴标签。最终，所有可能到达汇点的流均到达汇点后，若除了汇点 t 外，还有其他顶点溢出，则继续对其进行重贴标签，使其高度高于源点的高度 $|V|$，并将该顶点的超额流发送回源点。当除 s 和 t 外的所有顶点超额流为 0 时，汇点 t 的超额流 $e(t)$ 即为网络的最大流。

图 4.33 按顺序指出了推送-重贴标签算法求流网络 G_{14} 的最大流的具体步骤。若顶点 u 溢出，且满足 $(u,v) \in E_f$ 和 $h(u) = h(v)+1$，则可对 (u,v) 执行推送操作，推送流的值为 $\min(e(u), c_f(u,v))$。若顶点 u 溢出，且对于任一边 $(u,v) \in E_f$，均未执行推送操作，则可对顶点 u 重贴标签，修改顶点 u 的高度为 $h(u) = \min(h(v):(u,v) \in E_f)+1$。在该图中，顶点 u 旁边注明的是 $e(u)/h(u)$，且 "/" 仅代表分隔超额流和高度。

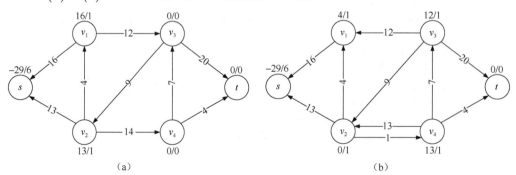

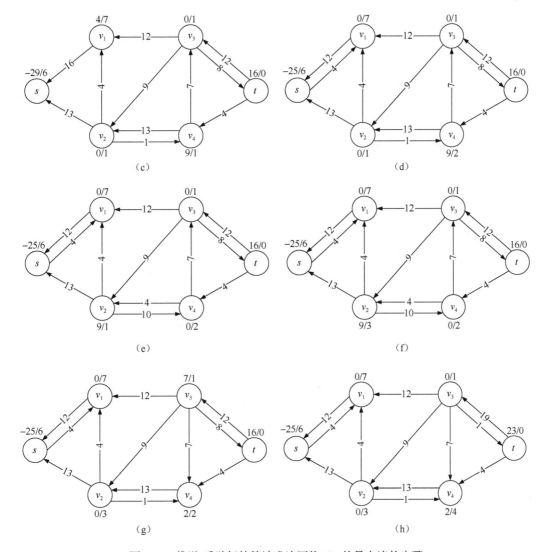

图 4.33 推送-重贴标签算法求流网络 G_{14} 的最大流的步骤

图 4.34 按顺序指出了推送-重贴标签算法将图 4.33（h）中顶点 v_4 的超额流发送回源点 s 的具体步骤。显然，流网络 G_{14} 的最大流的值为 23。

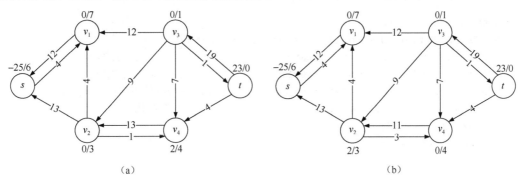

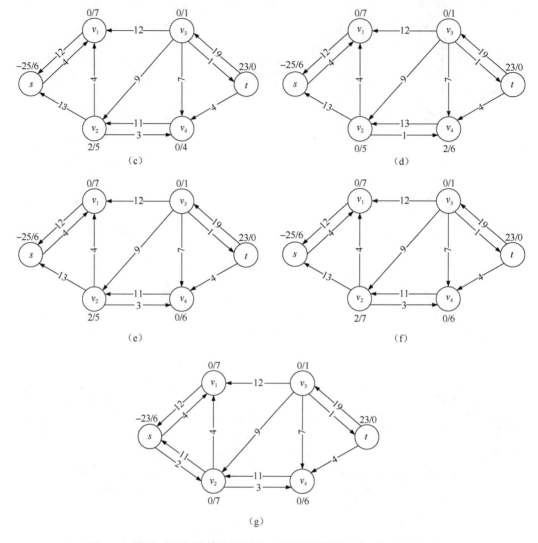

图 4.34　推送-重贴标签算法将顶点 v_4 的超额流发送回源点 s 的具体步骤

例 4.17 给出了推送-重贴标签算法求流网络中最大流的具体实现。

【例 4.17】推送-重贴标签算法的实现。

```
template<class T>
T Graph<T>::PushRelabel(int source, int target){
  ArrayList<T> excess(vertexNum);          //记录结点的超额流
  ArrayList<int> height(vertexNum);        //记录结点的高度
  ArrayList<ArrayList<T>> residual(vertexNum);//存储残存网络的容量
  for(int i = 0; i < vertexNum; i++){       //初始化
    excess[i] = 0;
    height[i] = 0;
    for(int j = 0; j < vertexNum; j++)
      residual[i][j] = 0;
    for(Edge<T> e = FirstEdge(i); IsEdge(e); e = NextEdge(e))
      residual[e.start][e.end] = e.weight;
```

```
}
//预流过程从源点 s 发流，并更新超额流和残存网络
for(Edge<T> e = FirstEdge(source); IsEdge(e); e = NextEdge(e))
if(residual[e.start][e.end] > 0){
    excess[e.end] += residual[e.start][e.end];
    excess[e.start] -= residual[e.start][e.end];
    residual[e.end][e.start] = residual[e.start][e.end];
    residual[e.start][e.end] = 0;
  }
height[source] = vertexNum;        //将源点 s 的高度设置为 vertexNum
while(true){
  //查找第一个有流溢出的非汇点结点
  int vexc = -1;
  for(int i = 0; i < vertexNum; i++)
   if(excess[i] > 0 && i != target){
     vexc = i;
     break;
    }
if(vexc < 0)  break;                      //不存在有流溢出的非汇点结点,结束
bool isPushed = false;                    //尝试对结点 vexc 进行推流操作
for(Edge<T> e = FirstEdge(vexc); IsEdge(e); e = NextEdge(e)){
    //当边(vexc,e.end)在残存流量>0 且点 vexc 的高度比结点 e.end 的高时,可以推流
  if(residual[e.start][e.end] > 0 && height[e.start] > height[e.end]){
     T minFlow = excess[e.start] <= residual[e.start][e.end] ?
                  excess[e.start] : residual[e.start][e.end];
     residual[e.start][e.end] -= minFlow;
     residual[e.end][e.start] += minFlow;
     excess[e.start] -= minFlow;
     excess[e.end] += minFlow;
     isPushed = true;
   }
 }
bool isRelabeded = false;                 //推流不成功，尝试进行重贴标签
if(!isPushed){
  int minHeight = INT_MAX;
  for(Edge<T> e = FirstEdge(vexc); IsEdge(e); e = NextEdge(e)){
     if(residual[e.start][e.end] > 0 && minHeight > height[e.end]){
       //当边(vexc,e.end)在残存网络中，执行重贴标签
        minHeight = height[e.end];
        height[vexc] = minHeight + 1;
        isRelabeded = true;
      }
    }
  }
height[target] = 0;                       //将汇点 t 的高度设置为 0
//Push 和 Relabel 均不成功，原图中的源和目标不可达
if(!isRelabeded) return 0;
}
//当残存网络中没有结点溢出时，汇点 t 的超额流即为网络的最大流
```

```
        return excess[target];
    }
```

分析推送-重贴标签算法，对具有 n 个顶点、e 条边的流网络而言，初始化超额流和高度数组的时间复杂度是 $O(n)$，while 外层循环的时间复杂度为 $O(e)$，while 内层两个嵌套 for 循环的时间复杂度为 $O(n^2)$，因此总的时间复杂度为 $O(n^2 e)$。

4.9* 图的社区发现

图可以用来表示很多现实中的复杂系统，比如用顶点来表示人，用顶点之间的边表示人与人之间的朋友关系或者业务关系，这个图就构成了一群人的社交关系网。这类图具有一些局部特点，比如在某几组顶点之间分布着大量的边，而在这些组之间则只有少量的边，具体如图 4.35 所示。社区就是网络中顶点的集合，社区中的顶点之间具有紧密的联系，而社区之间则只是稀疏地连接。从图数据中寻找社区的过程称为社区发现。本节介绍两类经典的社区发现方法：图划分方法和基于模块度的方法。

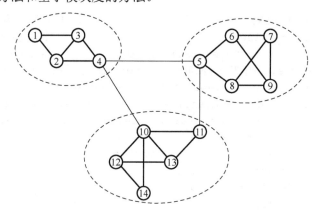

图 4.35 社区结构简单示例

4.9.1 图划分方法

图划分将一个图划分成几个社区，使得社区与社区之间的边尽量少。通常，图划分的目标有两个：一是使得社区与社区之间的关系尽可能地少，二是每个社区的大小尽可能平衡。然而这两个目标却不容易实现，假设需要将一个有 n 个顶点的图划分成大小相同的两部分，那么所有的划分方式一共有 $C_n^{n/2}$ 种。如果要找到最优的划分方式，需要比较如此多的划分方式显然不现实。这个问题是一个 NP 难的问题，已有一些近似算法能取得不错的结果，但并不保证结果最优。谱划分是一种经典的图划分近似方法，下面以图的二分方法为例进行讲解。

给定具有 n 个顶点的无向图 $G=(V,E)$，定义该无向图的非负相似矩阵为 W，其元素 $w_{ij}(0 \leqslant w_{ij} \leqslant 1)$ 表示无向图中两个顶点 v_i 和 v_j 之间的权重，并且 $w_{ij}=w_{ji}$。图划分的目标是寻找两个不相交的社区 A_1 和 A_2，且满足 $\bigcup\limits_{i=1}^{2} A_i = V$，使得任意社区内的边权值较大，社区之间的边权值较小。

将上述问题抽象化就是给定一个无向图，它的相似度矩阵是 W，求解该图的最小割。割（cut）

表示两个社区之间的边权值的和，其定义如下所示：

$$\operatorname{cut}(A_1, A_2) = \sum_{v_i \in A_1, v_j \in A_2} w_{ij}$$

容易看出，割描述社区之间的相似性，割的值越小，社区的相似性越小（即社区间边权值越小）。

$\operatorname{cut}(A_1, A_2)$ 的定义在划分社区时没有考虑每个社区中顶点的个数。最小割可能会将一个数据点或是很少的数据点作为一个社区，社区划分的结果不平衡。为了解决这个问题，最小割的定义中引入一些正则化方法。一种较常用的修正方法是规范割（normalized cut, NCut）。规范割的定义如下所示：

$$\operatorname{NCut}(A_1, A_2) = \frac{\operatorname{cut}(A_1, A_2)}{\operatorname{assoc}(A_1, V)} + \frac{\operatorname{cut}(A_2, A_1)}{\operatorname{assoc}(A_2, V)}$$

式中，$\operatorname{assoc}(A_i, V) = \sum_{v_j \in A_i} d_j$，$d_j = \sum_{k=1}^{n} w_{jk}$。

正则化的最小割的求解是一个 NP 难问题。但是，通过松弛一些约束条件，可以使用谱方法近似求解。最小化 $\operatorname{NCut}(A_1, A_2)$ 可以转化为求解如下方程：

$$D^{-\frac{1}{2}}(D-W)D^{-\frac{1}{2}}y = \lambda y \quad \text{s.t. } y^{\mathrm{T}} y^{(0)} = 0$$

式中，D 是一个对角矩阵，且对角元素 $d_i = \sum_{j=1}^{n} w_{ij}$，$D^{-\frac{1}{2}}(D-W)D^{-\frac{1}{2}}$ 通常被称为正则化的拉普拉斯矩阵；实值向量 $y = (y_1, y_2, \cdots, y_n)^{\mathrm{T}}$ 表示图的划分结果，y^{T} 表示向量的转置，$y^{(0)}$ 表示矩阵的最小特征值所对应的特征向量，当 $y_i > 0$ 时，顶点 $v_i \in A_1$，否则 $v_i \in A_2$。

根据 Rayleigh-Ritz 原理，此方程的解 y 为矩阵 $D^{-\frac{1}{2}}(D-W)D^{-\frac{1}{2}}$ 的次小特征值所对应的特征向量。

已知无向图的权重矩阵 W，谱划分的具体步骤如下：

（1）计算正则化的拉普拉斯矩阵 $D^{-\frac{1}{2}}(D-W)D^{-\frac{1}{2}}$；

（2）求解矩阵 $D^{-\frac{1}{2}}(D-W)D^{-\frac{1}{2}}$ 的次小特征值所对应的特征向量 y；

（3）根据向量 y 中元素的正负划分图，当 $y_i > 0$ 时，顶点 $v_i \in A_1$，否则 $v_i \in A_2$。

例如，用谱划分方法寻找图 4.36 中的两个社区。

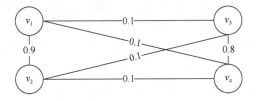

图 4.36　谱划分方法寻找社区示例

具体过程如下。

（1）与图相关的矩阵分别如下所示：

$$W = \begin{bmatrix} 0 & 0.9 & 0.1 & 0.1 \\ 0.9 & 0 & 0.1 & 0.1 \\ 0.1 & 0.1 & 0 & 0.8 \\ 0.1 & 0.1 & 0.8 & 0 \end{bmatrix}, \quad D = \begin{bmatrix} 1.1 & 0 & 0 & 0 \\ 0 & 1.1 & 0 & 0 \\ 0 & 0 & 1 & 0 \\ 0 & 0 & 0 & 1 \end{bmatrix}$$

（2）正则化的拉普拉斯矩阵为

$$L = \begin{bmatrix} 1 & -0.82 & -0.09 & -0.09 \\ -0.82 & 1 & -0.09 & -0.09 \\ -0.1 & -0.1 & 1 & -0.8 \\ -0.1 & -0.1 & -0.8 & 1 \end{bmatrix}$$

（3）L 的特征值分别为{0, 0.38, 1.8, 1.82}，次小特征值为 0.38。与 0.38 对应的特征向量为 $y = (0.47, 0.47, -0.53, -0.53)^{\mathrm{T}}$。

（4）由于 $y_1 > 0$，$y_2 > 0$，$y_3 < 0$，$y_4 < 0$，所以，顶点 v_1 和 v_2 属于一个社区，顶点 v_3 和 v_4 属于另一个社区。

4.9.2　基于模块度的方法

Girvan-Newman 算法简称 GN 算法，是一种非常受欢迎的图划分算法，由 Girvan 和 Newman 提出。GN 算法建立在边介数的概念之上，边介数定义为网络中所有的顶点对之间的最短路径通过该边的次数。如果某一对顶点之间的最短路径有 k 条，那么每条最短路径上的边分享 $\frac{1}{k}$。Girvan-Newman 不断地从图中移除边介数最高的边。边介数高往往意味着这条边在网络的连通性中扮演了很重要的角色，而这恰是社区间连接边的作用。如图 4.37 所示，至少 1 号至 5 号顶点与 6 号至 10 号顶点之间的最短路径肯定会经过边(4,7)。

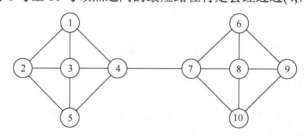

图 4.37　具有最高边介数的边往往是连接了不同社区的边

给定图 $G = (V, E)$，$n = |V|$ 为图 G 中顶点的数量，$e = |E|$ 为图 G 中边的数量。算法 4.1 是 GN 算法的流程说明。在 GN 算法中，需要多次计算图中的边介数，这也是算法的主要时间消耗。边介数的计算通常采用广度优先搜索，执行一次搜索就能得到一个顶点与其他所有顶点之间的最短路径，这些最短路径构成一棵最短路径树，通过最短路径树为所有的边赋介数值。然后在其他的顶点上再次执行搜索，共需执行 n 次搜索过程。每条边都将 n 次搜索所得到的介数值相加，得到关于这个图下该边的最终介数。由于每次搜索的复杂度是 $O(e)$，故计算所有边的介数的复杂度是 $O(ne)$。上面关于介数的计算忽视了一个细节，就是两个顶点之间的最短路径可能有多条，设为 k，这时每条路径对其上的边的介数增益只有 $\frac{1}{k}$。

【算法 4.1】 GN 算法流程

输入：图 $G = (V, E)$

输出：删除的边的序列

    1. 计算图 G 中所有边的介数

    2. **repeat**

    3. 移除图中介数最高的边

    4. 重新计算图中剩余边的介数

    5. **until** 满足停止条件

在 GN 算法中，每轮循环中需要删除一条边，然后重新计算图中的边介数，实际上删除边只会影响与该边连接的两个顶点在同一连通分量中的那些边的介数，也就是说，只需要重新计算这些边的介数就行。

尽管 GN 算法表现出色，但其还存在一个问题，即没有对社区进行定义，也就不能知道生成的社区有没有意义。而且如果不知道图中社区数量，则 GN 算法的分裂过程只能将图中所有的边都去除之后才能停止，大大增加了算法的执行时间。为了解决这个问题，Newman 引入模块度的概念，来衡量图划分的质量。考虑一种划分，将图划分为 k 个社区，定义一个 $k \times k$ 维的对称矩阵 $F = (f_{ij})$，其中 f_{ij} 表示图中连接两个不同社区的顶点的边在所有的边中占的比例。这两个顶点分别位于社区 i 和 j。

设矩阵中对角元素之和为 $\mathrm{Tr}(f) = \sum_i f_{ii}$，代表连接某一社区内各个顶点的边在所有边中占的比例。定义行（列）元素之和为 $a_i = \sum_j f_{ij}$，表示与第 i 个社区中顶点相连的边在所有的边中占的比例。下面是模块度的定义：

$$Q = \sum_i \left(f_{ii} - a_i^2 \right) = \mathrm{Tr}(f) - \| f^2 \|$$

式中，$\|\|$ 表示求矩阵的所有元素之和。上式实际上是用社区内部边的比例减去同样结构下任意连接社区内部顶点的边的比例的期望值。当 $Q = 0$ 时，表示社区内部边的比例不大于任意连接的期望值；当 Q 接近 1 时，说明其社区结构明显。在分析 GN 算法时，只需要在每次移除边之后计算其模块度，然后绘出模块度的曲线，当曲线到达峰值，说明此时的社区质量较高。

模块度的引入解决了 GN 算法的一些问题，但是 GN 算法还是存在复杂度过高的问题。在没有引入模块度之前，由于需要移除所有的边，其复杂度是 $O(ne^2)$；在引入模块度之后，尽管算法在找到最大的模块度的分割之后可以终止，但是模块度的计算又带来了新的计算量。为了处理大数据集的问题，Newman 又提出一种快速社区发现算法。快速社区发现算法基于贪心准则，基本思想是：首先将图中的每个顶点视为单独的社区；然后选择对模块度增益最大（或者减益最小）的社区进行合并，直到所有的顶点都属于同一社区；最终得到一棵层次树，树中的所有划分中增益最大的划分对应着所需的社区发现结果。在模块度定义的基础之上，定义模块度增量：

$$\Delta Q = f_{ij} + f_{ji} - 2a_i a_j = 2\left(e_{ij} - a_i a_j \right)$$

快速社区发现算法每次循环的复杂度是 $O(n + e)$，一共需要 $(n-1)$ 个合并过程，因此总体复杂度是 $O((n+e)n)$。

习　题

1．图 4.38 是有 5 个顶点 $\{v_0,v_1,v_2,v_3,v_4\}$ 的有向图的邻接表。根据此邻接表：

（1）画出相应的有向图；

（2）由 v_0 出发，画出相应的深度优先搜索生成树和广度优先搜索生成树；

（3）该图是否存在拓扑排序序列？若存在给出所有可能的拓扑排序序列。

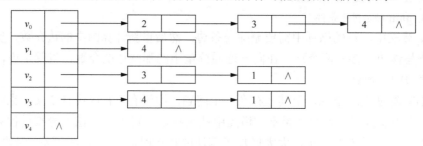

图 4.38　习题 1 中有向图的邻接表

2．图 4.39 为有 6 个顶点的带权无向图。

（1）从顶点 a 出发，画出相应的广度优先搜索生成树和深度优先搜索生成树（当从某顶点出发搜索它的邻接点时，请按邻接点序号递增顺序搜索）；

（2）从顶点 a 出发，画出按照 Prim 算法构造的最小生成树，并给出构造过程中的加边顺序。

3．图 4.40 是有 6 个顶点 $\{u_1,u_2,u_3,u_4,u_5,u_6\}$ 的带权有向图的邻接矩阵。

（1）根据此邻接矩阵画出相应的带权有向图；

（2）利用 Dijkstra 算法求第一个顶点 u_1 到其余各顶点的最短路径，并给出计算过程。

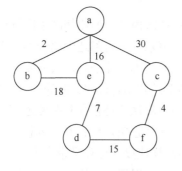

$$
\begin{bmatrix}
0 & 7 & \infty & 2 & \infty & 60 \\
\infty & 0 & \infty & \infty & 6 & \infty \\
\infty & \infty & 0 & \infty & \infty & \infty \\
\infty & \infty & \infty & 0 & 12 & 15 \\
\infty & \infty & 25 & \infty & 0 & \infty \\
\infty & \infty & 10 & \infty & 1 & 0
\end{bmatrix}
$$

图 4.39　习题 2 的无向图　　　　　　　图 4.40　习题 3 的邻接矩阵

4．证明在图中边权为负时，Dijkstra 算法不能正确运行。

5．如果图中存在负的边权，那么 Prim 算法或 Kruskal 算法还能正确运行吗？举例说明。

6．Dijkstra 算法如何应用到无向图？

7．已知一有向图的邻接矩阵如图 4.41 所示，如果需在其中一个顶点建立娱乐中心，要求该顶点距其他各顶点的最长往返路程最短，相同条件下总的往返路程越短越好，问娱乐中心应选址何处？给出解题过程。

8．对图 4.42 所示的 AOE 网络，计算各活动的最早开始时间和最迟开始时间，以及各事件（顶点）的最早发生时间和最迟发生时间，列出所有关键路径。

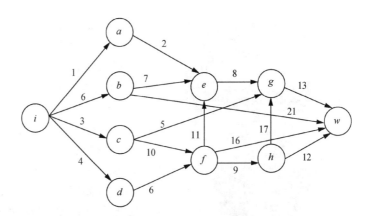

$$
\begin{array}{c}
v_1 \\
v_2 \\
v_3 \\
v_4 \\
v_5 \\
v_6
\end{array}
\begin{bmatrix}
0 & 2 & \infty & \infty & \infty & 3 \\
\infty & 0 & 3 & 2 & \infty & \infty \\
4 & \infty & 0 & \infty & 4 & \infty \\
1 & \infty & \infty & 0 & 1 & \infty \\
\infty & 1 & \infty & \infty & 0 & 3 \\
\infty & \infty & 2 & 5 & \infty & 0
\end{bmatrix}
$$

图 4.41　习题 7 的邻接矩阵　　　　　　　图 4.42　习题 8 的有向图

9．假设以邻接矩阵作为图的存储结构，编写算法判别在给定的有向图中是否存在一个简单有向回路，若存在，则以顶点序列的方式输出该回路（找到一条即可）。（注：图中不存在顶点到自己的弧。）

10．可用"破圈法"求解带权连通无向图的一棵最小代价生成树。所谓"破圈法"就是"任取一圈，去掉圈上权最大的边"，反复执行这一步骤，直到没有圈为止。请给出用"破圈法"求解给定的带权连通无向图的一棵最小代价生成树的详细算法，并用程序实现你所给出的算法。（注：圈就是回路。）

11．图 4.43 为一有 6 个顶点的流网络 G_{15}，该图中每条边 (u,v) 上注明的是其容量值 (u,v)，利用 Ford-Fulkerson 方法计算流网络 G_{15} 中的最大流。

12．利用推送-重贴标签算法计算习题 11 流网络 G_{15} 中的最大流。

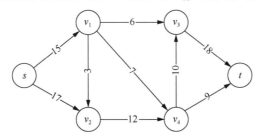

图 4.43　习题 11 的流网络 G_{15}

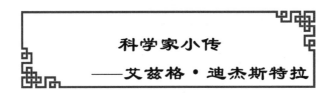

艾兹格·迪杰斯特拉（Edsger Wybe Dijkstra），1930 年 5 月 11 日出生于荷兰鹿特丹。计算机科学家，他在莱顿大学获得了数学和理论物理的硕士学位，在阿姆斯特丹大学获得了计算机科学博士学位。曾在 1972 年获得图灵奖，之后，他还获得过 1974 年美国信息处理学会联合会（American Federation of Information Processing Societies，AFIPS）哈里·古德纪念奖

（Harry Goode Memorial Award）、1989 年 ACM SIGCSE 计算机科学教育教学杰出贡献奖，以及 2002 年 ACM PODC 最具影响力论文奖。在程序设计技术方面，他是最先察觉"goto 有害"的计算机科学大师；在操作系统方面，他提出信号量和 PV 原语，解决了"哲学家聚餐"问题，他还是 THE 操作系统的设计者和开发者；在算法和算法理论方面，他是 Dijkstra 最短路径算法和银行家算法的创造者，其中 Dijkstra 最短路径算法解决了机器人学中的一个十分关键的问题，即运动路径规划问题，该算法至今仍被广泛应用；在编译器方面，他是第一个 Algol 60 编译器的设计者和实现者。1983 年，ACM 为纪念 *Communications of ACM* 创刊 25 周年，评选出 1958～1982 年的四分之一个世纪中在该杂志上发表的 25 篇有里程碑意义的论文，每年一篇，Dijkstra 是仅有的两位有两篇入选的学者之一（另一位是英国学者 C. A. R. Hoare，也是计算机先驱奖获得者）。Dijkstra 与 D. E. Knuth 被并称为我们这个时代最伟大的计算机科学家。

第5章 查　　找

"众里寻他千百度，蓦然回首，那人却在灯火阑珊处。"查找是人们日常生活中最常见的活动。查找是数据结构中一种重要的运算，也是许多计算机应用程序的核心功能。查找的唯物辩证法基础是普遍联系，是一个从一般到特殊的过程。

查找就是在一组记录集合中找到关键字等于给定值的某个记录或者找到属性值符合条件的某些记录。若表中存在这样的记录表示查找成功，此时查找的结果是给出这个记录的全部信息或指示出该记录在数据集中的位置；若数据集中不存在关键字等于给定值的记录，表示查找不成功。其中关键字是数据元素（或记录）中某个数据项的值，用它可以标识（或识别）数据元素（或记录）。若该关键字可以唯一地标识一个数据元素，则该关键字称为主关键字。能够标识若干数据元素的关键字称为次关键字。

人们最熟悉的查找策略是顺序查找，即在数据集中从第一个元素开始，依次比较，直到找到目标数据（查找成功）或者将所有元素都比较完（查找失败）。比如在一副扑克牌中查找红心 A，就可以依次检查每一张扑克牌，最多需要检查 54 张牌。但是当数据集规模很大时，比如中国网页数目有 2816 亿个（中国互联网发展报告 2019），如果采用顺序查找策略来查找某个页面需要花费几天的时间，这种查找策略显然不适用。

为了提高在大规模数据中查找的效率，往往需要对数据的存储进行特殊处理。最常见的方法是建立索引和预排序。索引可以理解为一个特殊的目录。索引的建立需要消耗一定的存储空间，但是查找时可以充分利用索引的信息大大地提高查找效率。预排序是指在查找前对数据元素进行排序，对于排好序的数据进行查找可以采用有效的折半查找方式。

查找分为静态查找和动态查找两种类型。静态查找只查找，不改变数据集合中的数据元素，主要包括顺序查找法、折半查找法和分块查找法；而动态查找既查找，又改变（增、删）数据集合中的数据元素，主要包括二叉搜索树、平衡二叉树、B-树、B+树。

查找过程中的基本操作是进行关键字的比较，因此在讨论各种查找技术时通过分析关键字的比较次数来度量各种查找技术的效率。对于含有 n 个记录的数据集 $\{\text{data}_1, \text{data}_2, \cdots, \text{data}_n\}$，如果要找的记录是 data_i 的概率是 P_i，且 $\text{sum}(P_i)=1$，并且查找到 data_i 需要经过 C_i 次比较，则定义该查找技术在查找成功时的平均查找长度为

$$\text{ASL} = \sum_{i=1}^{n} P_i C_i$$

上述查找方法建立在关键字"比较"的基础上，用来处理数据记录的存储位置和记录的关键字不存在确定关系的数据集中的查找问题。这些查找方法在数据集中查找记录时需要进行一系列关键字的比较。而理想的情况是希望不经过任何比较，一次找到目标记录，这就必须在记录的存储位置和它的关键字之间建立一个确定的对应关系，使每个关键字和唯一的存储位置相对应。从而在查找时，只要根据这个对应关系就可以确定相应记录的存储位置，不需要进行关键字的比较。这种对应关系称为散列函数，这种查找技术称为散列查找。

本章主要介绍静态查找、动态查找和散列查找三类查找技术的思想、实现，并分析各种查找技术在查找成功时的平均查找长度和查找不成功时的关键字比较次数。

5.1 静态查找

5.1.1 顺序查找法

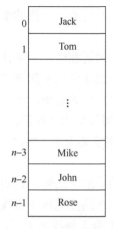

图 5.1 顺序查找示例

顺序查找的查找过程为：从表中第一个记录开始，逐个进行记录的关键字和给定值的比较，若某个记录的关键字和给定值相等，则查找成功；否则，若至最后一个记录的关键字与给定值都不等，表明表中没有所查记录，查找不成功。表中数据元素之间不必拥有逻辑关系，即它们在表中可以任意排序。

比如有 n 个不相同的学生名字存放在一维数组中，则查找"Jack"时需要经过 1 次比较，而查找"Rose"需要经过 n 次比较，如图 5.1 所示。

当数据采用顺序存储结构（数组）存储时，相应的顺序查找算法如例 5.1 所示。

【例 5.1】基于顺序表的顺序查找算法。

```
//顺序查找过程，Array[]为待查找的数据记录集合，n 为集合的记录个数，key 为要查找的数据记录
template<class T>
int Search(T arr[], T key, int n){
for(int index = 0; index < n; index++)
    if(arr[index] == key)            //查找成功，返回该数组元素所在的位置
    return index;
    return -1;                       //查找不成功，返回-1
}
```

分析上面的顺序查找算法，如果查找的数据记录 key 在顺序表的第 i（$0 \leqslant i < n$）个位置时，需要执行 $i+1$ 次关键字的比较，如果查找顺序表中每个记录的概率相等（即 $\dfrac{1}{n}$），则等概率下查找成功的平均查找长度是

$$\text{ASL} = \sum_{i=0}^{n-1}P_iC_i = \sum_{i=0}^{n-1}\frac{1}{n}(i+1) = \frac{1}{n}\sum_{i=1}^{n}i = \frac{n+1}{2}$$

可以看出，查找成功的平均比较次数约为线性表长度的一半。如果查找的关键字不在线性表里，则需要进行 $n+1$ 次比较才能确定查找失败。

顺序查找的优点是：对表的特性没有要求，数据元素可以任意排序，插入数据元素可以直接加到表尾，时间复杂度为 $O(1)$。缺点是：顺序查找的平均查找长度较大，平均和最坏情况下时间复杂度都是 $O(n)$，当数据规模较大时，查找效率低。

采用顺序查找时，数据记录也可以采用单链表来存储，其查找成功的平均查找长度和查找不成功的比较次数与顺序表的顺序查找相同。

5.1.2　折半查找法

顺序查找易实现，易分析，适用于在小规模数据中进行查找的情况。如果数据集的规模很大，就要寻找一个较快的算法。折半查找法（也称为二分查找法）就是一种较快的查找方法，但是查找的前提是数据记录有序地存储在线性表中。对于任何一个线性表，若其中的所有数据元素按关键字的某种次序进行不增或不减的排序就称为有序表。例如，关键字为整数或实数，则数值的大小是一种次序关系；若关键字为字符串，则字典顺序是一种次序关系。因此折半查找也称为有序表的查找。

对有序表进行查找的时候，由于数据元素的有序性，将表中一个元素 data[i]的关键字 k 与查询元素的关键字 key 进行比较时，比较结果分为三种情况（以递增顺序的线性表为例）：

（1）k = key，查询成功，data[i]为待查元素；

（2）k > key，说明待查元素排在 data[i]之前；

（3）k < key，说明待查元素排在 data[i]之后。

因此在一次比较之后，若没有找到待查元素，则根据比较结果缩小查询范围。折半查找法的基本思想是：每次将待查区间中间位置上的数据元素的关键字与给定值 key 进行比较，若相等则查找成功；若小于给定值 key，则将查找范围缩小到中间位置的右边区域；若大于给定值 key，则将查找范围缩小到中间位置的左边区域；在新的区间内重复上述过程，直到查找成功或查找范围长度为 0（查找不成功）为止。

例如，已知如下具有 11 个数据记录的有序表（关键字即为数据元素的值）int Array[11]={10, 15, 17, 23, 38, 46, 54, 65, 82, 89, 95}，利用折半查找法查找关键字为 23 和 85 的数据记录。

首先给有序表的记录进行顺序编号 1～11，使用两个标记 left 和 right 分别指示当前查找范围的左边记录编号和右边记录编号，用标记 mid 指示当前查找范围的中间记录编号，即 $mid = \dfrac{left + right}{2}$。在此例中，left 和 right 的初始值分别为 1 和 11，即[1,11]为初始的查找范围。

在查找 key=23 时，首先在初始查找范围内计算中间位置：

$$mid = \frac{left + right}{2} = \frac{1+11}{2} = 6$$

编号:	1	2	3	4	5	6	7	8	9	10	11
数据:	10	13	17	23	38	46	54	65	82	89	92

left（编号1）　　mid（编号6）　　right（编号11）

查看中间位置的数据元素 Array[mid]=46，大于查找的关键字 23，说明待查找的关键字 23 在[left,mid-1]标记的记录范围之间，将 right 重新定位到 mid-1 位置处，更新查找范围。

编号:	1	2	3	4	5	6	7	8	9	10	11
数据:	10	13	17	23	38	46	54	65	82	89	92

left（编号1）　　right（编号5）

在新的查找范围（当前查找范围）内，重新计算新的中间位置元素：

$$mid = \frac{left + right}{2} = \frac{1+5}{2} = 3$$

```
编号: 1    2    3    4    5    6    7    8    9    10   11
数据: 10   13   17   23   38   46   54   65   82   89   92
          ↑left     ↑mid      ↑right
```

比较当前查找范围内的中间位置的数据元素 Array[mid]=17 和待查关键字 23，因为 23 > Array[mid]，说明待查记录 23 只可能在[mid+1,right]所标记的数据记录范围内出现，将 left 更新为 mid+1，进一步缩小查找范围。

```
编号: 1    2    3    4    5    6    7    8    9    10   11
数据: 10   13   17   23   38   46   54   65   82   89   92
                    ↑left ↑right
```

计算当前查找范围的中间位置 mid=4，比较 Array[mid] =23，正好与所查关键字 23 相同，查找成功。共进行了 3 次关键字的比较。

```
编号: 1    2    3    4    5    6    7    8    9    10   11
数据: 10   13   17   23   38   46   54   65   82   89   92
                    ↑left ↑right
                    ↑mid
```

在查找关键字 key=85 时，初始的查找范围依然是整个数据记录集合，即 left=1，right=11。

首先查看当前查找范围的中间位置 mid=6 的元素，因为 key > Array[mid]，所以修正查找范围的左边界，即令 left=mid+1=7。

```
编号: 1    2    3    4    5    6    7    8    9    10   11
数据: 10   13   17   23   38   46   54   65   82   89   92
      ↑left              ↑mid              ↑right
```

```
编号: 1    2    3    4    5    6    7    8    9    10   11
数据: 10   13   17   23   38   46   54   65   82   89   92
                              ↑left             ↑right
```

在当前查找范围[7,11]中重新计算 mid 的值为 9，且 key > Array[mid]，继续修正查找范围的左边界，即 left=mid+1=10。

```
编号: 1    2    3    4    5    6    7    8    9    10   11
数据: 10   13   17   23   38   46   54   65   82   89   92
                              ↑left    ↑mid    ↑right
```

```
编号: 1    2    3    4    5    6    7    8    9    10   11
数据: 10   13   17   23   38   46   54   65   82   89   92
                                        ↑left ↑right
```

在当前查找范围[10,11]中重新计算 mid 的值为 10，且 key < Array[mid]，修正查找范围的右边界，即 right=mid-1=9。

```
编号: 1    2    3    4    5    6    7    8    9    10   11
数据: 10   13   17   23   38   46   54   65   82   89   92
                                        ↑right ↑left
```

第 5 章 查 找

检查当前查找范围[10,9]，发现 right<left，说明数据集中不存在 85，确定查找不成功，结束查找。共经过 3 次比较就可以确定在这个具有 11 个记录的有序表中不存在记录 85。

以上的例子也说明在折半查找中，需要对数据元素通过编号进行访问，即随机访问，因此数据只能采用顺序存储结构（数组）来存储。

折半查找的算法实现如例 5.2 所示。

【例 5.2】折半查找算法。

```
//折半查找过程,array[0,…,n-1]为待查找的有序数据记录,key 为查找的记录
template<class T>
int BiSearch(T arr[], T key, int n){
  int left = 0;                    //定义查找范围的左端
  int right = n-1;                 //定义查找范围的右端,n 表示数组的长度
  int mid;                         //定义查找范围的中间点
  while(left <= right){            //如果查找范围有效,则进行查找,否则结束查找
    mid = (left + right) / 2;
    if(key < arr[mid])             //将查找范围缩小到中间元素的左边
      right = mid - 1;
    else if(key > arr[mid])        //将查找范围缩小到中间元素的右边
      left = mid + 1;
    else                           //查找成功,返回该元素所在位置
      return mid;
  }
  return -1;                       //查找不成功,返回-1
}
```

折半查找是以位于当前查找范围的中间位置的元素和待查找元素比较，若相等，则查找成功，若不等，则缩小查找范围，直至新的查找范围的中间元素等于待查找元素或者查找范围无效时为止。

利用判定树可以分析出折半查找的性能。

折半查找法的查找过程可以用二叉树来描述，树中每个结点表示算法中参与比较的数据元素编号，这种二叉树被称为判定树。

【性质 5.1】具有 n 个结点的判定树的高度为 $\lfloor \log n \rfloor + 1$（只有根结点的判定树的高度为 1）。

证明：虽然判定树不是完全二叉树，但由于折半查找时，每次都是中间元素与待查元素比较，因此判定树的叶子结点所在层次之差最多为 1。所以 n 个结点的判定树的高度和 n 个结点的完全二叉树的高度 $\lfloor \log n \rfloor + 1$ 相同。

如上面所述的折半查找的例子，相应的判定树如图 5.2 所示。在查找 23 时，首先与根结点标记的记录进行比较，根据比较的结果，由于 23<Array[6]，继续和 Array[3]标记的数据进行比较，由于 23> Array[3]，继续和 Array[4]比较，经过比较后确定查找成功。这个比较过程是由根到结点 4 的路径，进行比较的次数恰为路径上结点个数或为结点 4 所处的层数（根结点的层数为 1）。类似的，找到有序表中任一记录的过程就是走一条从根结点到所查找记录在树中的结点的路径。查找该记录的比较次数为该记录在树中的层次数。因此，折半查找法查找成功时比较次数最多为判定树的高度，即 $\lfloor \log n \rfloor + 1$。

• 227 •

折半查找法在查找不成功时仍是沿着一条从根结点到叶子结点的路径进行比较，因此最多进行 $\lfloor \log n \rfloor + 1$ 次关键字的比较。

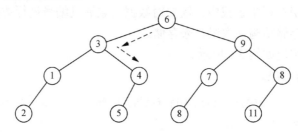

图 5.2　描述折半查找法的判定树及查找 23 的过程

为了计算折半查找的平均查找长度，假设有序表的长度为 $n = 2^h - 1$，其中 h 为对应判定树的高度，则此判定树一定是一棵满二叉树。所以，判定树中层次为 1 的结点有 1 个，层次为 2 的结点有 2 个，……，层次为 h 的结点有 2^{h-1} 个。假设表中每个记录的查找概率相等（$P_i = \dfrac{1}{n}$），则折半查找法在查找成功时的平均查找长度为

$$
\begin{aligned}
\text{ASL} &= \sum_{i=1}^{h} P_i C_i = \frac{1}{n}\sum_{j=1}^{h} j \cdot 2^{j-1} = \frac{1}{n}\left(\sum_{i=0}^{h-1} 2^i + 2\sum_{i=0}^{h-2} 2^i + \cdots + 2^{h-1}\sum_{i=0}^{0} 2^i \right) \\
&= \frac{1}{n}\left[h \cdot 2^h - \left(2^0 + 2^1 + \cdots + 2^{h-1} \right) \right] \\
&= \frac{1}{n}\left[(h-1)2^h + 1 \right] \\
&= \frac{1}{n}\left[(n+1)(\log(n+1)) - 1 + 1 \right] \\
&= \frac{(n+1)}{n}\log(n+1) - 1
\end{aligned}
$$

对任意较大的 $n(n>50)$，可以有如下的近似结果：

$$
\text{ASL} = \log(n+1) - 1
$$

显然，折半查找法的查找效率比顺序查找法高，但折半查找只适用于顺序存储的有序表，而且向有序表中新增或删除数据时操作比较复杂。

5.1.3　分块查找法

分块查找又称索引顺序查找，利用折半查找的思想改进顺序查找，从而既有较快的查找速度又便于数据集的灵活更改。在分块查找中，首先将 n 个数据元素划分为 m 块（$m \leqslant n$）。每一块中的数据不必有序，但块与块之间必须"按块有序"：第 1 块中任一元素的关键字都必须小于第 2 块中任一元素的关键字，而第 2 块中任一元素又都必须小于第 3 块中的任一元素；……；第 $m-1$ 块中任一元素又都必须小于第 m 块中的任一元素。对每个数据块建立一个索引项，形成具有 m 个索引项的索引表。索引项包括两项内容：块中的最大关键字（关键字项），该块中第一个记录的位置（指针项）。索引表中的各个索引项按照关键字有序。图 5.3 给出了一个顺序表和相应的索引表，其中每块具有 5 个记录。

分块查找分两个阶段。第一阶段，根据索引表确定查找的记录所在的数据块。由于索引表按照关键字有序，因此也可以采用折半查找法。第二阶段，在已确定的数据块中用顺序查

找法进行查找。如在图 5.3 的顺序表中查找 key=32，先利用顺序查找法或者折半查找法确定 key 所在的数据块。由于 22<key<60，所以关键字为 key 的记录如果存在，则只能在第 2 个数据块中。根据第 2 个索引项的指针值，定位第 2 个块的第一个记录的下标为 10，然后利用顺序查找法依次检查该块中记录，直到找到为止（查找成功）。如果该数据集中不存在关键字为 key 的记录（如 key=77），根据索引表先确定可能出现在第 *k* 块中，将这个数据块的所有记录都检查完时就可以确定查找失败。

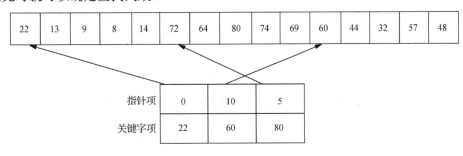

图 5.3　分块查找示例

分块查找的平均查找长度为

$$\text{ASL} = L_b + L_w$$

式中，L_b 是确定待查记录所在块的平均查找长度；L_w 是在块中查找待查记录的平均查找长度。如果数据集有 n 个记录，平均分成 k 块，每块含有 m 个记录，即 $m = \dfrac{n}{k}$。设每个记录的查找概率相等，则每个索引项的查找概率为 $\dfrac{1}{k}$，块中每个记录的查找概率为 $\dfrac{1}{m}$。若在索引表中使用折半查找，则平均查找长度为 $\left\lfloor \log_2 \dfrac{n}{m} \right\rfloor + 1$；在每个块中使用顺序查找的平均查找长度为 $\dfrac{m+1}{2}$，所以分块查找的平均查找长度为

$$\text{ASL} \approx \log_2 \left(\frac{n}{m} + 1 \right) - 1 + \frac{m+1}{2} \approx \log_2 \left(\frac{n}{m} + 1 \right) + \frac{m}{2}$$

5.2　动 态 查 找

动态查找是指在查找过程中，如果查找失败，就把待查找的记录插入到数据集中。显然动态查找的数据集是通过查找过程而动态生成的。动态查找法主要通过树形结构来实现。在第 3 章介绍的二叉搜索树和平衡二叉树就是两种动态查找方法。

在大规模数据查找中，大量数据信息存储在外存磁盘。在查找时需要从磁盘中读取数据，磁盘 I/O（读/写）操作的基本单位为块（block）。位于同一盘块中的所有数据都能被一次性全部读取出来。磁盘上数据必须用一个三维地址唯一标识：柱面号、盘面号、块号（磁道上的盘块）。读/写磁盘上某一指定数据需要下面三个步骤：

（1）根据柱面号使磁头移动到所需要的柱面上，这一过程称为定位或查找。

（2）根据盘面号来确定指定盘面上的磁道。

（3）盘面确定以后，盘片开始旋转，将指定块号的磁道段移动至磁头下。

经过上面三个步骤，指定数据的存储位置被找到，这时就可以开始读/写操作了。也就是说，数据存取时间由下列几个时间段组成。

（1）查找时间（seek time）Ts：完成上述步骤（1）所需要的时间。这部分时间代价最高，最大可达到 0.1s 左右。

（2）等待时间（latency time）Tl：完成上述步骤（3）所需要的时间。由于盘片绕主轴旋转速度很快，一般为 7200r/min［电脑硬盘的性能指标之一，家用的普通硬盘的转速一般有 5400r/min（笔记本计算机）、7200r/min 等几种］。因此一般旋转一圈大约需要 0.0083s。

（3）传输时间（transmission time）Tt：数据通过系统总线传送到内存的时间，一般传输一个字节（byte）大概需要 $0.02\mu s = 2 \times 10^{-8}s$。

磁盘 I/O 代价主要花费在查找时间 Ts 上。因此数据信息尽量存放在同一盘块，同一磁道中。或者至少放在同一柱面或相邻柱面上，以求在读/写信息时尽量减少磁头来回移动的次数，避免过多的查找时间 Ts。

当采用二叉搜索树结构来存储这样的数据时，二叉树的结点应分布在不同的数据块上。如图 5.4 所示，查找成功时平均需要访问两个磁盘块。如果程序频繁使用该二叉搜索树，这种访问就会显著增加程序的执行时间。此外，在该二叉搜索树中插入和删除数据也要访问多个数据块。虽然，当二叉搜索树的结点数据都在内存中时查找效率很高，但当从存储在磁盘上的大规模数据中查找时，二叉搜索树的性能优点就无法体现了。

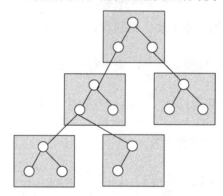

图 5.4　二叉搜索树的结点数据存放在不同的磁盘块上

在大规模数据查找中，大量信息存储在外存磁盘中，选择正确的数据结构可以显著降低查找磁盘中数据的时间。B-树和 B+树就是两种常见的高效外存数据结构。

5.2.1　B-树

B-树也称 B 树（balanced tree），是一种平衡的多路查找树。

一棵 m 阶的 B-树，或为空树，或为满足下列特性的 m 叉树：

（1）树中每个结点至多有 m 棵子树。

（2）根结点至少有两棵子树。

（3）除根之外的所有非叶子结点至少有 $\left\lceil \dfrac{m}{2} \right\rceil$ 棵子树。

（4）所有叶子结点都出现在同一层。

（5）有 $n+1$ 棵子树的非叶子结点包含的信息如下（恰好包含 n 个关键字）：

$$(n, T_0, K_1, T_1, K_2, T_2, \cdots, K_n, T_n)$$

式中，$n\left(\left\lceil \dfrac{m}{2}\right\rceil - 1 \leqslant n \leqslant m-1\right)$ 为关键字的个数，$n+1$ 为子树个数；$K_i\,(i=1,2,\cdots,n)$ 为关键字，且关键字从小到大排序，即 $K_i < K_{i+1}\,(i=1,2,\cdots,n-1)$；$T_i\,(i=0,1,\cdots,n)$ 为指向子树根结点的指针，且指针 T_{i-1} 所指子树中所有结点的关键字均小于 $K_i\,(i=1,2,\cdots,n)$，T_n 所指子树中所有结点的关键字均大于 K_n。

根据这些条件，B-树往往有较少的层，而且是完全平衡的。

【性质 5.2】含有 n 个关键字的 m 阶 B-树的高度 $h \leqslant \log_{\lceil m/2 \rceil}\left(\dfrac{n+1}{2}\right) + 1$。

证明：先讨论高度为 $h+1$ 的 m 阶 B-树每一层所具有的最少结点数。根据 B-树的定义，第 0 层至少有 1 个结点；第 1 层至少有 2 个结点；由于除根之外的每个非叶子结点至少有 $\left\lceil \dfrac{m}{2}\right\rceil$ 棵子树，则第 2 层至少有 $2 \cdot \left\lceil \dfrac{m}{2}\right\rceil$ 个结点；……依此类推，第 h 层至少有 $2 \cdot \left\lceil \dfrac{m}{2}\right\rceil^{h-1}$ 个结点。含有 n 个关键字的 B-树，必然有 $n+1$ 个扩充结点作为查找不成功的标记。因此

$$n+1 \geqslant 2 \cdot \left\lceil \dfrac{m}{2}\right\rceil^{h-1}$$

即 $h \leqslant \log_{\lceil m/2 \rceil}\left(\dfrac{n+1}{2}\right) + 1$。

例如图 5.5 为一棵 4 阶 B-树，每个结点最多有 3 个关键字、4 棵子树，每个结点中的关键字都是有序的。

在 B-树上进行查找的过程和二叉搜索树的查找类似。例如，在图 5.5 中查找关键字 256 的过程如下：首先从根结点指针开始，找到 a 结点，判断 256<375，则选择左边路径，找到结点 b；b 结点有 3 个关键字，依次判断大小得 256>236，则寻找到结点 g；结点 g 只有一个关键字就是 256，与所查关键字相同，则查找成功。查找不成功的过程也类似，例如在上述 B-树中查找关键字 400，仍然从根结点开始，扫描的结点依次是 a,c,i，i 是叶子结点，有两个关键字，分别是 393 和 396，没有所查关键字 400，则查找不成功。

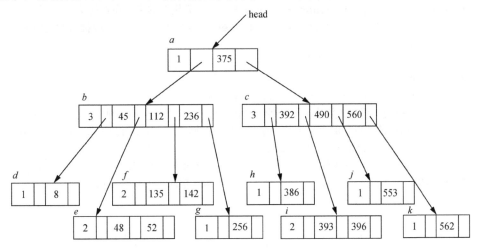

图 5.5 4 阶 B-树

B-树的查找与二叉搜索树的查找不同的是，要先确定待查找记录所在的结点，然后再在结点中查找该记录。

例 5.3 定义了 B-树的数据结构，并给出了查找操作的实现。实际应用中，B-树主要用于文件的索引，会涉及外存的存取，本书不做探讨。

【例 5.3】B-树定义及查找操作。

```
template<class Key>
class BNode {
public:
  int keynum;                        // 结点中关键字的个数
  BNode<Key> *parent;                //指向父结点的指针
  Key key[m + 1];                    //存储关键字的数组
                                     //其中 m 为结点中 B-树的阶，0 号单元未使用
  BNode*ptr[m + 1];                  //存储指针的数组，0 号单元未使用
};
template<class Key>
class Result {
public:
  BNode<Key> *r;                     // 指向找到的结点
  int i;                             // 记录所查关键字在结点中的位置
  bool flag;                         // 是否查找到关键字的标志
  Result(BNode<Key> * rr, int ii, int flagg) {        //构造函数
    r = rr;
    i = ii;
    flag = flagg;
  }
};
template<class Key>
class BTree {
  BNode<Key> *root;
public:
  BTree();                           // 构造函数
  Result<Key> Search(const Key x);   // 查询关键字 x 所在的结点
  BNode<Key> *InsertBTree(Key x,BNode<Key>* p,int i); //插入关键字 x
  ......
};
template<class Key>
Result<Key> BTree<Key>::Search(const Key x) {
  // 在 m 阶 B-树中查找关键字 x，返回结果 Result。如查找成功，则 flag=1，
  // 指针 r 指向的结点中的第 i 个关键字就是所查关键字 x；如果查找不成功，则 flag=0
  Result<Key> ret(NULL, 0, false);
  BNode<Key> *p = root;              //p 指向待查结点
  BNode<Key> *q = NULL;              //q 指向 p 的双亲结点
  int i = 0;
  while(p && !ret.flag) {
  for(i = 1; i <=p->keynum; i++) {   //找到待查记录所在结点
    if(p->key[i] >= x)               //在 p->key[1,…,keynum]中查找
```

```
        break;                            //i 使得：p->key[i-1]<=x<p-> key[i]
    }
    if(i <=p->keynum&&p->key[i] == x) {//在结点中查找所查关键字 x
    ret.flag = true;//查找成功
    ret.r = p;
    ret.i = i;
    }
    else if(i==1) {                        //转向第一棵子树
      q = p;
      p = p->ptr[1];
    }
    else{                                  //转向第 i-1 棵子树
      q = p;
      p = p->ptr[i-1];
    }
  }
  return ret;
}
```

对 B-树进行查找包含两种基本操作：在 B-树中找结点，在结点中找关键字。由于 B-树通常存储在磁盘上，则前一查找操作是在磁盘上进行的，而后一查找操作是在内存中进行的，即在磁盘上找到指针 p 所指结点后，先将结点中的信息读入内存，然后再利用顺序查找或者二分查找查询关键字为 x 的记录。显然，在磁盘上进行一次查找比在内存中进行一次查找更耗费时间，因此，在磁盘上进行查找的次数，即包含待查记录的关键字的结点在 B-树上的层次数，是决定 B-树查找效率的首要因素。

在磁盘上进行查找的次数的最坏情况是当包含待查记录关键字的结点在 B-树的最大层次上，即最坏情况下的查找次数为 $\log_{m/2}\left(\dfrac{n+1}{2}\right)+1$（$n$ 为关键字个数）。

m 阶 B-树的生成与普通树一样，从空树起，逐个插入关键字。与普通树不同的是，每次插入一个关键字后要保持 B-树的形状。常用的插入策略是首先将关键字添加到最底层的某个叶子结点中，若该结点不满（关键字个数不超过 $m-1$），则插入完成，否则要将叶子结点"分裂"成两个叶子结点，并将一个关键字提升到双亲结点中。如果双亲结点已满，则重复刚才的过程，直到到达根结点，并创建一个新的根结点。

下面以 3 阶 B-树为例说明向 m 阶 B-树中插入关键字时的三种情形。

（1）将关键字插入叶子结点后，叶子结点中的关键字个数不超过 $m-1$，如图 5.6（a）所示的 3 阶 B-树中，插入关键字 11 时，首先根据查找过程确定 11 应该插入的叶子结点位置，如图 5.6（b）所示，然后插入。由于插入之后的叶子结点中有两个关键字，符合 3 阶 B-树的性质要求，因此直接插入即可，如图 5.6（c）所示。

（2）插入关键字后叶子结点的关键字个数超过 $m-1$。这种情形下，要分裂叶子结点，创建一个新的叶子结点，将关键字个数超过 $m-1$ 的叶子结点中一半关键字移动到新叶子结点中，并将新叶子结点合并到 B-树中。再把中间的关键字提升到双亲结点中，同时在双亲结点中设置一个指向新叶子结点的指针。如在图 5.6（c）中插入关键字 55。由于 55 欲插入的叶子结点中已有两个关键字，如图 5.7（a）所示，插入 55 后需要分裂该结点，将 52 上提至双亲结点中，如图 5.7（b）、（c）所示。

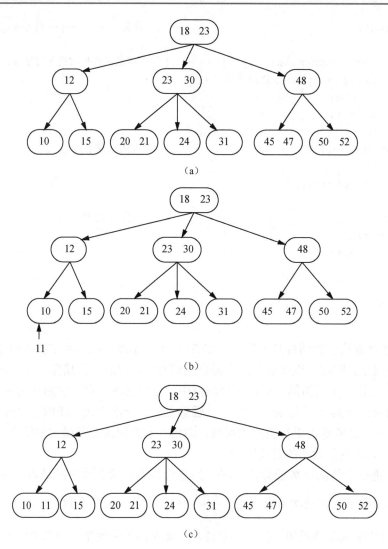

图 5.6 3 阶 B-树插入情形一

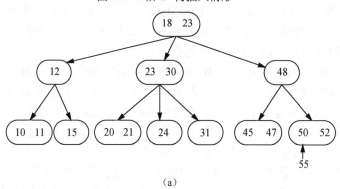

（a）

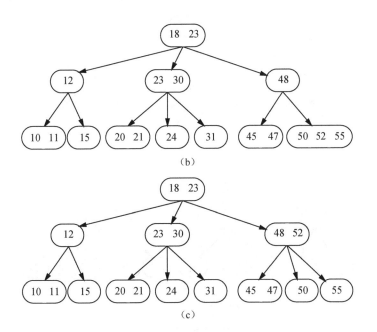

图 5.7　3 阶 B-树插入情形二

结点的"分裂"原则如下：假设 p 结点中已有 $m-1$ 个关键字，当插入一个关键字之后，结点中含有信息为 $\left(m, T_0, K_1, T_1, K_2, T_2, \cdots, K_m, T_m\right)$，且其中 $K_i < K_{i+1}(1 \leqslant i \leqslant m)$，此时可将 p 结点分裂为 p 和 q 两个结点，其中 p 结点中含有信息为 $\left(\dfrac{m}{2}-1, T_0, K_1, T_1, K_2, T_2, \cdots, K_{\frac{m}{2}-1}, T_{\frac{m}{2}-1}\right)$；$q$ 结点中含有信息为 $\left(m-\dfrac{m}{2}, T_{\frac{m}{2}}, K_{\frac{m}{2}+1}, T_{\frac{m}{2}+1}, \cdots, K_m, T_m\right)$，而关键字 $K_{\frac{m}{2}}$ 和指针 q 一起插入到 p 的双亲结点中。

（3）如果插入关键字后 B-树的根结点的关键字个数超过 $m-1$，必须分裂根结点，并将根结点中间的关键字提升到新建的根结点中。这是唯一会引起 B-树高度增长的情形。如在图 5.7（c）中插入关键字 42，首先要确定插入的叶子结点位置，见图 5.8（a），插入后引起叶子结点 p 分裂，如图 5.8（b）所示，并将中间的关键字 45 提升到双亲结点 q 中，如图 5.8（c）所示；导致 q 结点关键字个数超过 $m-1$，继续分裂，将中间关键字 48 提升到双亲结点 z 中，如图 5.8（d）所示；又导致根结点的关键字个数超过 $m-1$，因此分裂根结点，创建新的根结点，并将原根结点的中间的关键字提升到新的根结点中，如图 5.8（e）所示。

【算法 5.1】 在 B-树上插入关键字的算法描述

输入：待插入的关键字 x，插入的结点位置 p，x 在 p 中的位置 i

输出：插入并调整后的 m 阶 B-树的根结点

1. 初始化 finished=false
2. 将 x 插入到结点 p 中
3. 如果 p 的关键字个数大于 $m-1$，创建新结点 ap，并将 $p\rightarrow$key$[m/2+1,\cdots,m]$，$p\rightarrow$ptr$[m/2,\cdots,m]$ 移入新结点 ap 中，$x=p\rightarrow$key$[m/2]$，$p=p\rightarrow$parent；x 在 p 中的插入位置作为 i；重复步骤 2；否则到步骤 4
4. 返回根结点

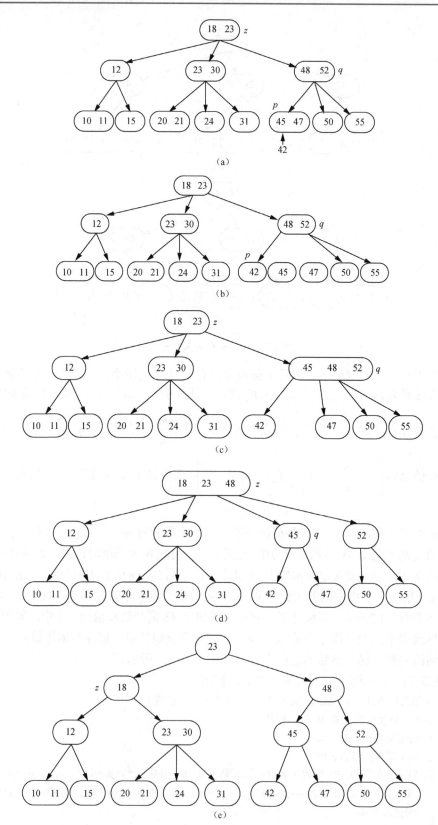

图 5.8　3 阶 B-树插入情形三

B-树的删除在很大程度上是插入操作的逆过程。首先找到要删除的关键字所在结点，若该结点为最底层的叶子结点，且删除后该结点中的关键字数目不少于 $\left\lceil \dfrac{m}{2} \right\rceil$，则删除完成，否则要进行"合并"结点的操作。假设所删关键字为非叶子结点中的关键字 K_i，则可用 T_i 所指子树中的最小关键字 Y（一定位于叶子结点中）替代 K_i，然后将问题转化为从叶子结点中删去关键字 Y 的情形。如图 5.9 所示，若删除关键字 48，可以用 f 结点中的 55 替代 48，然后在 f 结点中删去 55。

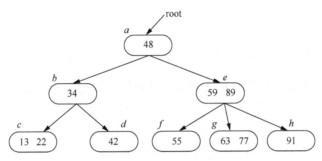

图 5.9　3 阶 B-树删除关键字示例

下面详细讨论删除叶子结点中的关键字的三种情形。

（1）被删关键字所在结点中的关键字数目不小于 $\left\lceil \dfrac{m}{2} \right\rceil$，则只需从该结点中删去该关键字 K_i 和相应指针 T_i，树的其他部分不变。例如，从图 5.9 中删除关键字 22，删除后的 B-树如图 5.10 所示。

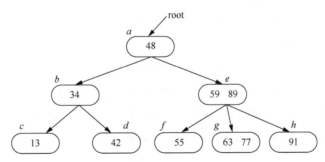

图 5.10　B-树删除情形一

（2）被删关键字所在结点中的关键字数目等于 $\left\lceil \dfrac{m}{2} \right\rceil -1$，而与该结点相邻的右兄弟（或左兄弟）结点中的关键字数目大于 $\left\lceil \dfrac{m}{2} \right\rceil -1$，则需将其右兄弟结点中的最小（或左兄弟结点中最大）的关键字上移至双亲结点中，而将双亲结点中划分这两个结点的关键字下移至被删关键字所在结点中。例如，从图 5.10 中删去 55，需将其右兄弟结点中的 63 上移至 e 结点中，而将 e 结点中的 59 下移至 f 中，从而使 f 和 g 中的关键字数目均小于 $\left\lceil \dfrac{m}{2} \right\rceil -1$，而双亲结点中的关键字数目不变，如图 5.11 所示。

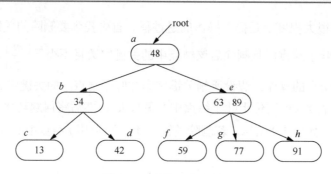

图 5.11　B-树删除情形二

（3）被删关键字所在结点和其相邻的左右兄弟结点中的关键字数目均等于 $\left\lceil \dfrac{m}{2} \right\rceil - 1$。假设该结点有左兄弟，且其左兄弟结点地址由双亲结点中的指针 T_i 所指，则在删去关键字之后，将该结点中剩余的关键字和指针以及双亲结点中划分该结点与其左兄弟结点的关键字 K_{i+1} 一起，合并到 T_i 所指的左兄弟结点中（若没有左兄弟，则合并到右兄弟中）。例如，从图 5.11 中删除 77，则应将 g 中的空指针和双亲 e 结点中的 63 一起合并至左兄弟结点 f 中。删除后的树如图 5.12 所示。

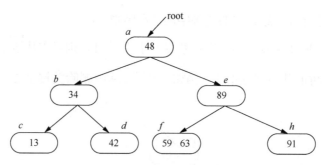

图 5.12　B-树删除情形三

若在图 5.12 中继续删除 42，d 结点的空指针和其双亲结点 b 的关键字合并到结点 c 中，使得结点 b 的关键字不足，继续将双亲结点 b 中的剩余信息（"指针 c"）和其双亲结点 a 中关键字 48 一起合并至右兄弟 e 中，删除后的 B-树见图 5.13。

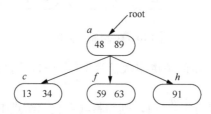

图 5.13　B-树删除导致 B-树高度降低的情形

在 B-树上删除关键字的算法描述如下。

输入：待删除的关键字 x。

输出：删除并调整后的 m 阶 B-树的根结点。

步骤 1：确定 x 所在的结点 p。

步骤 2：如果 p 为空则结束；如果 p 是叶子结点则直接删除关键字；否则在 x 所划分的左

边子树的底层叶子结点 q 中找到小于 x 的最大关键字（或右边子树中大于 x 的最小关键字）s，将 p 的关键字 x 替换为 s；$p=q$，并从 p 中删除 s。

步骤 3：如果 p 中的关键字个数大于等于 $m/2-1$，结束。如果 p 有左兄弟结点 left，且左兄弟结点的关键字个数大于 $m/2-1$，则到步骤 4；如果 p 有右兄弟结点 right，且右兄弟结点的关键字个数大于 $m/2-1$，则到步骤 5；如果 p 的双亲结点是根结点 root 且根结点只有一个关键字，则到步骤 6；否则到步骤 7。

步骤 4：将 p 的双亲结点中划分 left 和 p 的关键字 kp 移动到结点 p 中，作为第一个关键字；将 p 的左兄弟结点的最后一个关键字移动到双亲结点中原 kp 的位置；将 p 的左兄弟结点的最后一个子树移动到结点 p 中，作为第一棵子树，结束。

步骤 5：将 p 的双亲结点中划分 p 和 right 的关键字 kp 移动到结点 p 中，作为最后一个关键字，将 p 的右兄弟结点的第一个关键字移动到双亲结点中原 kp 的位置；将 p 的右兄弟结点的第一个子树移动到结点 p 中，作为最后一棵子树。

步骤 6：如果 p 有左兄弟结点，合并 p、p 的左兄弟以及双亲结点，形成一个新的根结点；否则合并 p、p 的右兄弟以及双亲结点，形成一个新的根结点，结束。

步骤 7：合并 p、p 的左兄弟（或右兄弟）结点 q 以及双亲结点中划分 p 和 q 的关键字；$p = p$ 的双亲结点；重复步骤 3。

5.2.2　B+树

B+树也是一种多叉树结构，通常用于数据库和文件系统中。B+树的特点是能够保持数据稳定有序，其插入与修改拥有较稳定的时间复杂度。B+树是 B-树的变形树。在 B+树中，对数据的引用指向叶子结点，内部结点的关键字只是充当划分子树的分界值。叶子结点被链接成一个序列。

一棵 m 阶 B+树或为空树，或为满足下列特性的 m 叉树。

（1）每个结点至多有 m 棵子树。

（2）根结点至少有两棵子树。

（3）除根以外的所有非叶子结点至少有 $\left\lceil \dfrac{m}{2} \right\rceil$ 棵子树。

（4）所有叶子结点都出现在同一层。

（5）有 n 棵子树的非叶子结点包含的信息如下（恰好包含 n 个关键字）：

$$(n, K_1, T_1, K_2, T_2, \cdots, K_n, T_n)$$

式中，$n\left(\left\lceil \dfrac{m}{2} \right\rceil \leqslant n \leqslant m\right)$ 为关键字的个数，即子树个数；$K_i(i=1,2,\cdots,n)$ 为关键字，且关键字从小到大排序，即 $K_i < K_{i+1}(i=1,2,\cdots,n-1)$；$T_i(i=1,2,\cdots,n)$ 为指向子树根结点的指针，且指针 T_i 所指子树中所有结点的关键字均不大于 $K_i(i=1,2,\cdots,n)$。

图 5.14 是一个 2 阶 B+树的简单例子，通常在 B+树上有两个指针，一个指向根结点，另一个指向关键字最小的叶子结点。因此在 B+树中既可以从最小关键字开始顺序查找，也可以从根结点开始进行随机查找。

在 B+树上进行查找的过程与 B-树类似，只是在查找时，无论非叶子结点上的关键字是否与给定关键字相同，都要沿着相应的子树继续向下查找，一直查找到叶子结点。所以每次查找的路线都是从根结点到叶子结点的一条路径。例如，在图 5.14 中查找关键字 70，则需要从根结点 a 开始比较，由于 70 不大于 a 的第一个关键字，继续在 a 的第一棵子树中查找；由于 70 大于 b 的第一个关键字但是不大于 b 的第二个关键字，继续在 b 的第二棵子树中查找；由于 70 大于 e 的第一个关键字但是不大于 e 的第二个关键字，继续在 e 的第二棵子树中查找；最后在叶子结点 i 中查找到 70，确定查找成功。

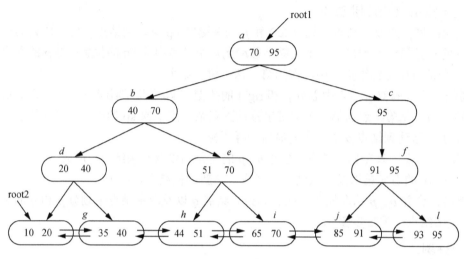

图 5.14　B+树举例

与 B-树相同，B+树的插入也仅在叶子结点上进行，当结点中的关键字个数大于 m 时要分裂成两个结点，每个叶子结点含有的关键字个数分别是 $\left\lceil \dfrac{m}{2} \right\rceil$ 和 $\left\lceil \dfrac{m+1}{2} \right\rceil$，把原结点中的关键字 K_i ($1 \le i \le \left\lceil \dfrac{m}{2} \right\rceil$) 及相应的子树指针移到新叶子结点中，并把新叶子点中的最后关键字 $K_{\lceil m/2 \rceil}$ 复制到双亲结点中（与 B-树不同）。如果双亲结点是满的，分裂过程与 B-树相同。下面举例说明 B+树的插入操作。

在图 5.15 所示的 3 阶 B+树中，插入关键字 20 时，先根据查找过程确定应将 20 插入到叶子结点位置，插入后叶子结点的关键字个数不超过 m，插入完成，如图 5.16 所示。

图 5.15　3 阶 B+树　　　　　　　图 5.16　在 3 阶 B+树中插入关键字 20

在图 5.16 所示的 3 阶 B+树中继续插入关键字 23，与上面的插入类似，但是 23 插入到叶子结点 p 之后，p 结点的关键字个数超过了 m，如图 5.17 所示。因此需要分裂 p，把其前两个关键字及空指针移动到新结点 q 中，并把 q 中最后一个关键字复制到其双亲结点中，同时将结点 q 合并到 B+树中，如图 5.18 所示。

在图 5.18 所示的 3 阶 B+树中继续插入关键字 30，插入及分解过程如图 5.19 所示，由于根结点进行了分裂，B+树的高度增加一层。

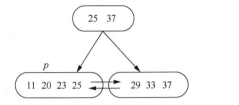
　　　　　　　　　　　　　　　　　　　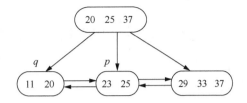

图 5.17　在 3 阶 B+树中插入 23 导致 p 结点满　　　图 5.18　在 3 阶 B+树中插入 23 后分裂结点

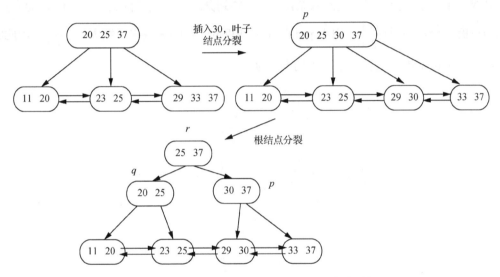

图 5.19　在 3 阶 B+树中插入 30 后 B+树高度增加

B+树的删除也是在叶子结点中进行。当叶子结点中的最大关键字被删除时，其在非终端结点中的副本仍可以作为一个"分界关键字"存在。如在图 5.20 中删除关键字 25 时，先确定其所在的叶子结点 p，从 p 中删除关键字，如图 5.21 所示。注意，关键字 25 没有从内部结点中删除。若因删除而使叶子结点中关键字的个数小于 $\left\lceil\dfrac{m}{2}\right\rceil$ 时，如果该叶子结点的兄弟结点关键字个数大于 $\left\lceil\dfrac{m}{2}\right\rceil$，则将该叶子结点和其兄弟结点中的关键字重新分配，否则删除该叶子结点，将剩余的关键字合并到其兄弟结点中，过程与 B-树相似。

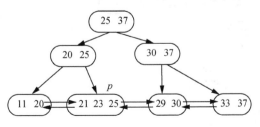
　　　　　　　　　　　　　　　　　　　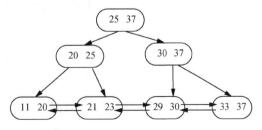

图 5.20　先确定删除的关键字所在叶子结点　　　　图 5.21　删除关键字 25 后的 B+树

图 5.22 演示了在 3 阶 B+树中删除一个关键字后进行关键字重新分配的情形。在删除关键字 20 时，先确定其所在的叶子结点 p，删除 p 后结点的关键字个数小于 $\left\lceil \dfrac{m}{2} \right\rceil$，但其右兄弟结点 q 的关键字个数大于 $\left\lceil \dfrac{m}{2} \right\rceil$，因此将其右兄弟结点的最小关键字 21 移动到 p 中，并更新双亲结点的相应分界值。

图 5.23 演示了在 3 阶 B+树中删除一个关键字后出现结点合并的情形。由于在叶子结点 p 删除关键字 30 后，p 结点及其兄弟结点的关键字个数均不大于 $\left\lceil \dfrac{m}{2} \right\rceil$，因此要将这两个叶子结点合并成一个叶子结点，同时删除双亲结点 pre 中划分这两个结点的关键字 30，进而导致 pre 结点的关键字个数小于 $\left\lceil \dfrac{m}{2} \right\rceil$，由于 pre 的兄弟结点 pre_q 的关键字个数大于 $\left\lceil \dfrac{m}{2} \right\rceil$，因此将这两个结点的关键字进行重新分配，否则要继续合并。

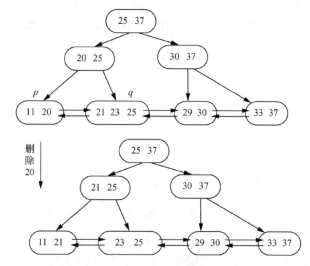

图 5.22　删除关键字后进行关键字的重新分配

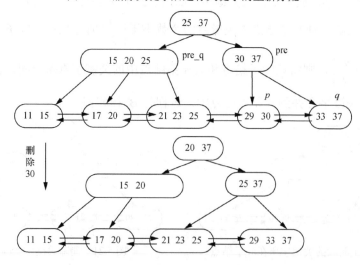

图 5.23　删除关键字后进行结点的合并

5.3　散　列

5.3.1　散列的概念

前面讨论的静态查找和动态查找结构中，数据记录在结构中的相对位置是随机的，和记录的关键字之间不存在确定的关系，因此，在结构中查找数据记录时需进行一系列关键字的比较。这一类查找建立在"比较"基础上，查找的效率依赖于查找过程中所进行的比较次数。

一种理想的查找方法是不进行任何比较，一次存取便得到所查记录，这就要在记录的存储位置和记录的关键字之间建立一种关系。例如，读取指定下标的数组元素，就是根据数组的起始存储地址以及数组下标值而直接计算出来的，时间复杂度为 $O(1)$，与数组元素的个数无关。虽然理想的情况是在关键字和结构中一个唯一的存储位置建立对应关系，但在实际应用中，只能近似地获得这样的结果。

散列方法就是在记录的关键字与它的存储位置之间建立一个确定的对应函数关系，使得每个关键字与结构中一个唯一的存储位置相对应。在查找时，首先对记录的关键字进行函数计算，把函数值（散列值）当成该记录的存储位置，在结构中按此位置取记录进行比较。若关键字相等，则查找成功。在存放记录时，按照散列函数计算存储位置，并按此位置存放记录。在散列方法中使用的映射函数称为散列函数。按照散列方法构造出来的表或结构称为散列表。

散列方法的核心是：由散列函数确定关键字与散列地址之间的对应关系，通过这种关系来实现存储并进行查找。一般情况下，散列表的存储空间采用顺序存储结构——数组，散列地址就是数组的下标。散列方法的目标就是设计一个散列函数 f，$0 \leqslant f(K) < L$，K 为记录的关键字，L 为散列表的长度。散列函数值 $f(K)$ 就是关键字为 K 的记录对应的存储地址。

例如，将关键字 {John,Mike,Peter,Rose,Tom,Dave} 存放于长度为 26 的散列表中，取关键字中第一个字母（不区分大小写）在字母表 {a,b,c,…,z} 中的序号（0～25）作为该关键字的散列值，则关键字集合构成的散列表如表 5.1 所示。

表 5.1　散列表存储示例

散列地址	关键字	散列地址	关键字
0		13	
1		14	
2		15	Peter
3	Dave	16	
4		17	Rose
5		18	
6		19	Tom
7		20	
8		21	
9	John	22	
10		23	
11		24	
12	Mike	25	

如果在散列表 5.1 中继续插入关键字 Mary 时，Mary 的散列地址是 12，但是这个位置已经被占用了。这种对于不同的关键字，由散列函数得到的散列地址相同的现象称为"冲突"，发生冲突的两个关键字称为散列函数的同义词。在理想情况下散列函数应该运算简单并且应该保证任何两个不同的关键字映射到不同的存储单元。但实际上这是不可能的，因为存储单元的数量有限，而关键字个数可能远远大于散列表长度。因此在散列方法中，需要考虑两个问题：

（1）构造使关键字均匀分布的散列函数，提高散列质量避免发生冲突；

（2）设计冲突解决方法，处理冲突。

本节主要介绍几种常用的散列函数和解决冲突的方法。

散列方法的查找性能用平均查找长度 ASL 来衡量。根据查找成功与否，又有查找成功的平均查找长度 ASLsucc 和查找不成功的平均查找长度 ASLunsucc 之分。查找成功的平均查找长度是指查找到散列表中已有的数据记录的平均探查次数。查找不成功的平均查找长度是指在表中查找不到待查的记录，但找到插入位置的平均探查次数。

影响散列表查找效率的因素包括：散列函数是否均匀、处理冲突的方法以及散列表的装填因子。其中散列表的装填因子 α 定义如下：

$$\alpha = \frac{填入表中的元素个数}{散列表的长度}$$

装填因子 α 是散列表装满程度的标志因子。由于表长是定值，α 与"填入表中的元素个数"成正比，所以，α 越大，填入表中的元素越多，产生冲突的可能性就越大；α 越小，填入表中的元素越少，产生冲突的可能性就越小。实际上，散列表的平均查找长度是装填因子 α 的函数，只是不同处理冲突的方法有不同的函数。

5.3.2 散列函数

在介绍散列函数之前，假设处理的关键字为整型情形，在实际应用中，如果关键字不为整型，可以构建关键字与正整数之间的一一对应关系，从而把原关键字的查询转化为正整数的查询问题。

构造散列函数有以下几点要求。

（1）散列函数的定义域必须包括需要存储的全部关键字，如果散列表允许有 m 个地址，其值域必须在 0 到 m-1 之间。

（2）散列函数计算出来的地址应能均匀分布在整个地址空间中：若 key 是从关键字集合中随机抽取的一个关键字，散列函数应能以同等概率取 0 到 m-1 中的每一个值。

（3）散列函数应是简单的，能在较短的时间内计算出结果。

下面介绍几种常用的散列函数构造方法。在实际问题中应根据关键字的特点，选用适当的方法。

1. 直接定址法

散列函数是关键字的线性函数，线性函数值作为散列地址：

$$Hash(key) = a \times key + b$$

式中，a, b 为常数。这类散列函数是一对一的映射，一般不会产生冲突。但是，它要求散列地址空间的大小与关键字集合的大小相同。

例如，有一组关键字如下：{1548,1569,1527,1530,1505,1558,1547,1501}。散列函数为 Hash (key) = key – 1500，则

Hash (1548) = 48	Hash (1569) = 69
Hash (1527) = 27	Hash (1530) = 30
Hash (1505) = 5	Hash (1558) = 58
Hash (1547) = 47	Hash (1501) = 1

数据记录存储在各个关键字对应的散列地址中。

2. 数字分析法

设有 n 个 d 位数，每一位可能有 r 种不同的符号。这 r 种不同的符号在各位上出现的频率不一定相同，可根据散列表的大小，选取其中各种符号分布均匀的若干位作为散列地址。

例如，散列表地址范围有 3 位数字，观察下列关键字后，取各关键码的④⑤⑥位作为记录的散列地址。也可以把第①、②、③和第⑤位相加，舍去进位位，变成一位数，与第④、⑥位合起来作为散列地址。也可以设计其他的数字分析方法。

```
8  5  3  2  4  8
8  5  2  3  6  9
8  5  1  5  3  7
8  5  2  6  9  0
8  5  2  8  1  5
8  5  2  5  5  6
8  5  3  1  4  7
8  5  1  1  2  1
①  ②  ③  ④  ⑤  ⑥
```

数字分析法仅适用于事先明确知道表中所有关键码每一位数值的分布情况，它完全依赖于关键码集合。如果换一个关键码集合，就要重新决定选择哪几个数位。

3. 除留余数法

设散列表中允许的地址数为 m，取一个不大于 m，但最接近于或等于 m 的质数 p，并构造如下散列函数：

$$Hash (key) = key \% p, \quad p \leqslant m$$

其中，"%"是整数除法取余的运算。这是一种最简单也最常用的散列函数构造方法。

例如，有一个关键字 key = 48，散列表大小 m = 19，即 H[19]。取质数 p= 19。散列函数 Hash (key) = key % p，则 48 的散列地址为 Hash (48) = 48 % 19 = 10。

需要注意的是，在除留余数方法中，p 的选择很重要。如果选取的 p 不是质数，则可能会浪费散列地址。比如，选择 p 为偶数，设 key 值都为奇数，则 Hash(key) = key % p，结果为奇数，一半的存储单元被浪费。如果选 p 为 95，设 key 值都为 5 的倍数，则 Hash(key) = key % p，结果为 0,5,10,15,…,90，4/5 的存储单元被浪费。

4. 平方取中法

此方法在词典处理中使用十分广泛。先计算关键字的平方值，从而扩大相近数的差别，

然后根据散列表长度取中间的几位数（往往取二进制的比特位）作为散列函数值。因为一个乘积的中间几位数与乘数的每一数位都相关，所以由此产生的散列地址较为均匀。

例如，将一组关键字（0100,0110,1010,1001,0111）平方后得（0010000,0012100,1020100,1002001,0012321）。若表长为 1000，则可取中间的三位数作为散列地址：（100,121,201,020,123）。

5. 基数转换法

将关键字转换成另一种进制的数，然后计算散列地址。例如十进制的 345，转换成九进制数就是 423，可以用这个值对散列表长取余作为其散列地址。

6. 折叠法

把关键字自左到右分成位数相等的几部分，每一部分的位数应与散列表地址位数相同，只有最后一部分的位数可以短一些。把这些部分的数据叠加起来，就可以得到具有该关键字的记录的散列地址。叠加方法有两种：

（1）移位法——把各部分的最后一位对齐相加。

（2）分界法——各部分不折断，沿各部分的分界来回折叠，然后对齐相加，将相加的结果作为散列地址。

例如，设给定的关键字为 key = 96234657，若散列表长为 1000，则划分结果为每段 3 位。上述关键字就可以划分为 3 段：

$$962 \quad 346 \quad 57$$

把这 3 部分相加后，去掉超出地址位数的最高位，仅保留最低的 3 位作为散列地址。

移位法：962+346+57 = 1365。

分界法：962+643+57 = 1662。

当关键字的位数较多，而且关键字每一位上数字的分布大致比较均匀时，可用这种方法得到散列地址。

5.3.3 冲突解决方法

冲突是指对不同的关键字，由散列函数得到相同的散列地址的现象。几乎所有的散列函数都会出现多个关键字同时映射到同一个位置的现象。恰当地设计散列函数可以尽量避免冲突的出现，但是由于存储地址是有限的，因此不能完全避免冲突。冲突问题需要用某种方法来处理，从而保证冲突得到解决。

常用的解决冲突的方法有三种：开放定址法、链接法、桶定址法。

1. 开放定址法

开放定址法把所有的记录直接存储在散列表中。设某个记录的关键字为 key，则该记录的初始探查位置为 $f(key)$。如果要插入一个记录 R，而另一个记录已经占据了 R 的初始探查位置（发生冲突），那么就把 R 存储在表中的其他地址中，由具体的冲突解决策略确定后继探查地址。

开放定址法解决冲突的基本思想是：当冲突发生时，使用某种方法为关键字 key 生成一个探查地址序列 $A_0,A_1,\cdots,A_i,\cdots,A_{m-1}$。其中 $A_0 = f(key)$，即为 key 的初始探查位置；所有

A_i (0<i<m)是后继探查地址。当插入 key 时,若初始探查位置已被别的数据元素占据,则按上述地址序列依次探查,将找到的第一个空闲位置 A_i 作为关键字 key 的存储位置;若所有后继探查地址都不空闲,说明该散列表已满,报告溢出。相应的,查找关键字 key 时,首先与初始探查地址中数据比较,如果不相等,将按同样的后继地址序列依次查找,查找成功时返回该位置 A_i;如果沿探查序列查找时遇到了空闲的地址,则说明表中没有待查的关键字。删除关键字 key 时,也按同样的探查地址序列依次查找,如果查找到 key 的存储位置 A_i,则删除该位置 A_i 上的数据元素(删除操作实际上只是对该结点加上删除标记);如果遇到了空闲地址,则说明表中没有待删除的关键字。

依据探查地址序列的生成方法,开放定址法主要可以分为线性探查法、二次探查法、伪随机探查法和双散列探查法。

1)线性探查法

将散列表看成是一个环形表,设散列表长为 m。若在初始探查地址 d(即 $f(\text{key})=d$)发生冲突,则依次探查地址单元 $A_i=(d+i)\%m$,其中 0<i<m,直到找到一个空闲地址。若沿着该探查地址序列探查一遍之后,又回到了地址 d,则意味着失败。

例如,设散列表为 HT[23],散列函数为 Hash(key)=key%23。存放的关键字序列是 {32,75,29,63,48,94,25,46,22,55}。采用线性探查法处理冲突。

上述关键字的探查地址序列分别如下:

Hash(32)=9;

Hash(75)=6;

Hash(29)=6(冲突),继续探查 7 号地址;

Hash(63)=17;

Hash(48)=2;

Hash(94)=2(冲突),继续探查 3 号地址;

Hash(25)=2(冲突),继续探查 3 号地址(冲突),继续探查 4 号地址;

Hash(46)=0;

Hash(22)=22;

Hash(45)=22(冲突),继续探查(22+1)%23=0 号地址(冲突),继续探查(22+2)%23=1 号地址。

将上述关键字存储到散列表后的情形如表 5.2 所示。

表 5.2 线性探查法示例

	地址号															
	0	1	2	3	4	5	6	7	8	9	10	11	12	…	17	…	22
关键字	46	45	48	94	25		75	29		32					63		22
探查次数	1	3	1	2	3		1	2		1					1		1

利用线性探查法解决冲突后,在查找一个关键字时,首先根据其值计算出初始探查地址 Hash(key)。如果该地址中的关键字与查找的关键字相等,则查找成功;如果不等,则继续探查(Hash(key)+1)%m,(Hash(key)+2)%m,…,(Hash(key)+m-1)%m 地址中的关键字,直到查找成功或查找回到 Hash(key)的位置(查找失败)或探查到空闲位置(查找失败)。

例如,在散列表 5.2 中,查找 45,需要依次探查地址 22,0,1,经过 3 次关键字的比较确定查找成功；如果要查找 69，则需要依次探查地址 0,1,2,3,4,5，因为 5 号地址空闲，因此可以确定不存在 69，查找失败，即 69 可以插入到 5 号地址。

对上面的散列表进行查找时，查找成功的平均查找长度为

$$ASLsucc =(1+3+1+2+3+1+2+1+1+1)/10 = 1.6$$

查找不成功的平均查找长度为

$$ASLunsucc=(6+5+4+3+2+3+2+2+2+7+13)/23 = 49/23$$

用线性探查法解决冲突时，当散列表中 $i,i+1,\cdots,i+k$ 的位置上已有结点时，散列地址为 i，$i+1,\cdots,i+k+1$ 的结点都将插入在位置 $i+k+1$ 上。这种散列地址不同的结点争夺同一个后继散列地址的现象称为冲突的一次聚集或堆积（clustering）。冲突的聚集将造成不是同义词的结点也处在同一个探查地址序列之中，从而增加了探查序列的长度，即增加了查找时间。若散列函数不好或装填因子过大，都会使聚集现象加剧。

2）二次探查法

为改善线性探查法的冲突"聚集"问题，减少查找成功时的平均探查次数，可使用二次探查法解决冲突。

二次探查法生成的后继探查地址不是连续的，而是跳跃的，以便为后续数据元素留下空间从而减少冲突聚集。设散列表长为 m，要存放的记录的关键字的初始探查地址为 d，二次探查法的探查序列依次是 $d,(d+1^2)\%m,(d-1^2)\%m,(d+2^2)\%m,(d-2^2)\%m,\cdots$。也就是说，发生冲突时，后继探查地址在初始探查地址 d 的两端。

例如，将关键字序列(27,71,40,49)存放到表长为 11 的散列表，散列函数为 Hash(key) = key%11，采用二次探查法解决冲突。则各个关键字序列的探查地址依次如下：

Hash(27)=5；

Hash(71)=5（冲突），继续探查(5+1)%11=6；

Hash(40)=7；

Hash(49)=5（冲突），继续探查(5+1)%11=6（冲突），继续探查(5-1)%11=4。

相应的散列表如表 5.3 所示。

表5.3　二次探查法示例

	地址号										
	0	1	2	3	4	5	6	7	8	9	10
关键字					49	27	71	40			
探查次数					3	1	2	1			

对于该散列表，查找成功的平均查找长度为

$$ASLsucc = (1+2+1+3)/4 = 7/4$$

查找不成功的平均查找长度为

$$ASLunsucc = (3+4+4+2+7)/11 = 20/11$$

由于二次探查法生成的探查地址序列摇摆在初始探查地址两端，因此不易探查到整个散列表的所有位置，也就是说，后继探查地址序列可能难以包括散列表的所有存储位置。另外，虽然二次探查法排除了一次冲突聚集，但是仍然避免不了冲突的聚集，因为对散列到相同地址的关键字，采用的是同样的后继探查地址序列，这称为冲突的"二次聚集"。

3）伪随机探查法

伪随机探查法通过一个随机数生成器来生成随机的探查地址序列，可以防止冲突的"二次聚集"。

如果散列表长为 m，散列函数为 Hash()。随机数生成器第 i 次（$i \geq 1$）生成的随机数为 p_i，则关键字 key 的探查地址序列为

$$\text{Hash(key)}, (\text{Hash(key)}+p_1)\%m, \cdots, (\text{Hash(key)}+p_i)\%m, \cdots$$

例如，设散列表长为 11，随机数生成器生成的前四个随机数为 $r_1=1, r_2=5, r_3=3, r_4=17$。假定关键字 k 的初始探查地址为 2，则 k 的探查地址序列为 2,3,7,5,8。

伪随机探查法的问题在于对于相同的关键字会产生不同的探查地址序列。所以在产生探查地址序列之前，相同的关键字必须使用相同的随机数种子来对随机数生成器进行初始化。

4）双散列探查法

如果探查地址序列的方法是初始探查地址的函数，当两个关键字的初始探查地址相同时，后继的探查序列就会相同，从而引发冲突的二次聚集。为了避免这种情况，可以将探查地址序列定义为关键字的函数，而不是初始探查地址的函数。双散列探查法使用两个散列函数，第一个散列函数 Hash 用来计算数据记录的初始探查地址；第二个散列函数 ReHash 用来解决冲突。双散列法生成的探查序列为

$$H_i = (\text{Hash(key)} + i * \text{ReHash(key)}) \% m, \quad i = 0,1,2,\cdots, m-1$$

双散列法最多经过 m 次探查就会遍历表中所有位置，回到 Hash(key) 位置。

例如，将一组关键字 { 22, 41, 53, 46, 30, 13, 01, 67 } 存放到表长为 11 的散列表中，散列函数为 Hash(x)=(3x) % 11，再散列函数为 ReHash(x) = (7x) % 10 +1。

各个关键字的探查地址序列为

$H_0(22) = 0$；

$H_0(41) = 2$；

$H_0(53) = 5$；

$H_0(46) = 6$；

$H_0(30) = 2$（冲突），继续探查 $H_1 = (2+1)\%11= 3$；

$H_0(13) = 6$（冲突），继续探查 $H_1 = (6+2)\%11= 8$；

$H_0(01) = 3$（冲突），继续探查 $H_1 = (3+8)\%11= 0$，（冲突）；

继续探查 $H_2 = (3+2*8)\%11= 8$（冲突）；

继续探查 $H_3 = (3+3*8)\%11 = 5$（冲突）；

继续探查 $H_4 = (3+4*8)\%11= 2$（冲突）；

继续探查 $H_5 = (3+5*8)\%11= 10$；

$H_0(67) = 3$（冲突），继续探查 $H_1 = (3+10)\%11= 2$（冲突）；

继续探查 $H_2 = (3+2*10)\%11 = 1$。

将各个关键字存储到散列表后的情形如表 5.4 所示。

表 5.4 双散列方法示例

	地址号										
	0	1	2	3	4	5	6	7	8	9	10
关键字	22	67	41	30		53	46		13		01
探查次数	1	3	1	2		1	1		2		6

对于上面的散列表，查找成功的平均查找长度为

$$ASLsucc =(4+2+2+6+3)/8 = 17/8$$

双散列方法的查找不成功情况下平均查找长度的分析较为复杂。每一散列位置的移位量有 10 种：1, 2, …, 10。先计算每一散列位置各种移位量情形下找到下一个空闲地址的探查次数，求出平均值；再计算各个位置的平均比较次数的总平均值。

由于开放定址散列方法不使用链表结构，而是把所有记录都存储在散列表中，因此开放定址散列方法又称为"闭散列法"。

2. 链接法

在链接法解决冲突的过程中，散列表中的每个地址都是一个链表的表头，关联着一个链表结构。散列到相同地址的记录都放在这个地址关联的链表中。应用这种方法的散列表不会产生溢出，因为链表会在加入新的关键字时扩展。链接法又称为"开散列法""拉链法"。

例如，设关键字为 {18,14,01,68,27,55,79}，散列函数 Hash(key)=key%13，散列地址为 {5,1,1,3,1,3,1}。采用链接法解决冲突时的散列表如图 5.24 所示。

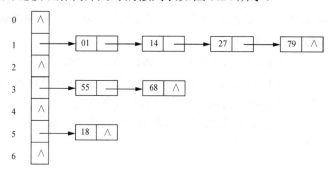

图 5.24 链接法解决冲突示例

通常情况下将一个链表中的记录进行排序存放从而提高查找的执行性能。排序方式有多种：根据输入顺序、根据记录的关键字的顺序或者根据访问频率的顺序。对于查找不成功的情况，根据记录的关键字的顺序排列最为方便，因为一旦在链表中遇到一个比待查找的记录大的记录，就可以确定散列表中没有待查的记录。反之，如果链表中记录的关键字没有排序，则需要访问每个记录。

链接法处理冲突简单，不会出现冲突的聚集现象，所以平均查找长度较短。例如，给定一个大小为 m、存储 n 个记录的散列表，在理想情况下散列函数把 n 个记录均匀放置在表中 m 个位置上，使得每一个同义词的链表中平均有 n/m 个记录。假定表中的地址数比存储的记录数多，则出现包含多于一个记录的链表的可能性会很小。这样，散列方法的平均代价就是 $O(1)$。然而，如果冲突使得许多记录集中分布到有限的几个链表中，那么访问一个记录的代价就会更高，因为必须查询同义词链表中的许多记录。

如果整个散列表存储在内存中，用链接法比较容易实现。但是，如果整个散列表存储在磁盘中，将每个同义词存储在一个新地址的链接法就不太合适。因为一个同义词链表中的记录可能存储在不同的磁盘块中，这就会导致在查询一个特定记录时多次访问磁盘，从而增加了查找时间。

3. 桶定址法

桶定址法的基本思想是把记录分为若干存储桶，每个存储桶包含一个或多个存储位置，一个存储桶内的各存储位置用指针连接起来。散列函数 f 将关键字 key 映射到 f(key)号存储桶。如果桶已经满了，可以使用前面介绍的开放定址法来处理。

例如，利用桶定址法将关键字{16,13,14,27,20,24,31,35}存放到表长为 11 的散列表中，散列函数为 Hash(x)=x%11。如果某个地址关联的桶满了，则继续采用线性探查法解决冲突。

根据散列函数，将各个关键字存放到散列表后的情形如表 5.5 所示。在存储 35 时，其散列地址为 2，但是此时 2 号桶已经满了，采用线性探查法来探查临近的 3 号桶，从而存储到 3 号桶的空闲位置。在此之后，散列地址为 2、3 或 4 的关键字都将竞争 4 号桶，显然出现了冲突的聚集。

表 5.5 桶定址法示例

桶号	关键字	关键字
0		
1		
2	13	24
3	14	35
4		
5	16	27
6		
7		
8		
9	20	31
10		

5.3.4 散列算法设计与分析

在给定散列函数和冲突解决方法后，散列算法的具体实现如例 5.4 所示。

【例 5.4】散列查找。

```cpp
//TK 是关键码类型，需要实现 operator ==，TV 是用户数据类型，需要实现 operator ==
template <class TK, class TV>
class KVPair {
public:
    TK key;
    TV value;
    KVPair() :key(std::numeric_limits<TK>::min()),value(){}
    KVPair(TK key, TV value) :key(key), value(value){ }
    bool operator ==(const KVPair<TK, TV>& other){
        return key == other.key && value == other.value;
    }
    bool operator != (const KVPair < TK, TV>& other){
        return !(*this == other);
    }
};
```

```
template <class TK, class TV>
class HashTable {
private:
    KVPair<TK, TV>* store;
    int maxSize;                        //存储数据的最大个数
    int currentSize;                    //存储数据的当前个数
    int probe(TK k, int i) const{       //探查函数，i 为探查的步长
        return (hash(k) + i) % maxSize;
    }
    int hash(TK k) const{               //散列函数
        return k % maxSize;
    }
    static const KVPair<TK, TV> empty;

    int search(const TK& key) const{
        int home = hash(key);
        int i = 0;
        int pos = home;
        do{
            if(store[pos].key == key)    //当前位置存储数据为待查数据
                return pos;
            pos = probe(key, ++i);       //利用探测步长继续寻找
        } while (store[pos] != empty && pos != home);
        return -1;
    }
public:
    HashTable(int size) {               //构造函数
        maxSize = size;
        currentSize = 0;
        store = new KVPair<TK, TV>[maxSize];
    }
    ~HashTable() { delete[]store; }             //析构函数
    bool HashInsert(const KVPair<TK, TV>& item); //插入数据
    bool HashSearch(const TK& item) const;       //检索数据
    bool HashDelete(const TK& item);             //删除数据
};

template <class TK, class TV>
const KVPair<TK, TV> HashTable<TK, TV>::empty = KVPair<TK, TV>();

template <class TK, class TV>
bool HashTable<TK, TV>::HashInsert(const KVPair<TK, TV>& item){
    int flag = 0;
    int home = 0;                       //存储的初始探查位置
    int i = 0;                          //探查的序列编号
    int pos = home = hash(item.key);    //根据 item 的关键码进行散列
    while (store[pos].key != empty.key){ //empty 是散列表当前位置为空的标记
```

```
            if(store[pos].key == item.key)
                return true;                    //数据已经存在，插入成功
            pos = probe(item.key, ++i);         //按照步长 i 生成探查位置
            if(pos == home)                      //已经遍历所有可能位置
                return false;
        }
        if(currentSize >= maxSize)               //表满，插入失败
            return false;
        store[pos] = item;                        //更新表中位置信息
        currentSize++;
        return true;
    }


    template <class TK, class TV>
    bool HashTable<TK, TV>::HashSearch(const TK& item)const{
        return (search(item) >= 0);
    }


    template <class TK, class TV>
    bool HashTable<TK, TV>::HashDelete(const TK& key){
        int home = hash(key);
        int i = 0;
        int pos = home;
        do{
            if(store[pos].key == key) {
                store[pos] = empty;
                currentSize--;
                return true;
            }
            else
                pos = probe(key, ++i);
        }while (store[pos] != empty && pos != home);
        return false;
    }
```

　　散列函数在记录的关键字与记录的存储位置之间直接建立了映射关系。当选择的散列函数能够得到均匀的地址分布时，在查找过程中可以不做多次探查。散列冲突增加了查找的时间。冲突的出现与散列函数的选取（地址分布是否均匀）、处理冲突的方法（是否产生堆积）有关。

　　通常情况下，开散列法优于闭散列法；在散列函数中，用除留余数法作散列函数优于其他类型的散列函数。当装填因子 α 较高时，选择的散列函数不同，散列表的搜索性能差别很大。一般情况下，散列的平均查找性能优于一些传统的查找技术，如平衡树，但是散列表在最坏情况下性能很不好。如对一个有 n 个关键码的散列表执行一次查找或插入操作，最坏情况下需要 $O(n)$ 的时间。

　　散列方法中不同的冲突解决方法也影响了散列表的平均查找长度，如表 5.6 所示。

表 5.6   各种冲突解决方法的平均查找长度

处理冲突的方法		平均查找长度 ASL	
		查找成功 S_n	查找不成功 U_n
开放定址法	线性探查法	$\frac{1}{2}\left(1+\frac{1}{1-\alpha}\right)$	$\frac{1}{2}\left(1+\frac{1}{(1-\alpha)^2}\right)$
	伪随机探查法 二次探查法 双散列探查法	$-\left(\frac{1}{\alpha}\right)\log_e\left(1-\alpha\right)$	$\frac{1}{1-\alpha}$
链接法		$1+\frac{\alpha}{2}$	$\alpha+\mathrm{e}^{-\alpha}\approx\alpha$

其中，α 是散列表的装填因子，表明了表中的装满程度。装填因子越大，说明表越满，再插入新元素时发生冲突的可能性就越大。散列表的查找性能，即平均查找长度依赖于散列表的装填因子，而不直接依赖于存储的记录个数或散列表长度。

5.3.5* 散列的应用

在散列方法中，对于任意数据，通过散列函数计算后都会产生一个固定的散列值，并且这个计算过程是单向的，即只能从数据到散列值，但不能从散列值逆推计算出数据。因此，散列方法在密码学、文本校验、数字签名、数据存储和检索等方面有着广泛的应用。下面分别介绍散列在文本压缩和完整性验证中的应用。

1. LZW 文本压缩方法

与前文介绍的 Huffman 编码不同，LZW 文本压缩方法是一种利用散列计算把文本字符串映射为数字编码的无损压缩编码方法。该方法将文本中出现的不同的字符串编码成不同的数字，字符串和编码的对应关系是在压缩过程中动态生成的，并且隐含在压缩数据中，解压的时候根据编码表进行恢复。

1）LZW 压缩过程

在压缩过程中，LZW 文本压缩方法首先对文本中所有可能出现的字符进行等长编码，并利用一个数对字典存储字符或字符串和编码的映射关系，每个数对的结构类似于(key, value)，其中 key 是字符串，value 是该字符串的编码，然后扫描文本，提取不同的字符串并进行编码，最后用各字符或字符串的编码来替代原始文本文件数据中的相应字符或字符串。以压缩文本串 S = aaabbbbbbaabaaba 为例，S 由字符'a'和'b'组成，可将'a'编码为 0，'b'编码为 1，初始的数对字典如图 5.25（a）所示。

从图 5.25（a）的初始字典开始，LZW 文本压缩方法不断在文本串 S 的未编码部分（阴影部分）寻找一个与字典中的字符串相匹配的最长的字符串，并输出它的编码。这个字符串被称为前缀，用 P 表示。P 是最长的字符串，是指如果在 S 中存在下一个字符 C，并且字典中不包含 PC（PC 是指前缀 P 加字符 C），则需要将其插入字典，并为 PC 分配一个编码，这种策略被称为 LZW 规则。

LZW 压缩算法步骤如下。

步骤 1：初始化字典，即对所有可能出现的字符进行编码，当前前缀 P 为空。

步骤 2：读取文本字符流中的下一个字符作为 C。

步骤 3：如果 PC 在字典中，则 $P=PC$；否则输出当前前缀 P 的编码，在字典中增加字符

串 *PC* 及其编码，并令 *P=C*。

步骤 4：如果文本字符流中仍有字符没有被压缩，则返回步骤 2，否则输出当前前缀 *P* 的编码，结束。

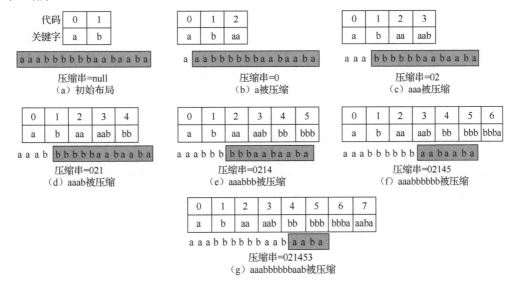

图 5.25 LZW 压缩

下面以压缩文本串 *S* 为例详细介绍 LZW 文本压缩方法的压缩过程。初始时，字典中存储"a"和"b"的编码，如图 5.25（a）所示，且 *P*=NULL。

（1）读取字符 *C*="a"，*PC*（即"a"）在字典中，则 *P=PC*="a"。

（2）读取字符 *C*="a"，*PC*（即"aa"）不在字典中，输出 *P*（即"a"）的编码 0，在字典中加入"aa"的编码 2，如图 5.25（b）所示，并令 *P=C*="a"。

（3）读取字符 *C*="a"，*PC*（即"aa"）在字典中，令 *P=PC*="aa"。

（4）读取字符 *C*="b"，*PC*（即"aab"）不在字典中，输出 *P*（即"aa"）的编码 2，在字典中加入"aab"的编码 3，如图 5.25（c）所示，并令 *P=C*="b"。

（5）读取字符 *C*="b"，*PC*（即"bb"）不在字典中，输出 *P*（即"b"）的编码 1，在字典中加入"bb"的编码 4，如图 5.25（d）所示，并令 *P=C*="b"。

（6）读取字符 *C*="b"，*PC*（即"bb"）在字典中，令 *P=PC*="bb"。

（7）读取字符 *C*="b"，*PC*（即"bbb"）不在字典中，输出 *P*（即"bb"）的编码 4，在字典中加入"bbb"的编码 5，如图 5.25（e）所示，并令 *P=C*="b"。

（8）读取字符 *C*="b"，*PC*（即"bb"）在字典中，令 *P=PC*="bb"。

（9）读取字符 *C*="b"，*PC*（即"bbb"）在字典中，令 *P=PC*="bbb"。

（10）读取字符 *C*="a"，*PC*（即"bbba"）不在字典中，输出 *P*（即"bbb"）的编码 5，在字典中加入"bbba"的编码 6，如图 5.25（f）所示，并令 *P=C*="a"。

（11）读取字符 *C*="a"，*PC*（即"aa"）在字典中，令 *P=PC*="aa"。

（12）读取字符 *C*="b"，*PC*（即"aab"）在字典中，令 *P=PC*="aab"。

（13）读取字符 *C*="a"，*PC*（即"aaba"）不在字典中，输出 *P*（即"aab"）的编码 3，在字典中加入"aaba"的编码 7，如图 5.25（g）所示，并令 *P=C*="a"。

重复执行下去，文本串 *S* 在进行 LZW 压缩之后的编码为 0214537。

2）LZW 解压缩过程

LZW 压缩后的编码是自解释的，即字典不写进压缩文件，在解压缩过程中，LZW 按照压缩过程相同的规则同步还原编码时用的字典。具体步骤如下。

步骤 1：初始化字典，即按照压缩过程中相同的规则对所有可能出现的字符进行定长编码，当前编码 *PW* 为空。

步骤 2：读取压缩后数据流中的第一个编码 *CW*，并输出对应的字符。

步骤 3：令 *PW*=*CW*。

步骤 4：读取编码流中的下一个编码 *CW*。

步骤 5：在字典中查找 *CW*，如果 *CW* 在字典中，解码 *CW*，即输出 *CW* 对应的字符串，令 *P*=*PW* 对应的字符串，*C*=*CW* 对应字符串的第一个字符，在字典中为 *PC* 添加新的编码；否则，*CW* 不在字典中，令 *P*=*PW* 对应的字符串，*C*=*PW* 对应字符串的第一个字符，在字典中为 *PC* 添加新的编码（一定为 *CW*），输出 *PC*。

步骤 6：如果压缩后的数据都已解码完则结束，否则返回步骤 3。

例如，解压缩文本串 *S* 的压缩编码 0214537 的过程如下：

（1）初始化字典，即用(0,a)和(1,b)来初始化字典，如图 5.25（a）所示，且 *PW*=null。

（2）读取编码 *CW*=0，输出对应的字符串"a"，*PW*=*CW*=0。

（3）读取编码 *CW*=2，其不在字典中，*P*="a"，*C*="a"，在字典中加入 *PC*="aa"的编码 2，并输出 *PC*="aa"，*PW*=*CW*=2，如图 5.25（b）所示。

（4）读取编码 *CW*=1，其在字典中，输出对应的字符串"b"，在字典中增加"aab"的编码 3，*PW*=*CW*=1，如图 5.25（c）所示。

（5）读取编码 *CW*=4，其不在字典中，*P*="b"，*C*="b"，在字典中加入 *PC*="bb"的编码 4，并输出 *PC*="bb"，*PW*=*CW*=4，如图 5.25（d）所示。

（6）读取编码 *CW*=5，其不在字典中，*P*="bb"，*C*="b"，在字典中加入 *PC*="bbb"的编码 5，并输出 *PC*="bbb"，*PW*=*CW*=5，如图 5.25（e）所示。

（7）读取编码 *CW*=3，其在字典中，输出对应的字符串"aab"，在字典中增加"bbba"的编码 6，*PW*=*CW*=3，如图 5.25（f）所示。

（8）读取编码 *CW*=7，其不在字典中，*P*="aab"，*C*="a"，在字典中加入 *PC*="aaba"的编码 7，并输出 *PC*="aaba"，*PW*=*CW*=7，如图 5.25（g）所示。

（9）压缩数据流解压缩结束。

2. Merkle 树

在计算机领域，Merkle 树大多用来进行完整性验证处理。在处理完整性验证的应用场景中，特别是在分布式环境下，Merkle 树会大大减少数据的传输量以及计算的复杂度。

Merkle 树是基于散列值的二叉树或多叉树，其叶子结点上的值通常为数据块的散列值，非叶子结点上的值是该结点的所有子结点的组合结果的散列值。图 5.26 为一棵 Merkle 树，结点 *A* 的值通过结点 *C*、*D* 上的值计算得到，叶子结点 *C*、*D* 分别存储数据块 001 和 002 的散列值。非叶子结点的散列值被称作路径散列值，而叶子结点的散列值是实际数据的散列值。

在区块链中，Merkle 树是一棵二叉树，用于存储交易信息，一个区块中的所有交易信息都存储在一棵 Merkle 树中，并用于交易真实性验证。以图 5.26 为例，若 *C*、*D*、*E* 和 *F* 存储了一组交易数据块的散列值, 当把这些数据从 A 传输到 B 后, 为验证传输到 B 的数据完整性, 只需要验证 A 和 B 上所构造的 Merkle 树的根结点值是否一致即可。如果一致, 表示数据在传输过程中没有发生改变。假如在传输过程中, E 对应的数据被人篡改, 通过 Merkle 树很容易定位找到(因为此时, 根结点、B、E 所对应的散列值都发生了变化), 定位的时间复杂度为 $O(\log(n))$, 其中 n 为交易的数量。比特币的轻量级结点所采用的简单支付验证(simplified payment verification, SPV)也是利用了 Merkle 树这一优点。

利用一个结点出发到达 Merkle 树的根所经过的路径上存储的散列值, 可以构造一个 Merkle 验证, 验证范围可以是单个散列值这样的少量数据, 也可以是大量数据。

Merkle 树的用户可以通过从区块头得到的 Merkle 树根和别的用户所提供的中间散列值列表去验证某个交易是否包含在区块中。提供中间散列值的用户并不需要是可信的, 因为伪造区块头的代价很高, 而伪造中间散列值会导致验证失败。

如图 5.26 所示, 为验证数据块 003 所对应的交易包含在区块中, 除了 Merkle 树根外, 用户只需要结点 A 对应的散列值 Hash(C, D) 以及结点 F 所对应的散列值 Hash(004)。除了数据块 003 外, 并不需要其他数据块所对应的交易明细。通过 3 次哈希计算, 用户就能够确认数据块 003 所对应的交易是否包含在区块中。

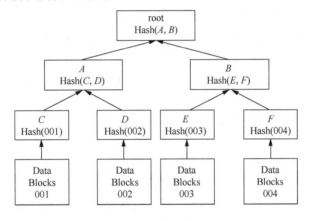

图 5.26　Merkle 树

Data Blocks 表示数据块

习　　题

1. 假定对有序表(13,14,25,27,34,38,40,49,53,67,79,85)进行折半查找, 试回答下列问题:

(1) 画出描述折半查找过程的判定树。

(2) 若查找元素 49, 需依次与哪些元素比较?

(3) 若查找元素 80, 需依次与哪些元素比较?

(4) 假定每个元素的查找概率相等, 求查找成功时的平均查找长度。

2. 用分块查找法在具有 4000 个数据元素的表中进行查找时, 数据表分成多少块最理想? 每块的理想长度是多少? 若每块长度为 50, 平均查找长度是多少?

3. 设有一棵空的 3 阶 B-树, 依次插入关键字{30,20,10,40,80,58,47,50,29,22,56,98,99}, 请画出该树, 并给出依次删除 29、47 之后的 B-树。

4．简要叙述 B-树与 B+树的区别。

5．设散列函数为 Hash(x)=3x%11，散列表长为 11，输入关键字序列{32,13,49,24,38,21, 4,12}。

（1）写出按下述两种解决冲突的方法构造的散列表：线性探查法、链接法。

（2）分别求出等概率下查找成功和查找失败的平均查找长度。

6．简述在使用线性探查法解决冲突的散列表中插入关键字、删除关键字的算法。

7．设输入的关键字序列为{71,23,73,99,44,89}，散列表长为11，散列函数为Hash(x) = x%11，请写出下列方法的散列结果：

（1）使用线性探查法解决冲突的开放定址散列表。

（2）使用双散列探查法解决冲突的开放定址散列表，其中第二个散列函数为 RHash(x) = 7−x%7。

（3）使用链接法解决冲突的散列表。

（4）分别求出等概率下查找成功和查找失败的平均查找长度。

8．设有 250 个关键字要存储到散列表中，要求利用线性探查法解决冲突，同时要求查找某个关键字所需的比较次数不超过 3 次，问该散列表至少要有多少个存储空间？

9．设采用单链表存储不重复的正整数型数据元素，且每个结点含有 5 个元素（若最后一个结点的数据元素不满 5 个，以 0 补充），试编写一个算法查找值为 n(n>0)的数据元素所在的结点指针以及在该结点中的序号，若链表中不存在该数据元素则返回空指针。

10．已知顺序表中有 m 个记录，表中记录不依关键字有序排列，编写算法为该顺序表建立一个有序的索引表，索引表中的每一项由该记录的关键字和该记录在顺序表中的序号构成，要求算法的时间复杂度在最好的情况下能达到 O(m)。

科学家小传
——罗伯特·塔扬

罗伯特·塔扬（Robert Tarjan）是世界知名计算机学家，他还有丰富的商业工作经验，现为美国科学院院士、ACM 会士、美国普林斯顿大学教授。Tarjan 在图论算法和数据结构领域有很大的贡献。1986 年，他与 John Hopcroft 因为在算法及数据结构的设计和分析中所取得的成果而荣获图灵奖。Tarjan 设计了求解应用领域的许多问题的广泛有效的算法和数据结构。他已发表了超过 228 篇理论文章，以在数据结构和图论上的开创性工作而闻名。他的一些著名的算法包括 Tarjan 最近共同祖先离线算法、Tarjan 的强连通分量算法及 Link-Cut-Trees 算法等。其中 Hopcroft-Tarjan 平面嵌入算法是第一个线性时间平面嵌入算法。Tarjan 也开创了重要的数据结构，如斐波纳契堆和 splay 树。他的另一项重大贡献是分析了并查集。他是第一个证明了计算反阿克曼函数乐观时间复杂度的科学家。除了图灵奖，他还于 1982 年获得首届奈望林纳奖（Nevanlinna Prize）、数学和计算机科学的布莱斯·帕斯卡奖等重大国家和国际奖项。

第6章 排　　序

有序和无序是世界客观存在的两种形态，任何事物或系统，都是有序和无序状态的不同程度的辩证统一。

在计算机科学中，排序是一种重要的操作，是将一组对象按照某种逻辑顺序重新排列的过程。排序常应用于事务处理、组合优化、天体物理学、分子动力学、语言学、基因组学、天气预报等领域的数据处理中。合理的排序算法能够大幅提高计算机处理数据的性能。在对数据记录进行排序之前，要先确定排序的依据。待排序的数据记录可能包含一个或多个属性，如学生信息管理系统中，每个学生的数据记录包含了学号、姓名、年龄等属性，用来作为排序依据的属性称为关键字域，简称关键字，例如学号可以是关键字。

本章将介绍几类经典且高效的排序算法并给出性能分析，为解决实际问题提供方法。

6.1　排序的基本概念

给定多条记录的一个序列 $R = \{r_1, r_2, \cdots, r_n\}$，其对应的关键字为 $K = \{k_1, k_2, \cdots, k_n\}$，排序要解决的问题可以描述如下。

输入：序列 $R = \{r_1, r_2, \cdots, r_n\}$，关键字 $K = \{k_1, k_2, \cdots, k_n\}$。

输出：新序列 $R' = \{r_1', r_2', \cdots, r_n'\}$ 及 $K = \{k_1', k_2', \cdots, k_n'\}$，使得 $k_1' \leqslant k_2' \leqslant \cdots \leqslant k_n'$。

如果记录的关键字都没有重复出现，那么排序算法可以得到唯一的结果；否则，排序的结果可能不唯一。当关键字可以重复出现时，假设 $k_i = k_j$，且在排序前的序列 R 中，R_i 领先于 R_j，若在排序后的序列 R' 中 R_i 仍领先于 R_j，则称排序算法是稳定的；否则，若排序后的序列 R' 中，R_j 领先于 R_i，则称排序算法是不稳定的。例如，序列{3,15,8,**8**,6,9}，其中用粗体来区分数字 8。若排序后得到{3,6,**8**,8,9,15}，则该排序方法是不稳定的。

当数据量较小时，可以完全存放在计算机随机存储器中进行排序；但是如果数据量比较大时，如银行账户信息等，数据不能全部存放在计算机随机存储器中，排序过程中需要在内存、外存之间移动数据，因此可以将排序分为内部排序和外部排序。内部排序指的是待排序记录存放在计算机随机存储器中进行的排序过程。外部排序指的是待排序记录的数量很大，以致内存一次不能容纳全部记录，在排序过程中需要对外存进行访问的排序过程。

排序算法有很多种，要确定哪种算法好就必须建立一种评价标准。由于排序过程中最基本的运算是关键字的比较和数据的移动，因此以关键字比较次数和数据的移动次数来度量排序算法的时间复杂度。确定比较次数或数据移动次数的精确值通常是不必要或者不可能的，本章中用 O 符号近似给出比较次数和移动次数的数量级。排序算法的效率往往与数据的初始顺序有很大关系，所以在分析排序算法性能时，要考虑最好情况、最坏情况以及平均情况下算法的时间复杂度和空间复杂度。

假设待排序的数据元素个数为 n，并且对于数据元素存在 "<" 和 ">" 运算。通过比较确定 n 个数据元素的相对次序的排序算法称为基于比较的排序算法。本章主要介绍几种常用的基于比较的排序算法以及基数排序，并给出它们的代码实现。同时也分析比较了不同算法的复杂度。如不特殊说明，本章所指的排序是按照不减序的排序。

6.2 插 入 排 序

6.2.1 直接插入排序

通常人们整理扑克牌的方法是一张一张的来，将每一张牌插入到其他已经有序的牌中适当位置。直接插入排序是一种简单的排序算法，由 $n-1$ 趟排序组成。第 p 趟排序后保证从第 0 个位置到第 p 个位置上的元素为有序状态。第 $p+1$ 趟排序是将第 $p+2$ 个元素插入到前面 $p+1$ 个元素的有序表中。图 6.1 显示了应用直接插入排序算法的每一趟的排序情况。

初始数据序列	32	18	65	48	27	9
第1趟排序之后	18	32	65	48	27	9
第2趟排序之后	18	32	65	48	27	9
第3趟排序之后	18	32	48	65	27	9
第4趟排序之后	18	27	32	48	65	9
第5趟排序之后	9	18	27	32	48	65

图 6.1 每趟直接插入排序结果

阴影中的数据为每一趟已经排好序的数据

上面的例子中：第 1 趟排序是将元素 18 插入到前面 1 个元素的有序序列{32}中，形成新的有序序列{18,32}。第 2 趟排序是将元素 65 插入到前面 2 个元素的有序序列{18,32}中，形成新的有序序列{18,32,65}。同理，第 5 趟排序是将元素 9 插入到前面 5 个元素的有序序列{18,27,32,48,65}中，形成新的有序序列{9,18,27,32,48,65}，得到最后的有序序列。

推广到一般情形，第 p 趟排序后使得数据元素 data[0],data[1],…,data[p]形成一个有序序列，进行第 $p+1$ 趟排序时，要将 data[p+1]插入到前面的有序序列中。首先用一个临时空间 temp 存储 data[p+1]，然后将 temp 与 data[p]进行比较，如果前者小，则将 data[p]移动到 data[p+1]；继续将 temp 与 data[p−1]进行比较，如果前者小，则将 data[p−1]移动到 data[p]；重复这个过程，直到 temp 不小于 data[i]（或者 data[0],data[1],…,data[p]都向后移动），则将 temp 移动到 data[i+1]的位置（或者 data[0]的位置）。

直接插入排序的算法如例 6.1 所示。

【例 6.1】直接插入排序。

```
template<class T>
void InsertionSort(T Data[],int n){//利用直接插入排序对 n 个数据元素进行不减序排序
    int p,i;
    for( p = 1; p < n; p++){        //循环，p 表示插入趟数，共进行 n-1 趟插入
        T temp = Data[p];           //把待插入元素赋给 temp
        i = p - 1;
        while( i>= 0 && Data[i] > temp){     //把比 temp 大的元素都向后移动
            Data[i+1] = Data[i];
            i--;
```

```
        }
        Data[i+1] = temp;            //i+1 为 temp 的位置，将 temp 插入到这个位置
    }
}
```

直接插入排序算法主要应用比较和移动两种操作。从空间上来看，它只需要一个元素的辅助空间，用于位置的交换，有些教材也将这类排序算法称为原地（in place）排序算法。

直接插入排序需要的时间取决于输入元素的初始顺序。例如，对一个很大且其中的元素已经有序（或者接近有序）的数据序列进行排序将比对随机顺序的数据序列或者逆序数据序列进行排序要快得多。

从时间分析，首先外层循环要进行 $n-1$ 次。但每一趟插入排序的比较和移动次数并不相同。第 p 趟插入时最好情况是进行一次比较，两次移动；最坏情况是比较 p 次，移动 $p+2$（ $p=1,2,\cdots,n-1$ ）次（逆序）。记 C 为执行一次排序算法比较的次数，M 为移动的次数，则有如下结论：

$$C_{\min} = n-1 \text{，} \quad M_{\min} = 2(n-1)$$

$$C_{\max} = \sum_{i=1}^{n-1} i = n(n-1)/2 = O(n^2)$$

$$M_{\max} = \sum_{i=1}^{n-1}(i+2) = (n-1)(n+4)/2 = O(n^2)$$

假设数据元素在各个位置的概率相等，即 $1/n$，则平均的比较次数和移动次数为

$$C_{\text{ave}} = \left(n^2+n-2\right)/4 \text{，} \quad M_{\text{ave}} = \left(n^2+5n-6\right)/4$$

因此，直接插入排序的时间复杂度为 $O\left(n^2\right)$。对随机顺序的数据来说，移动和比较的次数接近最坏情况。

由于直接插入算法的元素移动是顺序的，该排序算法是稳定的，感兴趣的读者可以自己证明。

6.2.2　折半插入排序

直接插入排序算法是利用有序表的插入操作来实现对数据集合的排序。在进行第 $p+1$ 趟的插入排序时，需要在前面的有序序列 data[0],data[1],$\cdots$,data[p] 中找到 data[p+1] 的对应位置 i，同时将 data[i],data[i+1],$\cdots$,data[p] 都向后移动一个位置。由于有序表是排好序的，故可以用折半查找（二分法）操作来确定 data[p+1] 对应的位置 i，这就是折半插入排序算法的思想。

例如，对有序表 {5, 6, 7, 8, 9, 10}，当插入元素 4 时，查找元素 4 的插入位置的过程如图 6.2 所示。可以看到，由于使用了折半查找的方法在有序表中查找待插入元素的对应位置，大大提高了查找速度。在本例中，原本需要 6 次比较操作才能确定元素 4 的插入位置，现在只需要 2 次比较操作就可以完成。

折半插入排序算法如例 6.2 所示。

【例 6.2】折半插入排序算法。

```
template<class T>
void BinaryInsertionSort(T Data[],int n)  {  //参数：待排序数据和待排序元素个数
    int left,mid,right,p;                     //声明一些变量
    for( p = 1; p< n; p++){                   //共进行 n-1 次插入
```

```
        T temp = Data[p];                    //保存待插入数据
        left = 0,right = p-1;                //初始化 left 和 right 的值
        while(left <= right){                //执行折半查找
            mid = (left + right) / 2;        //求出中心点
            if( Data[mid] >temp )            //中心点元素值比待插入数据大
                right = mid -1;              //更新右边界下标值
            else
                left = mid + 1;             //更新左边界下标值
        }
        for( int i = p-1; i>= left; i--)    //执行移动操作
            Data[i+1] = Data[i];
        Data[left] = temp;                   //将待插入元素插入到有序表中
    }
}
```

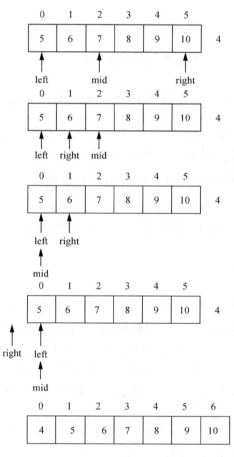

图 6.2　折半插入排序

　　折半插入排序算法与直接插入排序算法相比，需要的辅助空间基本一致；时间上，折半插入排序的比较次数比直接插入排序算法的最坏情况好，最好的情况下，时间复杂度为 $O(n\log_2 n)$；折半插入排序算法的元素移动次数与直接插入排序相同，复杂度仍为 $O(n^2)$。

　　折半插入排序算法与直接插入排序算法的元素移动一样是顺序的，因此该排序算法也是稳定的。

6.2.3 希尔排序

6.2.1 节对直接插入排序算法的分析说明，如果待排序的数据是有序的，那么最好的时间复杂度是 $O(n)$，另外对短序列来说，插入排序也是比较有效的排序算法。希尔（Shell）排序正是利用这两个性质对直接插入排序进行改进。

希尔排序又被称为缩小增量排序，算法由 Donnald Shell 提出而得名。该算法是一个泛化的插入排序。希尔排序利用可变增量使得算法在最后一步才比较相邻元素，因此希尔排序的最后一步是一个有效的插入排序算法。希尔排序通过比较和交换具有一定距离的元素对插入排序进行了改进，使数据中任意间隔为 d 的元素都是有序的，这样的数据序列被称为 d 有序序列，也就是说，一个 d 有序序列由 d 个互相独立的有序子序列组合而成。在进行排序的时候，如果 d 很大，就能将元素移动到很远的地方，为实现更小的 d 有序序列创造便利条件。当间隔 d 缩小至 1 时，可以完成对数据序列的排序。

1. 希尔排序的基本思想

希尔排序的基本思想是，先将待排序数据序列划分成为若干子序列分别进行直接插入排序；待整个序列中的数据基本有序后，再对全部数据进行一次直接插入排序。对于子序列的排序可以采用任意简单的排序算法，本书中对于子序列的排序采用的是直接插入排序算法。例如，对于序列{65,34,25,87,12,38,56,46,14,77,92,23}，可以划分成图 6.3 所示的 6 个子序列。对于每个子序列使用直接插入排序，结果为{56,34,14,77,12,23,65,46,25,87,92,38}。对于第 1 趟希尔排序的结果要继续划分，但是要缩小增量。

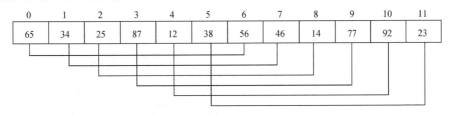

图 6.3 希尔排序的子序列划分示例

如果初始序列为{data[0],data[1],…,data[n-1]}，子序列中元素的间隔为 d，则子序列可以描述为{data[i],data[$i+d$],data[$i+2\times d$],…,data[$i+k\times d$]}（其中 $0 \le i < d$，$i+k\times d < n$）。希尔排序中通过不断缩小增量，将原始序列分成若干个子序列。例如，Shell 提出增量初始的时候可以选为待排序元素个数的一半，即 $\left\lfloor \dfrac{n}{2} \right\rfloor$（$\lfloor \ \rfloor$ 表示向下取整），在后来的迭代过程中不断缩小增量，下一次的增量为上一次的一半，即第 2 趟时选择增量为 $\left\lfloor \dfrac{n}{4} \right\rfloor$，依此类推，直到增量变为 1 时为止。这时序列已经基本有序，对整个序列进行一次插入排序即可完成数据排序。

下面首先给出增量折半的希尔排序算法，如例 6.3 所示。

【例 6.3】希尔排序算法。

```
template<class T>
void ShellSort(T Data[],int n){          //参数：待排序数据和待排序元素个数
    int d = n/2;                          //增量初始化为数组大小的一半
```

```
while(d>=1){                          //循环遍历增量的所有可能
    for(int k = 0; k<d; k++){    //遍历所有的子序列
        for( int i = k+d; i < n; i+=d){//对每一个子序列执行直接插入排序
            T temp = Data[i];
            int j = i - d;
            while( j>= k && Data[j] >temp){
                Data[j+d] = Data[j];
                j -= d;
            }
            Data[j+d] = temp;
        }
    }
    d = d/2;                          //增量变为上次的一半
}
}
```

对于序列{65, 34, 25, 87, 12, 38, 56, 46, 14, 77, 92, 23}，进行希尔排序的执行过程如图 6.4 所示。按照原始的增量选择策略，一共有 12 个数据，算法执行第一趟的时候，增量为 $\frac{12}{2}$=6，原始序列分为 6 组，对每组的两个元素进行排序。第二趟的时候增量为 $\frac{12}{4}$=3，将第一趟排序后的结果分为 3 组，分别对这三组元素执行直接插入排序算法。最后一趟，增量为 $\left\lfloor\frac{12}{8}\right\rfloor$=1，对所有元素执行一次直接插入排序。

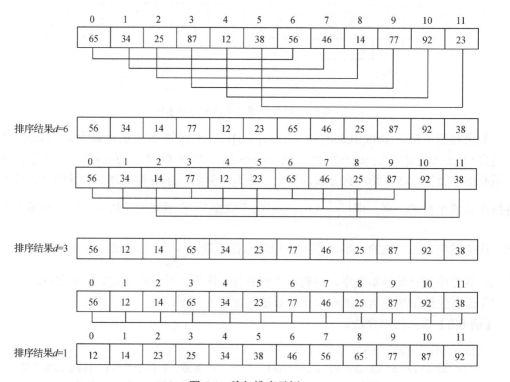

图 6.4　希尔排序示例

　　增量序列的选择对于希尔排序的效率有较大的影响。如果增量序列是 2 的幂，即 1, 2, 4, 8, 16, 32,⋯，会导致直到最后一步，在奇数位置的元素才会与偶数位置的元素进行比较，从而降低排序效率，其最坏情况时间复杂度为 $O(n^2)$。理论证明，保持增量互质可以有效提升希尔排序的效率。

2. Knuth 增量序列的希尔排序

　　Donald Knuth 证明，即使只有两个增量 $(16n/\pi)^{1/3}$ 和 1，希尔排序的效率也高于插入排序，这时希尔排序算法的时间复杂度为 $O(n^{1.3})$。Donald Knuth 提出满足下列条件的序列是一种比较合适的增量序列（即 Knuth 增量序列）：

$$d_1=1, \qquad d_{i+1}=3d_i+1$$

　　按照这个递归公式，选择的增量序列为{1, 4, 13, 40, 121, 364, 1093, 3280,⋯}，可以根据待排序序列的数据个数来确定该增量序列的最大值。

　　使用 Knuth 增量序列的希尔排序算法如例 6.4 所示。

【例 6.4】Knuth 增量序列的希尔排序算法。

```
template<class T>
void shellSortKnuth(T Data[],int n){        //参数：待排序数据和待排序元素个数
    int h = 1;
    int i, j;
    T temp;
    while( h < n/3 ){                        //动态确定排序时增量的最大值
        h = h*3 + 1;                         //1, 4, 13, 40, 121, 364, 1093, …
    }
    //将数组变为 h 有序，需包含<math.h>才能正确使用 floor 函数
    for( h; h>0; h = floor(h/3) ){
        for( i=h; i < n; i++ ){
            temp = Data[i];
            for( j=i-h; j >= 0 && Data[j]>temp; j-=h) {
                Data[j+h]= Data[j];    //向后移动 Data[j]
            }
            Data[j+h]=temp;
        }
    }
}
```

3. 一般间隔序列的希尔排序

下面给出一般间隔序列的希尔排序算法，如例 6.5 所示。

【例 6.5】一般间隔序列的希尔排序算法。

```
template<class T>
//从对 start 开始的间隔为 gap 的子序列进行直接插入排序
void insertSortGap(T Data[], int n, int start, int gap){
    T temp;
    int i,j;
    for( i =start+gap; i<=n-1 ; i=i+gap )
```

```
        if(Data[i-gap]>Data[i]){           //发现逆序
            temp = Data[i];
            j=i;                            //在前面有序表中寻找插入位置
            do{
                Data[j]=Data[j-gap];       //间隔为 gap 反向做排序码比较
                j=j-gap;
            }while (j-gap>=0&& Data[j-gap]>temp);
            Data[j] =temp;                  //插入
        }
    }
//对 Data 中的元素进行希尔排序，d 中存放增量序列，d[0]=1
template<class T>
void shellSortGap(T Data[], int d[], int m)
{
    int i, start, gap;
    for( i= m-1 ; i >= 0; i-- ){
        gap = d[i];
        for( start =0; start < gap ; start++ )
            insertSortGap(Data, m, start, gap);//直到 d[0]=1 停止迭代
    }
}
```

希尔排序算法复杂度依赖于增量序列的选择，分析过程比较复杂，本书不深入展开。希尔排序的时间复杂度在 $O(n\log_2 n)$ 和 $O(n^2)$ 之间，大致为 $O(n^{1.3})$。希尔排序比插入排序和后面的选择排序要快得多，并且数据序列规模越大，优势越明显。主要原因是希尔排序权衡了数据序列的规模和有序性。各个子数据序列规模较小，排序之后整个数据序列都是部分有序的，这两种情况很适合插入排序。子数据序列部分有序的程度取决于增量序列的选择。

希尔算法本身并不是稳定的。例如，对于初始序列{65, 34, **34**, 87}，增量序列为{2, 1}，则希尔排序的结果为{**34**,34,65,87}。

6.3　交　换　排　序

交换排序主要是通过两个元素之间的交换操作达到排序的目的。最常用的交换排序算法有冒泡排序算法和快速排序算法。

6.3.1　冒泡排序

冒泡排序的原理是从第一个元素开始，比较相邻元素的大小，若大小顺序有误，则进行交换，再进行下一个元素的比较。如此扫描过一遍之后就可以确保最后一个元素是位于正确的顺序。接着再逐步进行第二趟扫描，直到完成所有元素的排序为止。也就是说，冒泡排序通过不断比较相邻元素的大小，然后决定是否对这两个元素进行交换操作，从而达到排序的目的。

具体来说，对于序列 $R =\{r_1,r_2,\cdots,r_n\}$，冒泡排序按照下述的步骤对序列 R 进行 $n-1$ 趟排序。

第一趟排序：首先将第一个元素 r_1 和第二个元素 r_2 相比较，若为逆序，则交换 r_1 和 r_2；

然后比较第二个元素 r_2 和第三个元素 r_3 的大小，若为逆序，则交换 r_2 和 r_3。依此类推，直至比较第 $n-1$ 个元素 r_{n-1} 和第 n 个元素 r_n 的大小，若为逆序，则交换两者。经过这样的处理过程之后最大的元素就到了序列 R 的最右端，这样就完成了第一趟排序。

第二趟排序：由于最大的元素已经在 R 的最右端了，因此只需要对记录 $\{r_1, r_2, \cdots, r_{n-1}\}$ 进行上述的排序过程就可以了。依此类推不断扫描数据序列，直到所有的元素都排好序为止。

冒泡排序算法如例 6.6 所示。

【例 6.6】冒泡排序算法。

```
template<typename T>
void BubbleSort(T Data[],int n){
    for(int i = 0; i < n; i++){          //外层循环控制排序的每一趟
        for(int j = 1; j < n-i; j++){    //内层循环控制本趟中的冒泡操作
            if(Data[j] < Data[j-1]){     //如果是逆序的，则交换这两个元素
                T t = Data[j];
                Data[j] = Data[j-1];
                Data[j-1] = t;
            }
        }
    }
}
```

图 6.5 演示了对序列 $\{10, 5, 7, 8, 6, 9\}$ 执行冒泡排序的过程。6 个元素的冒泡排序算法执行 6-1=5 趟扫描，第一趟扫描需要比较 6-1=5 次，共比较 5+4+3+2+1=15 次。

从图 6.5 可以看到，对冒泡排序算法来说，每趟结束时，不仅能将一个最大值交换到最后面位置（或者最小值交换到最前面位置），还能同时部分理顺其他元素。如果在某一趟扫描过程中没有发生交换，则可以提前结束排序过程，即图 6.5 中第四趟之后的扫描可以不做。在实现冒泡排序算法的时候，可以用一个变量来记录一趟排序过程中是否执行了交换操作，如果没有交换操作，则可以提前结束算法的执行，从而进一步提高排序算法的效率。改进后的冒泡排序算法如例 6.7 所示。

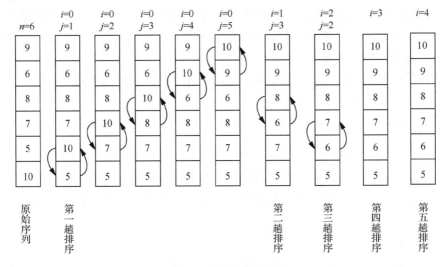

图 6.5　冒泡排序示例

【**例 6.7**】冒泡排序的改进算法。

```
template<class T>
void BubbleSort(T Data[],int n){
    int flag = 0 ;                      //标记每一趟的冒泡排序过程中是否发生了交换
    for(int i = 0; i < n; i++){         //外层循环控制排序的每一趟
        flag = 0;
        for(int j = 1; j < n-i; j++){//内层循环控制本趟中的冒泡操作
            if(Data[j] < Data[j-1]){//如果是逆序的，则交换这两个元素
                flag = 1;
                T t = Data[j];
                Data[j] = Data[j-1];
                Data[j-1] = t;
            }
        }
        if (flag == 0)                  //如果某一趟的冒泡过程中没有发生交换则结束排序
            return;
    }
}
```

显然，冒泡排序算法的效率和待排序序列的初始顺序密切相关。若待排序的元素为正序，则是冒泡排序的最好情况，此时只需进行一趟排序，比较次数为 $n-1$ 次，移动元素次数为 0 次；若初始待排序的元素为逆序，则是冒泡排序的最坏情况，此时需要执行 $n-1$ 趟排序，第 i 趟（$1 \leqslant i \leqslant n$）做了 $n-i$ 次关键字比较，执行了 $3(n-i)$ 次数据元素移动，因此比较次数和记录移动次数分别为

比较次数：
$$\sum_{i=1}^{n-1}(n-i) = \frac{1}{2}n(n-1)$$

移动次数：
$$3\sum_{i=1}^{n-1}(n-i) = \frac{3}{2}n(n-1)$$

所以，冒泡排序算法的时间复杂度最坏情况为 $O(n^2)$。冒泡排序算法的平均时间复杂度也是 $O(n^2)$，这可以根据每趟的平均比较次数和平均移动次数计算出来，感兴趣的读者可以自己计算一下。冒泡排序算法每次都要考虑相邻两个元素的大小关系，若为逆序则交换，移动操作较多，属于内排序中速度较慢的一种。

由于冒泡排序算法只进行元素间的顺序移动，并不会改变原始排列中相等的元素的前后顺序，所以是一个稳定的排序算法。

6.3.2 快速排序

回顾 6.2.3 小节学习的希尔排序算法，它首先将原始的序列划分为若干子序列，然后对各个子序列分别进行排序；再次执行相同的操作，将整个序列划分为新的更少的子序列，并排序；这样一直做下去，直到整个序列都排好序为止。将序列进行划分的目的是将原始的问题变为容易解决的小问题。希尔排序算法体现了计算机科学中"分治法"的思想，这是算法设计中的一种重要的思想。本节介绍的快速排序算法也是基于"分治法"思想提出的一种排序算法。在实际应用中，快速排序几乎是最快的排序算法，被评为 20 世纪十大算法之一。

快速排序算法主要由下面的三步组成：

（1）分割。取序列的一个元素作为轴元素，利用这个轴元素，把序列分成三段，使得所有小于等于轴的元素放在轴元素的左边，大于轴的元素放到轴元素的右边。此时，轴元素已经被放到了正确的位置。

（2）分治。对左段和右段中的元素递归调用分割例程，分别对左段和右段中的元素进行排序。

（3）合并。对快速排序来说，每个元素都已被放到正确位置，因此，合并过程不需要执行其他操作，整个序列已排好序。

在分割步骤中首先需要找到一个轴元素。轴元素的选取对于快速排序算法的性能有较大的影响。目前已经提出多种轴元素选择策略，最简单的方法就是选择第一个数据或者最后一个数据作为轴元素，此时若输入的序列是已经排好序或是逆序时，分割产生的两个子序列严重不平衡，每次都有一个子序列是空的，导致排序的效率最低。另一种轴元素选取策略是用中值作为轴，但实际应用表明这种选择策略也不是很理想。还有一种常用的策略是每次随机从待排序的序列中选择一个元素作为轴，这种策略通常可以获得较好的平均性能。

图 6.6 解释了对一个数据集的快速排序的过程。在第一次分割时，轴元素（随机地）选为 67，数据集中其余元素被分成两个集合 L、R。递归地将集合 L 排序得到 12, 25, 37, 46，集合 R 类似处理，此时整个数据集的排序就得到了。

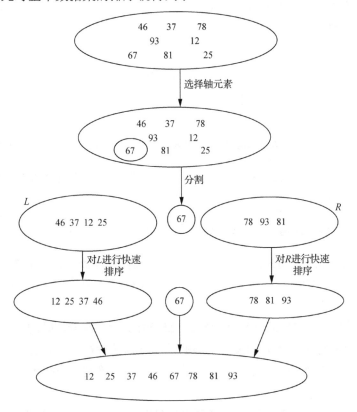

图 6.6　快速排序各步骤描述举例

本书在实现快速排序算法时，用待排序列左边第一个元素作为轴元素。在实际应用中如果不是选择待排序列中的第一元素作为轴，则可以先将轴元素和第一个元素交换，从而转换成用第一个元素作为轴的情形。

根据快速排序的步骤，确定轴元素之后就要将待排序列分割成两个部分，使得轴左边的元素都小于等于轴对应的元素，右边的元素都大于轴对应的元素。在实践中有两种常用的分割策略。

第一种分割策略是，首先用一个临时变量对首元素（即轴元素）进行备份，取两个指针 left 和 right，它们的初始值分别是待排序列两端的下标，其中 left 指向序列最左边的下标，right 指向序列最右边的下标。在整个排序过程中保证 left 不大于 right，用下面的方法不断移动两个指针：

首先从 right 所指的位置向左搜索，找到第一个小于或等于轴的元素，把这个元素移动到 left 的位置。

再从 left 所指的位置开始向右搜索，找到第一个大于轴的元素，把它移动到 right 所指的位置。

重复上述过程，直到 left=right，最后把轴元素放在 left 所指的位置。

经过上面的处理之后，所有大于轴的元素被放在轴的右边，所有小于等于轴的元素被放在轴的左边，从而达到了对序列进行划分的目的。

这种分割策略的具体实现如例 6.8 所示。

【例 6.8】快速排序分割策略一。

```
template <class T>
//实现对 data[left]到 data[right]的分割操作，并返回划分后轴元素对应的位置
int Partition(T Data[],int left, int right){
        T pivot = Data[left];              //选择最左边的为轴元素
        while(left<right){                 //外层循环控制遍历数组
                while(left<right&& Data[right] > pivot)   //控制 right 指针的移动
                        right--;
                Data[left] = Data[right]; //将 right 指向的数据移动到 left 位置
                while(left<right&& Data[left] <= pivot)   //控制 left 指针的移动
                        left++;
                Data[right] = Data[left]; //将 left 指向的数据移动到 right 位置
        }
        Data[left] = pivot;                //将轴元素放到 left 位置
        return left;                       //返回轴元素的新位置，实现分治
}
```

图 6.7 给出了对序列 {45, 32, 61, 98, 74, 17, 22, 53} 执行一次分割时的执行过程。

第二种分割策略与第一种分割策略不同的是，分别从待排序序列的两边相向遍历，即从左向右遍历确定第一个大于轴元素的元素，从右向左遍历确定第一个不大于轴元素的元素，然后交换二者。

例如对上面的初始待排序序列，依然要先备份轴元素 45，然后定义两个扫描变量 left、right。left 初始值为待排序列中第二个元素位置（第一个元素被选为轴元素），right 初始值为待排序列中最后一个元素位置。当 left 不大于 right 时，向右移动 left，使其停在第一个大于 45 的元素位置，同时向左移动 right，使其停在第一个不大于 45 的元素位置，然后交换 left

和 right 位置的元素；继续移动 left、right，交换相应的元素，重复这个过程，直至 left 大于 right。此时 right 以及 right 左边的元素一定是不大于轴元素的，而 left 以及 left 右边的元素一定是大于轴元素的，将第一个元素（即轴元素）与 right 所指的元素交换，从而完成分割过程，具体过程如图 6.8 所示。

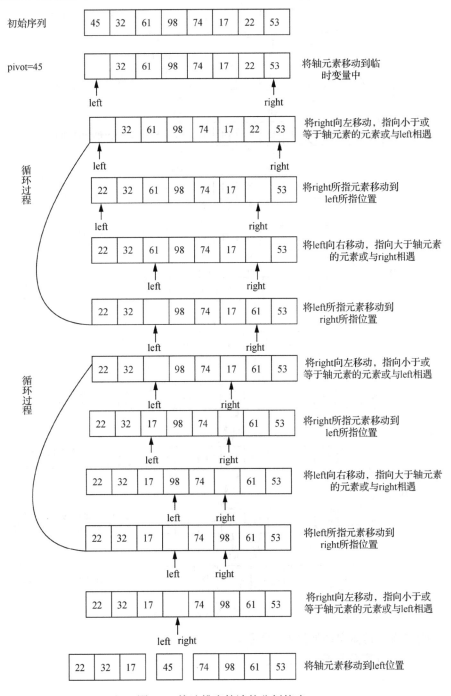

图 6.7 快速排序算法的分割策略一

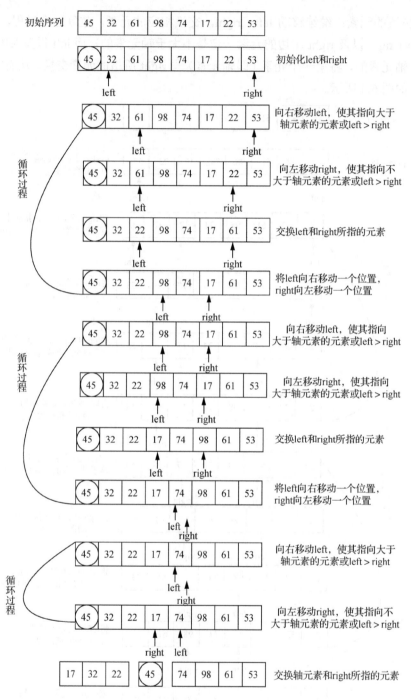

图 6.8　快速排序算法的分割策略二

这种分割策略的具体实现如例 6.9 所示。

【例 6.9】快速排序分割策略二。

```
template <class T>
//实现对 data[start]到 data[end]的分割操作，并返回划分后轴元素对应的位置
int Partition(T Data[],int start, int end){
    T pivot = Data[start];
```

```
    int left =start, right = end;      //初始化 left、right
    while(left<=right){                      //外层循环控制遍历数组
        while(left<=right&& Data[left] <= pivot)   //控制 left 指针的移动
            left++;
        while(left<=right&& Data[right] >pivot)    //控制 right 指针的移动
            right--;
        if(left<right){
            swap(Data[right],Data[left]);
                                    //交换 Data[right]和 Data[left]
            left ++;
            right--;
        }
    }
    swap(Data[start],Data[right]);   //交换 Data[right]和轴元素 Data[start]
    return right;                    //返回轴元素的新位置,实现分治
}
```

快速排序算法就是递归调用上述分割策略来不断划分子序列从而完成排序,具体实现如例 6.10 所示。

【例 6.10】快速排序。

```
template <class T>
//用分治法实现快速排序算法
void QuickSort(T Data[],int left,int right){
    if(right<= left)
        return ;
    if(left<right){                           //控制分治的结束条件
        int p = Partition(Data,left,right);   //实现分割并找到分割的位置
        QuickSort(Data,left,p-1);             //对左边的子序列进行快速排序
        QuickSort(Data,p+1,right);            //对右边的子序列进行快速排序
    }
}
```

对于 n 个元素的序列进行快速排序时,第一次分割显然需要 $n-1$ 次关键字的比较。快速排序的运行时间等于两个递归调用的运行时间加上分割时间。下面分最坏情况、最好情况和平均情况来分析快速排序的时间复杂度。

1. 快速排序的最坏情况

快速排序的最坏情况出现在输入序列有序时,每一次分割都将轴元素划分在序列的一端,即对 k 个元素的有序序列划分得到子序列长度分别为 0 和 $k-1$。因此快速排序的递归过程总的比较次数为

$$W(n) = \sum_{k=2}^{k=n}(k-1) = \frac{n(n-1)}{2} = O(n^2)$$

由此可知,在最坏情况下,快速排序和直接插入排序、冒泡排序复杂度相同,都是 $O(n^2)$。

2. 快速排序的最好情况

快速排序的最好情况是每次分割都是最平衡的，也就是每次分割之后，一个子序列的长度为 $\lfloor n/2 \rfloor$，另一个子序列的长度为 $\lfloor n/2 \rfloor$，其中 n 表示当前待划分序列的长度。这时，快速排序的比较次数可以通过下面的递推方程获得：

$$W(1) = 0$$

$$W(n) \approx n - 1 + 2W\left(\frac{n}{2}\right)$$

$$\approx n - 1 + 2\left(\frac{n}{2} - 1\right) + 4W\left(\frac{n}{4}\right)$$

$$\approx n - 1 + 2\left(\frac{n}{2} - 1\right) + 4\left(\frac{n}{4} - 1\right) + 8W\left(\frac{n}{8}\right)$$

$$\approx n\log n + \left(1 + 2 + 4 + \cdots + \left\lfloor\frac{n}{2}\right\rfloor\right)$$

$$\approx n\log n + n = O(n\log n)$$

由此可知，快速排序的最好时间复杂度为 $O(n\log n)$。

3. 快速排序的平均时间性能分析

首先假设待排元素的关键字互不相等，且 n 个元素的关键字的所有不同的排列以相等的概率出现在输入序列中，因此轴元素的最终位置 i 可以取值为 $1, 2, \cdots, n$。快速排序算法的平均比较次数满足下面的递归方程：

$$W(1) = 0$$

$$W(n) = n - 1 + \sum_{i=1}^{n}\frac{1}{n}\big(W(i-1) + W(n-i)\big)$$

$$= n - 1 + \frac{2}{n}\sum_{i=0}^{n-1}W(i) = n - 1 + \frac{2}{n}\sum_{i=1}^{n-1}W(i)$$

$$= n - 1 + \frac{2}{n}\big(W(1) + W(2) + \cdots + W(n-1)\big)$$

推得

$$W(n-1) = n - 2 + \frac{2}{n-1}\sum_{i=1}^{n-2}W(i)$$

$$= n - 2 + \frac{2}{n-1}\big(W(1) + W(2) + \cdots + W(n-2)\big)$$

计算 $nW(n) - (n-1)W(n-1)$ 得到

$$nW(n) - (n-1)W(n-1) = n(n-1) + 2\sum_{i=1}^{n-1}W(i) - (n-1)(n-2) - 2\sum_{i=1}^{n-2}W(i)$$

$$= 2W(n-1) + 2(n-1)$$

即

$$\frac{W(n)}{n+1} = \frac{W(n-1)}{n} + \frac{2(n-1)}{n(n+1)}$$

设 $C(n) = \dfrac{W(n)}{n+1}$，$C(1) = 0$，则有

$$C(n) = \begin{cases} 0, & n = 1 \\ C(n-1) + \dfrac{2(n-1)}{n(n+1)}, & n > 1 \end{cases}$$

这是一个递归方程，经过简单计算可以得到

$$C(n) = 2\sum_{i=1}^{n}\frac{i-1}{i(i+1)} = 2\sum_{i=1}^{n}\frac{1}{i} - 4\sum_{i=1}^{n}\frac{1}{i(i+1)}$$

由 Harmonic 级数，有

$$\sum_{i=1}^{n}\frac{1}{i} \approx \ln n + \gamma, \quad \gamma 是 Euler 常数，约为 0.577$$

另外，

$$\sum_{i=1}^{n}\frac{1}{i(i+1)} = \sum_{i=1}^{n}\left(\frac{1}{i} - \frac{1}{i+1}\right) = \sum_{i=1}^{n}\frac{1}{i} - \sum_{i=2}^{n+1}\frac{1}{i} = \frac{n}{n+1}$$

所以 $C(n) \approx 2(\ln n + \gamma) - \dfrac{4n}{n+1}$，从而得到

$$W(n) = (n+1)C(n) \approx 2(n+1)\ln n + 2(n+1)\gamma - 4n = O(n\log n)$$

由以上分析可知，快速排序的平均时间复杂度为 $O(n\log n)$，优于前面介绍的几种排序方法。快速排序空间的开销主要是递归调用时所使用的栈，因此快速排序空间开销和递归调用的栈的深度成正比，故最好情况的空间复杂度为 $O(\log n)$，最坏情况的空间复杂度为 $O(n)$。

快速排序算法是一种不稳定的算法，当选择轴元素之后执行交换操作时，可能会破坏原序列中拥有相同值的元素的顺序。例如，对于序列 $\{6,7,5,2,\textbf{5},8\}$，利用第一种分割策略进行分割后得到的序列为 $\{\textbf{5},2,5,6,7,8\}$。

6.3.3 快速排序算法改进

自 C. A. R Hoare 在 1960 年提出快速排序算法之后，不断出现各种各样的改进方法。本小节介绍三种非常有效的快速排序改进算法。

1. 切换到插入排序

对于小规模数据序列，因为要执行递归调用，快速排序比插入排序慢。因此，在排序小规模数据序列时，切换到插入排序会有效提高排序性能，即对例 6.10 的算法的如下语句进行修改：

```
if(right<= left)  return ;
```

替换成

```
if(right<= left+M ) { Insert sort(& Data [left], right-left+1); return; };
```

参数 M 的最佳值是和系统相关的，一般情况下选择 5～15 的任意值就能取得令人满意的排序性能。

2. 三向切分快速排序

实际应用中经常会出现包含大量重复元素的数据序列，比如将大量人员信息记录按照生日排序或者按照性别区分开来。在这种情况下，快速排序的性能有巨大的改进空间。对于一个元素全部重复的子序列就不需要进行继续排序了，而快速排序通过递归会使元素全部重复的子序列经常出现，因此可以通过避免对元素全部重复的子序列的排序来提高快速排序算法性能。

三向切分快速排序就是将数组分割为三部分，分别对应小于、等于和大于轴元素的数据元素。

三向切分的快速排序的分割代码如例 6.11 所示。它从左到右遍历数组一次，维护指针 low 使得 Data[left,$\cdots$, low-1]中的元素都小于 v，维护指针 high 使得 Data[high+1,$\cdots$, right]中的元素都大于 v，维护指针 i 使得 Data[low,$\cdots$, i-1]中的元素都等于 v，Data[i,$\cdots$, high]中的元素是未确定的元素，如图 6.9 所示。初始时，i 和 left 相等，然后使用 Data[i]与 v 进行比较来处理以下情况：

（1）Data[i]小于 v，将 Data[low]和 Data[i]交换，low 与 i 加 1。

（2）Data[i]大于 v，将 Data[high]和 Data[i]交换，high 减 1。

（3）Data[i]等于 v，将 i 加 1。

以上操作会逐渐缩小 high-i 的值。图 6.10 是三向切分快速排序的一个具体例子。

【例 6.11】三向切分的快速排序。

```cpp
template <class T>
void ThreeQuickSort(T Data[],int left,int right){
//用分治法实现快速排序算法
    if(right<= left)
        return ;
    int low = left, i=left+1, high=right;
    T v = Data[left];
    while( i <= high ){                        //控制分治的结束条件
        if ( Data[i] < v )
            exchange(Data, low++, i++);
        else if ( Data[i] > v )
          exchange(Data, i, high--);
        else
            i++;
    }
    ThreeQuickSort(Data, left, low-1);      //对左边的子序列进行快速排序
    ThreeQuickSort(Data, high+1, right);     //对右边的子序列进行快速排序
}
```

三向切分能将与轴元素相等的元素归位，这些元素就不会被包含在递归调用处理的子序列之中。对于存在大量重复元素的数据序列，三向切分快速排序的效率显著高于标准的快速排序。

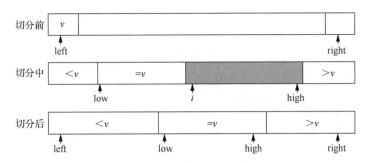

图 6.9 三向切分的示意图

low	i	high	0	1	2	3	4	5	6	7	8	9	10	11
0	0	11	45	22	98	98	45	98	22	45	45	98	22	45
0	1	11	45	22	98	98	45	98	22	45	45	98	22	45
1	2	11	22	45	98	98	45	98	22	45	45	98	22	45
1	2	10	22	45	45	98	45	98	22	45	45	98	22	98
1	3	10	22	45	45	98	45	98	22	45	45	98	22	98
1	3	9	22	45	45	22	45	98	22	45	45	98	98	98
2	4	9	22	22	45	45	45	98	22	45	45	98	98	98
2	5	9	22	22	45	45	45	98	22	45	45	98	98	98
2	5	8	22	22	45	45	45	98	22	45	45	98	98	98
2	5	7	22	22	45	45	45	45	22	45	98	98	98	98
2	6	7	22	22	45	45	45	45	22	45	98	98	98	98
3	7	7	22	22	22	45	45	45	45	45	98	98	98	98
3	8	7	22	22	22	45	45	45	45	45	98	98	98	98
3	8	7	22	22	22	45	45	45	45	45	98	98	98	98

图 6.10 三向切分的移动示意图

每次迭代循环之后的数据序列，第一行和最后一行分别表示初始序列和结果序列，
中间各行深色数字表示指针 low、i、high 指向的数据

下面分析三向切分快速排序的性能。给定包含 k 个不同值的 N 个主键，对于从 1 到 k 的每个 i，定义 f_i 为第 i 个主键值出现的次数，p_i 为 f_i/N，即为随机抽取一个元素时第 i 个主键值出现的概率。那么所有主键的香农信息量（对信息含量的一种标准度量方法）可以定义为

$$H=\left(p_1\lg p_1+p_2\lg p_2+\ldots+p_k\lg p_k\right)$$

给定任意一个待排序的数据序列，通过统计每个主键值出现的概率就可以计算出其包含的信息量。通过这个信息量可以得出三向切分快速排序所需要的比较次数的上下界。

设 H 为由主键值出现频率定义的香农信息量，通过分析可知，不存在任何基于比较的排序算法，能够保证在 $nH-n$ 次比较之内将 n 个元素排序。对于大小为 n 的待排序数据序列，三向切分快速排序需要$(2\ln2)nH$ 次比较。在所有主键都不重复的情况下，三向切分快速排序比最优排序算法所需比较次数多 39%，但仍在常数因子的范围之内。

三向切分的最坏情况是所有待排数据元素的主键均不相同；当存在重复主键时，三向切分的性能就会比归并排序（见 6.5 节）好得多。三向切分是信息量最优的，即对于任意分布的输入，最优的基于比较的排序算法平均所需的比较次数和三向切分的快速排序平均所需要的比较次数的差别处于常数因子范围之内。在实际应用中这个性质非常重要，因为对于包含大量重复元素的数据序列，三向切分快速排序将排序时间从线性对数级别降到线性级别。

3. Bently-Mcllroy 三向切分

在数据元素重复较多的情况下，三向切分快速排序的效率很高，但是在序列中重复元素不多的情况下，三向切分快速排序比标准的快速排序多使用了很多次交换。20 世纪 90 年代，J. Bently 和 D. Mcllroy 对三向切分快速排序做了进一步的改进，使得在包含重复元素不多的实际应用中，三向切分的快速排序比归并排序和其他排序方法更快，该方法称为 Bently-Mcllroy 三向切分（也称为快速三向切分）。

Bently-Mcllroy 三向切分算法将重复元素放置于数据序列两端，从而实现一个信息量最优的排序算法。该算法使用两个索引 p 和 q，初始值为 left+1 和 right-1，在切分过程中 Data[left, $\cdots$, $p-1$]和 Data[$q+1$, $\cdots$, right]的元素都和 Data[left]相等；使用另外两个索引 i 和 j，初始值分别与 p、q 相等，在切分过程中 Data[p, $\cdots$, $i-1$]小于 Data[left]，Data[$j+1$, $\cdots$, q]大于 Data[left]。

Bently-Mcllroy 三向切分快速排序的步骤如下。

（1）如果 $i<j$：

若 Data[i]==v，交换 Data[i]与 Data[p]，p++，i++，重复（1）；

若 Data[i]<v，i++；重复（1）；

若 Data[i]>v，执行（2）。

（2）如果 $i<j$：

若 Data[j]==v，交换 Data[j]与 Data[q]，q--，j--，重复（2）；

若 Data[j]>v，j--；重复（2）；

若 Data[j]<v，执行（3）。

（3）如果 $i<j$，交换 Data[i]与 Data[j]，执行（1）；否则，执行（4）。

（4）将 Data[left,$\cdots$,$p-1$]、Data[$q+1$,$\cdots$,right]交换到中间位置。

Bently-Mcllroy 三向切分快速排序的示意图如图 6.11 所示。

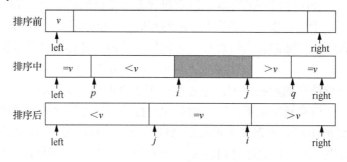

图 6.11　Bently-Mcllroy 三向切分的示意图

经过精心调优的快速排序，在绝大多数应用中都会比其他基于比较的排序算法更快。前面讨论的数学模型也说明了快速排序在实际应用中比其他方法的性能更好，快速排序在计算机业界中得到了广泛应用。

6.4　选 择 排 序

选择排序的基本思想是在当前待排序列中选取关键字最小（最大）的记录作为当前待排序列中的第 1 个记录。对于具有 n 个元素的待排序列，选择排序则要经过 $n-1$ 趟这样的选择过程。第 i 趟选择的时候从序列中找出关键字第 i 小的元素，并和第 i 个元素交换。而前面介绍的冒泡排序算法的第 i 趟排序则最多需要 $n-i$ 次交换操作，因此简单选择排序算法的交换次数大大减少了。选择排序每次需要从待排序的序列中选出一个最小（最大）的元素，应用不同的查找方法就对应于不同的选择排序算法。本节假设初始待排序数据元素存储在一维数组中。

6.4.1　简单选择排序

简单选择排序算法就是利用线性查找的方法从一个序列中找到最小的元素，即第 i 趟的排序操作为：通过 $n-i$ 次关键字的比较，从 $n-i+1$ 个元素中选出关键字最小的元素，并和第 $i-1(1 \leqslant i \leqslant n-1)$ 个元素交换。简单选择排序算法也称为直接选择排序算法。

简单选择排序算法的实现见例 6.12。

【例 6.12】简单选择排序算法。

```
template<class T>
void SelectionSort(T Data[],int n) {
    for(int i = 1; i < n; i++){          //共进行n-1趟选择
                            //第i趟时的待排序列为Data[i-1],…,Data[n-1]
        int k = i-1;//记录当前待排序列的第一个元素
        for(int j = i; j < n; j++){ //找到待排序列中最小元素的下标
            if( Data[j] < Data[k])
                k = j;
        }
        if( k!= i-1){                    //交换最小元素到当前待排序列的第一个位置
            T t = Data[k];
            Data[k] = Data[i-1];
            Data[i-1] = t;
        }
    }
}
```

图 6.12 给出了对序列 $\{10, 5, 7, 8, 6, 9\}$ 执行简单选择排序算法的流程。从图中可以看出，执行一趟简单选择排序后，就会将一个元素放到正确的位置上。算法每次都会找到待排序元素的最小值。比如，第一趟排序结束后，将最小元素 5 放到了下标为 0 的位置处，第二趟排序结束后，将次小元素 6 放到了下标为 1 的位置处，等等。直到将最后一个元素，也就是最大的元素放到最后一个位置处，序列得到正确的排序，整个算法运行结束。

简单选择排序算法需要进行 $n-1$ 趟选择，而且第 i 趟选择需要进行 $n-i$ 次比较，最多执行 1 次数据交换，最少交换 0 次，因此简单排序算法的时间效率是 $O(n^2)$。简单选择排序算法比较次数较多，而移动次数较少。空间开销中，由于只需要使用一个临时变量来记录最小位置，因此空间复杂度为 $O(1)$。简单选择排序算法是不稳定的排序算法，例如对于序列 $\{6, 2, 6, 3\}$，算法执行的结果是 $\{2, 3, 6, 6\}$。

简单选择排序有两个显著的特点。

首先，运行时间与输入无关。为了找出最小的元素而扫描一遍数据序列并不能为下一遍扫描提供任何信息，即一个已经有序的数据序列或是主键全部相等的数据序列和一个元素随机排列的数据序列所用的排序时间相同。

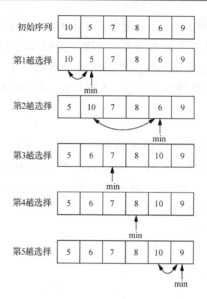

图 6.12　简单选择排序

其次，数据交换是最少的。每次交换都会将一个元素交换到正确位置上，因此选择排序用了 n 次交换，即交换次数和数据序列的规模是线性关系。

根据简单选择排序算法的时间性能分析可知，简单选择排序的主要操作是进行关键字的比较。第 i 趟选择过程一定要进行 $n-i$ 次关键字的比较，并没有利用第 $i-1$ 趟的比较所得的信息。若能利用前一趟的选择过程中的比较信息，就可以减少之后各趟选择排序中所用的比较次数。下面介绍的堆排序就充分利用了每一趟选择过程中的比较信息。

6.4.2　堆排序

前一节介绍的简单选择排序是利用线性查找的方法从一个序列中找到最小的元素。堆排序则是利用堆找到序列中的最大值，从而实现选择排序。

根据第 3 章堆数据结构的定义，堆数据结构可以被视为一棵完全二叉树，可以用数组来实现堆的存储。其中二叉树的每个结点和数组中相应位置处的元素相对应。堆有两种：最小堆和最大堆。在最大堆中要求每一个结点对应的值都应该大于或等于该结点的子结点的值（叶子结点除外）；最小堆则要求每一个结点对应的值都小于或等于该结点的子结点的值（叶子结点除外）。图 6.13 给出了一个最大堆的实例。

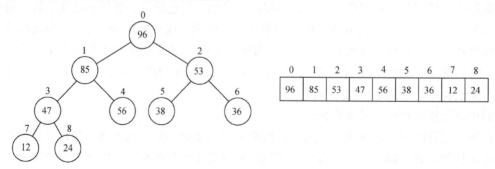

图 6.13　最大堆及其对应的数组

堆排序可以分为两个阶段：在堆的构造阶段可以将原始数组重新组织安排进一个堆中；然后在下沉排序阶段，可以从堆中按照递减顺序取出所有元素，并得到排序结果。堆排序算法就是用最大堆来得到最大元素，也就是对应堆的根结点的值。具体步骤是：

（1）将初始待排数据初始化为一个最大堆，初始化当前待排序列的元素个数 n；

（2）将堆顶元素和当前最后一个元素进行交换，$n=n-1$；

（3）调整堆结构；

（4）如果当前待排序列元素个数 $n>1$，则重复步骤（2）和步骤（3）。

图 6.14 给出了对图 6.13 中的最大堆执行堆排序的过程。每次将最后一个元素和堆的根结点进行交换之后，都要执行一次调整操作。由于以根的两个子结点为根的两棵子树仍然保持最大堆的性质，只需要调用 SiftDwon 操作从堆的根结点向下进行调整即可。

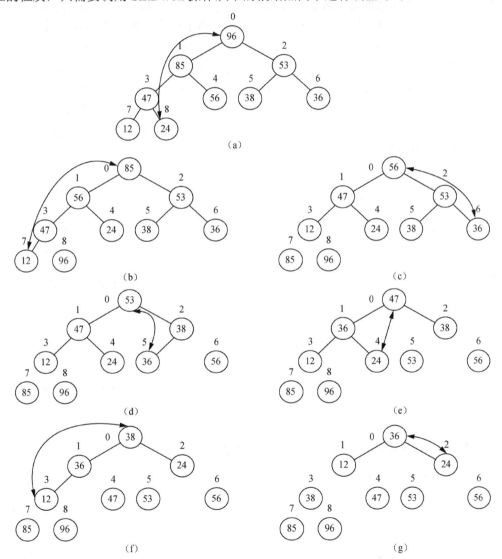

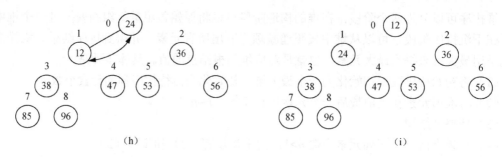

图 6.14 堆排序

通过分析可知，利用 n 个元素初始化构造堆的比较次数少于 $2n$，交换次数少于 n。比如，要构造一个 127 个元素的堆，需要处理 32 个大小为 3 的堆，16 个大小为 7 的堆，8 个大小为 15 的堆，4 个大小为 31 的堆，2 个大小为 63 的堆和 1 个大小为 127 的堆。因此，在最坏情况下需要 32×1+16×2+8×3+4×4+2×5+1×6=120 次交换（以及两倍的比较）。

根据第 3 章堆的相关操作的定义，可以容易地给出堆排序中各个步骤的代码实现。

首先定义如下的 SiftDown 操作，用来保持以结点 i 为根的最大堆的性质。对一个结点 i 来说，当它被破坏之后，由于以它的左右子结点为根的树都保持了最大堆的性质，所以需要根据结点 i 以及它的左右子结点的值来对 i 进行调整。然后用同样的方式对可能遭到破坏的子结点为根的子树进行调整。

```cpp
template<class T>
//用来保持以结点 i 为根的最大堆的性质，n 是所有元素的个数
void SiftDown(T Data[], int i, int n){
    int l = 2*i + 1, r = 2*i + 2, min = i;    //找到 i 结点的两个孩子的下标
    if( l < n && Data[min] < Data[l])         //和左子结点进行比较
        min = l;
    if( r < n && Data[min] < Data[r])         //和右子结点进行比较
        min = r;
    if( min != i ){                           //判断是否需要进行调整
        T t = Data[min];
        Data[min] = Data[i];
        Data[i] = t;
        SiftDown(Data,min,n);                 //递归对子结点进行调整
    }
}
```

根据 SiftDown 操作，可以给出如下初始化最大堆的实现：

```cpp
template<class T>
void BuildHeap(T Data[],int n){
    int p = n/2 -1;                           //求出非叶子结点的最大下标
    for(int i = p; i>=0; i--)
    {
        SiftDown(Data,i,n);                   //调用 SiftDown 函数，保持最大堆的性质
    }
}
```

堆排序算法首先调用 BuildHeap 操作将输入数组构造为一个最大堆，然后每次循环都找到待排序序列中的最大值，并将该元素和数组中最后一个元素进行交换。这时，最大的一个元素就被放到了正确的位置上，对应堆的大小减 1，也就是说，堆中的元素始终只包含待排序的元素。删除根结点后，新的根结点可能已经不满足最大堆的性质，需要对根结点执行一次调整操作（SiftDown）。

基于上面的各个步骤的实现，堆排序的实现如例 6.13 所示。

【例 6.13】堆排序算法。

```
template<class T>
void HeapSort(T Data[],int n){
    BuildHeap(Data,n);                  //首先建立一个最大堆
    for(int i = n-1; i > 0; i--){       //进行循环
        T t = Data[0];                  //每次取出最大元素后不断调整最大堆
        Data[0] = Data[i];
        Data[i] = t;
        SiftDown(Data,0,i);
    }
}
```

对调整堆的操作 SiftDown 来说，最多执行 $O(\log n)$ 次数据元素的交换操作，初始化堆的时间复杂度为 $O(n)$。堆排序算法中共调用了 n-1 次 SiftDown 操作，以及一次初始化堆的操作，所以堆排序的时间复杂度为 $O(n\log n)$。堆排序过程中只需要临时变量来进行交换操作，故堆排序空间开销为 $O(1)$。堆排序是不稳定的排序算法。当数据量较大的时候堆排序的效率体现得很明显，在小数据集上，堆排序算法优势不是很明显。

6.5　归　并　排　序

归并排序与快速排序类似，都是应用分治思想设计的排序算法。与快速排序不同的是，归并排序使问题的划分策略尽可能简单，着重于合并两个已排好序的数据序列。归并排序是由 John von Neumann 提出来的，是计算机应用中早期的排序算法之一。归并排序的显著特点是能够保证对任意长度为 n 的数据序列排序所需时间与 $n\log n$ 成正比，主要缺点是所需的额外空间与 n 成正比。归并排序过程如图 6.15 所示。

输入 8，4，5，6，2，1，7，3
将左半部分排序 4，5，6，8，|2，1，7，3
将右半部分排序 8，4，5，6，|1，2，3，7
归并结果 1，2，3，4，5，6，7，8

图 6.15　归并排序示意图

6.5.1　有序数组归并的方法

若一个序列只有一个元素，则它是有序的，归并排序不执行任何操作。否则，归并排序算法利用如下的递归步骤进行排序：

（1）先把序列划分为长度基本相等的子序列。

（2）对每个子序列归并排序。

（3）把排好序的子序列合并为最后的结果。

其中第（3）步需要将两个子序列合并为一个有序序列，也就是归并过程。假设有两个已排好序的序列A（长度为n_A）、B（长度为n_B），将它们合并为一个有序的序列C（长度为$n_C=n_A+n_B$）的方法为：把A、B两个序列的最小元素进行比较，把其中较小的元素作为C的第一个元素；在A、B剩余的元素中继续挑最小的元素进行比较，确定C的第二个元素，依此类推，直到A或B中所有元素都被添加到序列C中，此时将余下的元素直接添加到序列C的最后面，就可以完成对A和B的归并。由于A和B已经排好序了，每次比较最小元素时，仅需要比较序列A和序列B最前面的元素就可以，因而归并过程的复杂度为$O(n_C)$。

归并两个有序子序列的过程如例6.14所示。

【例6.14】归并一个序列中的两个有序子序列。

```cpp
template<class T>
//函数 Merge，参数 Data 是待归并数组，其中对 Data[start,mid]和 Data[mid+1, end]
//之间的数据进行归并
void Merge(T Data[],int start,int mid,int end){
    int len1 = mid - start + 1,len2 = end - mid;//分别表示两个归并区间的长度
    int i,j,k;
    T* left = new T[len1];        //临时数组用来存放 Data[start,mid]数据
    T* right = new T[len2];       //临时数组用来存放 Data[mid+1,end]
    for(i = 0; i < len1; i++)     //执行数据复制操作
        left[i] = Data[i+start];
    for(i = 0; i < len2; i++)     //执行数据复制操作
        right[i] = Data[i+mid+1];
    i = 0,j=0;
    for(k = start;k<end; k++){    //执行归并
        if( i == len1 || j == len2)
            break;
        if( left[i] <= right[j])
            Data[k] = left[i++];
        else
            Data[k] = right[j++];
    }
    while( i < len1)       //若 Data[start,mid]还有待归并数据，则放到 Data 后面
        Data[k++] = left[i++];
    while( j < len2)       //对 Data[mid+1,end]间的数据执行同样的操作
        Data[k++] = right[j++];
    delete[] left;         //释放内存
    delete[] right;
}
```

将两个有序序列归并的过程示意如图6.16所示。

该方法先将数组 Data 中左半部分元素复制到数组 left 中，再将数组 Data 右半部分元素复制到数组 right 中，然后再归并到数组 Data 中。

k	Data[]								i	j	left[]				right[]			
	0	1	2	3	4	5	6	7			0	1	2	3	0	1	2	3
输入	4,	5,	6,	8,	1,	2,	3,	7			4,	5,	6,	8	1,	2,	3,	7
0	1,	5,	6,	8,	1,	2,	3,	7	0	0								
1	1,	2,	6,	8,	1,	2,	3,	7	0	1								
2	1,	2,	3,	8,	1,	2,	3,	7	0	2								
3	1,	2,	3,	4,	1,	2,	3,	7	0	3								
4	1,	2,	3,	4,	5,	2,	3,	7	1	3								
5	1,	2,	3,	4,	5,	6,	3,	7	2	3								
6	1,	2,	3,	4,	5,	6,	7,	7	3	3								
7	1,	2,	3,	4,	5,	6,	7,	8	3	4								

图 6.16　两个有序序列归并过程示意图

6.5.2　自顶向下的归并排序

图 6.17 中给出了对序列 {8, 4, 5, 6, 2, 1, 7, 3} 执行归并排序算法时的流程,其中前 3 步执行的是分解步骤,也就是每次都将原始的序列划分为两个子序列。直到第三步中每一个子序列的长度都为 1,然后执行归并过程。每次都将两个子序列进行归并,直到所有序列合并为一个序列,完成归并排序。

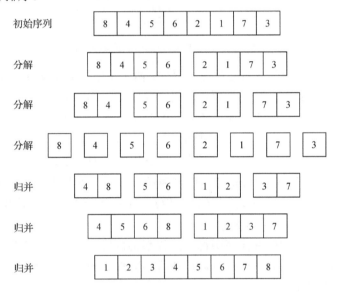

图 6.17　归并排序流程

将一个序列分成两个子序列,对子序列排序后合并得到原序列排序结果的方法称为自顶向下的归并排序,算法实现如例 6.15 所示。

【例 6.15】自顶向下的归并排序。

```
template<class T>
//对 Data[start]~Data[end]之间的序列进行归并排序
void MergeSort(T Data[],int start,int end){
    if( end <= start)
        return ;
    if( start < end){
        int mid = (start + end)/2;  //计算中间位置
        MergeSort(Data,start,mid);  //对左边子序列归并排序
```

```
        MergeSort(Data,mid+1,end);   //对右边子序列归并排序
        Merge(Data,start,mid,end);   //归并左右两边的有序序列
   }
}
```

要对子序列 Data[start,···, end]进行排序,先将它分为 Data[start,···, mid]和 Data[mid+1,···, end]两部分,分别通过递归调用将它们单独排序,最后将有序的子序列归并为最终的排序结果。自顶向下的归并排序的函数调用轨迹如图 6.18 所示。

```
                          MergeSort(Data, 0,  7)
          将左半部分排序       MergeSort(Data, 0,  3)
                             MergeSort(Data, 0,  1)
                                 Merge(Data, 0,  0,  1)
                             MergeSort(Data, 2,  3)
                                 Merge(Data, 2,  2,  3)
                             Merge(Data, 0,  1,  3)
          将右半部分排序       MergeSort(Data, 4,  7)
                             MergeSort(Data, 4,  5)
                                 Merge(Data, 4,  4,  5)
                             MergeSort(Data, 6,  7)
                                 Merge(Data, 6,  6,  7)
                             Merge(Data, 4,  5,  7)
          归并结果           Merge(Data, 0,  3,  7)
```

图 6.18 自顶向下的归并排序的函数调用轨迹

自顶向下的归并排序算法主要包括分解操作、两个子序列的排序操作和归并操作三部分,由于每一次划分只需要计算划分的位置,这是一个常数时间,故自顶向下的归并排序算法的时间开销主要由两个子序列的排序操作和对这两个子序列的归并操作确定。

对长度为 n 的序列执行归并排序的时间复杂度记为 $W(n)$,由于自顶向下的归并排序是一个递归算法,最坏情况下,对两个子序列进行归并排序的算法复杂度分别为 $W(\lceil n/2 \rceil)$ 和 $W(\lfloor n/2 \rfloor)$。将两个序列执行归并操作的时间复杂度是和归并后的序列的长度成正比的,可以记为 cn。因此,算法时间复杂度为 $W(n) = W(n/2) + W(n/2) + cn$,且 $W(1) = 0$,所以最坏情况下算法的时间复杂度为 $O(n \log n)$。

这里介绍的自顶向下的归并排序中每次迭代都将待排序列分为两个等长的子序列,因此也称之为二路归并排序。归并排序也可以将待排序列划分为多个子序列,例如,每次可以将序列分割为三等分或四等分等。

6.5.3 自底向上的归并排序

实现归并排序的另一种方法是自底向上的归并排序,即先归并那些小型的数据序列,然后再成对归并得到的子序列,依此类推,直到将整个序列归并在一起。这种实现方法比自顶向下的归并排序方法所需要的代码量更少。

自底向上的归并排序方法,首先将每个元素看作一个大小为 1 的子序列,然后进行两两合并;接着是四四归并,也就是将两个大小为 2 的子序列归并成一个大小为 4 的子序列;然后是八八归并,一直归并下去直到结束。在每轮归并中,最后一次归并的第二个子序列,可能比第一个子序列要小。

自底向上的归并排序算法实现如例 6.16 所示。

【例 6.16】自底向上的归并排序。

```
template<class T>
void MergeSort(T Data[],int start,int end){
     //对 Data[start,…,end]之间的序列进行归并排序
     int N = end-start;
     for( int sz=1; sz < N; sz = sz + sz )            //sz 为子数组大小
          for( int low=0; low < N-sz; low += sz+sz )  //low 子数组索引
          if (low+sz+sz-1 < N-1)
               // 归并 Data[low,…,low+sz-1]与 Data[low+sz,…,low+sz+sz-1]
               Merge(Data, low, low+sz-1, low+sz+sz-1);
          else // 归并 Data[low,…,low+sz-1]与 Data[low+sz,…,N-1]
               Merge(Data, low, low+sz-1, N-1);
     }
```

这个过程的轨迹如图 6.19 所示。

自底向上的归并排序会多次遍历整个序列，根据子序列大小进行两两归并。子序列的大小 sz 的初始值为 1，每次加倍。最后一个子序列的大小只有在序列大小是 sz 的偶数倍的时候才会等于 sz，否则会比 sz 小。

当序列长度为 2 的幂时，自顶向下和自底向上的归并排序所用的比较次数及数据访问次数正好相同，只是顺序不同。其他时候两种方法的比较和数据访问的次数会有所不同。自底向上的归并排序的时间和空间复杂度与自顶向下的归并排序相同。自底向上的归并排序比较适合用链表组织的数据。假设链表先按照大小为 1 的子链表进行排序，然后是大小为 2 的子链表，接下来是大小为 4 的子链表，等等。自底向上的归并排序方法只需要重新组织列表，就可以将链表原地进行排序，而不需要创建任何新的链表结点。

```
MergeSort(Data, 0, 7)
sz =1
     Merge(Data, 0, 0, 1)
     Merge(Data, 2, 2, 3)
     Merge(Data, 4, 4, 5)
     Merge(Data, 6, 6, 7)
sz =2
     Merge(Data, 0, 1, 3)
     Merge(Data, 4, 5, 7)
sz =4
     Merge(Data, 0, 3, 7)
```

图 6.19   自底向上的归并排序的调用轨迹

和其他排序算法相比较，归并排序的算法复杂度比较低，但是在执行归并过程中，算法需要额外的 $O(n)$ 的辅助空间，这是算法的一个缺点。对于含有任意概率分布的重复元素的输入，归并排序无法保证最佳性能。归并排序的最大好处是在数据排列呈现最坏情况时，是所有排序算法中表现最好的，也是属于二分切割法的稳定排序；对于任一长度为 n 的待排数据序列，都需要经过 $\log n$ 次归并操作。所以，归并排序的最好情况、最坏情况和平均情况的时间复杂度都为 $O(n\log n)$。

和快速排序相比，归并排序不需要选择轴元素，归并排序是一个稳定的算法。但由于需要额外申请辅助空间，实际应用中，归并排序算法的效果往往没有快速排序好。

6.6　比较排序算法的时间复杂度下界

堆排序和归并排序在最坏情况下和平均情况下的时间复杂度都达到了 $O(n\log n)$，显然比直接插入排序、冒泡排序、选择排序等算法快得多。那么对于这类 $O(n\log n)$ 级的比较排序算法是否还可以进一步改进呢？本节将讨论比较排序算法的时间复杂度下界。

如果以每次比较作为结点，则每个以比较为基础的排序算法都可以用一棵二叉判定树来表示，其中一个中间结点表示一次比较，叶子结点表示排序的一种结果。比如，有一个序列 {a,b,c}（a,b,c 互不相等），则一棵通过先比较 a 和 b，再比较 a 和 c，最后比较 b 和 c 的排序算法对应的判定树如图 6.20 所示。其中每个结点的左分支表示满足该结点的比较条件，而该结点的右分支表示不满足该结点的比较条件。

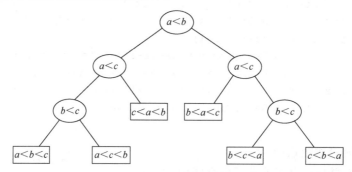

图 6.20　判定树实例

根据图 6.20，假设输入满足 $a < c < b$，算法执行路线为 $(a < b) \rightarrow (a < c) \rightarrow (b < c)$，共需要 3 次比较。若输入满足 $b < a < c$，则算法执行路线为 $(a < b) \rightarrow (a < c)$，共需要 2 次比较。任何以比较为基础的排序算法都可以表示为一棵判定树，其中树的形状和大小分别表示排序算法的功能和需要排序的元素个数；而树的高度则表示算法的运行时间。对于长度为 n 的序列，共有 $n!$ 种不同的排列方式，而每一种排列方式都对应一种排序结果，因此任何排序判定树都有 $n!$ 个叶子结点。

对有 $n!$ 个叶子结点的二叉树来说，树的高度至少为 $\lceil \log n! \rceil$，因此最坏情况下，比较排序算法至少要做 $\lceil \log n! \rceil \approx \lceil n \log n - 1.443n \rceil$ 次比较。平均情况下，比较排序算法的比较次数的下界也是 $\lceil \log n! \rceil \approx \lceil n \log n - 1.443n \rceil$。因此基于比较的排序算法的时间复杂度的下界为 $O(n \log n)$，也就是说具有 $O(n \log n)$ 复杂度的比较排序算法在渐进意义下是最优的算法。

6.7　基数排序

基数排序是日常生活中经常用到的一种排序方法。例如，对通信录中的联系人进行排序，可以根据字母表中的字母将联系人分成很多堆，每一堆包含了姓名以相同字母开头的联系人信息。然后，对每一堆联系人信息使用相同的方法进行排序，即根据联系人姓名的第二个字母划分堆。重复进行下去，直到划分出的堆的数目等于最长的联系人姓名的字母个数为止。类似的排序还有电子邮件的排序、图书馆的卡片排序等。

基数排序是一种借助多关键字排序的思想对单逻辑关键字进行排序的方法。多关键字排序的一个典型的问题就是对扑克牌进行排序。

假设 52 张扑克牌的牌面次序关系定义如下。

花色：♣ < ♦ < ♥ < ♠。

面值：2<3<…<A。

其中，花色的优先级最高，为主关键字，而面值为次关键字。按照关键字的先后顺序，多关键字排序算法可以分为两种：高位优先法和低位优先法。

1. 高位优先法

在高位优先（most significant digit first，MSDF）法中，先按照优先级最高的关键字进行排序，将序列分为若干个子序列，每个子序列中的最高优先级的关键字都是相同的。然后按照次优先级关键字进行排序，将序列划分为更小的若干子序列，依次重复，直到用最低优先级的关键字对子序列进行排序。最后将所有的子序列连接在一起，就成为一个有序序列。

例如，对扑克牌排序来说，若按照高位优先法进行基数排序，则首先按照不同"花色"将扑克牌分成有次序的 4 堆，使得每一堆具有相同的花色；然后分别对每一堆按"面值"大小整理有序。这里也是利用了分治法的思想，对序列进行排序。

2. 低位优先法

低位优先（least significant digit first，LSDF）法与高位优先法相反，先按照优先级最低的关键字进行排序，依次重复，直至按照最高优先级的关键字排序，序列就会成为有序序列。

对于扑克牌排序问题，若利用低位优先法，则首先按"面值"将扑克牌分成 13 堆，称之为分配操作，然后将这 13 堆牌从小到大叠在一起，称之为收集操作。最后将整副扑克牌按照"花色"再次执行分配和收集操作，这时整个扑克牌就会成为一个有序的序列。

一般来说，低位优先法要比高位优先法简单。低位优先法通过若干次的分配操作和收集操作就可以完成排序，执行的次数取决于关键字的多少；而高位优先法在执行分配操作以后要处理各个子集的排序问题，一般是一个递归的过程。

基数排序方法就是将待排序的数据元素的关键字拆分成若干个关键字，即将单关键字排序问题转化为多关键字排序问题，然后利用 MSDF 或 LSDF 排序。本书仅介绍基于低位优先的基数排序算法。

例如，若关键字是十进制数值，且值域为 $0 \leqslant K \leqslant 999$，则可将 K 看作是由 3 个关键字 K^0、K^1、K^2 组成的。例如，821 可以是由 8、2、1 组成的。

图 6.21 给出了对序列{145,112,56,807,435,47,622,446,937,900}执行基数排序的过程。在该示例中，采用的是基于低位优先的基数排序。这十个数字中最高位是百位，故关键字的个数为 3，需要执行 3 趟分配和收集操作。第一趟分配时，根据个位数字将数据分配到不同的堆中，然后执行收集操作。执行第二趟和第三趟时，分别根据十位和百位数字执行分配和收集操作。

若数据的关键字可以拆分成 d 个关键字，基数排序在执行分配操作时需要将 n 个记录分配到不同的堆中，第 i 次分配操作时，堆的个数等于第 i 个关键字的属性值的个数 r_i，但每个堆中元素的个数是不确定的，最多可能是 n 个。通常用数组来保存每个堆中的元素。这时，每个堆都需要分配大小为 n 的数组，此时基数排序算法的空间开销为 rn，其中 $r = \max\{r_1, r_2, \cdots, r_d\}$，代表关键字属性值个数的最大值。显然这种实现方法空间开销比较大，其中有大量的空间都被浪费了。另外一种常用的方法是基于链式队列来实现堆中元素的存储。可以把这些数据设计成一个队列数组（设队列数组名为 tube），数组中的每个元素都是一个队列，每个队列都包括两个域：front 域和 rear 域。front 域用于指示队头，rear 域用于指示队尾。当向第 i 个队列中插入数据元素时，就在队列数组的相应元素 tube[i]中的队尾位置插入一个结点。图 6.22 给出了链式队列存储结构的示意图，其中属性值共有 r_i 种可能取值，这种方法空间复杂度为 $O(n+r)$。

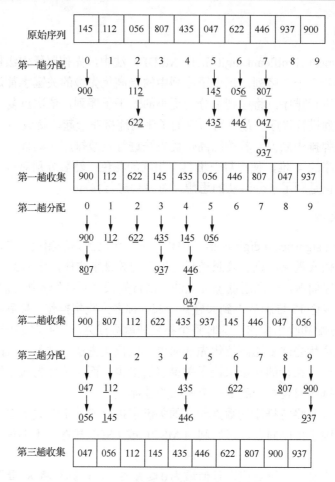

图 6.21   基数排序执行过程

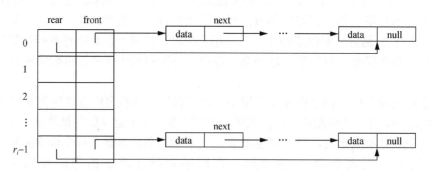

图 6.22   链式队列结构

例 6.17 给出了基于低位优先的基数排序的算法实现。

【例 6.17】基于低位优先的基数排序。

```
const int RADIX =10;        //定义基数，用于区分不同进制
template<class T>
struct LinkNode{            //定义链式结构的结点
    T data;
```

```
        LinkNode* next;
};
template<class T>
struct TubNode{                                 //定义队列数组结点
        LinkNode<T>*rear;
        LinkNode<T>*front;
};
/*
        分配操作
        输入：Data[]数据数组，n元素个数，ith第i次分配操作
        输出：执行分配操作之后的一个队列数组
*/
template<class T>
TubNode<T>* Distribute(T Data[],int n,int ith){
        //申请内存
        TubNode<T>* tube = new TubNode<T>[RADIX];
        //执行初始化
        memset(tube,0,sizeof(TubNode<T>)*RADIX);
        LinkNode<T>* t;
        for(int i = 0; i<n; i++){
                T v = Data[i];
                int j = ith-1;
                while(j--)                      //求第ith位上的数字
                        v = v/RADIX;
                v = v%RADIX;
                t = new LinkNode<T>;            //申请新的链表结点
                t->data = Data[i];
                t->next = NULL;
                if( tube[v].front){            //如果对应的队列不为空，则放到末尾
                        tube[v].rear->next = t;
                        tube[v].rear = t;
                }else{                          //否则，初始化队列头和尾
                        tube[v].front = tube[v].rear = t;
                }
        }
        return tube;
}
/*
        收集操作，将tube中数据收集到Data数组中
        输入：Data数据数组，tube执行完分配操作之后的队列数组
        输出：无
*/
template<class T>
void Collect(T Data[],TubNode<T>* tube){
        LinkNode<T>*t,*p;                       //临时变量
        int index = 0;                          //数据下标
        for(int i = 0; i<RADIX; i++){
                p = t = tube[i].front;
```

```
            while(t){
                Data[index++] = t->data;    //复制对应数据
                t = t->next;
                delete p;                   //释放内存
                p = t;
            }
        }
        delete[] tube;                      //释放内存
    }

    /*
        基数排序，堆 Data[]中数据进行排序，并将结果放入到 Data[]中
        输入：Data[]为待排序数字，n 为元素个数，keys 为关键字的位数
        输出：无
    */
    template<class T>
    void RadixSort(T Data[],int n,int keys){  //基数排序
        TubNode<T>* tube;
        for(int i = 0; i<keys; i++){            //循环执行 keys 次分配和收集操作
            tube = Distribute<T>(Data,n,i+1);
            Collect<T>(Data,tube);
        }
    }
```

基数排序不用比较和移动，而用分配和收集操作来进行排序，时间效率高。若关键字的个数记为 d，则基数排序共需要执行 d 次分配和收集操作，算法的时间复杂度为 $O(dn)$。根据基数排序的流程可以看出它是一种稳定的排序算法。

6.8 各种内部排序算法的比较和选择

本章所介绍的各种内部排序算法的性能比较如表 6.1 所示。

表 6.1 各种内部排序算法性能比较

排序算法	时间复杂度			辅助空间	稳定性
	最好情况	平均情况	最坏情况		
直接插入排序	$O(n)$	$O(n^2)$	$O(n^2)$	$O(1)$	稳定
希尔排序		$O(n^{1.3})$		$O(1)$	不稳定
直接选择排序	$O(n^2)$	$O(n^2)$	$O(n^2)$	$O(1)$	不稳定
堆排序	$O(n\log n)$	$O(n\log n)$	$O(n\log n)$	$O(1)$	不稳定
冒泡排序	$O(n)$	$O(n^2)$	$O(n^2)$	$O(1)$	稳定
快速排序	$O(n\log n)$	$O(n\log n)$	$O(n^2)$	$O(\log n)$	不稳定
归并排序	$O(n\log n)$	$O(n\log n)$	$O(n\log n)$	$O(n)$	稳定
基数排序	$O(dn)$	$O(dn)$	$O(dn)$	$O(n)$	稳定

在实际应用中，选择有效的排序算法时需要考虑算法的时间开销、空间开销，以及是否稳定等诸多因素，通常可以依据以下原则。

1. 从时间复杂度选择

元素个数较多时，可以选择快速排序、堆排序、归并排序；元素个数较少时，可以选择简单的排序方法。

一般情况下简单的排序方法比复杂的排序方法只有 20%的效率损失。如果在程序中只用到一次排序，并且只是对很小规模的数据集进行排序，那么使用复杂且效率较高的算法可能并不值得。但是如果有大量的数据需要进行排序，那么 20%的效率是不能被忽视的。对一些数量较少的数据来说，简单的算法常常比复杂的算法执行得更好，在数据规模很大时，复杂算法的效率优势才能明显体现出来。

2. 从空间复杂度选择

尽量选择空间复杂度为 $O(1)$ 的排序方法，其次选择空间复杂度为 $O(\log n)$ 的快速排序方法，最后才选择空间复杂度为 $O(n)$ 的归并排序方法。

3. 稳定性选择

排序算法的稳定性在许多情况下是非常重要的。比如一个需要处理大量含有地理位置和时间戳的商业互联网应用程序中，事件在发生时被存储在一个数据序列中，即这些事件是按时间顺序排列好的。如果在进一步处理中，需要按照地理位置信息进行切分，一种简单的方法是将事件按照位置排序。如果排序不稳定，那么排序后每个城市的交易可能不是按照时间顺序排序的。

需要注意的是，排序算法的稳定性是由具体算法决定的，不稳定的算法在某种条件下可以变为稳定的算法，而稳定的算法在某种条件下也可以变为不稳定的算法。例如，对于如下冒泡排序算法例 6.18，原本是稳定的排序算法，如果将记录交换的条件改成 $a[j].key>=a[j+1].key$，则两个相等的记录就会交换位置。例 6.18 是一个改变排序稳定性的示例。

【例 6.18】改变排序稳定性示例。

```cpp
template<class DataType>
void BubbleSort(DataType a[], int n){
    int i, j, flag = 1;
    DataType temp;
    for(i = 1; i < n && flag == 1; i++){
        flag = 0;
        for(j = 0; j < n-i; j++){
            if(a[j] > a[j+1]){
                //如果改为a[j].key >=a[j+1].key，就不稳定了
                flag = 1;
                temp = a[j];
                a[j] = a[j+1];
                a[j+1] = temp;
            }//end if
        }//end for
    }//end for
}
```

4. 一般选择规则

（1）当待排序元素的个数 n 较大，排序的关键字随机分布，而且对稳定性不做要求时，采用快速排序为宜。

（2）当待排序元素的个数 n 较大，内存空间允许，且要求排序稳定时，采用归并排序为宜。

（3）当待排序元素的个数 n 较大，排序的关键字分布可能会出现正序或逆序的情形，且对稳定性不做要求时，采用堆排序或归并排序为宜。

（4）当待排序元素的个数 n 较小，元素基本有序或分布较随机，且要求稳定时，采用直接插入排序为宜。

（5）当待排序元素的个数 n 较小，对稳定性不做要求时，则采用直接选择排序为宜；若排序的关键字不接近逆序，也可以采用直接插入排序。冒泡排序一般很少采用。

6.9 排序的应用

排序算法有着广泛的应用，如通信录通常按照联系人的姓氏笔画排序，互联网上的音乐文件按照作家名或者歌曲名来排序，搜索引擎按照搜索结果的重要程度来显示结果等。在一个有序的数据序列中查找、更新或删除一个元素要比在一个无序的数据序列中的操作更快。

排序也是很多领域的重要子问题，如数据压缩、计算图形学、计算生物学、组合优化、社会选择等都需要用到排序。本节介绍两类排序的应用问题。

1. 组合搜索

人工智能领域解决问题的一个经典范式是定义一组状态，由一种状态演化到另一种状态可能的步骤，以及每个步骤的优先级，然后定一个起始状态和目标状态。

著名的 A*算法就是将起始状态放入优先队列中，然后重复下面的方法，直至达到目的：

（1）删去优先级最高的状态；

（2）将从该状态在一步之内到达的所有状态全部加入优先队列当中。

这个过程可以通过优先队列来实现，从而将问题的解决转化为一个适当的优先级排序问题。

2. 寻找最小的前 k 个数据

现实世界中，有许多寻找所有数据中最小（或最大）的前 k 个数据的问题。此类问题可以抽象为：假设有 n 个数据，希望从中找出最小的 k 个数据，并要求时间复杂度尽可能低。

该问题有以下三种解决方法。

第一种方法：将这类问题抽象出来，就是在一个序列中寻找最小的 k 个数据。可以先应用本章介绍的排序方法对这个序列从小到大进行排序，然后输出前面最小的 k 个数据。

第二种方法：该问题没有要求最小的 k 个数据是有序，可以不对全部元素进行排序，只对部分元素进行排序。采用如下的步骤：

（1）首先遍历 n 个数据，将最先遍历到的 k 个数据存入大小为 k 的数组中，假设这些就是最小的 k 个数据。

（2）然后利用选择排序或者交换排序找到这 k 个数据中的最大值，设为 k_{max}；找到最大值需要遍历这 k 个数据，时间复杂度为 $O(k)$。

（3）继续遍历剩余的 $n-k$ 个数据。假设每次遍历到的新元素为 x，将 x 与 $k_{\max}$ 进行比较。如果 $x<k_{\max}$，则用 x 替代 $k_{\max}$，并且回到第（2）步，重新找出 k 个元素中新的最大元素 $k'_{\max}$。如果 $x \geqslant k_{\max}$ 则继续进行遍历，不更新数组。

每次遍历，更新或不更新数组所用的时间为 $O(k)$ 或零。所以在 k 远小于 n 的情况下，找到最小的 k 个数据的时间复杂度为 $O(k)+(n-k)O(k)=O(nk)$。

第三种方法：采用一个容量为 k 的最大堆。

（1）用容量为 k 的最大堆存储最先遍历到的 k 个数据。假设堆中存储的数据就是最小的 k 个数据，建堆的时间复杂度为 $O(k)$。建好堆后，堆顶的元素就是这 k 个数据中的最大值，记为 $k_{\max}$。

（2）遍历剩余的 $n-k$ 个数据。假设每次遍历到的新元素的值为 x，将 x 与堆顶元素 $k_{\max}$ 进行比较。如果 $x<k_{\max}$，用 x 替代 $k_{\max}$，然后更新堆；否则不更新。

如果第（2）步中，每次遍历一个数据都需要调整堆，那么得到最坏情况下的时间复杂度为 $O(k+(n-k)\log k)=O(n\log k)$。此方法与第二种方法的原理类似，而时间复杂度降低了，主要原因是在堆中进行查找或更新的时间复杂度为 $O(\log k)$。

习　题

1．分别使用下面的排序算法将序列 {60,40,120,185,20,135,150,130,45} 按非减序排序。

（1）直接插入排序；

（2）冒泡排序；

（3）快速排序；

（4）堆排序；

（5）归并排序。

2．写出使用增量序列 {1,3,7} 对输入数据 {9,8,6,5,4,3,2,1,0} 运行希尔排序得到的结果。

3．用基数排序对下列字符串进行排序：fghe,ef,abc,degh,fg,ba,a,uvw,xyzfg。

4．如果不使用递归，则如何实现归并排序？

5．分析下面四种排序算法在待排数据相等、正序和逆序时的时间性能。

（1）直接插入排序；

（2）希尔排序；

（3）快速排序；

（4）归并排序。

6．设计并实现一个有效的对 n 个整数重排的算法，使得所有负数位于非负数之前，给出算法的性能分析。

7．试给出一个同时找到 n 个元素中最大元素与最小元素的有效算法，并说明理由。

8．如果待排数据有 5 个元素，基于比较的排序算法至少需要多少次比较？如果待排数据有 7 个元素，基于比较的排序算法至少需要多少次比较？分别给出相应算法的实现。

9．多项式相加是常用的代数操作。一个熟悉的规则是，如果两个数据项包含相同幂次的变量，则相加，得到的数据项仍保持原来的变量和幂次，但其系数等于两个数据项的系数之和，如 $2x^3y + 4x^3y = 6x^3y$。为了便于相加，首先要对数据项中的变量排序，然后再进行合并相加。请给出实现。

10. 纸牌排序。请解释一下如何将一副扑克牌按花色排序（花色顺序是黑桃、红桃、梅花和方片），限制条件是所有牌都是背面朝上排成一列，而一次只能翻看两张牌或者交换两张牌（翻看后或交换后保持背面朝上）。

11. 昂贵的交易。一家货运公司的一位职员被分配了一项任务，需要将若干大货箱按照发货时间摆放。比较发货时间很容易（对照货物标签即可），但是将两个货箱交换位置则很困难（移动麻烦）。仓库已经快满了，只有一个空闲的仓位。请分析一下，这位职员应该使用哪种排序算法呢？

12. 在所有待排数据的关键字都相同时，选择排序和插入排序哪一种方法更快？

13. 对于逆序数组，选择排序和插入排序哪一种方法更快？

14. 改进快速排序的另一种方法，是使用待排序列的一小部分元素的中位数来分割子序列，这种分割效率更高，但代价是需要计算中位数。三取样切分就是将取样大小设为 3 并取大小居中的元素进行分割。请实现三取样切分快速排序算法，并运行双倍测试（如待排序数据规模 N 的起始值为 1000，排序后打印 N、估计排序用时、实际排序用时以及在 N 增倍之后两次用时的比例）来确认这项改动的效果。

15. 五取样切分。实现一种基于随机抽取子序列中 5 个元素并取中位数进行切分的快速排序。运行双倍测试来确定这项改动的效果，并和标准的快速排序以及三取样切分的快速排序进行比较。

16. 非递归的快速排序。实现一个非递归的快速排序，使用一个循环来将弹出栈的子数组切分并将结果子数组重新压入栈。请注意，需要先将较大的子数组压入栈中，这样就可以保证栈中最多只会有 $\lg n$ 个子数组。

17. 自然的归并排序。请编写一个自底向上的归并排序。首先扫描出待排数据序列中已经排好序的子数据序列，然后将相邻的排好序的子数据序列两两合并，构成更大的排好序的子数据序列，直至合并成一个数据序列。分析该算法的时间复杂度。

18. 三向归并排序。假设每次把数组分成三个部分，而不是两个部分，并将它们分别进行排序，然后进行三向归并，实现算法并分析其复杂度。

19. 假设排序的数据是以数组形式来存储，则下列排序算法中，哪一种方法的数据移动量最大，试讨论之。

（1）冒泡排序法；
（2）选择排序法；
（3）插入排序法。

查尔斯·安东尼·理查德·霍尔爵士（Charles Antony Richard Hoare，缩写为 C. A. R. Hoare，常被称为东尼·霍尔，即 Tony Hoare），1934 年 1 月 11 日生于斯里兰卡科伦坡，英国计算机

科学家，图灵奖得主。1960年，霍尔发布了使他闻名于世的快速排序算法（quick sort），这个算法也是当前世界上使用较广泛的算法之一。霍尔在取得博士学位后，就职于 Elliott Brothers，领导了 Algol 60 第一个商用编译器的设计与开发，由于其出色的成绩，最终成为该公司首席科学家。1969 年 10 月，霍尔在 *Communications of the ACM* 上发表了有里程碑意义的论文《计算机程序设计的公理基础》。在这篇论文中，霍尔提出了公理语义学，这是继 1963 年用递归函数定义程序，以及在 1967 年基于程序流程图的归纳断言法以后，程序逻辑研究中所取得的又一个重大技术进展。从 1977 年开始，霍尔博士任职于牛津大学，投身于计算系统的精确性的研究、设计及开发。因其对 Algol 60 程序设计语言理论、互动式系统及 APL 的贡献，1980 年被美国计算机协会授予"图灵奖"。20 世纪 80 年代中期，霍尔和 S. Brools 等人合作，提出了"CSP 理论"，开创了用代数方法研究通信并发系统的先河，形成了"进程代数"这一新的研究领域。霍尔发表过许多高水平的论著。ACM 在 1983 年评选出最近 25 年中发表在 *Communications of the ACM* 上的有里程碑式意义的 25 篇经典论文，只有 2 名学者各有 2 篇论文入选，霍尔就是其中之一。1972 年，霍尔、O. J. Dahl 和 E. W. Dijkstra 三位图灵奖得主合著的 *Structured Programming* 一书，更是难以逾越的高峰。霍尔获奖无数，除 1980 年获得图灵奖，他还于 1981 年获得 AFIPS 的 Harry Goode 奖，1985 年获得英国国际电气工程师学会（the Institution of Electrical Engineers，IEE）的法拉第奖章，1990 年被 IEEE 授予计算机先驱奖，2000 年获得日本稻盛财团设立的国际大奖——京都奖（尖端技术领域），同年，英国女王伊丽莎白二世授予霍尔爵士爵位，以表彰他对计算机科学所做出的巨大贡献。

第7章* 算法专题

算法是使用计算机解决现实问题的科学，每个问题都可能有多种算法。因此算法的内容是非常丰富的，并且仍在不断发展中。经过几十年的实践，人们总结了一些算法设计的基本策略，对不同问题的解决难度有了较深刻的认识，并且针对难解问题开发出随机算法、近似算法等折中方法。本章针对算法专题进行概要讲解，使读者对算法科学的全貌有个基本的认识。

7.1 算法设计基本策略

对给定的问题设计高效的算法是用计算机解决实际问题的关键。研究算法的设计策略是计算机科学研究的核心内容之一。算法设计是复杂而具有挑战性的，但不是盲目而没有规律的。我们要自觉地使用马克思主义哲学的思想指导算法设计。首先，要做到具体问题具体分析，即在矛盾普遍性原理的指导下，具体分析矛盾的特殊性，并找出解决矛盾的正确方法。其次要用唯物辩证法挖掘算法设计中的一些可循的规律。本节介绍算法常用的基本策略。其中贪心算法、分治法、动态规划重点挖掘问题中部分与整体的辩证关系，回溯法和分支限界法是否定之否定的具体应用。

7.1.1 贪心策略

贪心策略通常用来求解最优化问题，它分阶段地对问题进行求解。在每一个阶段做出当前看来是最佳的选择，这里称作贪心选择。也就是说，它总是做出局部最优的选择，希望通过一系列这样的局部选择能得出全局最优解。由于每一步是局部最优的，所以贪心策略并不保证得到全局最优解，但对很多具有最优子结构的问题可以证明贪心策略得到的解是全局最优解。因此，贪心策略可以用于解决具有最优子结构的问题，也可以作为其他难解问题近似算法的一种策略，即用局部最优解近似全局最优解，运行时间能够比最优算法低得多。

1. 贪心选择性质

一个问题具有贪心选择性质，是说可以通过做出局部最优（贪心）的选择来构造全局最优解。换句话说，当进行选择时直接考虑当前问题的最优解，而不必考虑后面子问题的解（这是贪心策略与动态规划的不同之处）。

2. 最优子结构

当一个问题的最优解包含其子问题的最优解时，称此问题具有最优子结构性质。此性质是能否应用贪心策略的关键要素。例如，在最短路径问题中，若 $p(s,t)$ 是 s 到 t 的最短路径，m 是 p 上的一个点，则用反证法可以证明，$p(s,m)$ 和 $p(m,t)$ 分别是 s 到 m 和 m 到 t 的最短路径。发现这样的最优子结构，我们就可以用子问题的最优解来组成原问题的最优解。

当应用贪心策略时，通常使用更为直接的最优子结构，即假定对原问题应用贪心选择即可得到子问题。通常来说，在做出一次贪心选择后，产生一个与原问题形式相同的子问题需要继续求解。

3. 贪心法设计步骤

通常按照如下步骤来设计贪心法：

（1）做出一次贪心选择之后，将最优化问题转化为同类型的规模更小的子问题。

（2）证明做出贪心选择后，被转化的原问题存在最优解，即贪心选择总是安全的。

（3）证明做出贪心选择后，剩下的子问题满足其最优解与贪心选择的解组合可以得到原问题的最优解，这样就得到了最优子结构。

用单源最短路径问题举例，即我们需要在一个加权图上找到从源点 s 到所有其他点 $(t_1,t_2,\cdots,t_k)$ 的最短路径。首先初始化所有的可行路径为 $p(s,t_i)=e(s,t_i)$（$e(s,t_i)$ 表示从 s 到 t_i 的边），$i=1,2,\cdots,k$。所有当前 $p(s,t_i)$ 中最短的那个 $p(s,t_m)$ 就是 s 到 t_m 的最短路径，也就是说，我们做了一次贪心选择，$p(s,t_m)$。剩下的问题转换为从 s 到 $t_i(i=1,2,\cdots,k,\ i\neq m)$ 的最短路径是在如下两个中选择较短的那个：①从 s 到 t_i 经过 t_m 的最短路径；②从 s 到 $t_i(i=1,2,\cdots,\ k,\ i\neq m)$ 不经过 t_m 的最短路径。

4. 贪心策略的应用

1）Huffman 编码问题

在第 3 章已经介绍了 Huffman 树和 Huffman 编码。Huffman 算法就是使用贪心策略来构造最优前缀码（Huffman 编码）。具体的算法在第 3 章已经给出，这里我们分析此问题的贪心选择性质以及最优子结构。

给定一棵对应前缀码的树 T，可以计算出编码一个文件需要多少二进制位。对于字母表 C 中的每个字符 c，令属性 $c.\text{freq}$ 表示字符 c 在文件中出现的频率，令 $d_T(c)$ 表示字符 c 的叶子结点在树 T 中的深度，也就是字符 c 的编码的长度，则用树 T 编码文件的代价可以用 $B(T)=\sum_{c\in C} c.\text{ferq}\cdot d_T(c)$ 来表示。如果已知字母表 C 和 C 中每个字符 c 在文件中出现的频率，构造最优前缀码的问题就转变为构造出一棵对应前缀码的树 T 使其代价 $B(T)$ 最小的问题。

直观上，频率越大的字符所对应的编码长度应该尽量小，所以我们应该把频率小的字符放在深的层上。一个最优前缀码所对应的编码树（Huffman 树）除了叶子结点外，其他结点的度都是 2，所以必定存在两个或两个以上的字符对应的叶子结点在最深的一层。同时，交换同一深度的任意叶子结点的位置所得的编码树 T'，其代价 $B(T')=B(T)$。所以令 x 和 y 是 C 中频率最低的两个字符，则必然存在 C 的一个最优前缀码，x 和 y 的编码相同（在树的深度相同的一层），有且仅有最后一个二进制位不同（互为兄弟结点）。不失一般性，构造最优树的过程，可以从合并频率最低的两个字符这样一个贪心选择开始。如果我们通过合并来构造最优树，可以将一次合并操作的代价看作合并的两项的频率之和。进行这次贪心选择后产生一个子问题，接下来我们要证明构造最优前缀码的问题具有最优子结构的性质。

更具体地：令 C' 为 C 去掉字符 x 和 y、加入一个新字符 z 之后得到的字母表，即 $C'=C-\{x,y\}\cup\{z\}$，其中 $z.\text{freq}=x.\text{freq}+y.\text{freq}$。令 T' 为 C' 的任意一个最优前缀码对应的编码树。我们可以将 T' 中的叶子结点 z 替换为一个以 x 和 y 为孩子的内部结点，得到树 T，而 T 是 C 的一个最优前缀码对应的编码树。

首先用树 T' 的代价 $B(T')$ 来表示树 T 的代价 $B(T)$，对于每个字符 $c \in C - \{x, y\}$，有 $d_T(c) = d_{T'}(c)$。由于 $d_T(x) = d_T(y) = d_{T'}(z) + 1$，可以得到

$$x.\text{freq} \cdot d_T(x) + y.\text{freq} \cdot d_T(y) = z.\text{freq} \cdot d_{T'}(z) + (x.\text{freq} + y.\text{freq})$$

进一步得到

$$B(T) = B(T') + x.\text{freq} + y.\text{freq}$$

假定 T 对应的前缀码并不是 C 的最优前缀码。存在最优编码树 T'' 满足 $B(T'') < B(T)$。不失一般性（由贪心选择性质），T'' 包含兄弟结点 x 和 y。令 T''' 为将 T'' 中 x 和 y 以及它们的父结点替换为叶子结点 z 得到的树，其中 $z.\text{freq} = x.\text{freq} + y.\text{freq}$。于是

$$B(T''') = B(T'') - x.\text{freq} - y.\text{freq} < B(T) - x.\text{freq} - y.\text{freq} = B(T')$$

与 T' 是 C' 的一个最优前缀树的假设矛盾。

2）最小生成树

第 4 章介绍了最小生成树的两个算法——Prim 算法和 Kruskal 算法，它们都是贪心法。这里我们来分析 Prim 算法的贪心选择性质和最优子结构，证明算法的正确性。

设 $G = \langle E, V \rangle$ 是一个连通的带权无向图，$|V| = n$，问题为求 G 的一棵最小生成树。TE 为算法执行过程中最小生成树中边的集合，U 是算法执行过程中最小生成树的点集，即某一时刻子图 $T_i = (U, \text{TE})$ 为某一棵最小生成树 T 的子集（子图的最小生成树）。算法初始时 T_0 中只有一个顶点，且 TE 为空。因为 T_0 必定是任意最小生成树的子集，则原问题的另一种描述为给定某棵最小生成树 T（不唯一）的子集 T_0，求一棵最小生成树 $T - T_0$ 的剩余边集。这样如果能选出一个边加入到 TE 中，则子问题为给定某棵最小生成树 T（不唯一）的子集 T_1（通过向 T_0 中加入所选边及其顶点得到），求一棵最小生成树 $T - T_1$ 的剩余边集。

Prim 算法的贪心策略为寻找从 U 中顶点到 $U-V$ 中另一个顶点的权值最小边 $e_i = (u,v)$（$1 \leqslant i \leqslant n-1$），然后将 v 和 e_i 加入到 U 和 TE 中。先证明其贪心选择性质，即向 T_{i-1} 加入边 e_i 后的 T_i 必定也是某一棵最小生成树的子集。

假设 T_i 不是一棵最小生成树（包括 T 在内）的子集，则边 e_i 也不属于任意一棵最小生成树。如果把 e_i 加入 T 中，就会形成一条回路。除了边 e_i，回路中必定包含另一条边 $e' = (u', v')$，它把一个属于 T_{i-1} 的顶点和一个不在 T_{i-1} 中的顶点连接起来（也许 u' 就是 u，或者 v' 就是 v，但不可能两者都成立）。现在如果从回路中删除边 e'，则得到了整个图的另一个生成树 T'，因为边 e_i 的权值一定小于等于 e'，所以 T' 就是一棵最小生成树，与我们的假设 T 是一棵最小生成树矛盾，因此 T_i 必定也是某一棵最小生成树的子集。

下面证明问题的最优子结构：子问题的最优解 $T - T_i$ 和 e_i 组合能得到原问题的最优解 $T - T_{i-1}$。

首先定义一个权重函数 W，表示集合中所有边的权重之和或者某条边的权值，则需要证明 $W(e_i) + W(T - T_i) = W(T - T_{i-1})$。

若不能组合得到原问题的最优解，则存在一个原问题的最优解为 $T' - T_{i-1}$，不失一般性（由贪心选择性质），T' 包含 e_i。其中 $W(T' - T_{i-1}) < W(T - T_{i-1})$，去除包含的相同边 e_i，得到 $W(T' - T_i) < W(T - T_i)$，这与 $T - T_i$ 是子问题的一个最优解矛盾。

3）小数背包问题

给定一个载重量为 W 的背包，考虑 n 个物品，其中第 i 个物品的重量为 W_i，价值 v_i（$1 \leqslant i \leqslant n$），要求把物品装满背包，且使背包内的物品价值最大，在选择物品 i 装入背包时，

可以选择它的一部分，而不一定要全部装入背包。也就是说，物品是可分的，例如一袋米。

直观上，此问题的贪心策略为，尽可能地选择单位重量价值最大的物品装入背包，如果该物品已经被全部装入并且背包还有剩余，就尽可能地选择单位重量价值第二大的物品装入背包，依此类推，直到背包装满。为方便起见我们定义一个代价函数，对于一个解 A，$B(A)$ 表示其选择物品的总价值。为了证明策略的正确性，首先证明贪心选择性质：对于一个已经按单位重量价值从大到小排好序的物品集合 S，背包载重量为 W，令 m 为在尽可能将物品 1 装入背包的情况下物品 1 的重量，则必然存在一个全局最优解 $A = \{m_1, m_2, m_3, \cdots, m_n\}$，$m_i$ 表示物品 i 的重量，其中 $m_1 = m$。

假设一个全局最优解 C，其中物品 1 的重量为 m_{c1}，$m_{c1} \leqslant m$。若 $m_{c1} = m$，则已经证明。若 $m_{c1} < m$，则将 C 中重量 $m - m_{c1}$ 的除物品 1 以外的任意物品替换为物品 1，这个解记作 C'。因为 $\frac{v_1}{w_1} > \frac{v_i}{w_i}, i > 1$，$B(C') > B(C)$，则与 C 是一个全局最优解矛盾。

接下来证明小数背包问题具有最优子结构：令 S_i 表示除去前 i 个物品的物品集合，W 为背包载重量，令 m 为在尽可能将物品 $i+1$ 装入背包的情况下物品 $i+1$ 的重量，对于物品集合 S_{i+1} 和背包载重量 $W - m$，A_{i+1} 为其一个全局最优解，则 A_{i+1} 组合 m 重量的物品 $i+1$ 得到的解 A_i 为物品集合为 S_i 且背包载重量为 W 的最优解。

假设 A_i 不是物品集合为 S_i 且背包载重量为 W 的最优解，则存在 A_i' 是物品集合为 S_i 且背包载重量为 W 的最优解。不失一般性（由贪心选择性质），A_i' 的 $m_{i+1} = m$。令 A_{i+1}' 为物品集合 S_{i+1} 和背包载重量 $W - m$ 的解，则 $B(A_{i+1}') > B(A_{i+1})$，与 A_{i+1} 为子问题最优解的假设不符。从而证明小数背包问题具有最优子结构。

例如，背包载重量为 5，物品集合如表 7.1 所示（已经按照单位重量价值单调递减排序）。

表 7.1　物品集合

	i						
	1	2	3	4	5	6	7
v_i	10	12	10	7	8	2	5
w_i	1	2	4	7	9	3	10

按照之前所述的贪心策略，首先设置当前背包载重量为 w，初始时 $w = W$，选择物品 1，与当前的背包载重量 w（5）比较，w_1 小于 w，将其全部装入背包；再选择与物品 2 比较，w_2 小于当前背包剩余载重量 w（4），将其全部装入背包；再与物品 3 比较，w_3 大于当前背包剩余载重量 w（2），用物品 3 将背包装满。物品装入背包的过程如图 7.1 所示。于是得到了最优装包方案，其价值为 10+12+10/4×2=27。小数背包问题的贪心法实现如例 7.1 所示。

图 7.1　物品装入背包过程图

贪心策略并不是对于所有具有最优子结构的最优化问题都能求得最优解。对于小数背包问题，已经证明了贪心策略可以得到最优解。但是，如果稍微修改一下问题的描述，每个物

品 i 有且只有一个，并且每次拿走物品时，要么全部拿走，要么把它留下，不能只拿走物品的一部分（例如一整块金子），这样问题就转化为 0-1 背包问题。简单证明一下其最优子结构，考虑重量不超过 W 而价值最高的装包方案，如果将物品 j 装入包中，则剩余商品必须是重量不超过 $W-w_j$ 的价值最高的装包方案（只能从不包括商品 j 的 $n-1$ 个物品中选择）。

对于 0-1 背包问题，贪心策略给出的解并不一定是最优解。例如对于一个包含 3 个物品和一个背包载重量为 50 的 0-1 背包问题，物品 1 重量为 10，价值为 60；物品 2 重量为 20，价值为 100；物品 3 重量为 30，价值为 120。贪心策略总是会拿走单位重量价值最大的物品 1，然后拿走物品 2。但是这样的策略价值为 160，而拿走物品 2 和物品 3 得到的价值为 220，即贪心策略产生的解并不是最优解。

【例 7.1】 小数背包问题的贪心法实现。

```
struct goods{                                  //物品
    int w;                                     //重量
    int v;                                     //价值
};

/*参数 S 为物品集合（已经按照单位物品价值单调降序排序），物品下标从 1 开始，A 所求为最优
装包方法，Ai 代表物品 i 的重量，W 为背包载重量
*/
void f(const vector<goods> S,vector<int>&A,int W)
{
    int w=W;                                   //当前背包载重量
    for(int i =1;i<S.size();i++){
        if(w>=S[i].w){                         //当前背包载重量大于当前物品重量
            A.push_back(S[i].w);               //将所有当前物品装入背包
            w -= S[i].w;                       //改变当前背包载重量
            if(w==0) break;                    //背包装满则退出
        }else
        {
            A.push_back(w);                    //将当前物品装入背包直到背包装满
            break;                             //背包装满则退出
        }
    }
}
```

7.1.2 分治策略

分治策略又被称为分而治之策略或分治法，之前介绍过的快速排序和归并排序都应用了这一策略。本小节介绍分治策略的步骤和与分治法紧密相关的递归式，以及更多基于分治策略的算法。

1. 分治策略步骤

分治策略将原问题分解为几个规模较小的但是与原问题形式相同的子问题，递归求解这些子问题，然后合并这些子问题的解建立原问题的解。分治策略在每层递归时一般都按照三个步骤：

（1）分解原问题为若干子问题，这些子问题是原问题的较小规模的实例。

（2）解决这些子问题，递归求解各子问题。若子问题规模足够小，则直接求解，称规模足够小的问题为基本问题。

（3）合并这些子问题的解组成原问题的解。

在分解和合并子问题的解时，通常还需要求解与原问题形式不一样的问题。并且在使用分治策略时，子问题是不相交的，即它们之间不存在公共的子问题。

2. 递归式

递归式与分治法是紧密相关的，因为使用递归式可以很自然地刻画出分治法的运行时间。一个递归式是一个等式或者不等式，通常可以写成如下形式：

$$T(n) = aT(n/b) + F(n)$$

式中，$a \geq 1$ 和 $b > 1$ 是常数；$F(n)$ 是渐进正函数。这种形式的递归式通常描述这样一种算法的运行时间：将规模为 n 的问题分解为 a 个子问题，每个子问题的规模为 n/b。a 个子问题递归求解，每个花费 $T(n/b)$ 时间。函数 $F(n)$ 包含了问题分解和子问题合并的代价。n/b 可能不是整数，但如果将 n/b 向上或者向下取整并不会影响递归式的渐进性质。

接下来介绍一种可以用来确定大部分分治法运行时间的定理。

【定理 7.1】令 $a \geq 1$ 和 $b > 1$ 是常数，$F(n)$ 是一个函数，$T(n)$ 是定义在非负整数上的递归式：

$$T(n) = aT(n/b) + F(n)$$

其中我们将 n/b 解释为 $\lceil n/b \rceil$ 或者 $\lfloor n/b \rfloor$。那么，$T(n)$ 有如下渐进界：

（1）若对于某个常数 $\varepsilon > 0$，有 $F(n) = O\left(n^{\log_b a - \varepsilon}\right)$，则 $T(n) = \Theta\left(n^{\log_b a}\right)$。

（2）若 $F(n) = \Theta\left(n^{\log_b^a}\right)$，则 $T(n) = \Theta\left(n^{\log_b^a} \log n\right)$。

（3）若对于某个常数 $\varepsilon > 0$，有 $F(n) = \Omega\left(n^{\log_b a + \varepsilon}\right)$，且对于某个常数 $c < 1$ 和所有足够大的 n 有 $aF(n/b) \leq cF(n)$，则 $T(n) = \Theta(F(n))$。

3. 分治策略的应用

1）最大子数组问题

给定一个整数数组，数组里有正数也有负数。数组中连续的一个或多个整数组成一个子数组，每个子数组中元素的和称为子数组和，求出子数组和最大的子数组及其和的问题称为最大子数组问题。例如数组[13,-3,-25,20,-3,-16,-23,18,20,-7,12,-5,-22,15,-4,7]的最大子数组为[18,20,-7,12]，其和为 18+20-7+12=43。

直观上，可以设计一个枚举方法来求解此问题：计算所有子数组的和，然后找出这些和中的最大值。对于一个 n 个元素的数组，共有 $n \times (n-1)/2$ 个子数组，即这种方法需要的时间复杂度为 $O(n^2)$。

接下来我们寻找更高效的求解方法。求子数组 $A[low,\cdots,high]$ 的最大子数组，将子数组划分为两个规模尽量相等的子数组，即找到子数组的中点 $mid = (low + high)/2$。显然，$A[low,\cdots,high]$ 的任何连续子数组 $A[i,\cdots,j]$ 所处的位置必然是以下三种情况之一：

（1）完全位于子数组 $A[low,\cdots,mid]$ 中，即 $low \leq i \leq j \leq mid$。

（2）完全位于子数组 $A[mid+1,\cdots,high]$ 中，即 $mid < i \leq j \leq high$。

（3）跨越了中点 mid ，即 $\text{low} \leqslant i \leqslant \text{mid} < j \leqslant \text{high}$ 。

因此 $A[\text{low},\cdots,\text{mid}]$ 的一个最大子数组的位置必然也属于三种情况之一，同时也是这三种情况的所有子数组中和最大的那个。我们可以递归求解 $A[\text{low},\cdots,\text{mid}]$ 和 $A[\text{mid}+1,\cdots,\text{high}]$ 的最大子数组，因为这两个子问题仍然是最大子数组问题。接下来的工作就是寻找跨越中点的最大子数组，然后在三种情况中选取和最大者。

跨越中点的最大子数组并非原问题规模更小的实例，因为加入了限制：子数组必须跨越中点。任何跨越中点的子数组都由两个子数组 $A[i,\cdots,\text{mid}]$ 和 $A[\text{mid}+1,\cdots,j]$ 组成，其中 $\text{low} \leqslant i \leqslant \text{mid}$ 且 $\text{mid} < i \leqslant \text{high}$ 。我们可以通过从 mid 向左遍历到 low ，从 mid+1 向右遍历到 high 来寻找这种形式的最大子数组，遍历的时间显然是线性的。

现在我们已经得到了一个递归算法，但还需要找出它的基本问题，即递归终止条件。很明显，当数组规模为 1 的时候，可以直接得到它的最大子数组。因此数组规模为 1 的问题可以作为基本问题。

这样对于一个规模为 n 的最大子数组问题，将其分为两个规模为 $n/2$ 的子问题。合并的代价为求解跨越中点的最大子数组和以及找出三个子数组和的最大值，即 $F(n) = \Theta(n)$ 。根据定理 7.1 求得算法的渐进复杂度为 $T(n) = O(n\log n)$ 。

最大子数组问题的分治法实现如例 7.2 所示。

【例 7.2】最大子数组问题的分治法实现。

```
int Find_Max_Crossing_Subarray(int arr[], int low, int mid, int high)
//寻找跨越中点的最大子数组和
{
    const int infinite = -9999;
    int left_sum = infinite;              //左边的最大子数组和
    int right_sum = infinite;             //右边的最大子数组和

    int sum = 0;                          //寻找形如 A[i,…,mid]的最大子数组
    for(int i = mid; i >= low; i --)
    {
        sum += arr[i];
        if(sum > left_sum)
        {
            left_sum = sum;
        }
    }
    sum = 0;                              //寻找形如 A[mid+1,…,j]的最大子数组
    for(int j = mid + 1; j <= high; j ++)
    {
        sum += arr[j];
        if(sum > right_sum)
        {
            right_sum = sum;
        }
    }
    return (left_sum + right_sum);
}
```

```
//寻找最大子数组和
int Find_Maximum_Subarray(int arr[], int low, int high)
{
    if(high == low)        //数组只有一个元素即基本情况
        return arr[low];
    else//递归情况
    {
        int mid = (low + high)/2;
        int leftSum = Find_Maximum_Subarray(arr,low,mid);
        int rightSum = Find_Maximum_Subarray(arr,mid+1,high);
        int crossSum = Find_Max_Crossing_Subarray(arr,low,mid,high);
        if(leftSum >= rightSum && leftSum >= crossSum)
            return leftSum;
        else if(rightSum >= leftSum && rightSum >= crossSum)
            return rightSum;
        else
            return crossSum;
    }
}
```

2）矩阵乘法的 Strassen 算法

若 $A=(a_{ij})$ 和 $B=(b_{ij})$ 是 $n\times n$ 的方阵，定义乘积 $C=A\cdot B$，则有

$$C_{ij}=\sum_{k=1}^{n}a_{ik}\cdot b_{kj}$$

根据定义，我们需要计算 n^2 个矩阵元素，每个元素是 n 个值的和，其时间复杂度为 $T(n)=\Omega(n^3)$。

下面我们用分治策略降低算法的时间复杂度。

假定 $C=A\cdot B$ 中三个矩阵均为 $n\times n$ 矩阵，其中 n 为 2 的幂。做出这个假设的原因是，我们在每个分解步骤中，$n\times n$ 矩阵被划分为 4 个 $(n/2)\times(n/2)$ 的子矩阵。用如下形式表示 A、B 和 C：

$$A=\begin{bmatrix} A_{11} & A_{12} \\ A_{21} & A_{22} \end{bmatrix}, \quad B=\begin{bmatrix} B_{11} & B_{12} \\ B_{21} & B_{22} \end{bmatrix}, \quad C=\begin{bmatrix} C_{11} & C_{12} \\ C_{21} & C_{22} \end{bmatrix}$$

则有如下形式：

$$C_{11}=A_{11}\cdot B_{11}+A_{12}\cdot B_{21}$$
$$C_{12}=A_{11}\cdot B_{12}+A_{12}\cdot B_{22}$$
$$C_{21}=A_{21}\cdot B_{11}+A_{22}\cdot B_{21}$$
$$C_{22}=A_{21}\cdot B_{12}+A_{22}\cdot B_{22}$$

这样需要计算 8 次 $(n/2)\times(n/2)$ 的乘法（递归调用）和 4 次 $(n/2)\times(n/2)$ 的加法，分解只需要常数时间，因此递归情况的总时间为分解时间、递归调用时间以及矩阵加法时间之和，即 $T(n)=8T(n/2)+\Theta(n^2)$。通过求解递归式，可以发现进行 8 次递归调用，算法的时间复杂度并没有得到优化，下面来介绍 Strassen 算法是如何减少递归调用的次数。

在计算 C 之前，先创建如下 7 个矩阵：

$$P_1=A_{11}\cdot(B_{12}-B_{22})$$

$$P_2 = (A_{11} + A_{12}) \cdot B_{22}$$
$$P_3 = (A_{21} + A_{22}) \cdot B_{11}$$
$$P_4 = A_{22} \cdot (B_{21} - B_{11})$$
$$P_5 = (A_{11} + A_{22}) \cdot (B_{11} + B_{22})$$
$$P_6 = (A_{12} - A_{22}) \cdot (B_{21} + B_{22})$$
$$P_7 = (A_{11} - A_{21}) \cdot (B_{11} + B_{12})$$

对于 C，可以通过如下公式得到：

$$C_{11} = P_5 + P_4 - P_2 + P_6$$
$$C_{12} = P_1 + P_2$$
$$C_{21} = P_3 + P_4$$
$$C_{22} = P_5 + P_1 - P_3 - P_7$$

这样我们进行了 7 次 $(n/2) \times (n/2)$ 的乘法和常数次矩阵加法。于是算法的整个流程为在每次递归调用中先按照下标将 A 和 B 矩阵都分解为 4 个子矩阵，然后递归调用 7 次得到 P_i，再将得到的结果合并得到 C。这样递归式变为 $T(n) = 7T(n/2) + \Theta(n^2)$。根据定理 7.1，得到 $T(n) = \Theta(n^{\log 7})$，其中 $\log 7$ 在 2.80 到 2.81 之间。

矩阵乘法的 Strassen 算法实现如例 7.3 所示。

【例 7.3】矩阵乘法的 Strassen 算法实现。

```
struct matrix
{
    int con [maxn][maxn];
    int size = 0 ;        //规定一定是 n×n 矩阵
} m1, m2;
//矩阵加法返回 A-B
matrix add(const matrix& A, const matrix& B, int len ){
    matrix res;
    for(int i = 0; i < len; i++)
    {
        for(int j = 0; j < len; j++)
        {
            res.con[i][j] = A.con[i][j] + B.con[i][j];
        }
    }
    return res;
}
//矩阵减法返回 A-B
matrix sub(const matrix &A,const matrix &B, int len ){
    matrix res;

    for(int i = 0; i < len; i++)
    {
        for(int j = 0; j < len; j++)
        {
            res.con[i][j] = A.con[i][j] - B.con[i][j];
        }
    }
```

```
        return res;
}
//创建子矩阵。input 为源矩阵，r1 为开始行，r2 为结束行，c1 为开始列，c2 为结束列
matrix create(const matrix &input, int r1, int r2, int c1, int c2){
    int ii = 0, jj = 0;
    matrix res;
    for(int i = r1; i <= r2 && ii < r2 - r1; i++)
    {
        for(int j = c1; j < c2 && jj < c2 - c1; j++)
        {
            res.con[ii][jj] = input.con[i][j];
            jj++;
        }
        jj = 0;
        ii++;
    }
    return res;
}
//矩阵乘法。r1 为开始行数，c1 为开始列数，len 为矩阵规模
matrix multi(const matrix &A, const matrix& B,  int len){
    if(len == 1)          //基本情况矩阵规模为 1
    {
        matrix ender ;
        ender. con[0][0] = A.con[0][0] * B.con[0][0];
        return ender;
    } else {              //递归情况
        matrix A11, A12, A21, A22,B11, B12, B21, B22;
        int ii = 0, jj = 0;
        A11 = create(A, 0, len / 2, 0, len / 2);
        B11 = create(B, 0, len / 2, 0, len / 2);
        A12 = create(A, 0, len / 2, len / 2, len);
        B12 = create(B, 0, len / 2, len / 2, len);
        A21 = create(A, len / 2, len, 0,len / 2);
        B21 = create(B, len / 2, len, 0,len / 2);
        A22 = create(A, len / 2 , len , len / 2, len);
        B22 = create(B, len / 2 , len , len / 2, len);
        matrix p1, p2, p3, p4, p5, p6, p7;
        p1 = multi(A11, sub(B12, B22, len / 2),  len / 2);
        p2 = multi(add(A11, A12, len / 2), B22,  len / 2);
        p3 = multi(add(A21, A22, len / 2), B11,  len / 2);
        p4 = multi(A22, sub(B21, B11, len / 2),  len / 2);
        p5 = multi(add(A11, A22, len/2),add(B11, B22,len/2),len/2);
        p6 = multi(sub(A12, A22, len/2),add(B21, B22, len/2),len/2);
        p7 = multi(sub(A11, A21, len/2),add(B11,B12,len/2), len/2);
        matrix C11 , C12, C21, C22;
        C11 = sub(add(add(p5, p4, len/2), p6, len/2), p2, len/2);
        C12 = add(p1, p2, len / 2);
        C21 = add(p3, p4, len / 2);
        C22 = sub(add(p5, p1, len/2), add(p3, p7, len/2), len/2);
        matrix C;

        for(int j = 0 ; j < len / 2; j++){
```

```
            for(int jj = 0 ; jj < len / 2; jj++){
                C.con[j][jj] = C11.con[j][jj];
            }
        }
        for(int j = 0 ; j < len / 2; j++){
            for(int jj = 0 ; jj < len / 2; jj++){
                C.con[j][jj + len / 2] = C12.con[j][jj];
            }
        }
        for(int j = 0 ; j < len / 2; j++){
            for(int jj = 0 ; jj < len / 2; jj++){
                C.con[j + len / 2][jj] = C21.con[j][jj];
            }
        }
        for(int j = 0 ; j < len / 2; j++){
            for(int jj = 0 ; jj < len / 2; jj++){
                C.con[j + len / 2][jj + len / 2] = C22.con[j][jj];
            }
        }
        return C;
    }
}
```

7.1.3 动态规划

1. 基本概念

动态规划（dynamic programming，DP）是一种通过把原问题分解为相对简单的子问题的方式求解复杂问题的方法，广泛应用于数学、管理科学、计算机科学、经济学等领域。无论第一次的选择是什么，接下来的选择一定是当前状态下的最优选择，这称为最优原则（principle of optimality）。它意味着一个最优选择序列是由最优选择子序列构成的。在动态规划中，我们要考查一系列选择，以确定一个最优选择序列是否包含最优选择子序列。动态规划适用于有重叠子问题和最优子结构性质的问题，动态规划方法所耗费的时间往往远少于朴素解法。

2. 基本思想与策略

动态规划基本思想与分治法类似，也是将待求解的问题分解为若干个子问题，按顺序求解子问题，前一子问题的解为后一子问题的求解提供了有用的信息。在求解任一子问题时，列出各种可能的局部解，通过决策保留那些有可能达到最优的局部解，丢弃其他局部解。依次解决各子问题，最后一个子问题的解就是初始问题的解。动态规划与分治法最大的差别是：适合于用动态规划法求解的问题，经分解后得到的子问题往往不是互相独立的（即下一个子问题的求解是建立在上一个子问题的解的基础上，进行进一步的求解）。

3. 适用的情况

能采用动态规划求解的问题一般要具有以下三个性质：

（1）最优化原理：问题的最优解包含其子问题的最优解，即具有最优子结构。

（2）无后效性：某阶段的状态一旦确定，则此后过程的演变不再受此前各种状态及决策的影响。

（3）有重叠子问题：即子问题之间是不独立的，一个子问题在下一阶段决策中可能被多次使用到（此性质并不是动态规划适用的必要条件，但是如果没有这条性质，动态规划法同其他算法相比就不具备优势）。

4. 求解的基本步骤

应用动态规划求解的步骤如下：

（1）证实最优原则是适用的。

（2）建立动态规划的递归方程式。

（3）求解动态规划的递归方程式以获得最优解。

（4）沿着最优解的生成过程进行回溯。

其中（4）是一个可选的步骤，如果只要求计算最优解数值，而不需要最优解的具体方案（如 0-1 背包问题中只要求得到背包所能容纳的最大价值，而不要求具体的装配方案），可以忽略此步骤。

5. 动态规划的应用

1）0-1 背包问题

有 n 件物品和一个容量为 c 的背包。第 i 件物品的重量是 w_i，价值是 p_i。一个可行的背包装载是指，装包的物品总重量不超过背包的容量。一个最佳背包装载是指，物品总价值最高的可行装载。问题的公式描述如公式（7.1）所示：

$$\max \sum_{i=1}^{n} p_i x_i \tag{7.1}$$

约束条件如公式（7.2）所示：

$$\sum_{i=1}^{n} w_i x_i \leqslant c , \quad x_i \in \{0,1\}, \quad 1 \leqslant i \leqslant n \tag{7.2}$$

$x_i = 1$ 表示物品 i 装入背包，$x_i = 0$ 表示物品 i 没有装入背包。在这个问题中，我们要求出最佳背包装载的价值。

假定按物品 $i = 1, 2, \cdots, n$ 的顺序选择 x_i 的值。如果选择 $x_1 = 0$，那么背包问题就转变为物品为 $2, 3, \cdots, n$、背包容量仍为 c 的问题。如果选择 $x_1 = 1$，那么背包问题就转变为物品为 $2, 3, \cdots, n$、背包容量为 $c - w_1$ 的问题。假设 $f(i, y)$ 表示剩余容量 y、剩余物品为 $i, i+1, \cdots, n$ 的背包问题的最优值，可以分为放入第 i 个物品以及不放入第 i 个物品两种情况，根据定义有如下结论：

（1）在不包括第 i 个物品的情况下，最优值是 $f(i+1, y)$。

（2）在包括第 i 个物品的情况下，最优值是 $f(i+1, y - w_i) + p_i$。

因此，在剩余容量 y、剩余物品为 $i, i+1, \cdots, n$ 的背包问题中最优值等于这两个子问题最优值中的较大值。当然如果第 i 个物品不能放进背包，从第 i 个物品开始选择的最优解等于从第 $i+1$ 个物品开始选择的最优解，如公式（7.3）所示：

$$f(i, y) = \begin{cases} \max\{f(i+1, y), f(i+1, y - w_i) + p_i\}, & y \geqslant w_i \\ f(i+1, y), & 0 \leqslant y < w_i \end{cases} \tag{7.3}$$

该问题的边界条件为只剩下最后一个物品 n 的情况：

$$f(n,y) = \begin{cases} p_n, & y \geqslant w_n \\ 0, & 0 \leqslant y < w_n \end{cases} \tag{7.4}$$

根据最优序列由最优子序列构成的结论，可得到 f 的递归式。$f(1,c)$ 是初始时背包问题的最优解的值。可以使用公式（7.3）通过递归或迭代来求解 $f(1,c)$。从 $f(n,*)$ 开始迭代，$f(n,*)$ 由公式（7.4）得出，然后由公式（7.3）递归计算 $f(i,*)(i = n-1, n-2, n-3, \cdots, 1)$，直到计算出 $f(1,c)$。

0-1 背包问题的动态规划法实现如例 7.4 所示。

【例 7.4】 0-1 背包问题的动态规划法实现。

```
void f(int theCapacity,int **dp)
{
        //用迭代法求解动态规划递归方程
        //利用了全局变量 profit、weight 和 numberOfObjects
        //物品的价值和重量分别用 profit[1:numberOfObjects]和
        //weight[1:numberOfObjects]来表示
        //使用二维数组 dp 记录迭代表格,大小为(n+1)×(c+1)的整型数组
        //初始化 dp[numberOfObjects][]
        int yMax = min(weight[numberOfObjects] - 1,theCapacity);
        for(int y = 0; y <= yMax; y++)
            dp[numberOfObjects][y] = 0;
        for(int y = weight[numberOfObjects]; y <= theCapacity; y++)
            dp[numberOfObjects][y] = profit[numberOfObjects];

        //计算 dp[i][y],1<i<numberOfObjects
        for(int i = numberOfObjects - 1; i > 1; i--){
            yMax = min(weight[i] - 1,theCapacity);
            for(int y = 0; y <= yMax; y++)
                dp[i][y] = dp[i + 1][y];
            for(int y = yMax + 1; y <= theCapacity; y++)
                dp[i][y] = max(dp[i + 1][y],
                    dp[i + 1][y - weight[i]] + profit[i]);
        }

        //计算 dp[1][theCapacity]，即当前背包所能容纳的最大值
        dp[1][theCapacity] = dp[2][theCapacity];
        if(theCapacity >= weight[1])
            dp[1][theCapacity] = max(dp[2][theCapacity],
                dp[2][theCapacity - weight[1]] + profit[1]);
}
```

接下来我们通过一个具体的例子了解算法的流程：假设 $n=5$，$p=[6,3,5,4,6]$，$w=[2,2,6,5,4]$，且 $c=10$。由如上算法计算出的数组 dp 如表 7.2 所示。计算顺序按行从上到下，按列从左到右，其中 i 表示从物品列表的第 i 个开始选取，y 表示背包的容量。最后计算得到的 dp[1][10]=15 即为该背包问题的最佳背包装载的价值。算法采用自底向上的迭代求解，时间复杂度为 $O(cn)$。

表 7.2　数组 dp

i	y									
	1	2	3	4	5	6	7	8	9	10
5	0	0	0	6	6	6	6	6	6	6
4	0	0	0	6	6	6	6	6	10	10
3	0	0	0	6	6	6	6	6	10	11
2	0	3	3	6	6	9	9	9	10	11
1	0	6	6	9	9	12	12	15	15	15

2）矩阵乘法链问题

$m×n$ 矩阵 A 与 $n×p$ 矩阵 B 相乘需用时 $O(mnp)$。假定要计算三个矩阵 A、B、C 的乘积，为此有两种计算方式：一种是 $(A×B)×C$，另一种是 $A×(B×C)$。虽然两种计算的结果相同，但时间性能可能会差距很大。假定三个矩阵的维度分别是 A 为 100×1，B 为 1×100，C 为 100×1。在第一种方法中计算 $A×B$ 需要 10000 个时间单位，中间矩阵为 100×100，再与 C 相乘所需时间为 1000000，总计需要 1010000 个时间单位。而在第二种方法中计算 $B×C$ 需要 10000 个时间单位，中间矩阵为 1×1，再与 A 相乘需要 100 个时间单位，总计需要 10100 个时间单位。

在更一般的情况下，我们要计算的矩阵乘积是 $M_1×M_2×\cdots×M_q$，其中 M_i 是一个 $r_i×r_{i+1}$ 矩阵 $(1≤i≤q)$。考虑如何确定一个最优的矩阵乘法顺序，计算其所用的最短时间。

可以用动态规划来确定一个最优的矩阵乘法顺序。令 M_{ij} 表示乘积链 $M_i×\cdots×M_j$ $(i≤j)$ 的结果，$c(i,j)$ 表示用最优法计算 M_{ij} 时的时间消耗。因此 M_{ij} 的最优算法包括如何用最优算法计算 M_{ik} 和 $M_{k+1,j}$ 以及计算 $M_{ik}×M_{k+1,j}$ $(i≤k<j)$。根据最优性原理，可得到如下的动态规划递推公式：

$$c(i,i)=0,\ 1≤i≤q$$
$$c(i,i+1)=r_i×r_{i+1}×r_{i+2},\ \ 1≤i<q$$
$$c(i,i+s)=\min_{i≤k<i+s}\{c(i,k)+c(k+1,i+s)+r_i×r_{k+1}×r_{i+s+1}\}$$
$$1≤i<q-s,\ 1<s<q$$

以上求 c 的递归式可用递归或迭代的方法求解。$c(1,q)$ 为用最优法计算矩阵乘法链的消耗。

矩阵乘法链问题的算法实现如例 7.5 所示。

【例 7.5】矩阵乘法链问题的算法实现。

```
void matrixChain(int q,int*r, int **c)
{
    //用迭代法计算所有 Mij 的时间消耗
    //r[]表示维数的数组；q表示矩阵个数
    //例 q=5, r=[10,5,1,10,2,10]
    //表示第一个矩阵的维度是 10×5，第二个矩阵的维度是 5×1，依此类推
    //c[][]是时间耗费矩阵，大小为(q+1)×(q+1)
    //初始化 c[i][i],c[i][i+1]
    for(int i = 1; i < q; i++){
        c[i][i] = 0;
        c[i][i + 1] = r[i] * r[i+1] *r[i+2];
    }
    c[q][q] = 0;
    //计算余下的 c、s 表示两个矩阵之间的间隔,s=2 时计算 c[1][3]、c[2][4]等
```

```
for(int s = 2; s < q; s++){
    for(int i = 1; i <= q - s;i++){
        c[i][i+s] = c[i][i] + c[i+1][i+s] + r[i]*r[i+1]*r[i+s+1];
        for(int k = i+1; k < i+s; k++){
            int t = c[i][k] + c[k+1][i+s] + r[i]*r[k+1]*r[i+s+1];
            if(t < c[i][i+s]){
                c[i][i+s] = t;
            }
        }
    }
}
//最后 c[1][q]即为所耗费时间的最小值
}
```

7.1.4 回溯

1. 基本概念

求解一个问题最可靠的一种方法是：列出所有的候选解，然后逐个检查，检查所有或部分候选解后，便可找到所需要的解。理论上，只要候选解的数量有限，而且在检查了所有或部分候选解之后可以确定所需解，这种方法就是可行的。不过在实际应用中，这种方法很少用，因为候选解的数量通常都非常大（比如是问题中实例大小的指数级，甚至是阶乘）。

回溯法（back tracking）是上述方法的一个变化形式。它的主要思想是按选优条件向前搜索以达到目标。但当探索到某一步时，发现原先选择并不优或达不到目标，就退回一步重新选择。在这种情况下算法进行回溯，能够节约大量的时间。

2. 基本思想与策略

回溯法求解首先需要定义问题的一个解空间（solution space）。这个空间至少包含问题的一个（最优的）解。下一步是组织解空间，使解空间便于搜索。典型的组织方法是树或图。一旦确定了解空间的组织方法，这个空间即可按深度优先方式从开始结点进行搜索。开始结点既是一个活动结点（live node）又是一个 E-结点（expansion node）。从 E-结点我们试着移动到一个新结点。如果从当前的 E-结点移到一个新结点，那么这个新结点就变成一个活动结点和新的 E-结点，而原来的 E-结点仍是一个活动结点。如果不能移到任何一个新结点，那么当前 E-结点变成"死结点"，即不再是活动结点。然后我们回到最近的活动结点，这个活动结点变成了新的 E-结点。当我们已经找到最优解或者不再有活动结点时，搜索结束。

用回溯法求问题的所有解时，要回溯到根，且根结点的所有可行的子树都要被搜索遍才结束。而使用回溯法求任一个解时，只要搜索到问题的一个解就可以结束。

确定一个新到达的结点能否导致一个比当前最优解还要好的解，可加速对最优解的搜索过程。如果不能，则移动到该结点的任何一棵子树都是无意义的，这个结点可被剪枝掉。用来剪枝活动结点的策略称为限界函数（bounding function）。

3. 求解的基本步骤

回溯法的步骤如下：
（1）定义一个解空间，它包含对问题实例的解。
（2）用适合于搜索的方式组织解空间。

（3）用深度优先方式搜索解空间（利用限界函数避免进入无解的子空间）。

回溯法的实现有一个有意义的特性：在进行搜索的同时产生解空间。在搜索过中的任何时刻，仅保留从开始结点到当前 E-结点的路径，因此，回溯算法的空间需求为 O（从开始结点起最长路径的长度）。

4. 回溯法的应用

1）迷宫老鼠问题

迷宫是一个矩形区域，有一个入口和一个出口，迷宫内部包含不能穿越的墙壁或障碍物。这些障碍物沿着行和列放置，与迷宫的边界平行。迷宫的入口在左上角，出口在右下角。假定用 $n \times m$ 的矩阵来描述迷宫，矩阵的位置(1,1)表示入口，(n,m) 表示出口，n 和 m 分别表示迷宫的行数和列数。迷宫的每个位置都可用其行号和列号表示。在矩阵中，当且仅当在位置(i, j)处有一个障碍时，其值为 1，否则其值为 0。迷宫老鼠问题是要寻找一条从入口到出口的路径。路径是一个由位置组成的序列，每一个位置都没有障碍，而且除入口之外，路径上的每个位置都与前一个位置相邻。

例如一个 3×3 的迷宫老鼠问题实例，迷宫形状（涂黑单元格表示障碍）及其矩阵表示分别如图 7.2（a）和图 7.2（b）所示。

在这个问题中，从入口到出口的所有路径定义为解空间，并用图结构进行描述，如图 7.3所示。从顶点(1,1)到顶点(3,3)的每一条路径都是解空间的一个元素。但考虑到障碍的设置，有些路径可能是不通的。

开始结点为点(1,1)，它是此时唯一的活动结点，它也是一个 E-结点。为避免重复走过这个位置，置(1,1)为 1。从这一点能移动到(1,2)或(2,1)两个点，就本例而言，两种移动都是可行的，因为这两个位置上的值都是 0。假定选择(1,2)，把(1,2)置为 1。迷宫当前状态如图 7.4（a）所示，这时有两个活动结点(1,1)和(1,2)，(1,2)成为 E-结点。在图 7.2 中从当前 E-结点开始有 3个可能移动到的位置，但其中两个是不可行的，因为这些位置上的值为 1。唯一可移动到的位置是(1,3)。移动到这个位置，并置(1,3)为 1。此时迷宫状态如图 7.4（b）所示，(1,3)成为E-结点。在图 7.2 中当前 E-结点有 2 个可能移动到的位置，但是没有一个是可行的，所以该结点也就变成死结点了。回溯到最近的活动结点(1,2)，但是这个结点已经没有剩下可以移动的位置了，所以这一结点也变成死结点。活动结点(1,1)，再次变为 E-结点，从此结点可以移动到(2,1)。现在的活动结点为(1,1)和(2,1)。这样继续下去，最终能到达(3,3)。此时，活动结点表为(1,1),(2,1),(3,1),(3,2),(3,3)，这便是到达出口的路径。

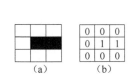

图 7.2　迷宫形状及其矩阵表示　　　图 7.3　解空间　　　图 7.4　迷宫状态图示

迷宫老鼠问题的回溯算法实现如例 7.6 所示。

【例 7.6】 迷宫老鼠问题的回溯算法实现。

```
class position //描述位置信息
{
public:
```

```
        int row;
        int col;
        position()
        {
            this->row = 0;
            this->col = 0;
        }
};
int** maze;                    //存储迷宫
int mazeSize;                  //迷宫的大小
stack<position>* path;         //存储路径的位置信息
bool findPath()
{//寻找一条从入口(1,1)到达出口(mazeSize, mazeSize)的路径
 //如果找到，返回 true，否则返回 false
//maze 是全局变量，描述迷宫形状
        path = new stack<position>;
        //初始化偏移量
        position offset[4];
        offset[0].row = 0;offset[0].col = 1;           //右
        offset[1].row = 1;offset[1].col = 0;           //下
        offset[2].row = 0;offset[2].col = -1;          //左
        offset[3].row = -1;offset[3].col = 0;          //上

        //初始化迷宫外围障碍墙
        for(int i = 0; i < mazeSize + 1; i++)
        {
            maze[0][i] = maze[mazeSize + 1][i] = 1;     //底部和顶部
            maze[i][0] = maze[i][mazeSize + 1] = 1;     //左和右
        }

        position here;
        here.row = 1;
        here.col = 1;
        maze[1][1] = 1;
        int option = 0;
        int lastOption = 3;

        //没有到达出口时，寻找一条路径
        while(here.row != mazeSize || here.col != mazeSize)
        {
            //找到要移动的相邻一步
            int r, c;
            while(option <= lastOption){
                r = here.row + offset[option].row;
                c = here.col + offset[option].col;
                if (maze[r][c] == 0) break;
                option++;
            }
            if(option <= lastOption)
            {
```

```
            path->push(here);
            here.row = r;
            here.col = c;
            maze[r][c] = 1;
            option = 0;
        }
        else{
            if(path->empty())
                return false;
            position last = path->top();
            path->pop();
            if(here.row == last.row)
                option = 2 + last.col - here.col;
            else option = 3 + last.row - here.row;
            here = last;
        }
    }
    return true;
}
```

2）0-1 背包问题

具有 n 个物品的 0-1 背包问题也可以应用回溯法进行求解。考察如下具体的 n=3 的 0-1 背包问题：物品个数 n=3，各物品的重量 w=[20,15,15]，各物品的价值 p=[40,25,25]，背包容量 c=30。

在 n 个对象的 0-1 背包问题中，可以把 2^n 个长度为 n 的 0-1 向量的集合定义为解空间。这个集合代表着向量 x 取值 0 或 1 的所有可能。当 n=3 时，解空间为{(0,0,0),(0,0,1),(0,1,0),(0,1,1),(1,0,0),(1,0,1),(1,1,0),(1,1,1)}。

图 7.5 用树形结构描述了三个对象的 0-1 背包问题的解空间。从 i 层结点到 i+1 层结点的边上所标志的数字表示 x_i 的值，也表示是否装入第 i 个物品。从根结点到叶子结点的每一条路径都是解空间的一个元素。从根结点 A 到叶子结点 H 的路径所表示的解为 x=(1,1,1)。根据 w 和 c 的值，从根结点到叶子结点的路径中一部分或全部都可能不是解。

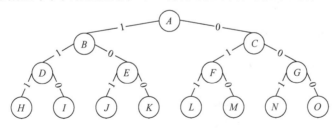

图 7.5　n=3 时 0-1 背包问题的解空间树形结构

应用回溯法解决问题时，首先从根结点开始搜索图中的树。根结点是当前唯一的活动结点，也是 E-结点。从这里能移动到结点 B 或结点 C。假定移动到 B，则当前活动结点为 A 和 B，B 是当前 E-结点。在结点 B，剩余容量为 10，而收益为 40。从 B 点可能移动到 D 或 E。但移动到 D 是不可行的，因为移动到 D 所需的容量为 15，移动到结点 E 是可行的，因为这个移动不占用任何容量。E 变为新的 E-结点，这时活动结点为 A、B、E。在结点 E，剩余容量为 10，收益为 40。从结点 E 有两种可能移动到的位置 J 或 K。移动到 J 是不可行的，而移动到 K 是可行的。结点 K 变为新的 E-结点。因为 K 是一个叶子结点，所以得到一个可行解，这个解的收益是 40。x 的值由根到 K 的路径来决定。这个路径 (A,B,E,K) 也是此时的活动结点序列。因为结点 K 不能进一步扩充，所以结点 K 变成死结点，回溯到 E。而结点 E 也不能进一步扩充，它也变成死结点。接着回溯到 B，它也变成死结点，A 再次变为 E-结点。进一步扩充，到达结点 C。这样继续下去，搜索整棵树。在搜索期间发现的最好解即为最优解。

0-1 背包问题的回溯算法实现如例 7.7 所示。

【例 7.7】0-1 背包问题的回溯算法实现。

```
//背包装载问题回溯算法的全局变量
double capacity;
int numberOfObjects;
double *weight;
double *profit;
double weightOfCurrentPacking;
double profitOfCurrentPacking;
double maxProfit;

double knapsack(double *theProfit, double *theWeight,
    int theNumberOfObjects, double theCapacity)
{
    //初始化全局变量
    //数组 theProfit[1:theNumberOfObjects]是对象收益
    //数组 theWeight[1:theNumberOfObjects]是对象重量
    capacity = theCapacity;
    numberOfObjects = theNumberOfObjects;
    weight = theWeight;
    profit = theProfit;
    weightOfCurrentPacking = 0.0;
    profitOfCurrentPacking = 0.0;
    maxProfit = 0.0;
    rKnap(1);
    return maxProfit;
}
void rKnap(int currentLevel)
{
    if (currentLevel > numberOfObjects)
    {
        if (profitOfCurrentPacking > maxProfit)
        {
            maxProfit = profitOfCurrentPacking;
        }
        return;
    }
    //判断是否搜索左子树
    if(weightOfCurrentPacking + weight[currentLevel] <= capacity){
        weightOfCurrentPacking += weight[currentLevel];
```

```
            profitOfCurrentPacking += profit[currentLevel];
            rKnap(currentLevel + 1);
            weightOfCurrentPacking -= weight[currentLevel];
            profitOfCurrentPacking -= profit[currentLevel];
        }
    double restValue = 0 ;
//求除本结点层对应物品外剩余可获取价值
for(int i = currentLevel + 1; i <= numberOfObjects; i++)
    {
            restValue += profit[i];
    }
//若当前总价值和剩余结点价值已超过或仍可能超过当前最优试探解
if( maxProfit < profitOfCurrentPacking + restValue)
    {
            //搜索右子树
            rKnap(currentLevel + 1);
    }
}
```

7.1.5 分支限界法

1. 基本概念

上一节所讨论的回溯法的中心思想是，一旦推导出无法从解空间树的某个分支中产生一个解，我们就立即停止，然后回溯到前一个活动结点，选择其他的分支。

分支限界法与回溯法一样，也经常把解空间组织成树形结构然后进行搜索。与回溯法不同的是，回溯法使用深度优先方法搜索树，而分支限界法一般使用广度优先或最小消耗方法来搜索树。本小节的例题与上一节的完全相同，因此，可以很容易比较回溯法与分支限界法的异同。

相对而言，分支限界法的空间需求比回溯法要大得多，因此当内存容量有限时，回溯法通常更容易成功。

2. 基本思想与策略

分支限界法是另一种系统地搜索解空间的方法。它与回溯法的主要区别在于 E-结点的扩充方式。每个活动结点仅有一次机会变成 E-结点。当一个结点变为 E-结点时，从该结点移动一步即可到达的结点都是生成的新结点。在生成的结点中，那些不可能到达（最优）可行解的结点被舍弃（成为死结点），剩余结点加入活动结点表，然后从表中选择一个结点作为下一个 E-结点。将选择的结点从表中删除，然后扩展。这种扩展过程一直持续到找到一个解或活动表成为空表。

有两种常用的方法可以用来选择下一个 E-结点。

1）先进先出（FIFO）

从活动结点表中取出结点的顺序与加入结点的顺序相同，活动结点表可以用队列表示。先进先出选择活动结点的过程实际上是一个广度优先搜索的过程。

2）最小消耗或最大收益法

每个结点都有一个对应的耗费或收益。若搜索的是耗费最小的解，则活动结点表可以组织成最小堆，下一个 E-结点是耗费最小的活动结点。若需要的是收益最大的解，那么活动结点可以组织成最大堆，下一个 E-结点是收益最大的活动结点。

3. 求解的基本步骤

分支限界法的步骤与回溯法的步骤相似，如下：

（1）定义一个解空间，它包含对问题实例的解。

（2）用适合于搜索的方式组织解空间。

（3）用广度优先或最小耗费方法来搜索树（使用限界函数来减少生成和扩展的结点数量，最大限度地减少计算时间）。

与回溯法一样，利用一个限界函数可以加速最优解的搜索过程。限界函数为最大收益设置了一个上限（这个最大收益是通过一个特定的结点扩展得到的）。一个结点，若其限界函数值不大于目前最优解的收益值，则被舍弃，不作扩展。

4. 分支限界法的应用

1）迷宫老鼠问题

如例 7.6 中所描述的迷宫老鼠问题，我们这里考虑一个与其相同的 3×3 的迷宫老鼠问题实例，迷宫形状（涂黑单元格表示障碍）及其矩阵表示分别如图 7.2（a）和图 7.2（b）所示。

在这个问题中，仍然把从入口到出口的所有路径定义为解空间，并用图结构进行描述，如图 7.3 所示。从顶点(1,1)到顶点(3,3)的每一条路径都是解空间的一个元素，但考虑到障碍的设置，有些路径可能是不通的。

在本例中使用 FIFO 分支限界法，初始时(1,1)为 E-结点且活动队列为空。把迷宫位置(1,1)置为 1，以免重回这个位置。把(1,1)扩展，把它的相邻结点(1,2)和(2,1)加入队列（即活动结点表）。为避免重回这两个位置，将(1,2)和(2,1)置为 1，此时迷宫如图 7.6(a)所示，且 E-结点(1,1)被舍弃。

把结点(1,2)从队列中取出并扩展。检查它的三个相邻结点（见图 7.3 的解空间），只有(1,3)是可行的结点（其余两个结点都是障碍结点），将其加入队列，并把相应位置(1,3)置为 1，所得到的迷宫状态如图 7.6（b）所示，结点(1,2)被舍弃。把下一个 E-结点(2,1)从队列中取出，并扩展。把结点(3,1)加入队列，并把相应位置(3,1)置为 1，结点(2,1)被舍弃，所得到的迷宫如图 7.6（c）所示。此时队列包含(1,3)和(3,1)两个结点。随后结点(1,3)变成下一个 E-结点，由于此结点不能到达任何新的结点，且不是一个可行解，所以被舍弃。结点(3,1)成为新的 E-结点，这时队列已空。扩展结点(3,1)，把(3,2)加入队列，把结点(3,1)舍弃。结点(3,2)变为新的 E-结点，并扩展，扩展后到达结点(3,3)，找到一个可行解，搜索终止。

1	1	0
1	1	1
0	0	0

（a）

1	1	1
1	1	1
0	0	0

（b）

1	1	1
1	1	1
1	0	0

（c）

图 7.6　迷宫状态图示

可以证明，使用 FIFO 分支限界法搜索迷宫时，所找到的路径（如果存在的话）一定是从入口到出口的最短路径。而使用回溯法找到的路径却不一定是最短路径。

迷宫老鼠问题的分支限界法实现如例 7.8 所示。

【例 7.8】 迷宫老鼠问题的分支限界法实现。

```
bool findPath(){
        //实用分支限界法寻找迷宫问题最短路径
        //找到时，返回 true，否则返回 false
```

```
//maze 是全局变量，描述迷宫形状，mazeSize 是全局变量，描述迷宫大小
//start 和 finish 是全局变量，表示起点和终点
//pathLength、path 都是全局变量，path 存储路径上的位置

if((start.row == finish.row) && (start.col == finish.col)){
    pathLength = 0;
    return true;
}

//初始化偏移量
position offset[4];
offset[0].row = 0;offset[0].col = 1;          //右
offset[1].row = 1;offset[1].col = 0;          //下
offset[2].row = 0;offset[2].col = -1;         //左
offset[3].row = -1;offset[3].col = 0;         //上
//初始化迷宫外围障碍墙
for(int i = 0; i < mazeSize + 1; i++)
{
    maze[0][i] = maze[mazeSize + 1][i] = 1;   //底部和顶部
    maze[i][0] = maze[i][mazeSize + 1] = 1;   //左和右
}

position here = start;
maze[start.row][start.col] = 1;
int numOfNbrs = 4;
//对可达位置做标记
queue<position> q;
position nbr;
do
{
    for(int i = 0; i < numOfNbrs; i++)
    {
        nbr.row = here.row + offset[i].row;
        nbr.col = here.col + offset[i].col;
        if(maze[nbr.row][nbr.col] == 0)
        {
            maze[nbr.row][nbr.col] =
                maze[here.row][here.col] + 1;
            if((nbr.row == finish.row) &&
                    (nbr.col == finish.col))
                break;
            q.push(nbr);
        }
    }

    if((nbr.row == finish.row) &&
            (nbr.col == finish.col))
        break;

    if(q.empty())
```

```
                return false;
            here = q.front();
            q.pop();
    }while(true);

    //构造路径
    pathLength = maze[finish.row][finish.col] - 1;
    path = new position[pathLength];
    //从终点回溯
    here = finish;
    for(int j = pathLength - 1; j >= 0; j--)
    {
        path[j] = here;
        for(int i = 0; i < numOfNbrs; i++)
        {
            nbr.row = here.row + offset[i].row;
            nbr.col = here.col + offset[i].col;
            if(maze[nbr.row][nbr.col] == j + 1)
                break;
        }
        here = nbr;
    }
    return true;
}
```

2）0-1 背包问题

具有 n 个物品的 0-1 背包问题也可以用分支限界法求解。考察如下具体的 $n=3$ 的 0-1 背包问题：物品个数 $n=3$，各物品的重量 $w=[20,15,15]$，各物品的价值 $p=[40,25,25]$，背包容量 $c=30$。

图 7.5 用树形结构描述了三个对象的 0-1 背包问题的解空间。从 i 层结点到 $i+1$ 层结点的边上所标志的数字表示 x_i 的值，从根结点到叶子结点的每一条路径都是解空间的一个元素。从根结点 A 到叶子结点 H 的路径所表示的解为 $x=(1,1,1)$。根据 w 和 c 的值，从根结点到叶子结点的路径中一部分或全部都可能不是解。

在本例中使用最大收益分支限界来解决问题。最大收益分支限界用一个最大堆记录活动结点，E-结点按照每个活动结点收益值的递减顺序，或按照活动结点子树中任意叶子结点的收益估计值递减顺序从堆中取出。

最大收益分支限界法以解空间树的根结点 A 作为初始 E-结点，活动结点的最大堆初始为空。扩展初始 E-结点 A 得到结点 B 和 C，两者都是可行结点，因此插入堆。结点 B 的收益值是 40，而结点 C 的收益值为 0。A 被舍弃，B 成为新的 E-结点，因为它的收益比 C 大。扩展结点 B 得到结点 D 和 E，此时背包剩余容量为 10，小于第二个物品的重量，因此 D 是不可行的，D 被舍弃，把 E 加入堆。此时堆中 E 的收益值为 40，而 C 的收益值为 0，因此 E 成为下一个 E-结点。扩展 E 结点生成结点 J 和 K，J 不可行而被舍弃，K 代表一个可行的解。这个解作为目前最优解被记录下来，然后 K 被舍弃。现在堆中只剩下一个活动结点 C，因此 C 作为 E-结点而扩展。依此类推，到达叶子结点时，如果当前解优于保存的最优解则更新最优解，否则舍弃该解。直到堆变成空且当前无 E-结点，搜索过程终止。本例的最终结果是：根结点到结点 L 表示的解是最优解。

可以使用一个限界函数加速最优解的搜索过程。用最大收益分支限界方法从堆中提取结点时，不是根据结点的实际收益值，而是按照收益限界函数值的递减顺序进行（对于最小问题，则是按照收益限界函数值的递增顺序进行）。当限界函数值小于最优解时，这个结点将不再被扩展，直接舍弃。这种策略所优先考虑的是有可能到达一个含有最优解的叶子结点的活动结点，而不是目前具有较大收益值的结点。

例如上述的 0-1 背包问题，可将给定物品按照收益密度（即单位重量价值）从大到小排序，得到物品 1、物品 2、物品 3。应用贪心法求得近似解为(1,0,0)，获得的价值为 40，这可以作为 0-1 背包问题的下界。考虑最好情况下，背包中装满第 1 个物品，则可以得到一个非常简单的上界计算方法：

$$b = c \times \left(\frac{v_1}{w_1}\right) = 30 \times \left(\frac{40}{20}\right) = 60$$

于是得到了目标函数的界[40,60]。

对于解空间树第 i 层结点，可以定义如下限界函数：

$$V + (c - W) \times \left(\frac{v_{i+1}}{w_{i+1}}\right)$$

式中，W 表示在放入第 $i+1$ 个物品前背包的重量；V 表示在放入第 $i+1$ 个物品前背包的价值。

以解空间树的根结点 A 作为初始 E-结点。活动结点的最大堆（以结点的限界函数值进行比较）初始为空。在结点 A，没有任何物品装入背包，因此背包的重量 W 和获得的价值 V 均为 0，根据限界函数计算该结点的目标函数值为 30×40/2=60。扩展初始 E-结点 A 得到结点 B 和 C，在结点 B，表示物品 1 装入背包，此时背包的重量 W 为 20，获得的价值 V 为 40，结点 B 的限界函数值为 40+10×25/15；在结点 C，表示不装入物品 1，此时背包重量 W 为 0，获得的价值 V 为 0，结点 C 的限界函数目标值为 50。结点 B 和结点 C 插入最大堆，按照限界函数目标值最大取出 C 作为 E-结点，A 被舍弃，然后从 C 结点进行扩展。依此类推，最后确定结点 L 对应的解是最优解，最优目标函数值为 50。

0-1 背包问题的分支限界法实现如例 7.9 所示。其中，使用活动结点最大堆作为存储结构，然后按需要构造解空间树。最大堆的元素类型是 heapNode，它具有数据成员 upperProfit（子树中任意一个叶子结点的收益上限）、profit（该结点的部分解的收益）、weight（该结点的部分解的重量）、level（该结点所在解空间树的层）、liveNode（指向解空间树中相应结点的指针）。结点按其 upperProfit 值从最大堆中取出。解空间树中的结点类型是 bbNode，它具有数据成员 parent（指向父结点的指针）和 leftChild（当且仅当该结点是其父结点的左孩子时，值为 true）。

函数 addLiveNode 使用一个 bbNode 类型的结点，把新的活动结点插入解空间树，同时使用一个 heapNode 类型的结点，把新的活动结点插入最大堆。

【例 7.9】0-1 背包问题的分支限界法实现。

```
double profitBound(int currentLevel){
    //限界函数,返回子树中最优叶子结点的值的上界
    /*
     * 全局变量:
     * weightOfCurrentPacking,当前背包的重量
     * profitOfCurrentPacking,当前背包的价值
     * weight,重量数组
```

```
    * profit,价值数组
    * numberOfObjects,物品总量
    */
   double remainingCapacity = capacity - weightOfCurrentPacking;
   double profitBound = profitOfCurrentPacking;

   //按照收益密度顺序填充剩余容量
   while(currentLevel <= numberOfObjects &&
       weight[currentLevel] <= remainingCapacity)
   {
       remainingCapacity -= weight[currentLevel];
       profitBound += profit[currentLevel];
       currentLevel++;
   }

   if(currentLevel <= numberOfObjects)
       profitBound += profit[currentLevel] / weight[currentLevel]
        * remainingCapacity;
   return profitBound;
}

void addLiveNode(double upperProfit,double profit,
   double weight,int level,bbNode *theParent,bool leftChild){
   //生成解空间堆的这个结点
   bbNode *b = new bbNode(theParent,leftChild);

   //把相应的堆结点插入最大堆
   //liveNodeMaxHeap 是全局变量最大堆
   liveNodeMaxHeap.push(heapNode(b,upperProfit,
       profit,weight,level));
}

double maxProfitBBKnapsack(){
   bbNode *eNode = NULL;
   int eNodeLevel = 1;
   weightOfCurrentPacking = 0.0;
   profitOfCurrentPacking = 0.0;
   double maxProfitSoFar = 0.0;
   double maxPossibleProfitInSubtree = profitBound(1);

   /*
    * 全局变量：
    * weightOfCurrentPacking,当前背包的重量
    * profitOfCurrentPacking,当前背包的价值
    * weight,重量数组
    * profit,价值数组
    * numberOfObjects,物品总量
    * capacity,背包总重量
    */
```

```
while(eNodeLevel != numberOfObjects + 1)
{
    double weightOfLeftChild = weightOfCurrentPacking
        + weight[eNodeLevel];
    //检查左孩子结点
    if(weightOfLeftChild <= capacity)
    {
        if(profitOfCurrentPacking + profit[eNodeLevel]
          > maxProfitSoFar)
        {
            maxProfitSoFar = profitOfCurrentPacking
                + profit[eNodeLevel];
        }
        addLiveNode(maxPossibleProfitInSubtree,
            profitOfCurrentPacking + profit[eNodeLevel],
            weightOfCurrentPacking + weight[eNodeLevel],
            eNodeLevel + 1, eNode, true);
    }
    maxPossibleProfitInSubtree = profitBound(eNodeLevel + 1);
    //检查右孩子结点
    if(maxPossibleProfitInSubtree >= maxProfitSoFar)
    {
        addLiveNode(maxPossibleProfitInSubtree,
        profitOfCurrentPacking,
        weightOfCurrentPacking,
        eNodeLevel + 1, eNode, false);
    }

    //取下一个 E-结点
    heapNode nextENode = liveNodeMaxHeap.top();
    liveNodeMaxHeap.pop();
    eNode = nextENode.b;
    weightOfCurrentPacking = nextENode.theWeight;
    profitOfCurrentPacking = nextENode.theProfit;
    maxPossibleProfitInSubtree = nextENode.theUpperProfit;
    eNodeLevel = nextENode.theLevel;
}

//沿着从结点 eNode 到根的路径构造 bestPackingSoFar[],全局变量
//令 bestPackingSoFar[i] = 1,当且仅当对象 i 属于最优装载背包
for(int j = numberOfObjects; j > 0; j--){
    bestPackingSoFar[j] = (eNode -> leftChild) ? 1 : 0;
    eNode = eNode -> parent;
}
return profitOfCurrentPacking;
}
```

7.2　最优化问题

最优化问题（optimization problem）是指要选择一组参数（变量），在满足一系列有关的限制条件（约束）下，使设计指标（目标）达到最优值。最优化问题通常可以表示为以下的数学规划形式：

$$\begin{cases} \max f(x) \text{ 或 } \min f(x) \\ \text{s.t. } g_i(x) \leqslant 0, \quad i = 1, 2, \cdots, s \\ h_j(x) = 0, \quad\quad j = 1, 2, \cdots, t \\ x = \begin{bmatrix} x_1 & x_2 & \cdots & x_n \end{bmatrix}^{\mathrm{T}} \end{cases} \tag{7.5}$$

式中，列向量 x 表示变量；$f(x)$、$g_i(x)$、$h_j(x)$ 都是 x 的实值函数；$\max f(x)$ 和 $\min f(x)$ 是指目标函数 $f(x)$ 取最大值或最小值。

最优化问题又可以具体分为线性规划、整数规划、组合优化、非线性规划等。

7.2.1　线性规划

线性规划是最优化方法中理论完整、方法成熟、应用广泛的一类最优化问题。正如"线性规划"四字所揭示的，目标函数关于各个自变量是线性的，同时约束条件是关于自变量的线性等式或不等式。

1. 标准形式

标准形式的线性规划问题是指在约束条件

$$\begin{cases} a_{11}x_1 + a_{12}x_2 + \cdots + a_{1n}x_n = b_1 \\ a_{21}x_1 + a_{22}x_2 + \cdots + a_{2n}x_n = b_2 \\ \quad\quad\quad\quad\quad\quad \vdots \\ a_{m1}x_1 + a_{m2}x_2 + \cdots + a_{mn}x_n = b_m \\ x_1 \geqslant 0, x_2 \geqslant 0, \cdots, x_n \geqslant 0 \end{cases} \tag{7.6}$$

之下，求一组数 $x_1, x_2, \cdots, x_n$，使得目标函数 $y = c_1x_1 + c_2x_2 + \cdots + c_nx_n$ 取最小（大）值，其中 $a_{ij}, b_i, c_j (i = 1, 2, \cdots, m; j = 1, 2, \cdots, n)$ 是给定的常数，且 $b_i \geqslant 0$，$i = 1, 2, \cdots, m$。

上述线性规划问题可简写为

$$\begin{cases} \min c^{\mathrm{T}}x \\ \text{s.t. } Ax = b, \ x \geqslant 0 \end{cases} \tag{7.7}$$

式中，$A = \left(a_{ij}\right)_{m \times n}$，$\operatorname{rank}(A) = m \leqslant n$；$x = \begin{bmatrix} x_1 & x_2 & \cdots & x_n \end{bmatrix}^{\mathrm{T}}$；$c = \begin{bmatrix} c_1 & c_2 & \cdots & c_n \end{bmatrix}^{\mathrm{T}}$；$b = \begin{bmatrix} b_1 & b_2 & \cdots & b_n \end{bmatrix}^{\mathrm{T}}$，且 $b \geqslant 0$。

下面举例说明如何把非标准形式的线性规划问题转化为上述的标准形式。

【例 7.10】将下述线性规划问题转化为标准形式：

$$\begin{cases} \max w = 7x + 12y \\ \text{s.t. } 9x + 4y \leqslant 360 \\ 4x + 5y \leqslant 200 \\ 3x + 10y \leqslant 300 \\ x \geqslant 0, y \geqslant 0 \end{cases}$$

令 $x_4 = x$, $x_5 = y$, 并引入松弛变量 $x_1, x_2, x_3 \geq 0$, 则上述问题可转化为

$$\begin{cases} \max w = 7x_4 + 12x_5 \\ \text{s.t. } x_1 + 9x_4 + 4x_5 = 360 \\ x_2 + 4x_4 + 5x_5 = 200 \\ x_3 + 3x_4 + 10x_5 = 300 \\ x_1, x_2, \cdots, x_5 \geq 0 \end{cases}$$

由上面的例子可以看出：通过引入松弛变量可以将不等式约束转化为等式约束。对于 $b_i < 0$ 的情况，在该式两边乘以-1。对于自由变量，如 x_1，有两种方法将问题转化为标准形式：①令 $x_1 = u_1 - v_1$, $u_1 \geq 0$, $v_1 \geq 0$；②从某一个约束方程中解出 x_1，代入其他的约束方程及目标函数。

【例 7.11】 将下述线性规划问题转化为标准形式。

$$\begin{cases} \min \ w = x_1 + 3x_2 + 4x_3 \\ \text{s.t. } \begin{pmatrix} 1 & 2 & 1 \\ 2 & 3 & 1 \end{pmatrix} \begin{pmatrix} x_1 \\ x_2 \\ x_3 \end{pmatrix} = \begin{pmatrix} 5 \\ 6 \end{pmatrix}, \ x_2 \geq 0, \ x_3 \geq 0 \end{cases}$$

这里 x_1 为自由变量，从第一个约束方程 $x_1 + 2x_2 + x_3 = 5$ 中解出 x_1，得

$$x_1 = 5 - 2x_2 - x_3$$

代入目标函数 w 及第二个约束方程中，得到

$$\begin{cases} \min \ w = 5 + x_2 + 3x_3 \\ \text{s.t. } x_2 + x_3 = 4 \\ x_2 \geq 0, \ x_3 \geq 0 \end{cases}$$

2. 基本可行解

考虑标准形式的线性规划问题：

$$\begin{cases} \min \ c^T x \\ \text{s.t. } Ax = b, \ x \geq 0 \end{cases} \tag{7.8}$$

设 A 为 $m \times n$ 阶矩阵，它的秩为 m，则可从 A 的 n 列中选出 m 列，使它们线性无关，不妨设 A 的前 m 列是线性无关的。令

$$B = \begin{bmatrix} a_1 & a_2 & \cdots & a_m \end{bmatrix} = \begin{bmatrix} a_{11} & a_{12} & \cdots & a_{1m} \\ a_{21} & a_{22} & \cdots & a_{2m} \\ \vdots & \vdots & & \vdots \\ a_{m1} & a_{m2} & \cdots & a_{mm} \end{bmatrix} \tag{7.9}$$

矩阵 B 是非奇异的，因此方程组

$$Bx_B = b \tag{7.10}$$

有唯一解 $x_B = B^{-1}b$，其中 x_B 是一个 m 维列向量。令 $x^T = \begin{bmatrix} x_B^T & 0^T \end{bmatrix}$，就得到 $Ax = b$ 的一个解 x。

我们称 B 为基或基底，称这样得到的 x 为关于基底 B 的基本解，而与 B 的列相应的 x 的分量称为基本变量。当基本解中有一个或一个以上的基本变量 x_i 为零时，则称为退化的基本

解。当 x 满足公式（7.8）中的约束条件时，称为一个可行解；如果 x 是一个可行解也是基本解时，则称为基本可行解。若它是退化的，则称为退化基本可行解。

【例 7.12】求下面线性规划问题的一个基本可行解：

$$\begin{cases} \max w = 10x_1 + 11x_2 \\ \text{s.t. } 3x_1 + 4x_2 + x_3 = 9 \\ 5x_1 + 2x_2 + x_4 = 8 \\ x_1 - 2x_2 + x_5 = 1 \\ x_i \geqslant 0, \ i = 1, 2, 3, 4, 5 \end{cases}$$

令 $x_1 = 0$，$x_2 = 0$，得 $x_3 = 9$，$x_4 = 8$，$x_5 = 1$，则 $x = \begin{bmatrix} 0 & 0 & 9 & 8 & 1 \end{bmatrix}$ 是一个基本可行解。

可以证明，对于式（7.7）所示的线性规划问题，其基本可行解的个数不超过 C_n^m 个。

设 $x = \begin{bmatrix} x_1 & x_2 & \cdots & x_n \end{bmatrix}^{\text{T}}$ 为线性规划问题的一个可行解，当它使目标函数 $f(x)$ 达到最小（大）值时，我们称其为最优可行解，简称为最优解或解，而目标函数所达到的最小（大）值称为线性规划问题的值或最优值。

3. 单纯形法

可以证明，一个线性规划问题若有最优解，则一定有最优的基本可行解。因为基本可行解的个数是有限的，所以一个求解线性规划问题的直观想法是，把所有的基本可行解求出来，并求出其相应的目标函数值，相互比较，即可求得其中相应目标函数值最小（大）的最优解。当线性规划问题的阶数 m 与维数 n 很小时，这种方法（枚举法）是可行的，比如 $n \leqslant 6, m \leqslant 5$，需要计算的基本可行解的个数不会超过 20 个。当 n 和 m 较大时，其计算量迅速增长。因此需要寻求计算量更小的方法，这就出现了单纯形法和其他算法的研究。

单纯形法（simplex method）是一种通用的求解线性规划问题的有效算法，于 1947 年由 G. B. Dantzig 首先提出。单纯形法不仅是求解线性规划的基本方法，而且是整数规划和非线性规划求解算法的基础。

下面介绍单纯形法的基本原理和计算过程。

1）单纯形法的基本思想

单纯形法的基本思想是：给出一种规则，使由标准式的线性规划问题的一个基本可行解（极点）转移到另一个基本可行解的过程中，目标函数值是减小的。经过有限次迭代，即可求得所需的最优基本可行解。

2）基本解的转换

设线性规划问题的规范形式为

$$\begin{cases} \min w = c_1x_1 + c_2x_2 + \cdots + c_nx_n \\ \text{s.t. } a_{11}x_1 + a_{12}x_2 + \cdots + a_{1n}x_n = b_1 \\ a_{21}x_1 + a_{22}x_2 + \cdots + a_{2n}x_n = b_2 \\ \qquad\qquad\qquad\quad \vdots \\ a_{m1}x_1 + a_{m2}x_2 + \cdots + a_{mn}x_n = b_m \\ x_1 \geqslant 0, x_2 \geqslant 0, \cdots, x_n \geqslant 0 \end{cases} \tag{7.11}$$

式中，$m < n$，$b_1, b_2, \cdots, b_m \geqslant 0$。

令 $A = (a_{ij})_{m \times n}, x = [x_1 \quad x_2 \quad \cdots \quad x_n]^T$，则式（7.11）可写为

$$Ax = b$$

假定 A 的秩为 m，不妨设 A 的前 m 列线性无关，则约束条件可化为

$$\begin{cases} x_1 + y_{1(m+1)}x_{m+1} + \cdots + y_{1n}x_n = y_{10} \\ x_2 + y_{2(m+1)}x_{m+1} + \cdots + y_{2n}x_n = y_{20} \\ \qquad\qquad\qquad \vdots \\ x_m + y_{m(m+1)}x_{m+1} + \cdots + y_{mn}x_n = y_{m0} \end{cases} \qquad (7.12)$$

我们称式（7.12）为约束方程组的规范形式，常简写为

$$x_i + \sum_{j=m+1}^{n} y_{ij}x_j = y_{i0}, \quad i = 1, 2, \cdots, m$$

令 $x_B = [x_1 \quad x_2 \quad \cdots \quad x_m]^T$，$x_N = [x_{m+1} \quad x_{m+2} \quad \cdots \quad x_n]^T$，则 $x_i\,(i = 1, 2, \cdots, m)$ 为基本变量，$x_i\,(i = m+1, m+2, \cdots, n)$ 为非基本变量。记 $y_0 = [y_{10} \quad y_{20} \quad \cdots \quad y_{m0}]^T$，因而上式也可写为

$$[I_m \quad N]\begin{bmatrix} x_B \\ x_N \end{bmatrix} = y_0$$

式中，I_m 表示维度为 $m \times m$ 单位矩阵；N 表示维度为 $m \times (n-m)$ 的矩阵，且 $N_{i,j} = y_{i,(m+j)}$。相应的基本解为

$$x = [y_{10} \quad y_{20} \quad \cdots \quad y_{m0} \quad 0 \quad \cdots \quad 0]^T$$

下面介绍将一个基本解转换为另一个基本解的方法——主元旋转。

通过上述分析可知，式（7.7）所示的标准形式线性规划问题的约束条件都可以转化为式（7.12）所示的规范形式，因此，下面分析中假设线性规划问题（7.7）的约束条件为如下的规范形式：

a_1	a_2	a_3	$\cdots$	a_m	a_{m+1}	a_{m+2}	$\cdots$	a_n	b
1	0	0	$\cdots$	0	$a_{1(m+1)}$	$a_{1(m+2)}$	$\cdots$	a_{1n}	b_1
0	1	0	$\cdots$	0	$a_{2(m+1)}$	$a_{2(m+2)}$	$\cdots$	a_{2n}	b_2
0	0	1	$\cdots$	0	$a_{3(m+1)}$	$a_{3(m+2)}$	$\cdots$	a_{3n}	b_3
$\vdots$	$\vdots$	$\vdots$	$\vdots$	$\vdots$	$\vdots$	$\vdots$	$\vdots$	$\vdots$	$\vdots$
0	0	0	$\cdots$	1	$a_{m(m+1)}$	$a_{m(m+2)}$	$\cdots$	a_{mn}	b_m

设 $a_1, a_2, \cdots, a_m$ 为 R^m 的一组基，由于 $b \in R^m$，对于一个基本解 $x = [a_{11}, a_{22}, \cdots, a_{mm}, 0, \cdots, 0]^T$，有如下约束条件的系数表：

$$\sum_{i=1}^{m} b_i a_i = b$$

对于 $a_1, a_2, \cdots, a_n$ 中的任一个向量 a_j，有表达式

$$a_j = \sum_{i=1}^{m} a_{ij} a_i$$

假定要把某一个非基向量 a_q 引入基，即将 x_q 加入基本变量中，将某个基向量 a_p 替换出去，即将 x_p 从基本变量中换出，则称 a_q 为进基向量（x_q 为进基变量），a_p 为离基向量（x_p 为离基变量）。由于

$$a_q = \sum_{i=1}^{m} a_{iq}a_i = \sum_{i=1,i\neq p}^{m} a_{iq}a_i + a_{pq}a_p$$

当 $a_{pq} \neq 0$ 时，有

$$a_p = \frac{1}{a_{pq}}\left(a_q - \sum_{i=1,i\neq p}^{m} a_{iq}a_i\right)$$

则 $a_1,\cdots,a_{p-1},a_q,a_{p+1},\cdots,a_m$ 为 R^m 的一组新基，任一向量 $a_j \in R^m$ 的表达式为

$$a_j = \sum_{i=1,i\neq p}^{m} a_{ij}a_i + a_{pj}a_p$$

$$= \sum_{i=1,i\neq p}^{m} a_{ij}a_i + \frac{a_{pj}}{a_{pq}}\left(a_q - \sum_{i=1,i\neq p}^{m} a_{iq}a_i\right)$$

$$= \sum_{i=1,i\neq p}^{m} \left(a_{ij} - \frac{a_{pj}}{a_{pq}}a_{iq}\right)a_i + \frac{a_{pj}}{a_{pq}}a_q$$

$$b = \sum_{i=1,i\neq p}^{m} a_i b_i + a_p b_p$$

$$= \sum_{i=1,i\neq p}^{m} a_i b_i + \frac{b_p}{a_{pq}}\left(a_q - \sum_{i=1,i\neq p}^{m} a_{iq}a_i\right)$$

$$= \sum_{i=1,i\neq p}^{m} a_i b_i + \frac{b_p}{a_{pq}}\left(a_q - \sum_{i=1,i\neq p}^{m} a_{iq}a_i\right)$$

$$= \sum_{i=1,i\neq p}^{m} \left(b_i - \frac{b_p}{a_{pq}}a_{iq}\right)a_i + \frac{b_p}{a_{pq}}a_q$$

令 $a_{ij} - \dfrac{a_{pj}}{a_{pq}}a_{iq} = a'_{ij}\,(i \neq p), \dfrac{a_{pj}}{a_{pq}} = a'_{pj}$，$b_i - \dfrac{b_p}{a_{pq}}a_{iq} = b'_i\,(i \neq p), \dfrac{b_p}{a_{pq}} = b'_p$，则新的系数表中各系数为

$$\begin{cases} a'_{ij} = a_{ij} - \dfrac{a_{pj}}{a_{pq}}a_{iq}, \ i \neq p \\[2mm] a'_{pj} = \dfrac{a_{pj}}{a_{pq}} \\[2mm] b'_i = b_i - \dfrac{b_p}{a_{pq}}a_{iq}, \ i \neq p \\[2mm] b'_p = \dfrac{b_p}{a_{pq}} \end{cases} \qquad (7.13)$$

式（7.13）称为主元旋转方程。在原系数表中，元素 a_{pq} 称为主元。$x' = \begin{bmatrix} b'_1 & b'_2 & \cdots & b'_{(p-1)} \end{bmatrix}$ $0 \ \ b'_{(p+1)} \ \cdots \ b'_m \ \ 0 \ \cdots \ 0 \ b'_p \ \ 0 \ \cdots \ \ 0 \end{bmatrix}^{\mathrm{T}}$ 为新的基本解。从而完成了从一个基本解到另一个基本解的转换。其中，更换基向量就是要确定换入的基本变量和换出的变量。

【例 7.13】 设标准形式的约束方程组为

$$\begin{cases} x_1 + x_4 + x_5 - x_6 = 5 \\ x_2 + 2x_4 - 3x_5 + x_6 = 3 \\ x_3 - x_4 + 2x_5 - x_6 = -1 \end{cases}$$

求基本变量为 x_4, x_5, x_6 的基本解。

不难看出，该方程组的一个基本解为 $x = \begin{bmatrix} 5 & 3 & -1 & 0 & 0 & 0 \end{bmatrix}^T$，基本变量为 x_1, x_2, x_3，对应的基为 a_1, a_2, a_3，如表 7.3 所示。应用单纯形法求基本解过程中，主元选取如下：

（1）用非基向量 a_4 代替基向量 a_1，取主元为 a_{14}，即为 1。

（2）用非基向量 a_5 代替基向量 a_2，取主元为 a_{25}，即为 -5。

（3）用非基变量 a_6 代替基向量 a_3，取主元为 a_{36}，即为 $-1/5$。

计算过程如表 7.3 所示。

表 7.3 应用单纯形法求解例 7.13 的基本解

	a_1	a_2	a_3	a_4	a_5	a_6	b
a_4 代替 a_1	1	0	0	<u>1</u>	1	-1	5
	0	1	0	2	-3	1	3
	0	0	1	-1	2	-1	-1
a_5 代替 a_2	1	0	0	1	1	-1	5
	-2	1	0	0	<u>-5</u>	3	-7
	1	0	1	0	3	-2	4
a_6 代替 a_3	3/5	1/5	0	1	0	$-2/5$	18/5
	2/5	$-1/5$	0	0	1	$-3/5$	7/5
	$-1/5$	3/5	1	0	0	<u>$-1/5$</u>	$-1/5$
	1	-1	-2	1	0	0	4
	1	-2	-3	0	1	0	2
	1	-3	-5	0	0	1	1

注：有下划线的数字表示本次选取的主元

这样就由基本解 $x = \begin{bmatrix} 5 & 3 & -1 & 0 & 0 & 0 \end{bmatrix}^T$ 转换得到了一个新的基本解 $x^* = \begin{bmatrix} 0 & 0 & 0 & 4 & 2 & 1 \end{bmatrix}^T$，基本变量为 x_4, x_5, x_6。

3）基本可行解的转换

一般来说，基本可行解经过转换之后，可行性不再保持（非负性不一定满足）。但是只要按照某种规则来确定离基向量，即按照某种规则来确定哪个基本变量变为非基本变量，就可以使可行性得到保持，从而从一个基本可行解转换到另一个基本可行解。

在以下的讨论中，假定：$Ax = b(x \geqslant 0)$ 的每一个基本可行解都是非退化的基本可行解。这个假定仅仅是为了方便讨论而提出的，所有的推导论证都可以推广到退化的情况。

设 $x = \begin{bmatrix} x_1 & x_2 & \cdots & x_m & 0 & 0 & \cdots & 0 \end{bmatrix}^T$ 为线性规划问题式（7.7）的一个基本可行解，在非退化的假定下，必有 $x_i > 0 (i = 1, 2, \cdots, m)$。假定进基向量为 $a_k (k > m)$，由于 $a_1, a_2, \cdots, a_m$ 为 R^m 的一组基，所以

$$a_k = \sum_{i=1}^{m} a_{ik} a_i$$

用 $\varepsilon (\varepsilon > 0)$ 乘上式得

$$\sum_{i=1}^{m} \varepsilon a_{ik} a_i = \varepsilon a_k \qquad (7.14)$$

因为 x 是一个基本可行解，所以有

$$\sum_{i=1}^{m} x_i a_i = b \qquad (7.15)$$

由式（7.15）减去式（7.14）得

$$\sum_{i=1}^{m} (x_i - \varepsilon a_{ik}) a_i + \varepsilon a_k = b$$

由于 $x_i > 0$，所以只要 $\varepsilon > 0$ 且 ε 足够小，就可使 $x_i - \varepsilon a_{ik} \geqslant 0$，因而

$$\tilde{x} = [x_1 - \varepsilon a_{1k} \quad \cdots \quad x_m - \varepsilon a_{mk} \quad 0 \quad \cdots \quad 0 \quad \varepsilon \quad 0 \quad \cdots \quad 0]^{\mathrm{T}}$$

是式（7.7）的一个可行解，但不一定是基本解。

如果 $\min\limits_{1 \leqslant i \leqslant m} \left\{ \dfrac{x_i}{a_{ik}} \mid a_{ik} > 0 \right\} = \dfrac{x_r}{a_{rk}} (1 \leqslant r \leqslant m)$ 存在，那么取

$$\varepsilon = \min\limits_{1 \leqslant i \leqslant m} \left\{ \frac{x_i}{a_{ik}} \mid a_{ik} > 0 \right\} = \frac{x_r}{a_{rk}}$$

则 $\tilde{x}$ 至多有 m 个分量大于零，因而 $\tilde{x}$ 是一个基本可行解，这时取 $a_r (1 \leqslant r \leqslant m)$ 为离基向量，就可实现从一个基本可行解 x 到另一个基本可行解 $\tilde{x}$ 的转换。如果所有的 $a_{ik} \leqslant 0$ $(i = 1, 2, \cdots, m)$，那么可任取 $\varepsilon > 0$，而 $\tilde{x}$ 的 $m+1$ 个分量将随 ε 的增大而增大（或保持常数），而 $\tilde{x}$ 总是式（7.7）的可行解，因而式（7.7）的可行解集 $R = \{x \mid Ax = b, x \geqslant 0\}$ 是无界的。

【例 7.14】设线性规划问题的约束条件为

$$\begin{cases} x_1 + 2x_4 + 4x_5 + 6x_6 = 4 \\ x_2 + x_4 + 2x_5 + 3x_6 = 3 \\ x_3 - x_4 + 2x_5 + x_6 = 1 \\ x_i \geqslant 0, \quad i = 1, 2, 3, 4, 5, 6 \end{cases}$$

易见

$$a_1 = \begin{pmatrix} 1 \\ 0 \\ 0 \end{pmatrix}, \quad a_2 = \begin{pmatrix} 0 \\ 1 \\ 0 \end{pmatrix}, \quad a_3 = \begin{pmatrix} 0 \\ 0 \\ 1 \end{pmatrix}$$

为一组基。$x = [4 \ 3 \ 1 \ 0 \ 0 \ 0]^{\mathrm{T}}$ 为一个基本可行解。假定选择 a_4 为进基向量，下面来确定离基向量 a_r。

计算比值 $\dfrac{x_i}{a_{ik}} = \dfrac{b_i}{a_{ik}}$，这里 $k = 4$，$i = 1, 2, 3$。因为 $\dfrac{b_1}{a_{14}} = \dfrac{4}{2} = 2$，$\dfrac{b_2}{a_{24}} = \dfrac{3}{1} = 3$，

$$\varepsilon = \min\limits_{1 \leqslant i \leqslant 3} \left\{ \frac{b_i}{a_{i4}} \mid b_{i4} > 0 \right\} = \frac{b_1}{a_{14}} = 2$$

所以，$r = 1$，离基向量为 a_1，也就是说要用非基本变量 x_4 来代替基本变量 x_1，计算表格如表 7.4 所示。

表 7.4 应用单纯形法求解例 7.14 的可行解

a_1	a_2	a_3	a_4	a_5	a_6	b
1	0	0	2	4	6	4
0	1	0	1	2	3	3
0	0	0	-1	2	1	1
1/2	0	0	1	2	3	2
-1/2	1	0	0	0	0	1
1/2	0	1	0	4	4	3

因此得到本例题的另一个基本可行解为 $x = [0\ 1\ 3\ 2\ 0\ 0]^T$。

4）最优基本可行解的确定

上文介绍了从一个基本可行解到另一个基本可行解的转换过程。下面讨论如何确定进基向量 a_k，使从一个基本可行解转换到另一个基本可行解时，目标函数值是减小的。

设线性规划问题式（7.7）的约束方程组已化为如下的规范形式：

$$x_i + \sum_{j=m+1}^{n} a_{ij} x_j = b_i, \quad i = 1, 2, \cdots, m$$

显然 $x = [b_1\ \cdots\ b_m\ 0\ \cdots\ 0]^T$ $(b_i > 0, i = 1, 2, \cdots, m)$ 为式（7.7）的一个基本可行解，其对应的目标函数值为

$$z_0 = c_B^T x_B = \sum_{k=1}^{m} c_k b_k \tag{7.16}$$

式中，$c_B = [c_1\ c_2\ \cdots\ c_m]^T$。对于式（7.7）的任一可行解 x，对应的目标函数值为

$$z = c^T x = \sum_{k=1}^{m} c_k x_k + \sum_{j=m+1}^{n} c_j x_j \tag{7.17}$$

利用式（7.16）可将式（7.17）改写为

$$z = \sum_{k=1}^{m} c_k \left(b_k - \sum_{j=m+1}^{n} a_{kj} x_j \right) + \sum_{j=m+1}^{n} c_j x_j = z_0 + \sum_{j=m+1}^{n} (c_j - z_j) x_j$$

式中，$z_0 = c_B^T x_B$，$z_j = c_B^T a_j = \sum_{k=1}^{m} c_k a_{kj}$。

上式说明了线性规划问题式（7.7）的任一可行解与它的一个基本可行解的目标函数值之间的关系。若对于某个 $j (m+1 \le j \le n)$，使 $c_j - z_j$ 是负的，那么当 x_j 由 0 增加到某一正值时，目标函数 z 就减小，这样我们就可以得到一个较优的解。

5）单纯形法的计算步骤

（1）把一般的线性规划问题化为标准形式。

（2）建立初始单纯形表。

（3）若所有的检验数 $r_j = c_j - z_j \ge 0$，就得到了一个最优解，运算结束；否则转到第（4）步。

（4）当有多于一个的 $r_j < 0$ 时，可选其中任一 x_j 为进基变量（即列向量 a_j 为进基向量），通常是选使 $\min\{r_j | r_j < 0\} = r_k$ 的 x_k 为进基变量（即 a_k 为进基向量）。

（5）对所有的 $a_{ik}>0$，计算比值 $\dfrac{b_i}{a_{ik}}$，设 $\min\left\{\dfrac{b_i}{a_{ik}}\,|\,a_{ik}>0\right\}=\dfrac{b_r}{a_{rk}}$，则主元素为 a_{rk}，当 $A=(I_m,N)$ 时，x_r 为离基变量（即 a_r 为离基向量）。如果此时约束条件的系数矩阵不是 (I_m,N) 的形式，则基本变量中的第 r 个变量为离基变量。

（6）以 a_{rk} 为主元素，按照公式（7.13）进行一次消元（或称为旋转），从而求得一个新的基本可行解，返回到第（3）步。

实际计算时，通常采用表 7.5 所示的单纯形表进行辅助计算。

表 7.5 单纯形表

基本变量	变量						
	x_1	$\cdots$	x_m	x_{m+1}	$\cdots$	x_n	b
x_1	1	$\cdots$	0	$a_{1,m+1}$	$\cdots$	a_{1n}	b_1
x_2	0	1	0	$a_{2,m+1}$	$\cdots$	a_{2n}	b_2
$\vdots$	$\vdots$	$\vdots$	$\vdots$	$\vdots$	$\vdots$	$\vdots$	$\vdots$
x_m	0	$\cdots$	1	$a_{m,m+1}$	$\cdots$	a_{mn}	b_m
检验数	0	0	0	r_{m+1}		r_n	

更新基变量的过程可以通过更新单纯形表来体现。

【例 7.15】用单纯形法求解线性规划问题

$$\begin{cases} \min z = -(3x_1+x_2+3x_3) \\ \text{s.t.} \begin{pmatrix} 2 & 1 & 1 \\ 1 & 2 & 3 \\ 2 & 2 & 1 \end{pmatrix}\begin{pmatrix} x_1 \\ x_2 \\ x_3 \end{pmatrix} \leqslant \begin{pmatrix} 2 \\ 5 \\ 6 \end{pmatrix} \\ x \geqslant 0 \end{cases}$$

（1）为了得到初始解，引入三个变量，并进行变量代换后，可以得到 x_4,x_5,x_6，得到下面的标准形式：

$$\begin{cases} \min z = -(3x_1+x_2+3x_3) \\ \text{s.t. } 2x_1+x_2+x_3+x_4=2 \\ x_1+2x_2+3x_3+x_5=5 \\ 2x_1+2x_2+x_3+x_6=6 \\ x_i \geqslant 0, \quad i=1,2,3,4,5,6 \end{cases}$$

（2）建立初始单纯形表，如表 7.6 所示。

表 7.6 例 7.15 的初始单纯形表

基本变量	变量						
	x_1	x_2	x_3	x_4	x_5	x_6	b
x_4	2	1	1	1	0	0	2
x_5	1	2	3	0	1	0	5
x_6	2	2	1	0	0	1	6
检验数	-3	-1	-3	0	0	0	

（3）计算检验数 $r_j = c_j - z_j$。

因 为 $z_j = c_B^T a_j (j=1,2,3)$，此处 $c_B^T = [c_4 \ c_5 \ c_6] = [0 \ 0 \ 0]$，所以 $z_j = 0, i = 1,2,3$。由 $r_j = c_j - z_j$ 得

$$r_1 = -3, \quad r_2 = -1, \quad r_3 = -3$$

（4）迭代更新基本变量。

第一次迭代：

首先决定进基变量。由于 $r_j < 0 (j=1,2,3)$，所以 x_1, x_2, x_3 均可选做进基变量，此处选 x_2 为进基变量。

之后决定离基变量和主元素。计算比值 $\dfrac{b_i}{a_{ik}}$，这里 $k=2$，$i=1,2,3$。因为

$$\frac{b_1}{a_{12}} = \frac{2}{1} = 2, \quad \frac{b_2}{a_{22}} = \frac{5}{2} = 2.5, \quad \frac{b_3}{a_{32}} = \frac{6}{2} = 3$$

故

$$\min\left\{\frac{b_i}{a_{ik}}\middle| a_{ik} > 0\right\} = \frac{b_1}{a_{12}}$$

因此主元素为 a_{12}，基本变量集合中的第 1 个变量 x_4 为离基变量。

最后，以 a_{12} 为主元素，进行一次主元旋转，以求得一个新的基本可行解，具体计算结果如表 7.7 所示。

计算检验数 r_j，填入表 7.7 中。

$$c_B = [-1 \ 0 \ 0]^T, z_1 = c_B^T a_1 = -2, z_3 = -1, z_4 = -1$$
$$r_1 = c_1 - z_1 = -1, r_3 = -2, r_4 = 1$$

表 7.7　第一次迭代后例 7.15 的单纯形表

基本变量	变量						
	x_1	x_2	x_3	x_4	x_5	x_6	b
x_2	2	1	1	1	0	0	2
x_5	-3	0	1	-2	1	0	1
x_6	-2	0	-1	-2	0	1	2
检验数	-1	0	-2	1	0	0	

第二次迭代：

由于 $\min\{r_j | r_j < 0\} = r_3$，所以进基变量为 x_3。再计算比值 $\dfrac{b_i}{a_{ik}}$，这里 $k=3$，$i=1,2$。因为

$$\frac{b_1}{a_{13}} = \frac{2}{1} = 2, \frac{b_2}{a_{23}} = \frac{1}{1} = 1 (a_{33} < 0)，故 \min\left\{\frac{b_i}{a_{ik}}\middle| a_{ik} > 0\right\} = \frac{b_2}{a_{23}}$$。因此主元为 a_{23}，离基变量为基本变量集合中第 2 个变量 x_5。此时，

$$c_B = [-1 \ -3 \ 0]^T, z_1 = c_B^T a_1 = 4, z_4 = 3, z_5 = -2$$
$$r_1 = c_1 - z_1 = -7, r_4 = -3, r_5 = 2$$

具体计算结果如表 7.8 所示。

表 7.8 第二次迭代后例 7.15 的单纯形表

基本变量	变量						
	x_1	x_2	x_3	x_4	x_5	x_6	b
x_2	5	1	0	3	-1	0	1
x_3	-3	0	1	-2	1	0	1
x_6	-5	0	0	-4	1	1	3
检验数	-7	0	0	-3	2	0	

第三次迭代：

由于 $\min\{r_j \mid r_j < 0\} = r_1$，所以进基变量为 x_1。再计算比值 $\dfrac{b_i}{a_{ik}}$，这里 $k=1$，$i=1$。因为 $\dfrac{b_1}{a_{11}} = \dfrac{1}{5}$ ($a_{21} < 0, a_{31} < 0$)，主元为 a_{11}，离基变量为基本变量集合中的第 1 个变量，即 x_2。此时，

$$c_B = [-3 \ -3 \ 0]^T, z_2 = c_B^T a_2 = -\frac{12}{5}, z_4 = -6/5, z_5 = -3/5$$

$$r_2 = c_2 - z_2 = 7/5, r_4 = 6/5, r_5 = 3/5$$

具体计算结果如表 7.9 所示。

表 7.9 第三次迭代后例 7.15 的单纯形表

基本变量	变量						
	x_1	x_2	x_3	x_4	x_5	x_6	b
x_1	1	1/5	0	3/5	-1/5	0	1/5
x_3	0	3/5	1	-1/5	2/5	0	8/5
x_6	0	1	0	-1	0	1	4
检验数	0	7/5	0	6/5	3/5	0	27/5

因为 $r_j \geq 0 (j=1,2,\cdots,6)$，所以最优解为 $x^* = [1/5 \ 0 \ 8/5 \ 0 \ 0 \ 4]^T$，最优值为 $z^* = c^T x^* = -\dfrac{27}{5}$。

7.2.2 整数规划

在线性规划问题中，有些最优解可能是分数或小数，但对于某些具体问题，常要求某些变量的解必须是整数。例如，当变量代表的是机器的台数、工作的人数或装货的车辆数等。把已得的非整数解舍入化整后不一定就是可行解和最优解。因此求解整数规划问题需要使用特定的方法。

1. 分类

整数规划可以分为以下几类。

（1）纯整数规划：整数规划中，所有变量都限制为整数。

（2）混合整数规划：整数规划中，仅一部分变量限制为整数。

（3）0-1 整数规划：整数规划中，所有变量只能取 0 或 1。

2. 整数规划的数学模型

整数规划一般形式为

$$\max z\,(\text{或}\min z)=\sum_{j=1}^{n}c_j x_j$$

$$\begin{cases}\text{s.t.}\ \sum_{j=1}^{n}a_{ij}x_j=b_i\,(i=1,2,\cdots,m)\\ x_j\geqslant 0\,(j=1,2,\cdots,n)\quad \text{部分或者全部为正数}\end{cases}$$

3. 整数规划的求解

求解整数规划问题的方法有分支限界法、割平面法、隐枚举法和匈牙利法。下面介绍最常用的求解整数规划问题的方法——分支限界法。

分支限界法是一种求解纯整数规划问题的常用算法，也可以求解混合整数规划问题。主要思路是：把全部可行解空间反复地分割为越来越小的子集，称为分支；并且根据每个子集内的解集计算一个目标上界（对于最大值问题），这称为限界。在每次分支后，凡是限界超出已知可行解集目标值的那些子集不再进一步分支，这样，许多子集可不予考虑，这称为剪枝。

将要求解的最大化整数规划问题称为问题 A，与它相对应的松弛问题（去掉整数约束）称为问题 B。分支限界法求解最大化整数规划问题 A 的步骤如下。

（1）求解问题 B。有如下三种情况：①B 没有可行解，这时 A 也没有可行解，则停止；②B 有最优解，并符合问题 A 的整数条件，B 的最优解即为 A 的最优解，则停止；③B 有最优解，但不符合问题 A 的整数条件，记它的目标函数为 $\bar{z}$。

（2）用观察法寻找问题 A 的一个整数可行解，一般可取 $x_j=0\,(j=0,1,\cdots,n)$，求得其目标函数值，记作 $\underline{z}$。以 z^* 表示问题 A 的最优目标函数值，显然有 $\underline{z}\leqslant z^*\leqslant\bar{z}$。

（3）迭代求解。①分支。在 B 的最优解中任选一个不符合整数条件的变量 x_j，设其值为 b_j，以 $[b_j]$ 表示小于 b_j 的最大整数。构造两个约束条件：$x_j\leqslant[b_j]$ 和 $x_j\geqslant[b_j]+1$，将这两个约束条件分别加入问题 B，构造两个后继规划问题 B_1 和 B_2。因为 $[b_j]$ 与 $[b_j]+1$ 之间无整数，故这两个后继问题的整数解必定与原可行解集合中的整数解一致。②定界。以每个后继问题作为一个分支进行求解，找出目标函数值最大者作为新的上界 $\bar{z}$。从已经符合整数条件的各分支中，找出目标函数值最大者作为新的下界 $\underline{z}$，否则保持 $\underline{z}$ 不变。③剪枝。剪掉最优目标函数值小于 $\underline{z}$ 的分支，即以后不再考虑该分支。④重复①②③，直到 $z^*=\underline{z}$，得到最优解。

下面通过例 7.16 讲述使用分支限界法求解整数规划问题的具体过程。

【例 7.16】求解下列整数规划问题 A。
$$\max z=40x_1+90x_2$$
$$\begin{cases}9x_1+7x_2\leqslant 56\\ 7x_1+20x_2\leqslant 70\\ x_1,x_2\geqslant 0\text{且为整数}\end{cases}$$

（1）先考虑如下的线性规划问题 B：
$$\max z=40x_1+90x_2$$
$$\begin{cases}9x_1+7x_2\leqslant 56\\ 7x_1+20x_2\leqslant 70\\ x_1,x_2\geqslant 0\end{cases}$$

通过单纯形法可以计算问题 B 的最优解及最优目标函数值：

$$x_1 = 4.8092, x_2 = 1.8168, z = 355.8779$$

（2）此时问题 B 的最优解不符合整数约束条件，最优目标函数值 $z = 355.8779$ 是问题 A 的最优目标函数值 z^* 的上界，记作 $\bar{z}$。$x_1 = 0, x_2 = 0$ 显然是问题 A 的一个整数可行解，此时的目标函数值 $z = 0$ 是 z^* 的一个下界，记作 $\underline{z}$。因此有 $0 \leqslant z^* \leqslant 355.8779$。

（3）当前 x_1, x_2 均为非整数，均不满足整数要求，任选一个进行分支。假设选 x_1 进行分支，把 x_1 的可行集分成 2 个子集：

$$x_1 \leqslant [4.8092] = 4, \quad x_1 \geqslant [4.8092] + 1 = 5$$

因为 4 与 5 之间无整数，故这两个子集中的整数解与原可行集合中的整数解一致。基于这两个子集构造两个后继规划问题 B_1 和 B_2，并进行求解。

问题
$$B_1:$$
$$\max z = 40x_1 + 90x_2$$
$$\begin{cases} 9x_1 + 7x_2 \leqslant 56 \\ 7x_1 + 20x_2 \leqslant 70 \\ 0 \leqslant x_1 \leqslant 4, x_2 \geqslant 0 \end{cases}$$

最优解为 $x_1 = 4.0, x_2 = 2.1$，最优目标函数值为 $z_1 = 349$。

问题
$$B_2:$$
$$\max z = 40x_1 + 90x_2$$
$$\begin{cases} 9x_1 + 7x_2 \leqslant 56 \\ 7x_1 + 20x_2 \leqslant 70 \\ x_1 \geqslant 5, x_2 \geqslant 0 \end{cases}$$

最优解为 $x_1 = 5.0, x_2 = 1.57$，最优目标函数值为 $z_2 = 341.4$。

此时，可以对问题 A 的目标函数值进行定界：$0 \leqslant z^* \leqslant 349$。

对问题 B_1 根据 x_2 进行分支得到问题 B_{11}（$0 \leqslant x_2 \leqslant 2$）和 B_{12}（$x_2 \geqslant 3$），它们的最优解和最优目标函数值为

$$B_{11}: x_1 = 4, x_2 = 2, z_{11} = 340$$
$$B_{12}: x_1 = 1.43, x_2 = 3.00, z_{12} = 327.14$$

对问题 B_2 根据 x_2 进行分支得到问题 B_{21}（$0 \leqslant x_2 \leqslant 1$）和 B_{22}（$x_2 \geqslant 2$），B_{21} 的最优解和最优目标函数值为 $x_1 = 5.44, x_2 = 1.00, z_{22} = 308$，而 B_{22} 无可行解。

此时，对问题 A 的目标函数进行再次定界：$340 \leqslant z^* \leqslant 340$，$B_{12}, B_{21}, B_{22}$ 都被剪枝掉。可以断定原问题的最优解和最优目标函数值为

$$x_1 = 4, x_2 = 2, z^* = 340$$

7.2.3　组合优化

1. 标准形式

组合优化（optimal combination）问题是运筹学中的一个重要分支，是在有限个可行解的集合中找出最优解的一类优化问题，涉及信息技术、经济管理、工业工程、交通运输、通信

网络等诸多领域。组合优化问题通常可以描述为以下数学模型:

$$\min f(x)$$
$$\text{s.t. } g(x) \geqslant 0$$
$$x \in D$$

式中,D 表示有限个数据点组成的集合（定义域）;f 为目标函数;$F = \{x \mid x \in D, g(x) \geqslant 0\}$ 为可行域。

2. 问题分类

典型的组合优化问题有旅行商问题（traveling salesman problem,TSP,如例 7.17 所示）、加工调度问题（scheduling problem）、0-1 背包问题（knapsack problem）、装箱问题（bin packing problem）、图着色问题（graph coloring problem）和聚类问题（clustering problem）等。组合优化问题描述往往非常简单,并且有很强的工程代表性,但优化求解很困难,其主要原因是求解这些问题的算法需要极长的运行时间与极大的存储空间,即所谓的"组合爆炸"。正是这些问题的代表性和复杂性吸引了人们对组合优化理论与算法的研究。

【例 7.17】 旅行商问题。

一位商人要到 n 个城市推销商品,每两个城市 i 和 j 之间的距离为 d_{ij},如何选择一条道路使得商人对每个城市正好走一遍后回到起点且所走的路径最短。

$$\min \sum_{i=1}^{n}\sum_{j=1}^{n} d_{ij} x_{ij}$$

$$\text{s.t. } \sum_{j=1}^{n} x_{ij} = 1, \quad i = 1, 2, \cdots, n \tag{7.18}$$

$$\sum_{i=1}^{n} x_{ij} = 1, \quad j = 1, 2, \cdots, n \tag{7.19}$$

$$\sum_{i \in S}\sum_{j \in S} x_{ij} \leqslant |S| - 1, \quad 2 \leqslant |S| \leqslant n-2, \quad S \subset \{1, 2, \cdots, n\} \tag{7.20}$$

$$x_{ij} \in \{0, 1\}, \quad i, j = 1, 2, \cdots, n, i \neq j$$

在模型中,约束式（7.18）和式（7.19）意味着对每个点而言,仅有一条边进和一条边出;约束式（7.20）则保证了没有任何回路解的产生。

3. 求解方法

组合优化问题的特点是可行解集合为有限点集。只要将这有限个可行解的目标值逐一比较,就能确定该问题最优解。这种枚举方法是以时间为代价的,有的枚举时间可以接受,有的则不能接受。目前,已经研究出了最短路径问题、最小支撑树问题、网络最大流问题、最小费用流以及运输问题等部分组合优化问题的多项式时间求解方法。另外,随着实践的发展,出现了越来越多的组合优化问题,很难找到求最优解的多项式时间算法,例如最大团问题、旅行商问题、点覆盖问题等,这一类组合优化问题被归为 NP 难问题。对于 NP 难的组合优化问题,可以采用近似算法（approximate algorithm）、启发式算法（heuristic algorithm）和遗传算法（genetic algorithm）进行求解。下面仅简要给出遗传算法的介绍。

遗传算法是一种通过模拟生物进化来解决特定问题的方法,它的核心思想是将问题编码为"基因",然后生成若干个基因不同的个体,使用一种评估机制让它们"优胜劣汰",最终

"进化"出足够优秀的解。具体而言，它有两个核心要点：第一是编码，即需要找到一种合适的方法，将待解决的问题映射为"基因"编码，生成多个个体；第二是评估，即需要一种定量的方法给每个个体打分，评估哪个个体所对应的方案更接近最佳答案，从而可以根据这个分数优胜劣汰。遗传算法只是一种思想，需要根据具体问题设计具体的编码、评估、交叉和变异的方法。

下面以旅行商问题为例介绍具体的遗传算法设计。为了方便分析，可以将所有城市编号。旅行商从一个城市出发，每个城市只走一次，且没有城市被遗漏，那么旅行商的轨迹实际上就可以简化为城市编号的一个排列，这个排列可以用数列（数组）来表示。如果一共有 10 个城市，给城市从 1 开始编号，可以得到这样的数列：1, 2, 3, 4, …, 9, 10。这个数列顺序可以随意打乱，每一种排列都对应一种走法。这样的序列便是一种编码，一种序列就作为一个"基因"。

（1）计算开始时，随机生成 N 个序列，然后进行下一步评估。

（2）旅行商问题的评估目标非常明确：总路程最短。在本例中，评估函数简单设计为取总路程的倒数。基于评估函数，便能给所有"基因"打分，并基于这个打分产生下一代。

（3）下一代的数量通常与前代相同。生成规则一般是：①前代最佳的基因直接进入下一代；②从前代选中两个基因，选中的概率正比于得分，将两个基因随机交叉、变异，生成下一代；③重复第②步，直到下一代的个体数达到要求。

（4）交叉。遗传算法模仿的是生物的进化，每次产生下一代时，总是让两个前代基因交换基因，生成一个后代。交叉的过程为：①输入两个父代；②随机选择父代的基因片断；③交换基因片断。交叉后能得到两个新的子代，随机返回一个子代即可。

（5）变异。遗传算法本质上是一种搜索算法，为了避免陷入局部最优解，要以一定概率让基因发生变异。常见的基本变异有交换、移动、倒序方法：①交换是在一段基因中，随机选取两个片断，然后交换它们的位置；②移动是在基因中随机选择一个片断，将它移到另一个位置；③倒序是在基因中随机选择一个片断，将这个片断的顺序颠倒。

通常，当遗传算法迭代达到绝对的代数或者目标函数值达到某个预定义值时，算法结束。

遗传算法是一种借鉴生物界自然选择和自然遗传机制的高度并行、随机、自适应的搜索方法，由于遗传算法的寻优过程是从大量的点构成的种群开始平行进行、逐步优化，避免了局部优化结果的产生，并且遗传算法不要求函数满足可导性质，因此遗传算法常用来解决传统搜索方法解决不了或很难解决的问题，计算结果与最优结果差别一般也很小，但是计算时间相对较长，不能从理论上确定计算结果的好坏。

7.2.4 非线性规划

前面介绍了线性规划问题，但事实上，在客观世界中许多问题是非线性的。求解目标函数和约束条件中有一个或几个非线性函数的最优化问题称为非线性规划。

1. *标准形式*

非线性规划问题的标准形式为

$$\min f(x)$$
$$\text{s.t.} \begin{cases} g_i(x) \leqslant 0, & i=1,2,\cdots,m \\ h_j(x) = 0, & j=1,2,\cdots,r \end{cases}$$

式中，x 为 n 维欧几里得空间 R^n 中的向量；$f(x)$ 为目标函数；$g_i(x)$、$h_j(x)$ 为约束条件。且 $f(x)$、$g_i(x)$、$h_j(x)$ 中至少有一个是非线性函数。

2. 分类

无约束非线性规划模型：

$$\min f(x)$$
$$x \in R^n$$

等式约束非线性规划模型：

$$\min f(x)$$
$$\text{s.t. } h_j(x) = 0, \quad j = 1, 2, \cdots, r$$

不等式约束非线性规划模型：

$$\min f(x)$$
$$\text{s.t. } g_i(x) \leqslant 0, \quad i = 1, 2, \cdots, m$$

3. 解法

对于不同的非线性规划模型，通常采用不同的求解法。

1）无约束非线性规划问题

若目标函数 $f(x)$ 的形式简单，可以通过求解方程 $\nabla f(x) = 0$（$\nabla f(x)$ 表示函数的梯度）求出最优解 x^*，但求解 $\nabla f(x)$ 往往是困难的，所以通常根据目标函数的特征采用搜索的方法（下降迭代法）寻找最优解，该方法的基本步骤如下：

（1）选取初始点 x_0，令 $k = 0$；

（2）检验 x_k 是否满足停止迭代的条件，如是，则停止迭代，用 x_k 来近似问题的最优解，否则转至（3）；

（3）按某种规则确定 x_k 处的搜索方向；

（4）从 x_k 出发，沿方向 d_k，按某种方法确定步长 λ_k，使得 $f(x_k + \lambda_k d_k) < f(x_k)$。令 $x_{k+1} = x_k + \lambda_k d_k$，然后置 $k = k + 1$，返回（2）。

在下降迭代算法中，搜索方向起着关键作用，而当搜索方向确定后，步长又是决定算法好坏的重要因素。只含一个变量的非线性规划问题，即一维非线性规划可以用一维搜索方法求得最优解，一维搜索方法主要有进退法和黄金分割法。对于二维非线性规划，最常用的搜索方法是最速下降法。

2）等式约束非线性规划问题

通常可用消元法、拉格朗日乘子法或反函数法，将其化为无约束问题求解。

3）不等式约束非线性规划问题

这类问题比较复杂，求解时通常将不等式约束化为等式约束，再将约束问题化为无约束问题进行求解。

例 7.18 是一个简单的非线性规划问题的示例，其中约束条件是等式，这类非线性规划问题可用拉格朗日乘子法求解。

【例 7.18】（石油最优存储方法）有一石油运输公司，为了减少开支，希望做个节省石油存储费用的方案，但要求存储的石油能满足客户的要求。

为简化问题，假设只经营两种油，第 i 种油的存储量记为 x_i，第 i 种油的价格记为 a_i，第 i 种油的供给率（供给率指石油公司供给客户的速度）记为 b_i，第 i 种油的每单位的存储费用记为 h_i，第 i 种油的每单位的存储空间记为 t_i，总存储量记为 T。

由历史数据得到的经验问题为

$$\min f(x_1, x_2) = \left(\frac{a_1 b_1}{x_1} + \frac{h_1 x_1}{2}\right) + \left(\frac{a_2 b_2}{x_2} + \frac{h_2 x_2}{2}\right)$$

$$\text{s.t. } g(x_1, x_2) = t_1 x_1 + t_2 x_2 = T$$

且提供数据如表 7.10 所示。

表 7.10　例 7.18 中各个数据量的具体数值

石油的种类	a_i	b_i	h_i	t_i
1	9	3	0.50	2
2	4	5	0.20	4

已知总存储空间 $T=24$，代入数据后得到的模型为

$$\min f(x_1, x_2) = \left(\frac{27}{x_1} + 0.25x_1\right) + \left(\frac{20}{x_2} + 0.10x_2\right)$$

$$\text{s.t. } 2x_1 + 4x_2 = 24$$

应用拉格朗日乘子法，可以将上述问题转化为无约束的非线性规划问题：

$$L(x_1, x_2, \lambda) = f(x_1, x_2) + \lambda(g(x_1, x_2) - T)$$

即

$$L(x_1, x_2, \lambda) = \left(\frac{27}{x_1} + 0.25x_1\right) + \left(\frac{20}{x_2} + 0.10x_2\right) + \lambda(2x_1 + 4x_2 - 24)$$

对 $L(x_1, x_2, \lambda)$ 求各个变量的偏导数，并令它们等于零，得

$$\frac{\partial L}{\partial x_1} = -\frac{27}{x_1^2} + 0.25 + 2\lambda = 0$$

$$\frac{\partial L}{\partial x_2} = -\frac{20}{x_2^2} + 0.10 + 4\lambda = 0$$

$$\frac{\partial L}{\partial \lambda} = 2x_1 + 4x_2 - 24 = 0$$

解这个线性方程组得

$$x_1 = 5.0968, \quad x_2 = 3.4516, \quad \lambda = 0.3947, \quad f(x_1, x_2) = 12.71$$

从而确定每种石油的存储量。

7.3　计算复杂性理论

前面的章节我们解决了不同复杂性的问题，自然地产生一个问题："是什么使某些问题很难计算，又使另一些问题容易计算？"这便是复杂性理论的核心问题。计算复杂性理论的研究对象是算法执行所需时间、空间等计算资源，根据各种算法问题所需资源的不同确定为不同的复杂性类别，并将这些类别联系起来。常见算法及其复杂性分类如表 7.11 所示。

表 7.11 常见算法及其复杂性分类

时间复杂度	数量级	例子	问题类型
$O(1)$	常数阶	将元素插入链表头部	易于解决的问题
$O(n)$	线性阶	在无序数组中查找元素	
$O(n \log n)$	线性对数阶	归并排序	
$O(n^2)$	平方阶	图中两个顶点之间的最短路径	
$O(2^n)$	指数阶	汉诺塔问题	难以解决的问题
$O(n!)$	阶乘阶	字符串排列	

对于规模为 n 的输入和某一确定常数 k，我们称能在多项式时间 $O(n^k)$ 内解决的问题为易处理问题，在超多项式时间内解决的问题为难处理问题。本节涉及三种复杂性分类：P 问题、NP 问题、NP 完全问题，其中 NP 完全问题是本节主题，我们用归约的方法研究问题之间的关系，并在最后列举典型的 NP 完全问题。

7.3.1 计算模型

算法和复杂性的概念必须建立在计算模型的基础上。根据邱奇-图灵论题（Church-Turing thesis），所有的一致的计算模型与图灵机在多项式时间意义下是等价的。而由于一般将多项式时间作为有效算法的标志，因此我们重点关注图灵机计算模型。

任何图灵机都有两个最基本的单元：控制单元和记忆单元。这两个单元之间通过读写头来联络。记忆单元通常由一条或数条存储带组成，每条带被划分为无数个小方格，每格记忆一个符号。控制单元实际是有限状态控制器，能使读写头左移或右移，并对存储带进行修改或读出。图 7.7 是一个单带图灵机的简单示例。

单带图灵机的运作由一系列移动操作组成，每次移动包含四种动作：

（1）阅读读写头所扫描的方格中的符号；

（2）擦掉读过的符号并写上新的符号；

（3）读写头左移或右移一格；

（4）改变控制器的状态。

图灵机具体要执行的操作依赖于控制器的状态和读写头所扫描的方格中的符号。这种依赖关系是预先安置在图灵机中的一个程

图 7.7 单带图灵机

序，通常使用转移函数来表达。根据转移函数是单值还是多值，图灵机进一步分为确定型图灵机和非确定型图灵机。确定型图灵机的转移函数是单值的，转移规则不会存在冲突。非确定型图灵机的转移函数是多值的，每个状态和符号的组合会允许多于一个的规则，因此从一个起始配置开始会有多个可能的执行路径。确定型图灵机是非确定型图灵机的特例。

图灵机模型将可计算性与程序统一起来。根据图灵的研究，直观上讲，所谓计算就是机器对一条两端可无限延长的带上的 0 和 1 执行操作，一步一步地改变带上的 0 或 1 的值，经过有限步骤最终得到一个满足预先要求的符号串的变换。图灵机模型的实际意义在于：图灵证明，只有确定型图灵机能解决的计算问题，实际计算机才能解决；图灵机不能解决的计算问题，实际计算机也无法解决。即可计算性=图灵可计算性。因此，图灵机的能力概括了数字计算机的计算能力，对计算机的一般结构、可实现性和局限性产生了深远的影响。

7.3.2　P 问题与 NP 问题

下面以图灵机为背景，给出 P 问题和 NP 问题的定义。

【定义 7.1】 P 问题指可在多项式时间内被确定型图灵机解决的判定性问题。

这里面的 P 就是多项式（polynomial）的英文首字母。更确切地说如果一个问题可以找到 $O(n^k)$ 时间内解决的算法，其中 k 为一个确定的常数，n 为问题的规模，那么这个问题就属于 P 问题。

【定义 7.2】 NP 问题指可在多项式时间内被非确定型图灵机解决的判定性问题。

需要强调的是，NP 不是非 P 的概念，而是非确定性（non-deterministic）的缩写。非确定型图灵机是一个特殊的图灵机，其工作分为猜想和检验两个阶段。它有一个"具有魔力的"猜想部件，只要问题有一个解，它一定可以猜中。在猜出这个解以后，检验部分和一台普通的确定型图灵机完全相同，即等价于任何一个实际的计算机程序。NP 问题的另一个定义是可以在多项式时间内验证它的解是否正确的判定性问题。

一个著名的 NP 问题是旅行商问题。在该问题中，给定一系列城市和每对城市之间的距离，求解访问每一座城市一次并回到起始城市的最短回路。如图 7.8 所示，距离最短的回路是 (a,d,b,c,a)，距离为 7。如果将其模型化为一个具有 n 个顶点的完全图，那么对应的判定问题是一个完全图中是否包含通过图中每个顶点的简单回路。

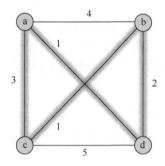

图 7.8　旅行商问题实例

对于旅行商问题，如果使用枚举法来列举会有 $(n-1)!$ 种可行解，已经不是多项式时间的算法了。如果使用猜测的方法，可能猜几次就猜中了一条小于长度 k 的路径，但是，也可能猜完所有的情况才能获得答案。所以这是一个 NP 问题。也就是说，能在多项式的时间内验证并得出问题的正确解，可是却不知道该问题是否存在一个多项式时间的算法。这就引出了一个著名问题——"P=NP？"。

由于确定型图灵机是非确定型图灵机的特例，所有的 P 问题都属于 NP 问题，即 P⊆NP。但是反过来，是否全部的"NP 问题"都属于"P 问题"呢？P=NP 问题是计算复杂性理论的巅峰难题，也是著名的世界七大数学难题之首。目前还不知道是否有 P=NP，但大多数研究人员认为 P≠NP，多数人相信，存在至少一个不可能有多项式级复杂度算法的 NP 问题。此外，一些不具结论性但却更令人信服的证据能说明 P≠NP，即存在 NP 完全（non-deterministic polynomial complete）问题，也即所谓的 NPC 问题。

7.3.3　NP 完备理论

为了说明 NP 完全问题，我们先引入一个概念——归约。归约（reduction）是对不同算法问题创建联系的主要技术手段，并且在某种程度上，定义了算法问题的相对难度。我们说，问题 A 可归约为问题 B，即可以用问题 B 的解法解决问题 A，或者说，问题 A 可以"变成"问题 B。具体做法如下：考虑一个判定问题 A，称某一特定输入为该问题的实例。现在，假设有另一个不同的判定问题 B，存在多项式时间算法。最后假设有一个过程，它可以在多项式时间内将 A 的任何实例 α 转化为 B 的某个实例 β，且两个实例的解相同，也就是说，α 的解是"是"，当且仅当 β 的解也是"是"。我们称这一过程问题为多项式时间归约算法，如图 7.9 所示，这样就有了一种在多项式时间对 α 进行判断的方法。例如，求解关于未知量 x 的一次方程问题可以转化为求解二次方程问题。已知一个实例 $ax+b=0$，可以把它转化为 $0x^2+ax+b=0$，其解也是方程 $ax+b=0$ 的解。问题 A 归约为问题 B 有一个重要的直观意义：B 的时间复杂度高于或者等于 A 的时间复杂度。也就是说，问题 A 不比问题 B 难，记为 $A \leqslant_P B$。很显然，归约具有一项重要的性质：归约具有传递性。如果问题 A 可归约为问题 B，问题 B 可归约为问题 C，则问题 A 一定可归约为问题 C。

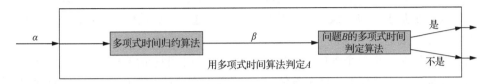

图 7.9 给定问题 B 的多项式时间判定算法并利用多项式时间归约算法解决问题 A

从归约的定义中可以看到，一个问题归约为另一个问题，时间复杂度增加了，问题的应用范围也增大了，也就是说算法问题之间可以根据归约来定义相对难度。那么，具体对 NP 问题，有没有可能存在"最难的 NP 问题"呢？下面我们定义 NP 完全问题。

【定义 7.3】NP 完全问题（NPC 问题）是指满足下面两个条件的问题：

（1）它是一个 NP 问题；

（2）所有的 NP 问题都可以用多项式时间归约到它。

如果一个问题满足条件（2），但不一定满足条件（1），则称其为 NP 难问题，可以看到，NP 难问题比 NP 完全问题范围广。

正如定理 7.2 所述，NP 完全性是判断 P 是否等于 NP 的关键。

【定理 7.2】如果任何 NP 完全问题是多项式时间可求解的，则 P=NP。等价地，如果存在某一 NP 完全问题不是多项式时间可求解的，则所有 NP 完全问题都不是多项式时间可求解的。

由 NP 完全性和归约的概念，该定理不难理解。正因为如此，对 P≠NP 问题的研究，都以 NP 完全问题为中心。迄今为止，被研究过的 NP 完全问题非常多，但没有发现任何一个问题的多项式时间算法，也没有人能够证明对这类问题不存在多项式时间算法。所以在目前，证明一个问题具有 NP 完全性，也就成为其具有难解性的强有力证据。大多数理论计算机科学家认为 P、NP 和 NPC 三者之间的关系如图 7.10 所示。其中，既不是 P 也不是 NP 完全的 NP 问题的存在性由 Ladner 定理证明。

根据 NP 完全性的定义，得到证明一个问题 NP 完全性的思路，即先证明它至少是一个 NP 问题，再证明一个已知的 NP 完全问题能归约到它（由归约的传递性，定义 7.3 中（2）也得以满足）。然而，找到

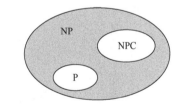

图 7.10 P、NP 和 NPC 三者之间的关系图解

第一个 NP 完全问题非常不容易，人们曾经怀疑是否真的存在 NP 完全问题。1971 年，多伦多大学计算复杂理论教授史蒂芬·库克就在其著名论文《定理证明过程的复杂性》（"The Complexity of Theorem Proving Procedures"）中明确提出了 NP 完全问题，并给出了第一个 NP 完全问题的证明。库克教授给出的这第一个 NP 完全问题称为"SAT 问题"，又称为"可满足性问题"，英文为"the satisfiability problem"，SAT 是 satisfiability 单词的前三个字母。"SAT 问题是一个 NP 完全问题"这个结论被称为库克定理。

如今的 SAT 问题被定义为"给出一个含有 n 个布尔变量的布尔公式，判断这个表达式是

否可能取值为真，也就是判断这个布尔公式是否是可被满足的"，所以它又称为"可满足性问题"。例如，公式 $\phi = \left(\neg\left(x_1 \wedge x_2\right) \vee \neg\left(\left(\neg x_1 \vee x_3\right) \vee x_4\right)\right) \wedge \neg x_2$，具有可满足性赋值$<x_1=0, x_2=0, x_3=1, x_4=1>$，使得 $\phi=1$。因此，该公式属于 SAT。

按照 NP 完全问题的定义，第一步要证明 SAT 问题是一个 NP 问题。要验证某个 SAT 问题，只需要把任意给定的 n 个布尔变量的取值带入该表达式运算一下，看结果是否为真即可。因为布尔公式都是基于"与、或、非"几种运算的，这个运算过程必然是在以 n 为变量的多项式步骤内可以完成的。

第二步，要证明任意一个 NP 问题都可以在多项式时间复杂度内归约为 SAT 问题。这个证明主要难在如何处理"任意"这个条件。NP 问题无穷多种，它们唯一的共同点就是给出一个待定解，可以在多项式时间复杂度内判断是否真的是这个问题的解。库克的论文中给出了一个非常巧妙的思路，充分利用这个唯一的共同点，基于非确定型图灵机的模型及其运行过程，完成对一个布尔公式的构造。而这个构造出来的布尔公式对应的 SAT 问题，就是被归约到的问题。

如上一小节所述，NP 问题是用非确定型图灵机来定义的。库克证明了，任意一个非确定型图灵机的计算过程，即先猜想再验证的过程，都可以被描述成一个 SAT 问题，这个 SAT 问题实际上总结了该非确定型图灵机在计算过程中必须满足的所有约束条件的总和（包括状态转移、数据读写的方式等），也就是说可以建立 NP 问题到 SAT 问题的多项式时间变换，从而证明任意一个 NP 问题都可以在多项式时间复杂度内归约为 SAT 问题。

NP 完全问题是很广泛的，可以产生于图论、集合划分、排序与调度等各种领域。有了第一个 NP 完全问题后，再证明一个新的 NP 完全问题只需要将一个已知的 NP 完全问题归约到它就行了。

图 7.11 给出这些 NP 完全问题的证明流程结构，图中根为 SAT 问题，通过将某问题归约到所指向的问题，证明其所指向问题的 NP 完全性。例如，通过证明 SAT 可归约到 3-CNF-SAT 来证明 3-CNF-SAT 问题的 NP 完全性。

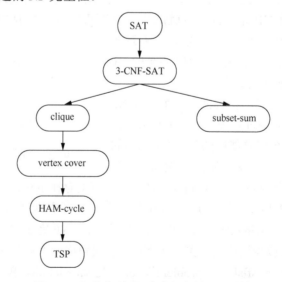

图 7.11 部分典型 NP 完全问题的证明结构

CNF：合取范式。clique：团。subset-sum：子集和。vertex cover：顶点覆盖。HAM-cycle：哈密顿回路

7.3.4 典型 NP 完全问题

1. 3-CNF 可满足性问题

3-CNF-SAT 问题是可满足性问题的一种限制性情况，具体定义是：布尔公式中的一个文字是一个变量或变量的"非"。如果一个布尔公式可表示为所有子句的合取，并且每个子句是一个或多个文字的析取，则称该布尔公式为合取范式（conjunctive normal form，CNF）。如果公式中每个子句恰好都有三个不同的文字，则称该布尔公式为 3 合取范式，或 3-CNF。

例如，布尔公式 $(x_1 \vee \neg x_1 \vee \neg x_2) \wedge (x_3 \vee x_2 \vee x_4) \wedge (\neg x_1 \vee \neg x_3 \vee \neg x_4)$ 就是一个 3 合取范式。给定一个 3 合取范式，判定是否存在使得该范式取值为 1 的布尔变量赋值即为 3-CNF-SAT 问题。

2. 团问题

团是无向图 $G = (V, E)$ 的一个顶点子集，即 $U \subseteq V$，且 U 中每一对顶点都由 E 中的一条边来连接。换句话说，一个团是 G 的一个完全子图。团的规模是指它所包含的顶点数，图 7.12 中团的规模为 3。团问题是寻找图中规模最大的团的最优化问题。作为判定性问题，我们考虑的是图中是否包含给定规模为 k 的团。

3. 顶点覆盖问题

无向图 $G = (V, E)$ 的顶点覆盖是一个顶点子集 $U \subseteq V$，且满足对任意边 $(u, v) \in E$，则 $u \in U$ 或 $v \in U$。也就是说，U 中顶点覆盖了图中的所有边。顶点覆盖的规模是指它所包含的顶点数。例如，图 7.13 中有一个规模为 2 的顶点覆盖 $\{x, y\}$。

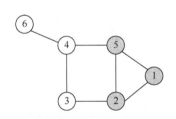

图 7.12 图中顶点 1、2、5 构成规模为 3 的团

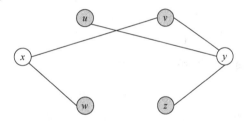

图 7.13 图中顶点覆盖为 $\{x, y\}$

顶点覆盖问题指在一个给定的图中，找出规模最小的顶点覆盖。表述为判定问题就是：确定一个图是否具有一个给定规模 k 的顶点覆盖。

4. 哈密顿回路问题

哈密顿回路问题已经被研究了 100 多年，但现在还没有找到多项式级的算法。哈密顿回路问题指，给定一个无向图，判断是否存在一个回路访问每个顶点仅一次。图 7.14 中哈密顿回路以阴影边示出。

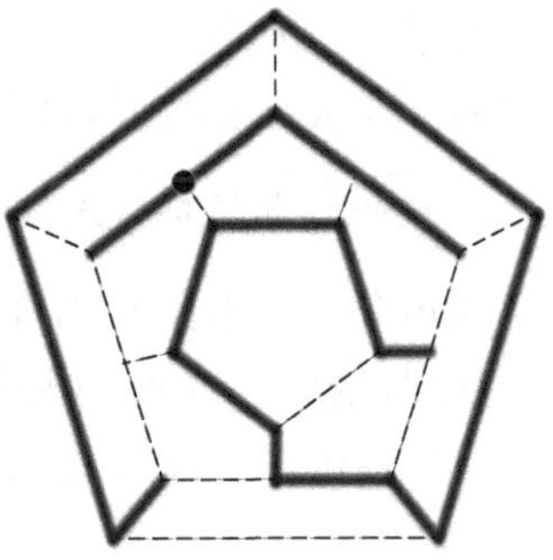

图 7.14 十二面体中的哈密顿回路

5. 子集和问题

下面我们来考虑一个算术的 NP 完全问题，即子集和问题。在该问题中，给定一个正整数的有限集 S 和一个整数目标 $t > 0$，试问是否存在一个子集 $S' \subseteq S$，其元素和为 t。例如，如

果 $S=\{1,2,7,14,49,98,343,686,2409,2793,16808,17206,117705,117993\}$，且 $t=138457$，则子集 $S'=\{1,2,7,98,343,686,2409,17206,117705\}$ 是该问题的一个解。

7.4 随机算法

在算法中加入随机性，这是人们求解问题时经常使用的一种方法。例如，在进行市场调查时，需要随机选择访问的对象。近年来，学者们对随机算法（randomized algorithm）的研究有了巨大的进展。随机算法是指在算法执行过程中要做出随机选择的算法。随机算法可以分为两种不同的类型。第一种是有时候会产生不正确解的算法，但是可以界定产生不正确解的概率，这样的随机算法称为蒙特卡罗（Monte Carlo）算法。蒙特卡罗算法采样越多，越近似最优解。第二种是总能给出正确的解，两次运行之间唯一的区别是运行时间不同，称这样的随机算法为拉斯维加斯（Las Vegas）算法。拉斯维加斯算法采样越多，越有机会找到最优解。

对很多问题来说，使用随机算法比采取确定型算法效率更高，算法也更简单。例如，对于素数检测问题，解决该问题的随机算法是计算机科学中最早被提出的随机算法之一，而且到目前为止，仍然比该问题的确定型算法的速度更快。

随机算法需要在算法执行过程中进行随机化的选择，这其实是算法求解的最后一种策略，这是因为在没有其他切实可行的解决手段时，只有随机算法可以选择。在问题的求解过程中，经常需要使用这样的方法。例如，使用随机化的方法求解一些不知如何求出解析解的问题，或者是求解那些解空间非常大以至于无法使用穷举法求解的问题。

通常来说，虽然随机算法描述起来不复杂，但是随机算法的分析并不简单。要实现随机算法，必须先获得随机源。最常使用的随机源是随机数发生器。因此，本节首先讨论随机数的产生，其次学习一些基本随机变量的生成，最后学习蒙特卡罗算法和拉斯维加斯算法。

7.4.1 随机数的产生

随机数在随机算法的设计中具有十分重要的作用。在计算机上产生随机数序列的时候，希望产生的随机数序列能够在一定的空间范围内均匀分布。例如，如果在 0 和 1 之间产生随机数，希望产生的随机数是在统计学上彼此独立且均匀分布的无穷随机数序列。但是实际上，由于随机数是在算法上用精度有限的运算器产生的序列，产生出来的随机数并不是真正的随机无穷序列。因此，如果一个随机数生成算法能够产生几乎符合任何随机性统计检验的随机数序列，则认为这个随机数产生算法是足够好的算法，同时称产生出来的序列为伪随机序列。

1. 线性适配随机数发生器

1949 年，数学家 D. H. Lehmer 提出线性同余随机数发生器，这是产生伪随机数最常用的算法基础。给定一个称为模数的正整数 m，以及一个初始种子值 $X_0(0 \leqslant X_0 < m)$，Lehmer 算法产生一个落在 0 到 $m-1$ 之间的整数序列。该序列的元素由公式（7.21）确定：

$$X_{i+1} = (aX_i + c) \bmod m \qquad (7.21)$$

式中，X 是随机数序列；m 表示模数；c 表示增量，也称为偏移量。a 和 c 是需要选择的两个整数，通常范围是 $2 \leqslant a < m, 0 \leqslant c < m$。

例如，当 $a=5$，$c=1$，$m=8$ 以及 $X_0=0$ 时，产生的序列为

$$0, 1, 6, 7, 4, 5, 2, 3, 0, \cdots$$

这个序列的前 m 个元素是各不相同的，似乎是随机地取自 $\{0, 1, 2, \cdots, 7\}$。不过，由于 $X_m = X_0$，所以序列是以 m 为周期的循环序列。同时可以注意到，这个序列是交替出现奇偶元素，其二进制表示的序列如下：

$$000, 001, 110, 111, 100, 101, 010, 011, 000, \cdots$$

可以看出，最低两个有效位是以 4 为周期循环出现的，最低的三个有效位是以 8 为周期循环出现的。出现这样方式的原因是 $m=8$ 是 4 和 8 的倍数，这种方式产生的序列并不是那么随机，表明模数 m 的选择应该是一个质数。

模数 m 受常数值 a 的影响。例如，如果将 a 设置为 11，$c=1$，$m=16$，$X_0=0$ 时产生的序列为

$$0, 1, 12, 5, 8, 9, 4, 13, 0, \cdots$$

此时该序列的周期为 $m/2$。通常来说，由于每个元素都由前一个元素唯一确定且一共有 m 个可能，因此，最长的周期为 m，称这样的发生器为满周期发生器。

在实际使用中，如果设置增量 $c=0$，则公式（7.21）变为公式（7.22）：

$$X_{i+1} = aX_i \bmod m \tag{7.22}$$

公式（7.22）被称为倍数线性适配随机数发生器。如果 $c \neq 0$，则公式（7.21）被称为混合线性适配随机数发生器。

此外，通常情况下模数 m 是一个质数且 X_0 不能为 0，从而防止公式（7.22）产生的序列崩溃为 0。例如，设置 $a=7$，$m=13$ 以及 $X_0=1$ 时公式（7.22）产生的序列为

$$1, 7, 10, 5, 9, 11, 12, 6, 3, 8, 4, 2, 1, \cdots$$

注意到该序列的前 12 个元素仍然是各不相同的，此时倍数线性适配随机数发生器不会产生 0，所以此时最大的可能周期为 $m-1$。

最后，如果对序列的元素进行标准化，即为公式（7.23）：

$$U_i = X_i / m \tag{7.23}$$

这样做的理由是使随机数落在 0 和 1 之间。需要注意的是，混合线性适配随机数发生器（$c \neq 0$）产生的随机数会落在 $[0, 1)$ 区间，而倍数线性适配随机数发生器产生的随机数落在 $(0, 1)$ 区间。

2. 最小标准随机数发生器

一个好的随机数发生器至少具备以下的特征：首先，必须是一个满周期发生器；其次，该发生器所产生的序列能够经受随机性统计检验；最后，发生器能用 32 位整数运算器有效地实现。

模数的选择取决于用来实现算法的运算器的精度。带符号的 32 位整数可以表示 -2^{31} 和 2^{31} 之间的值。更幸运的是，$2^{31}-1=2147483647$，这个数字恰好是一个质数，因此以该数字为模数是最佳选择。

由于公式（7.22）比公式（7.21）更简单一些，所以通常选择倍数线性适配随机数发生器。但是选择一个合适的倍数是非常困难的。常用的选择是 $a=16807$，因为它很好地满足了之前提到的三条标准。

对随机数发生器的算法可以进行如下的推导：首先，设 $q=m$ div a，$r=m$ mod a。在这种情况下 $q=127773$，$r=2836$，且 $r<q$。其次，可以将公式（7.22）重写为

$$X_{i+1} = aX_i \bmod m$$
$$= aX_i - m(aX_i \operatorname{div} m)$$
$$= aX_i - m(X_i \operatorname{div} q) + m(X_i \operatorname{div} q - aX_i \operatorname{div} m)$$

上述公式比之前的公式更为复杂，对其进行简化。设 $\delta(X_i) = X_i \operatorname{div} q - aX_i \operatorname{div} m$，则有

$$X_{i+1} = aX_i - m(X_i \operatorname{div} q) + m\delta(X_i)$$
$$= a\big(q(X_i \operatorname{div} q) + (X_i \bmod q)\big) - m(X_i \operatorname{div} q) + m\delta(X_i)$$
$$= a(X_i \bmod q) + (aq - m)(X_i \operatorname{div} q) + m\delta(X_i)$$

从而利用 $m = aq + r$ 得到公式（7.24）：

$$X_{i+1} = a(X_i \bmod q) - r(X_i \operatorname{div} q) + m\delta(X_i) \tag{7.24}$$

公式（7.24）有几个非常好的性质。首先 $a(X_i \bmod q)$ 和 $r(X_i \operatorname{div} q)$ 都是落在 0 和 $m-1$ 之间的正整数，因此差 $a(X_i \bmod q) - r(X_i \operatorname{div} q)$ 可以用一个 32 位的整数来表示而不会发生溢出。然后，$\delta(X_i)$ 要么为 0，要么为 1。当公式（7.24）前两项的差为正时，$\delta(X_i)$ 为 0；当公式（7.24）前两项的差为负时，$\delta(X_i)$ 为 1。因此，不必计算 $\delta(X_i)$，只需要简单检验一下就可以确定最后一项是 0 还是 m。

3. 随机数发生器的实现

例 7.19 描述了基于公式（7.24）的随机数发生器的实现。

【例 7.19】随机数发生器。

```
static long int seed=1;
static long int const a=16807;
static long int const m=2147483647;
static long int const q=127773;
static long int const r=2836;
void RandomNumberGeneratorInit(long int s){
    SetSeed(s);
}
double RandomNumberGenerator(){
    return Next();
}
void SetSeed(long int s){
    if(a < 1 || s >= m)
        return;
    seed = s;
    return;
}
double Next(){
    seed = a * (seed % q) - r * (seed / q);
    if(seed < 0)
        seed += m;
    return(double) seed / (double) m;
}
```

函数 Next 产生随机数序列的下一个元素，每调用一次 Next 就会返回序列的下一个元素。可以根据公式（7.24）来实现 Next 的计算。需要注意的是，要对返回值进行标准化。因此由函数 Next 计算出的值会平均分布在区间(0,1)之内。

7.4.2 随机变量

随机变量是一个行为方式跟随机数发生器一样的对象。因为随机变量产生一个伪随机序列，它所产生的值的分布情况取决于随机变量所用的函数。

这里给出几个随机变量函数。例 7.20 给出了简单随机变量函数。

【例 7.20】简单随机变量函数。

```
double SimpleRVNext(){
    return Next();
}
```

因为 Next 函数产生合乎要求的随机分布数值，因此 SimpleRVNext 产生合乎要求的随机分布。

例 7.21 给出了区间随机变量函数。

【例 7.21】区间随机变量函数。

```
double UniformRVNext(double u, double v){
    return u + ( v - u ) * Next();
}
```

Next 函数产生均匀分布于区间(0,1)的随机分布，UniformRVNext 经过线性变换，可得公式（7.25）。

$$V_i = u + (v - u)U_i \tag{7.25}$$

产生随机数序列 V_i，其数值均匀分布在(u,v)区间。

例 7.22 给出了指数随机变量函数。

【例 7.22】指数随机变量函数。

```
double ExponentRVNext(double lambda)
{
    double pV = 0.0;
    double rand_max = 1.0;
    while(true)
    {
        pV = (double)Next()/rand_max;
        if(pV != 1)
        {
            break;
        }
    }
    pV = (-1.0/lambda)*log(1-pV);
    return pV;
}
```

ExponentRVNext 产生的随机数序列 X_i 按指数规律分布，与程序中的 lambda 变量相关。指数分布是一种连续的概率分布，通常可以用来描述连续的独立随机事件发生的时间间隔。其中 lambda 是事件发生的平均速率。该随机数序列 X_i 按照指数分布的原因是，X_i 落在 0 到 z 之间的概率由公式（7.26）确定：

$$P[0 < X_i < z] = \int_0^z p(x) \mathrm{d}x \qquad (7.26)$$

式中，$p(x) = \frac{1}{\mu} \mathrm{e}^{-x/\mu}$，函数 $p(x)$ 称为概率密度函数，因此有公式（7.27）：

$$P[0 < X_i < z] = \int_0^z \frac{1}{\mu} \mathrm{e}^{-x/\mu} \mathrm{d}x = 1 - \mathrm{e}^{-z/\mu} \qquad (7.27)$$

因为 $P[0 < X_i < z]$ 是一个 0 到 1 之间的数值，所以给定一个均匀分布在 0 到 1 之间的随机变量 U_i，可以获得一个按指数分布的变量 X_i，如公式（7.28）所示：

$$\mu_i = 1 - \mathrm{e}^{X_i/\mu} \Rightarrow X_i = -\mu \ln(U_i - 1)$$
$$X_i = -\mu \ln(U_i^1), \quad U_i^1 = U_i - 1 \qquad (7.28)$$

注意到，如果 U_i 均匀分布在 $(0,1)$ 之内，那么 X_i 也均匀分布在 $(0,1)$ 之内。

7.4.3 蒙特卡罗算法

蒙特卡罗（Monte Carlo）算法，又称随机抽样或统计试验方法。通过真实地模拟实际物理过程来解决问题。

蒙特卡罗算法在一般情况下可以保证对问题的所有实例都以高概率给出正确解，但是通常无法判定一个具体解是否正确。设 p 是一个实数，且 $1/2 < p < 1$。如果一个蒙特卡罗算法对于问题的任一实例得到正确解的概率不小于 p，则称该蒙特卡罗算法是 p 正确的，且称 $p-(1/2)$ 是该算法的优势。

如果对于同一实例，蒙特卡罗算法不会给出两个不同的正确解答，则称该蒙特卡罗算法是一致的。有些蒙特卡罗算法除了具有描述问题实例的输入参数外，还具有描述错误解可接受概率的参数。这类算法的计算时间复杂性通常由问题的实例规模以及错误解可接受概率的函数来描述。

蒙特卡罗算法的基本原理如下：当所要求解的问题是某种事件出现的概率，或者是某个随机变量的期望值时，通过某种"试验"的方法，得到这种事件出现的频率，或者这个随机变量的平均值，并用它们作为问题的解。蒙特卡罗算法通过抓住事物运动的几何数量和几何特征，利用数学方法来加以模拟，即进行一种数字模拟实验。它是以一个概率模型为基础，按照这个模型所描绘的过程，通过模拟实验，将结果作为问题的近似解。

蒙特卡罗算法有一个很好的性质：如果算法每次用独立随机选择重复运行多次，失败概率可以在多花费运行时间的代价下，做到尽可能地小。在有些算法中，运行时间和解的质量都是随机变量，这些算法也被认为是蒙特卡罗算法。对于判定问题（实例的答案为"是"或者"否"的问题），有两类蒙特卡罗算法：单边错误和双边错误。有双边错误的蒙特卡罗算法是指它输出"是"或者"否"都以非零的概率存在错误。有单边错误的蒙特卡罗算法则指它输出的"是"或"否"至少有一种存在错误的概率为零。

1. 蒙特卡罗算法的基本步骤

蒙特卡罗解题归结为三个主要步骤：构造或描述概率过程；实现从已知概率分布抽样；

建立各种估计量。

1）构造或描述概率过程

对于本身就具有随机性质的问题，如粒子输运问题，主要是正确描述和模拟这个概率过程。对于本来不具有随机性质的确定性问题，比如计算定积分，就必须事先构造一个概率过程，它的某些参数正好是所要求问题的解，即要将不具有随机性质的问题转化为具有随机性质的问题。

2）实现从已知概率分布抽样

构造了概率模型以后，由于各种概率模型都可以看作是由各种各样的概率分布构成的，因此产生已知概率分布的随机变量（或随机向量），就成为实现蒙特卡罗算法模拟实验的基本手段，这也是蒙特卡罗算法被称为随机抽样的原因。最简单、最基本、最重要的一个概率分布是(0,1)上的均匀分布（或称矩形分布）。随机数就是具有这种均匀分布的随机变量。

3）建立各种估计量

一般说来，构造了概率模型并能从中抽样后，即实现模拟实验后，就要确定一个随机变量作为所要求的问题的解，称它为无偏估计。建立各种估计量，相当于对模拟实验的结果进行考察和登记，从中得到问题的解。

为了用蒙特卡罗算法求解某一给定的问题，可以先用一种方法来做一个实验，使得初始问题的解可以在以往的经验数据中获取。这个实验由一系列随机实验组成，使用给出的一个随机数发生器来产生这些随机实验序列。最后，实验获取结果的精确性通常依赖于所进行的实验次数。也就是说，最后结果的精确性，通常随着实验次数的增加而增加。蒙特卡罗算法一个非常重要的特点，就是要权衡这种结果的精确性和实验所花费的时间。如果仅仅要求一个近似解，那么蒙特卡罗算法的速度会非常快。

2. 计算圆周率

这里使用一种简单的从随机数序列中计算圆周率的蒙特卡罗算法。考虑如图 7.15 所示的正方形，它的左下角在坐标原点。这个正方形的面积为 r^2，其中 r 为正方形的边长。在正方形中画出一个内接四分之一的圆，其半径为 r，圆心在坐标原点，四分之一圆周的面积是 $\pi r^2/4$。

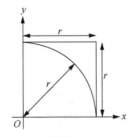

图 7.15　用蒙特卡罗算法计算圆周率 π 的示意图

假设在正方形中随机选择许多点，那么这些点中有一部分也落在四分之一圆内。如果所选择的点是均匀分布的，那么可以期望落于圆内的点的概率如公式（7.29）所示。

$$f = \frac{\pi r^2 / 4}{r^2} = \frac{\pi}{4} \tag{7.29}$$

因此可以通过求解 f 计算出圆周率 π，例 7.23 实现了这个过程。

【例 7.23】 计算圆周率。

```
double ComputePi(int trials){
    int hits = 0;
    for(int i=0; i< trials; i++){
        double x = Next();
        double y = Next();
        if( x*x + y*y<1.0)
            ++hits;
    }
    return 4.0 * hits / trials;
}
```

这个程序利用了 Next 函数产生均匀分布于单位正方形上的偶对(x, y)这一性质。现在来检验每一个点是否也落于四分之一圆内。当一个给定点离原点的距离$\sqrt{x^2 + y^2}$小于r，这个点必定在圆内。这个例子中由于$r = 1$，仅需要检验$x^2 + y^2 <1$是否成立即可。

该程序的运行情况如下：当进行 1000 次实验时（即例 7.23 中 trials 赋值为 1000），发现有 792 个点落在圆内，计算出的π值为 3.168，仅仅比实际值大 0.8%。进行 10^8 次实验时，发现有 78535956 个点落在圆内，此时π=3.14153824，其误差在 0.005%之内。

3. 主元素问题

下面再以主元素问题为例来说明蒙特卡罗算法。设 $A[1: n]$是一个含有 n 个元素的数组，当$\{ i | A[i] = x\}>n/2$ 时，称元素 x 是数组 A 的主元素。例 7.24 给出了主元素问题的程序。

【例 7.24】 主元素问题。

```
bool Majority(int A[], int n){
    int i = int(UniformRVNext(0, n));
    int x = A[i];                    //随机选择数组元素
    int k = 0;
    for(int j=1; j<= n; j++){
        if(A[j] == x )
            k++;
    }
    return(k>n/2);                    //k>n/2 时 A 含有主元素
}
```

蒙特卡罗算法能够帮助人们从数学上表述物理、化学、工程、经济学以及环境动力学中一些非常复杂的相互作用。数学家称这种表述为"模式"，而当一种模式足够精确时，它能产生与实际操作中对同一条件相同的反应。但蒙特卡罗模拟有一个致命的缺陷：如果必须输入一个模式中的随机数并不像设想的那样随机，而是构成一些微妙的非随机模式，那么整个的模拟（及其预测结果）都可能是错的。

4. 素数判定问题

关于素数的研究已经有相当长的历史，近代密码学的研究又给素数判定问题注入了新的活力。下面使用蒙特卡罗算法判定一个数是否是素数。

首先给出一些基础知识。

（1）费尔马小定理：如果 p 是一个素数，且 $0<a<p$，则 $a^{\wedge}(p-1)(\bmod p)=1$。

（2）Carmichael 数：费尔马小定理是素数判定的一个必要条件，满足费尔马小定理条件的整数 n 未必全是素数。有些合数也满足费尔马小定理的条件，这些合数称为 Carmichael 数。前 3 个 Carmichael 数是 561、1105、1729。Carmichael 数是非常少的，在 1～100000000 的整数中，只有 255 个 Carmichael 数。

使用蒙特卡罗算法进行素数判定的算法思想如下。

首先，由费尔马小定理可知，素数判定的必要条件是符合 $a^{\wedge}(p-1)(\bmod p)=1$。因为有时判断的数字很大，所以不可能将 $0<a<p$ 中每一个数字都进行运算，所以只随机取其中 100 个数字进行验证，当这 100 次运算全部符合费尔马小定理时，那么就可以认为它大概率是素数。例 7.25 是素数判定问题的算法实现。

【例 7.25】素数判定问题。

```cpp
#include <iostream>
#include <cstdlib>
#include <ctime>
#include <time.h>
using namespace std;
long Pow(int a, int b) {           //计算 a 的 b 次方
    int k;
    long s = 1;
    for(k = 1; k <= b; k++) {
        s *= a;
    }
    return s;
}
bool RandomPrimalityTest(int N) {              //费尔马小定理测试
    srand((unsigned)time(NULL));              //初始化随机种子
    int a = rand() % N;                       //随机产生大于 0 小于 N 的整数
    if(a == 0)a = N - 1;
    long b = Pow(a, N - 1) - 1;
    if(b%N == 0)return true;
    else return false;
}
void RepeatCall(int N, int n = 100){  //n 为验证费尔马小定理的次数（可修改成更大的数）
    int k;
    int cnt = 0;
    const double precison = 1.0;
    for(k = 1; k <= n; k++)
        if(RandomPrimalityTest(N))
            cnt++;
    double e = cnt * 1.0 / n;
    if(e >= precison)
        cout << N << "是素数" << endl;
    else
```

```
            cout << N << "不是素数" << endl;
    }
    int main() {                          //素数判定主程序
        while (true) {
            int N;
            cout << "请输入一个整数:";
            cin >> N;
            if (!cin.good()) {
                cerr << "输入异常!" << endl;
                cin.clear();
                return 0;
            }
            RepeatCall(N);
        }
        return 1;
    }
```

7.4.4 拉斯维加斯算法

拉斯维加斯（Las Vegas）算法是另一类随机方法的统称。这类方法的特点是，随着采样次数的增多，得到正确结果的概率逐渐加大，如果随机采样过程中已经找到了正确结果，该方法可以判别并报告，但在放弃随机采样而采用类似全采样这样的确定性方法之前，不保证能找到任何结果（包括近似结果）。

拉斯维加斯算法的思路如下：它通过不断试错来得到最优解，但它在找到最优解之前得不到任何结果，包括近似结果。假如有一把锁，同时有 100 把钥匙，只有 1 把是对的。拉斯维加斯算法会每次随机拿一把钥匙去试，打不开就再换一把。试的次数越多，打开的机会就越大，但在打开之前，那些错的钥匙都是没有用的。

存在两种拉斯维加斯算法：一种保证能得到正确运行结果，大多数运行时间很短，但运行时间很长的情况也存在，例如快速排序中每次随机选主元素刚好按照大小排序，虽然这种情况的概率趋于 0；另一种是要么快速得到计算结果，要么算法承认计算失败，但是这些随机发送的负面情况与问题实例无关。

拉斯维加斯算法能显著地改进算法的性能，甚至对于某些迄今为止找不到有效算法的问题，也能得到满意的结果。拉斯维加斯算法的一个显著特征是它所做的随机性决策有可能导致算法找不到所需的解，因此通常用一个布尔型函数表示拉斯维加斯算法。当算法找到一个解的时候返回 true，否则返回 false。拉斯维加斯算法的典型调用形式为 bool success= LV(x, y)，其中 x 是输入参数，y 返回问题的结果。当 success 为 true 时，算法返回问题的解；当 success 为 false 时，算法未能找到问题的一个解。例 7.26 给出一个拉斯维加斯算法的实现框架。

【例 7.26】拉斯维加斯算法。

```
// 反复调用拉斯维加斯算法 LV(x,y)，直到找到问题的一个解
void Obstinate(InputType x, OutputType &y){
    bool success= false;
    while(!success)
```

```
        success = LV(x,y);
    }
bool LV(InputType x, OutputType &y)
{
    ...
    return true;
}
```

设 $p(x)$ 为输入 x 调用拉斯维加斯算法获得问题的一个解的概率，一个正确的拉斯维加斯算法应该对所有输入 x 均有 $p(x)>0$。在更强的意义下，要求存在一个常数 $\delta>0$，使得对问题的每一个实例 x 均有 $p(x)>\delta$。设 $s(x)$ 和 $e(x)$ 分别是拉斯维加斯算法对于具体实例 x 求解成功和失败所需的平均时间，则上述算法中，由于 $p(x)>0$，故只要有足够的时间，对于任何实例 x，上述算法 Obstinate 总能找到问题的一个解。设 $t(x)$ 是算法 Obstinate 找到具体实例 x 的一个解所需要的平均时间，如公式（7.30）所示。

$$t(x) = p(x)s(x) + (1-p(x))(e(x)+t(x)) \tag{7.30}$$

解此方程，可得公式（7.31）：

$$t(x) = s(x) + \frac{1-p(x)}{p(x)}e(x) \tag{7.31}$$

只要问题大多数解是好的，就可以使用拉斯维加斯算法，在常规做法难度超过自身水平甚至在对 NP 问题搜索时，用拉斯维加斯算法往往效果很好。

下面给出几个拉斯维加斯算法的例子。

1. n 皇后问题

拉斯维加斯算法非常简单，就是随机寻找解空间的过程，一旦得到了满足条件的解即可退出。例如，n 皇后问题的描述是，在 $n \times n$ 的国际象棋棋盘上摆放 n 个皇后，使得任何两个皇后都不能相互攻击，即她们不能同行、不能同列，也不能位于同一条对角线上。此问题是不存在近似解的，皇后之间相容就是相容，不相容就是不相容。

在前面章节提到过回溯法，通过遍历状态空间树来搜索可行的皇后摆放的方法，其核心是访问路径上第 k 个结点时，对 k 所有的孩子结点进行递归检测。如果此时应用拉斯维加斯算法，随机挑选一个可行的孩子结点作为第 $k+1$ 个结点，然后继续访问第 $k+1$ 个结点的孩子结点，最后要么成功访问到第 n 个皇后，要么中途承认访问失败。

例 7.27 给出拉斯维加斯算法求解 n 皇后问题的算法实现。

【例 7.27】拉斯维加斯算法求解 n 皇后问题。

```c
#include <stdio.h>
#include <stdlib.h>
#include <math.h>
#define uniform(a,b)  a+(b-a)*rand()/RAND_MAX
#define MAX 100
int y[MAX];
bool constraints(int n, int row, int col, int y[]){
    int i,j;
    for(i=0;i<row;i++){
        if(y[i]==col || y[i]-i==col-row || y[i]-(n-i)==col-(n-row))
```

```
                    return false;
            }
        return true;
    }
    int LVQueen(int n, int y[], int *success){        //算法最后 return 访问的结点数目
        int i,j,a;
        int ok[MAX],nok;                               //存放合法位置
        for(i=0;i<n;i++){
            nok=0;
            for(j=0;j<n;j++)
                if(constraints(n,i,j,y))
                    ok[nok++]=j;                       //收集可行位置
            if(nok>0){
                a=uniform(0,nok-1);                    //随机选位
                y[i]=ok[a];
            }else{
                *success=false;                        //布局失败
                return i+1;
            }
        }
        *success=true;
        return n+1;
    }
    int main(){
        int i,count=0,suc,r;
        double p,f=0,s;
        for(i=0;i<10000;i++){
            r=LVQueen(8,y,&suc);
            if(!suc){
                count++;
                f+=r;
            }
        }
        s=0;
        f=f/count;
        p=1.0-1.0*count/10000;
        printf("%f%f%f",f,p,s+f*(1-p)/p);
        getchar();
        return 1;
    }
```

n 皇后问题是设计高效的拉斯维加斯算法的一个很好的例子。对于 n 皇后问题，棋盘具有 $n \times n$ 的方格。假设 $n=4$，则产生的解空间为 $4 \times 4 \times 4 \times 4 = 256$，而其中正确的解空间为 2。那么随机的正确概率是 $1/128$，而错误概率则为 $1-(1/128)=127/128$。如果执行 k 次，得到正确结果的概率是 $1-(127/128)^k$。显然当 k 越大时，得到正确结果的概率越高。

2. 整数因子分解

设 $n>1$ 是一个整数，关于整数 n 的因子分解问题是找出 n 的如下形式的唯一分解式：

$$n = p_1^{m_1} p_2^{m_2} \cdots p_k^{m_k} \qquad (7.32)$$

式中，$p_1 < p_2 < \cdots < p_k$ 是 k 个素数；$m_1, m_2, \cdots, m_k$ 是 k 个正整数。

如果 n 是一个合数，则 n 必有一个非平凡因子 $x(1 < x < n)$，使得 x 可以整除 n。给定一个合数 n，求 n 的一个非平凡因子的问题称为整数 n 的因子分解问题。

整数因子分解最直观的方法是"试除法"，数论中的 Mertens 定理告诉我们 76% 的奇数都有小于 100 的素因子，因此对于大多数整数，"试除法"已经足够，但是对于特殊的数，特别是素因子普遍较大的时候，"试除法"的效率便明显不足。和素数检验类似，目前几乎所有实用的分解方法都是随机算法，目标是找到能计算 x 的算法，使得 x 是 n 的最大公约数的概率较大（而最大公因子可以很快地计算出来）。

试除法因子分解如例 7.28 所示。

【例 7.28】试除法因子分解。

```
int Split(int n){
    int m = floor(sqrt(double(n)));
    for(int i=2; i<=m; i++){
        if(n%i==0){
            return i;
        }
    }
    return 1;
}
```

在最坏情况下，算法 Split(n) 所需的计算时间为 $O(\sqrt{n})$。当 n 较大时，上述算法无法在可接受的时间内完成因子分解任务。对于给定的正整数 n，设其位数为 $m = \lceil \lg(1+n) \rceil$。由 $\sqrt{n} = \theta(10^{m/2})$ 可知，算法 Split(n) 是关于 m 的指数时间算法。

目前为止，还没有找到因子分解问题的多项式时间算法。实际上算法 Split(n) 是对范围在 $1 \sim m$ 的所有整数进行了试除，而得到范围在 $1 \sim m^2$ 的任一整数的因子分解。

下面要讨论的求整数 n 的因子分解的拉斯维加斯算法是由 Pollard 于 1974 年提出的，用来找到给定合数 n 的一个因子 d。Pollard 算法的效率比算法 Split(n) 有了很大提高。

Pollard 算法具体过程如下：在开始时选取 $0 \sim n-1$ 范围内的随机数，然后递归地由

$$x_i = \left(x_{i-1}^2 - 1 \right) \bmod n$$

产生无穷序列 $x_1, x_2, x_3, \cdots, x_k, \cdots$。对于 $i=2^k (k=0, 1, \cdots)$ 以及 $2^k < j \leqslant 2^{k+1}$，算法计算出 $x_j - x_i$ 与 n 的最大公因子 d。如果 d 是 n 的非平凡因子，则实现对 n 的一次分解，算法输出 n 的因子 d。

例 7.29 给出求两个整数最大公因数的欧几里得算法。例 7.30 给出了整数因子分解的拉斯维加斯算法。

【例 7.29】求两个整数最大公因数的欧几里得算法。

```
int gcd( int a, int b){//求整数 a 和整数 b 最大公因数的欧几里得算法
    if(b==0)
```

```
            return a;
        else
            return gcd(b, a%b);
    }
```

【例 7.30】 整数因子分解的拉斯维加斯算法。

```
void Pollard(int n){                      //求整数 n 因子分解的拉斯维加斯算法
    long int s = 123456789;
    RandomNumberGeneratorInit(s);
    double u = 0;
    double v = 10000;
    UniformRVNext(u, v);
    int i=1;
    int x=int(UniformRVNext(u, v));   //随机整数
    int y=x, k=2;
    while (true){
        i++;
        x=(x*x-1)%n;                   //x[i]=(x[i-1]^2-1) mod n
        int d= gcd (y-x , n);          //求 n 的非平凡因子
        if((d>1) && (d<n)){
            printf("%d\n", d);
            return;
        }
        if (i==k){
            y=x;
            k*=2;
        }
    }
}
```

通过对 Pollard 算法更深入的分析得知，执行算法 while 循环约 $\sqrt{p}$ 次后，Pollard 算法会输出 n 的一个因子 p。由于 n 的最小素因子 $p \leqslant \sqrt{n}$，故 Pollard 算法可在 $O(n^{1/4})$ 时间内找到 n 的一个素因子。

在上述 Pollard 算法中还可以将产生序列的递归式改为 $x_i = \left(x_{i-1}^2 - c\right) \bmod n$，其中，$c$ 是一个不等于 0 和 2 的整数。

3. 与蒙特卡罗算法的对比

图 7.16 给出了拉斯维加斯算法与蒙特卡罗算法的对比。蒙特卡罗算法的应用非常广泛，在数据、金融、医学、机械等许多领域都有应用。蒙特卡罗算法使用大量的时间来不断修正解，以提高得到正确解的概率。蒙特卡罗算法和拉斯维加斯算法虽然都属于随机算法，都可以用来解决分班问题，但是它们在求解过程中的侧重点是不同的。例如，分班问题的解不适用于测试和修正，因而分班问题选用了拉斯维加斯算法。与蒙特卡罗算法类似，拉斯维加斯算法找到正确解的概率随着其所用的计算时间的增加而提高。对于所求解问题的任一实例，用同一个拉斯维加斯算法反复对该实例求解足够多次，可以使得求解失败的概率任意小。

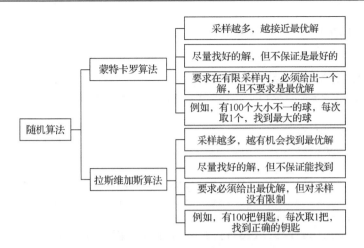

图 7.16　拉斯维加斯算法与蒙特卡罗算法的对比

7.5　近 似 算 法

很多具有重要意义的实际问题无法在多项式时间内求得最优解。对于 NP 难解问题，即多项式非确定性问题，用近似最优解代替最优解，以换取算法设计上的简化和时间复杂性的降低，这就是近似算法的基本思想。虽然近似算法可能找不到一个最优解，但它总会为待求解的问题提供一个解，而提供的近似最优解在实际应用中往往可以达到要求。NP 难解问题的多项式时间近似算法包括：贪心法、本地搜索法、动态规划法、线性规划法、分支限界法、启发式方法等。本节主要介绍应用贪心法或动态规划法对三类经典的 NP 难解问题进行近似求解的过程。

1.　集合覆盖

假设某人准备了一个节目，需要在全国范围内播出。不同的广播电台覆盖了一个或者多个不同的省（自治区、直辖市），如表 7.12 所示，而每选择一个广播电台都需要付费，请问如何选择广播电台才能以最小的成本使得该节目在全国播出？

表 7.12　广播电台省（自治区、直辖市）覆盖示例

电台	省（自治区、直辖市）
央视新闻	北京、内蒙古、辽宁
华夏之声	云南、四川、山西
新闻早知道	黑龙江、陕西、河南
中国新声音	广东、福建、四川
…	…

将贪心法应用到该集合覆盖问题中的解题步骤为：首先，选出这样一个广播电台，它覆盖了最多的未覆盖省（自治区、直辖市），即使这个广播电台覆盖了一些已经覆盖的省（自治区、直辖市）。其次，重复第一步，直至覆盖全国所有省（自治区、直辖市）。

这是一种近似算法，因为获得精确解需要的时间过长，而贪心法可以做到很好地近似，且此贪心法的运行时间为 $O(n^2)$，运行时间相比精确求解降低了很多。下面给出该算法的重

要片段，如例 7.31 所示。

【例 7.31】集合覆盖问题算法。

```
// 贪心法求解集合覆盖问题
clock_t greeyForSCP(const set<int> &U,vector<set<int> > &S,vector<set<int> >
&minC) {
    minC.clear();
    clock_t start=clock();              //开始时钟
    set<int> C,temp,cMax;
    vector<set<int> >::iterator itmax;    // 记录最大的那个位置
    vector<set<int> >::iterator it1;
    set<int>::iterator it2;
    while(C.size()<U.size()) {    // 如果差集还大于 0 就证明没有找到最小覆盖
        cMax.clear();
        // 开始贪心法
        it1=S.begin();
        while(it1!=S.end()){    // 遍历子集族,贪心查找最大的那个子集
            temp=C;
            it2=it1->begin();
            while(it2!=it1->end())
                temp.insert(*it2++);
            if(temp.size()>cMax.size()){
                cMax=temp;
                itmax=it1;
            }
            ++it1;
        }
        set<int> mm;
        it2=itmax->begin();
        while(it2!=itmax->end()){// 更新最小集
            mm.insert(*it2);
            C.insert(*it2);
            ++it2;
        }
        minC.push_back(mm);              // 插入最小集中
        S.erase(itmax);                  // 子集族删除
    }
    clock_t end=clock();                 // 结束时间
    return end-start;
}
```

2. 旅行商问题

旅行商问题是一个典型的 NP 问题，通常采用近似方法进行求解。如图 7.17 所示，字母代表城市，边的权值代表城市之间的距离。旅行商问题的路径的选择目标是要求得的路径长度为所有路径之中的最小值。

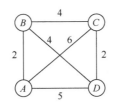

图 7.17　旅行商问题示例图

应用贪心法来近似求解旅行商问题的具体解题步骤为：从某一个城市开始，每次选择一个城市，每次在选择下一个城市的时候，只考虑当前情况，保证下一个城市与当前城市距离最近。重复上述步骤直至所有城市均被访问一次。

本算法并没有从整体最优上考虑，而是只考虑了局部最优。因此无法保证最后结果是最优解，只能保证是近似最优解。但是算法的效率高，时间开销很小，该算法如例 7.32 所示。

【例 7.32】旅行商问题算法。

```
#include <iostream>
#include <string>
#include <iomanip>
using namespace std;
class TSP{   //类 TSP
    private:
        int city_number;        //城市个数
        int **distance;         //城市距离矩阵
        int start;              //出发点
        int *flag;              //标志数组，判断城市是否加入哈密顿回路
        int TSPLength;          //路径长度
    public:
        TSP(int city_num);      //构造函数
        void correct();         //纠正用户输入的城市距离矩阵
        void printCity();       //输出用户输入的城市距离
        void TSP1();            //贪心法的最近邻点策略求旅行商问题
};
//构造函数
TSP::TSP(int city_num){
    int i=0,j=0;
    int start_city;
    city_number=city_num;
    //初始化起点
    cout<<"请输入本次运算的城市起点，范围为: "<<0<<"-"<<city_number-1<<endl;
    cin>>start_city;
    start=start_city;
     //初始化城市距离矩阵
    distance=new int*[city_number];
    cout<<"请输入"<<city_number<<"个城市之间的距离"<<endl;
    for(i=0;i<city_number;i++){
        distance[i]=new int[city_number];
        for(j=0;j<city_number;j++)
```

```
                                cin>>distance[i][j];
                }
                //初始化标志数组
                flag=new int[city_number];
                for(i=0;i<city_number;i++){
                        flag[i]=0;
                }
                TSPLength=0;
        }
        //纠正用户输入的城市代价矩阵
        void TSP::correct(){
                int i;
                for(i=0;i<city_number;i++){
                        distance[i][i]=0;
                }
        }

        //打印城市距离
        void TSP::printCity(){
                int i,j;
                //打印代价矩阵
                cout<<"您输入的城市距离如下"<<endl;
                for(i=0;i<city_number;i++){
                        for(j=0;j<city_number;j++)
                                cout<<setw(3)<<distance[i][j];
                        cout<<endl;
                }
        }
        //贪心法的最近邻点策略求旅行商问题
        void TSP::TSP1(){
                int edgeCount=0;
                int min,j;
                int start_city=start;                //起点城市
                int next_city;                       //下一个城市
                flag[start]=1;
                cout<<"路径如下"<<endl;
                while(edgeCount<city_number-1){ //循环直到边数等于 city_number-1
                        min=100;
                        for(j=0;j<city_number;j++){    //求当前距离矩阵的最小值
                                if((flag[j]==0) && (distance[start_city][j] != 0) &&
                                   (distance[start_city][j] < min))
                                {
                                        next_city=j;
                                        min=distance[start_city][j];
                                }
                        }
                        TSPLength+=distance[start_city][next_city];
                        flag[next_city] = 1;            //将顶点加入哈密顿回路
                        edgeCount++;
```

```
            cout<<start_city<<"-->"<<next_city<<endl;
            start_city=next_city;              //下一次从next_city出发
        }
        cout<<next_city<<"-->"<<start<<endl;//最后的回边
        TSPLength+=distance[start_city][start];
        cout<<"路径长度为"<<TSPLength;         //哈密顿回路的长度
    }
```

3. 子集和问题

子集和问题指的是给定一个正整数集合，问是否存在某个非空子集 S，使得子集的数字和为某个特定值 sum。例如，给定集合 S=(7,34,4,12,5,3)，sum=6，是否存在 S 的一个子集，使得它的元素之和等于 sum？本问题应用动态规划法进行求解，首先建立一个布尔类型的二维数组 subset，subset[i, j]表示前 j 个数字中是否存在子集和为 i，最后返回 subset[sum][n]即为所求结果，例 7.33 为应用动态规划法求解子集和问题的算法实现。

【例 7.33】子集和问题算法。

```
bool isSubsetSum(int Set[], int n, int sum){
    bool **subset;
    subset = new bool*[sum+1];
    for(int i=0;i<sum+1;i++)
        subset[i]= new bool[n+1];
    for(int i = 0; i <= n; i++)
        subset[0][i] = true;
    for(int i = 1; i <= sum; i++)
        subset[i][0] = false;
    for(int i = 1; i <= sum; i++) {   //自底向上方式给数组赋值
      for(int j = 1; j <= n; j++) {
       subset[i][j] = subset[i][j-1];
       if(i >= Set[j-1])
         subset[i][j] = subset[i][j] || subset[i - Set[j-1]][j-1];
      }
    }
    return subset[sum][n];
}
```

习 题

1. 农夫要修理牧场的一段栅栏，他测量栅栏发现需要 N 块木头，每块木头长度为整数 L_i 个长度单位，于是他购买了一条很长的、能锯成 N 块的木头，即该木头的长度是 L_i 的总和。但是农夫自己没有锯子，请人锯木的酬金跟这段木头的长度成正比。为简单起见，不妨就设酬金等于所锯木头的长度。例如，要将长度为 20 的木头锯成长度为 8、7 和 5 的三段，第一次锯木头花费 20，将木头锯成 12 和 8；第二次锯木头花费 12，将长度为 12 的木头锯成 7 和 5，总花费为 32。如果第一次将木头锯成 15 和 5，则第二次锯木头花费 15，总花费为 35（大于 32）。请编写程序帮助农夫计算将木头锯成 N 块的最少花费。

2. 棋盘覆盖问题。有一个 $2k \times 2k$ 的方格棋盘，恰有一个方格是黑色的，其他为白色。你的任务是用包含 3 个方格的 L 形牌覆盖所有白色方格。黑色方格不能被覆盖，且任意一个白色方格不能同时被两个或更多牌覆盖。L 形牌可以旋转，如图 7.18 所示。

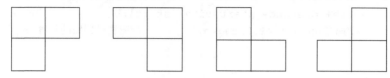

图 7.18 习题 2 的图

3. 求最长回文子序列问题。回文是正序与逆序相同的非空字符串。例如所有长度为 1 的字符串、civic、racecar、aibohphobia 都是回文。设计高效算法，求给定输入字符串的最长回文子序列。例如，给定输入 character，算法应该返回其最长回文子序列 carac 的长度 5。

4. 令 $x_1, x_2, \cdots$ 是一个整数序列，令 $\text{sum}(i,j) = \sum_i^j x_k, i \leqslant j$。编写一个算法，寻找使 $\text{sum}(i,j)$ 最大的 i 和 j。

5. 若 $f(x) = (x_1 x_2)\begin{pmatrix} 2 & 1 \\ 1 & 2 \end{pmatrix}\begin{pmatrix} x_1 \\ x_2 \end{pmatrix} + (1 \ \ 3)\begin{pmatrix} x_1 \\ x_2 \end{pmatrix}$，则 $\nabla f(x) = ?$ $\nabla^2 f(x) = ?$

6. 举出一个具有二次终止性的无约束二次规划算法。

7. 建立优化模型应考虑哪些因素？

8. 讨论优化模型最优解的存在性、迭代算法的收敛性及停止准则。

9. 如果 $\text{NPC} \subseteq \text{P}$，那么 $\text{P} = \text{NP}$，这是否正确？

10. 证明旅行商问题是 NP 完全的（提示：由哈密顿回路问题进行归约）。

11. 给出中位数问题的随机算法，并分析期望运行时间。

12. 给定能随机生成整数 1～5 的函数 rand5( )，写出能随机生成整数 1～7 的函数 rand7( )。

13. 假设 T 是一个 n 元的整数数组，一个优元是指在数组中出现次数大于 $n/2$ 的元素，设计一个 0.5-正确的蒙特卡罗算法，寻找数组的优元。

14. 解决如下装箱问题：设有 6 种物品，它们的体积分别为 60、45、35、20、20 和 20 单位体积，箱子的容积为 100 单位体积。

15. 对于集合覆盖问题，设计出一个简单的贪心法，求该问题的一个近似最优解。

16. 运用单纯形法求解

$$\min 2x_1 + 4x_2 + x_3 + x_4$$
$$\text{s.t.} \ \ x_1 + 3x_2 + x_4 \leqslant 4$$
$$2x_1 + x_2 \leqslant 3$$
$$x_1 + 4x_3 + x_4 \leqslant 3$$
$$x_i \geqslant 0, \ \ i = 1, 2, 3, 4$$

17. 有 0-1 背包问题如下：$n=6, C=10, P=(4,8,15,1,6,3), W = (5,3,2,10,4,8)$。其中 n 为物品个数，c 为背包载重量，P 表示物品的价值，W 表示物品的重量。对于此 0-1 背包问题，应如何选择放进去的物品，才能使得放进背包的物品总价值最大？请利用动态规划法求解，并给出求解过程。

科学家小传
——斯蒂芬·库克

斯蒂芬·库克（Stephen A. Cook），1939 年 12 月 14 日出生于美国纽约州的布法罗，毕业于哈佛大学，获博士学位，并于 1970 年开始在多伦多大学任教。他是 NP 完全性理论的奠基人，因所发表的 Cook 定理奠定了 NP 完全理论的基础而获得 1982 年图灵奖。1971 年 5 月，他在 ACM 于俄亥俄州的 Shaker Heights 举行的第三届计算理论研讨会上发表了那篇著名的论文《定理证明过程的复杂性》（"The Complexity of Theorem Proving Procedures"），在这篇论文中，库克首次明确提出了 NP 完全性问题，并奠定了 NP 完全性理论的基础。由于 P=?NP 问题难以解决，库克另辟蹊径，从 NP 类的问题中分出复杂性最高的一个子类，称作 NP 完全类。他证明，任取 NP 类中的一个问题，再任取 NP 完全类中的一个问题，则一定存在一个确定性图灵机上的具有多项式时间复杂性的算法，可以把前者转变成后者。这就表明，只要能证明 NP 完全类中有一个问题是属于 P 类的，也就证明了 NP 类中的所有问题都是 P 类的，即证明了 P=NP。当然，至今尚无任何一个 NP 完全类被证明是属于 P 类的，因此 P=?NP 的问题仍未有结论。在库克证明的启发下，卡普（R. Karp，1985 年图灵奖获得者）在第二年就证明了 21 个有关组合优化的问题也是 NP 完全的，从而加强与发展了 NP 完全性理论。此后十年，这个领域成为计算机科学中最活跃和重要的研究领域。除此之外，库克在计算理论、算法设计、编程语言以及数学逻辑上都有突出的成绩，为数学和计算机科学的现代加密技术做出了重要的贡献。他曾荣获加拿大最高科学奖。

参 考 文 献

贺红，马绍汉，2002. 随机算法的一般性原理. 计算机科学，29(1): 90-92.

胡昭民，吴灿铭，2016. 图解数据结构：使用 C++. 北京：清华大学出版社.

李春葆，李筱驰，蒋林，等，2018. 算法设计与分析. 2 版. 北京：清华大学出版社.

屈婉玲，刘田，张立昂，等，2014. 算法设计与分析. 北京：清华大学出版社.

王晓东，2018. 算法设计与分析. 4 版. 北京：清华大学出版社.

王晓东，2007. 计算机算法设计与分析. 3 版. 北京：电子工业出版社.

徐义春，万书振，解德祥，2016. 算法设计与分析. 北京：清华大学出版社.

许卓群，杨冬青，唐世渭，等，2006. 数据结构与算法. 北京：高等教育出版社.

严蔚敏，李冬梅，吴伟民，2015. 数据结构. 2 版. 北京：人民邮电出版社.

殷人昆，2017. 数据结构. 2 版. 北京：机械工业出版社.

张铭，王腾蛟，赵海燕，2008. 数据结构与算法. 北京：高等教育出版社.

张乃孝，2010. 算法与数据结构：C 语言描述. 2 版. 北京：高等教育出版社.

Drozdek A，2006. 数据结构与算法：C++版. 3 版. 郑岩，战晓苏，译. 北京：清华大学出版社.

Shaffer C A，2002. 数据结构与算法分析（C++版）. 2 版. 张铭，刘晓丹，译. 北京：电子工业出版社.

Cormen T H，Leiserson C E，Rivest R L，等，2013. 算法导论. 殷建平，徐云，王刚，等，译. 3 版. 北京：机械工业出版社.

July，2015. 编程之法：面试和算法心得. 北京：人民邮电出版社.

Motwani R，Raghavan P, 2008. 随机算法. 孙广中，黄宇，李世胜，等，译. 北京：高等教育出版社.

Rreiss B R，2003. 数据结构与算法：面向对象的 C++设计模式. 胡广斌，王崧，惠民，等，译. 北京：电子工业出版社.

Baase S，van Celder A，2001. 计算机算法：设计与分析导论. 3 版. 影印版. 北京：高等教育出版社.

Sahni S，2000. 数据结构、算法与应用：C++语言描述. 汪诗林，孙晓东，等，译. 北京：机械工业出版社.

Sedgewick R，Wayne K，2004. 算法. 4 版. 谢路云，译. 北京：人民邮电出版社.